第三届黄河国际论坛论文集

流域水资源可持续利用与
河流三角洲生态系统的良性维持

第四册

黄河水利出版社

图书在版编目(CIP)数据

第三届黄河国际论坛论文集/尚宏琦,骆向新主编.
郑州:黄河水利出版社,2007.10
ISBN 978 - 7 - 80734 - 295 - 3

Ⅰ. 第…　Ⅱ.①尚…②骆…　Ⅲ. 黄河 - 河道整治 -
国际学术会议 - 文集　Ⅳ. TV882.1 - 53

中国版本图书馆 CIP 数据核字(2007)第 150064 号

组稿编辑:岳德军　手机:13838122133　E - mail:dejunyue@163.com

出 版 社:黄河水利出版社
　　　　　地址:河南省郑州市金水路 11 号　　邮政编码:450003
发行单位:黄河水利出版社
　　　　　发行部电话:0371 - 66026940　　传真:0371 - 66022620
　　　　　E - mail:hhslcbs@126.com
承印单位:河南省瑞光印务股份有限公司
开本:787 mm×1 092 mm　1/16
印张:161.75
印数:1—1 500
版次:2007 年 10 月第 1 版　　　　　印次:2007 年 10 月第 1 次印刷

书号:ISBN 978 - 7 - 80734 - 295 - 3/TV·524　　　　定价(全六册):300.00 元

第三届黄河国际论坛
流域水资源可持续利用与河流三角洲
生态系统的良性维持研讨会

主办单位

水利部黄河水利委员会(YRCC)

承办单位

山东省东营市人民政府
胜利石油管理局
山东黄河河务局

协办单位

中欧合作流域管理项目
西班牙环境部
WWF(世界自然基金会)
英国国际发展部(DFID)
世界银行(WB)
亚洲开发银行(ADB)
全球水伙伴(GWP)
水和粮食挑战计划(CPWF)
流域组织国际网络(INBO)
世界自然保护联盟(IUCN)
全球水系统计划(GWSP)亚洲区域办公室
国家自然科学基金委员会(NSFC)
清华大学(TU)
中国科学院(CAS)水资源研究中心
中国水利水电科学研究院(IWHR)
南京水利科学研究院(NHRI)
小浪底水利枢纽建设管理局(YRWHDC)
水利部国际经济技术合作交流中心(IETCEC,MWR)

顾问委员会

名誉主席

钱正英　中华人民共和国全国政协原副主席,中国工程院院士
杨振怀　中华人民共和国水利部原部长,中国水土保持学会理事长,全球水伙伴
　　　　(GWP)中国委员会名誉主席
汪恕诚　中华人民共和国水利部原部长

主　席

胡四一　中华人民共和国水利部副部长
贾万志　山东省人民政府副省长

副主席

朱尔明　水利部原总工程师
高安泽　中国水利学会理事长
徐乾清　中国工程院院士
董哲仁　全球水伙伴(GWP)中国委员会主席
黄自强　黄河水利委员会科学技术委员会副主任
张建华　山东省东营市市长
Serge Abou　欧盟驻华大使
Loïc Fauchon　世界水理事会(WWC)主席,法国
Dermot O'Gorman　WWF(世界自然基金会)中国首席代表
朱经武　香港科技大学校长

委　员

曹泽林　中国经济研究院院长、教授
Christopher George　国际水利工程研究协会(IAHER)执行主席,西班牙
戴定忠　中国水利学会教授级高级工程师
Des Walling　地理学、考古学与地球资源大学(SGAER)教授,英国
Don Blackmore　澳大利亚国家科学院院士,墨累-达令河流域委员会(MDBC)
　　　　前主席
冯国斌　河南省水力发电学会理事长、教授级高级工程师
Gaetan Paternostre　法国罗讷河国家管理公司(NCRR)总裁
龚时旸　黄河水利委员会原主任、教授级高级工程师
Jacky COTTET　法国罗讷河流域委员会主席,流域组织国际网络(INBO)欧洲
　　　　主席

Khalid Mohtadullah　全球水伙伴（GWP）高级顾问，巴基斯坦

匡尚富　中国水利水电科学研究院院长

刘伟民　青海省水利厅厅长

刘志广　水利部国科司副司长

潘军峰　山西省水利厅厅长

Pierre ROUSSEL　法国环境总检查处，法国环境工程科技协会主席

邵新民　河南省水利厅副巡视员

谭策吾　陕西省水利厅厅长

武轶群　山东省水利厅副厅长

许文海　甘肃省水利厅厅长

吴洪相　宁夏回族自治区水利厅厅长

Yves Caristan　法国地质调查局局长

张建云　南京水利科学研究院院长

组织委员会

名誉主席

陈　雷　中华人民共和国水利部部长

主　席

李国英　黄河水利委员会主任

副主席

高　波　水利部国科司司长

王文珂　水利部综合事业局局长

徐　乘　黄河水利委员会副主任

殷保合　小浪底水利枢纽建设管理局局长

袁崇仁　山东黄河河务局局长

高洪波　山东省人民政府办公厅副主任

吕雪萍　东营市人民政府副市长

李中树　胜利石油管理局副局长

Emilio Gabbrielli　全球水伙伴（GWP）秘书长，瑞典

Andras Szollosi - Nagy　联合国教科文组织（UNESCO）总裁副助理，法国

Kunhamboo Kannan　亚洲开发银行（ADB）中东亚局农业、环境与自然资源处处
　　　　　长，菲律宾

委 员

安新代　黄河水利委员会水调局局长

A. W. A. Oosterbaan　荷兰交通、公共工程和水资源管理部国际事务高级专家

Bjorn Guterstam　全球水伙伴(GWP)网络联络员,瑞典

Bryan Lohmar　美国农业部(USDA)经济研究局经济师

陈怡勇　小浪底水利枢纽建设管理局副局长

陈荫鲁　东营市人民政府副秘书长

杜振坤　全球水伙伴(中国)副秘书长

郭国顺　黄河水利委员会工会主席

侯全亮　黄河水利委员会办公室巡视员

黄国和　加拿大 REGINA 大学教授

Huub Lavooij　荷兰驻华大使馆一等秘书

贾金生　中国水利水电科学研究院副院长

Jonathan Woolley　水和粮食挑战计划(CPWF)协调人,斯里兰卡

Joop L. G. de Schutter　联合国科教文组织国际水管理学院(UNESCO – IHE)水
　　　　工程系主任,荷兰

黎　明　国家自然科学基金委员会学部主任、研究员

李桂芬　中国水利水电科学研究院教授,国际水利工程研究协会(IAHR)理事

李景宗　黄河水利委员会总工程师办公室主任

李新民　黄河水利委员会人事劳动与教育局局长

刘栓明　黄河水利委员会建设与管理局局长

刘晓燕　黄河水利委员会副总工程师

骆向新　黄河水利委员会新闻宣传出版中心主任

马超德　WWF(世界自然基金会)中国淡水项目官员

Paul van Hofwegen　WWC(世界水理事会)水资源管理高级专家,法国

Paul van Meel　中欧合作流域管理项目咨询专家组组长

Stephen Beare　澳大利亚农业与资源经济局研究总监

谈广鸣　武汉大学水利水电学院院长、教授

汪习军　黄河水利委员会水保局局长

王昌慈　山东黄河河务局副局长

王光谦　清华大学主任、教授

王建中　黄河水利委员会水政局局长

王学鲁　黄河万家寨水利枢纽有限公司总经理

Wouter T. Lincklaen Arriens　亚洲开发银行(ADB)水资源专家,菲律宾

吴保生　清华大学河流海洋研究所所长、教授

夏明海　黄河水利委员会财务局局长

徐宗学　北京师范大学水科学研究院副院长、教授
燕同胜　胜利石油管理局副处长
姚自京　黄河水利委员会办公室主任
于兴军　水利部国际经济技术合作交流中心主任
张洪山　胜利石油管理局副总工程师
张金良　黄河水利委员会防汛办公室主任
张俊峰　黄河水利委员会规划计划局局长
张永谦　中国经济研究院院委会主任、教授

秘书长

尚宏琦　黄河水利委员会国科局局长

技术委员会

主　任

薛松贵　黄河水利委员会总工程师

委　员

Anders Berntell　斯德哥尔摩国际水管理研究所执行总裁,斯德哥尔摩世界水周
　　　　秘书长,瑞典
Bart Schultz　荷兰水利公共事业交通部规划院院长,联合国教科文组织国际水
　　　　管理学院(UNESCO – IHE)教授
Bas Pedroli　荷兰瓦格宁根大学教授
陈吉余　中国科学院院士,华东师范大学河口海岸研究所教授
陈效国　黄河水利委员会科学技术委员会主任
陈志恺　中国工程院院士,中国水利水电科学研究院教授
程　禹　台湾中兴工程科技研究发展基金会董事长
程朝俊　中国经济研究院中国经济动态副主编
程晓陶　中国水利水电科学研究院防洪减灾研究所所长、教授级高级工程师
David Molden　国际水管理研究所(IWMI)课题负责人,斯里兰卡
丁德文　中国工程院院士,国家海洋局第一海洋研究所主任
窦希萍　南京水利科学研究院副总工程师、教授级高级工程师
Eelco van Beek　荷兰德尔伏特水力所教授
高　峻　中国科学院院士
胡鞍钢　国务院参事,清华大学教授
胡春宏　中国水利水电科学研究院副院长、教授级高级工程师
胡敦欣　中国科学院院士,中国科学院海洋研究所研究员

Huib J. de Vriend　荷兰德尔伏特水力所所长

Jean - Francois Donzier　流域组织国际网络(INBO)秘书长,水资源国际办公室
　　总经理

纪昌明　华北电力大学研究生院院长、教授

冀春楼　重庆市水利局副局长,教授级高级工程师

Kuniyoshi Takeuchi(竹内邦良)　日本山梨大学教授,联合国教科文组织水灾害
　　和风险管理国际中心(UNESCO - ICHARM)主任

Laszlo Iritz　科威公司(COWI)副总裁,丹麦

雷廷武　中科院/水利部水土保持研究所教授

李家洋　中国科学院副院长、院士

李鸿源　台湾大学教授

李利锋　WWF(世界自然基金会)中国淡水项目主任

李万红　国家自然科学基金委员会学科主任、教授级高级工程师

李文学　黄河设计公司董事长、教授级高级工程师

李行伟　香港大学教授

李怡章　马来西亚科学院院士

李焯芬　香港大学副校长,中国工程院院士,加拿大工程院院士,香港工程科学
　　院院长

林斌文　黄河水利委员会教授级高级工程师

刘　斌　甘肃省水利厅副厅长

刘昌明　中国科学院院士,北京师范大学教授

陆永军　南京水利科学研究院教授级高级工程师

陆佑楣　中国工程院院士

马吉明　清华大学教授

茆　智　中国工程院院士,武汉大学教授

Mohamed Nor bin Mohamed Desa　联合国教科文组织(UNESCO)马来西亚热带
　　研究中心(HTC)主任

倪晋仁　北京大学教授

彭　静　中国水利水电科学研究院教授级高级工程师

Peter A. Michel　瑞士联邦环保与林业局水产与水资源部主任

Peter Rogers　全球水伙伴(GWP)技术顾问委员会委员,美国哈佛大学教授

任立良　河海大学水文水资源学院院长、教授

Richard Hardiman　欧盟驻华代表团项目官员

师长兴　中国科学院地理科学与资源研究所研究员

Stefan Agne　欧盟驻华代表团一等秘书

孙鸿烈　中国科学院院士,中国科学院原副院长、国际科学联合会副主席

孙平安　陕西省水利厅总工程师、教授级高级工程师

欢 迎 词

（代序）

我代表第三届黄河国际论坛组织委员会和本届会议主办单位黄河水利委员会，热烈欢迎各位代表从世界各地汇聚东营，参加世界水利盛会第三届黄河国际论坛——流域水资源可持续利用与河流三角洲生态系统的良性维持研讨会。

黄河水利委员会在中国郑州分别于 2003 年 10 月和 2005 年 10 月成功举办了两届黄河国际论坛。第一届论坛主题为"现代化流域管理"，第二届论坛主题为"维持河流健康生命"，两届论坛都得到了世界各国水利界的高度重视和支持。我们还记得，在以往两届论坛的大会和分会上，与会专家进行了广泛的交流与对话，充分展示了自己的最新科研成果，从多维视角透析了河流治理及流域管理的经验模式。我们把会议交流发表的许多具有创新价值的学术观点和先进经验的论文，汇编成论文集供大家参阅、借鉴，对维持河流健康生命的流域管理及科学研究等工作起到积极的推动作用。

本次会议是黄河国际论坛的第三届会议，中心议题是流域水资源可持续利用与河流三角洲生态系统的良性维持。中心议题下分八个专题，分别是：流域水资源可持续利用及流域良性生态构建、河流三角洲生态系统保护及良性维持、河流三角洲生态系统及三角洲开发模式、维持河流健康生命战略及科学实践、河流工程及河流生态、区域水资源配置及跨流域调水、水权水市场及节水型社会、现代流域管理高科技技术应用及发展趋势。会议期间，我们还与一些国际著名机构共同主办以下 18 个相关专题会议：中西水论坛、中荷水管理联合指导委员会第八次会议、中欧合作流域管理项目专题会、WWF（世界自然基金会）流域综合管理专题论坛、全球水伙伴（GWP）河口三角洲水生态保护与良性维持高级论坛、中挪水资源可持续管理专题会议、英国发展部黄河上中游水土保持项目专题会议、水和粮食挑战计划（CPWF）专题会议、流域组织国际网络（INBO）流域水资源一体化管理专题会议、中意环保合作项目论坛、全球水系统(GWSP)全球气候变化与黄河流域水资源风险管理专题会议、中荷科技合作河流三角洲湿地生态需水与保护专题会议与中荷环境流量培训、中荷科技合作河源区项目专题会、中澳科技交流人才培养及合作专题会议、UNESCO - IHE 人才培养后评估会议、中国水资源配置专题会议、流域水利工程建设与管理专题会议、供水管理与安全专题会议。

本次会议,有来自64个国家和地区的近800位专家学者报名参会,收到论文500余篇。经第三届黄河国际论坛技术委员会专家严格审查,选出400多篇编入会议论文集。与以往两届论坛相比,本届论坛内容更丰富、形式更多样,除了全方位展示中国水利和黄河流域管理所取得的成就之外,还将就河流管理的热点难点问题进行深入交流和探讨,建立起更为广泛的国际合作与交流机制。

我相信,在论坛顾问委员会、组织委员会、技术委员会以及全体参会代表的努力下,本次会议一定能使各位代表在专业上有所收获,在论坛期间生活上过得愉快。我也深信,各位专家学者发表的观点、介绍的经验,将为流域水资源可持续利用与河流三角洲生态系统的良性维持提供良策,必定会对今后黄河及世界上各流域的管理工作产生积极的影响。同时,我也希望,世界各国的水利同仁,相互学习交流,取长补短,把黄河管理的经验及新技术带到世界各地,为世界水利及流域管理提供科学借鉴和管理依据。

最后,我希望本次会议能给大家留下美好的回忆,并预祝大会成功。祝各位代表身体健康,在东营过得愉快!

李国英

黄河国际论坛组织委员会主席

黄河水利委员会主任

2007 年 10 月于中国东营

前　言

黄河国际论坛是水利界从事流域管理、水利工程研究与管理工作的科学工作者的盛会，为他们提供了交流和探索流域管理和水科学的良好机会。

黄河国际论坛的第三届会议于2007年10月16～19日在中国东营召开，会议中心议题是：流域水资源可持续利用与河流三角洲生态系统的良性维持。中心议题下分八个专题：

A. 流域水资源可持续利用及流域良性生态构建；

B. 河流三角洲生态系统保护及良性维持；

C. 河流三角洲生态系统及三角洲开发模式；

D. 维持河流健康生命战略及科学实践；

E. 河流工程及河流生态；

F. 区域水资源配置及跨流域调水；

G. 水权、水市场及节水型社会；

H. 现代流域管理高科技技术应用及发展趋势。

在论坛期间，黄河水利委员会还与一些政府和国际知名机构共同主办以下18个相关专题会议：

As. 中西水论坛；

Bs. 中荷水管理联合指导委员会第八次会议；

Cs. 中欧合作流域管理项目专题会；

Ds. WWF(世界自然基金会)流域综合管理专题论坛；

Es. 全球水伙伴(GWP)河口三角洲水生态保护与良性维持高级论坛；

Fs. 中挪水资源可持续管理专题会议；

Gs. 英国发展部黄河上中游水土保持项目专题会议；

Hs. 水和粮食挑战计划(CPWF)专题会议；

Is. 流域组织国际网络(INBO)流域水资源一体化管理专题会议；

Js. 中意环保合作项目论坛；

Ks. 全球水系统计划（GWSP）全球气候变化与黄河流域水资源风险管理专题会议；

Ls. 中荷科技合作河流三角洲湿地生态需水与保护专题会议与中荷环境流量培训；

Ms. 中荷科技合作河源区项目专题会；

Ns. 中澳科技交流、人才培养及合作专题会议；

Os. UNESCO – IHE 人才培养后评估会议；

Ps. 中国水资源配置专题会议；

Ar. 流域水利工程建设与管理专题会议；

Br. 供水管理与安全专题会议。

自第二届黄河国际论坛会议结束后，论坛秘书处就开始了第三届黄河国际论坛的筹备工作。自第一号会议通知发出后，共收到了来自64个国家和地区的近800位决策者、专家、学者的论文500余篇。经第三届黄河国际论坛技术委员会专家严格审查，选出400多篇编入会议论文集。其中322篇编入会前出版的如下六册论文集中：

第一册：包括52篇专题 A 的论文；

第二册：包括50篇专题 B 和专题 C 的论文；

第三册：包括52篇专题 D 和专题 E 的论文；

第四册：包括64篇专题 E 的论文；

第五册：包括60篇专题 F 和专题 G 的论文；

第六册：包括44篇专题 H 的论文。

会后还有约100篇文章，将编入第七、第八册论文集中。其中有300余篇论文在本次会议的77个分会场和5个大会会场上作报告。

我们衷心感谢本届会议协办单位的大力支持，这些单位包括：山东省东营市人民政府、胜利石油管理局、中欧合作流域管理项目、小浪底水利枢纽建设管理局、水利部综合事业管理局、黄河万家寨水利枢纽有限公司、西班牙环境部、WWF（世界自然基金会）、英国国际发展部（DFID）、世界银行（WB）、亚洲开发银行（ADB）、全球水伙伴（GWP）、水和粮食挑战计划（CPWF）、流域组织国际网络（INBO）、国家自然科学基金委员会(NSFC)、清华大学(TU)、中国水利水电科学研究院(IWHR)、南京水利科学研究院(NHRI)、水利部国际经济技术合作交流中心(IETCEC,MWR)等。

我们也要向本届论坛的顾问委员会、组织委员会和技术委员会的各位领导、专家的大力支持和辛勤工作表示感谢,同时对来自世界各地的专家及论文作者为本届会议所做出的杰出贡献表示感谢!

我们衷心希望本论文集的出版,将对流域水资源可持续利用与河流三角洲生态系统的良性维持有积极的推动作用,并具有重要的参考价值。

尚宏琦
黄河国际论坛组织委员会秘书长
2007 年 10 月于中国东营

目　录

河流工程及河流生态（Ⅱ）

河流工程及河流生态

（Ⅱ）

河道护岸新工艺

陈　辉　杨泽明

（胜利石油管理局供水公司）

摘要：将棉柴用于河道整治是工程材料上的一次创新。采用柴枕有取材方便、造价低、施工快等传统工程不具备的优点。试验结果证明，采用柴枕护岸是经济可行的。

关键词：柴枕　试验工程　河道整治

1　概述

黄河是一条多泥沙河流，历史上以"善淤、善决、善徙"著称于世，民间也有"三十年河东，三十年河西"的说法。黄河三角洲作为我国最有发展前景的地区之一，随着石油战略地位的提高和区域经济的腾飞，维护、维持其河口河道工程稳定不仅是防洪的需要，也是构建和谐社会的要求。

河道整治工程，以控导工程、护岸工程为主，为维护河道的稳定，往往在水下迎溜吃重部位抛有大量块石、柳石枕、铅丝笼用以护根，黄河上统称"根石"。由于黄河下游河床土质多沙，溜势湍急而又多变，每到汛期或遇调水调沙试验坝前大溜顶冲，淘刷严重，根石不断发生蛰动，出现险情。据统计，黄河下游岁修费60%以上用于根石整修加固，投资巨大。特别是近几年随着成品油价格不断攀升和打击超载的力度加大，黄河口地区的石料价格上涨到 90 元/m³ 左右，工程成本大大增加。国家提倡建立"节约型社会"的号召，使尝试在工程中采用其他材料代替传统料物的探索实践更具有现实意义。

为探索在整治工程采用其他材料的可行性，原胜利石油管理局黄河口治理办公室结合当地资源优势，于 2004 年、2005 年汛前在清三控导工程 1# 坝上游采用以柴枕为软料的柴枕临时护岸试验工程，从实施效果看，用柴枕技术上是可行的，经济上是合理的，具有一定的推广价值。

2　2004 年清三柴枕临时护岸试验工程介绍

2.1　工程缘由和目的

由于 2003 年黄河发生历史上罕见秋汛，利津站流量维持在 2 000 m³/s 以上达 50 多天,使得河口段河道纵向调整加剧,河势发生了较大变化。上游的十四公里溜势下延,导致清三控导工程的溜势出现了大幅上提,顶冲主溜的坝号由原来的 11 ~ 16$^\#$坝上提至 1 ~ 4$^\#$坝。

2004 年汛前进行现场查勘时,控导工程 1$^\#$、2$^\#$坝迎水面石方全部坍塌,作为清三控导工程最上首的 1$^\#$坝以上无工程防护,直接顶冲主流,滩岸坍塌严重,坍塌岸线达 300 m,坍塌宽度最大达 150 m。

清三控导工程是黄河入海流路一期治理规划中的项目工程,2001 年按照规划设计制导线全部建成,因此在黄河入海流路二期治理规划中没有再考虑清三控导工程的续建问题。所以说,近两年发生河势如此剧烈变化,是始料不及的,这种变化趋势是否会继续下去还有待于观察和论证。为了适应河势变化,免受洪水抄清三控导工程后路带来的损失,在没有续建规划的情况下,有必要在现有工程上游进行临时防护。

2.2 试验工程方案比选

有土石坝、柳枕护岸、柴枕护岸这三个备选方案(见表1),通过对这些方案的投资大小、工期长短、取材方便程度及必要的抢险预备金等诸多要素均按照工程长度 300 m 进行计算,比较后可以看出,柴枕护岸由于价格便宜,取材不需征地,因此投资较低;由于取材方便,因此工期也较短;拟建工程中柴枕全部用粗铁丝捆扎、连接,整体性较好,抢险费用大大减少。通过比较,决定采用方案3。

表 1 方案要素对比

序号	方案	投资概算	工期	取材	抢险预备金	说明
1	土石坝	150 万元	2 个月	需要征地获取土方,征地费用较高	30 万元	300 m
2	柳枕护岸	100 万元	1 个月	天然林稀少,柳料不易获得	5 万元	300 m
3	柴枕护岸	50 万元	15 天	工程周围基本都是棉田,柴枕存量大,取材方便	5 万元	300 m

2.3 试验工程布置

清三控导工程上游坍塌范围长达 900 m,其中 1$^\#$坝上游约 300 m 的滩岸坍塌最为严重,而且试验工程尚属首次,所以确定工程布置长度为 300 m。工程布置位置示意(实线部分)见图1。

2.4 试验工程结构形式

2.4.1 枕的结构

工程中使用以柴枕为软料的枕,包括素枕和实枕二种,都是长 3 m,断面为

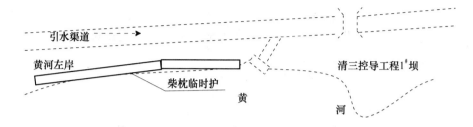

图1 2004年清三控导工程柴枕临时护岸试验工程示意图

圆形,直径0.4 m,用铁丝绑扎。所不同的是,实枕在枕中填充土袋5个,每个重约8 kg。

2.4.2 工程设计

按照工程布置导线在旱地挖槽,槽底宽3.0 m,底高程3.0 m(黄海高程,下同),内外坡均为1:1,最底层丁向排放实枕一层,按照开挖内坡丁向排放素枕,上下层压茬,枕缝隙采用水力冲挖机组进行充填,顶高程为6.1 m。

2.5 试验工程方案实施

由于采用柴枕护岸没有可借鉴的经验,因此在施工前项目负责人和施工单位仔细讨论,充分考虑各个施工细节,制定了详细的施工组织设计。

柴枕素枕在旱地制作,挖0.4 m×0.4 m×3 m的地槽,把用5根10#的铁丝按捆扎要求铺在槽中,铁丝每根1.8 m,然后向槽中填放柴枕,边填边压实,最后捆扎好后将枕提出槽。每个素枕为0.4 m³,重约50 kg。护岸工程摆放9层素枕,每层750个。柴枕实枕在施工现场旱地制作,直径0.4 m,长3 m,用9根10#的铁丝捆扎,每根2.0 m。每个实枕为0.4 m³,重约95 kg。护岸工程摆放1层实枕,每层750个。300 m长护岸共需柴枕369 900 kg,铁丝5 460 kg,编织袋3 000个。

施工时利津流量在150 m³/s左右,清三水位在黄海高程2.80 m左右,为旱地施工。自下游开始以每50 m为一个分部工程进行施工,开挖基槽后先下放一层实枕,然后用铁丝将每个枕连接3处;再进行第二层素枕施工,素枕之间、上下层之间各连结3处,使之成为整体;然后依次进行下一层施工。在第一层枕施工时,每隔5 m打一根1 m的木桩,要求木桩直径在15 cm左右,以固定枕不滑脱至河里。木桩土上留0.3 m,其左右枕与之连接牢固。

在施工现场,对施工的各个环节耗时及材料用量进行了统计,见表2。

2.6 试验效果及分析

2.6.1 2004年汛期来水情况

2004年6月20日开始进行第三次调水调沙试验,流量持续在2 500 ~ 3 000 m³/s,具体来水来沙和水位情况见表3。和2003年相比,汛期黄河洪水持续时间更长,主溜居左,继续上提至清三控导工程 1 ~ 2# 坝和 1# 坝上游,1# 坝迎水面直接顶冲主溜,临时护岸顶冲主溜和边溜,坝前水位达到近 6.0 m。

表2　清三柴枕临时护岸试验工程单枕工料消耗记录

时间:2004 年 3 月 30 日

地点:清三工程现场

说明:素枕和实枕每个均 0.4 m³,2 人共同制作完成。放柴芯包括填料、压实,提枕包括现场码放,现场运输包括装车、卸车、整理。

		素枕	实枕
人工工日统计	装土袋		5 min
	扎口		5 min
	铺铁丝	5 min	6 min
	放柴芯	20 min	20 min
	捆枕	6 min	6 min
	提枕	2 min	2 min
	现场运输	5 min	5 min
	休息	6 min	6 min
	小计	0.47 工日 / m³	0.57 工日 / m³
铁丝用量		10# 铁丝　5×1.8+1.8 m	10# 铁丝　9×2+1.8 m
		1.68 kg/m³	3.08 kg/m³
柴枕用量		125 kg/m³	108 kg/m³
编织袋			4 个

2.6.2　柴枕护岸效果评价

工程 2004 年 6 月 7 日竣工,经过历时 115 天的洪水,柴枕护岸工程自身绝大部分保留完好,并且充分发挥了护岸功能,保护了 1# 坝上游滩地,滩岸坍塌的趋势得到遏止,有效地防止了洪水抄工程后路的可能,达到了工程实施目的。

要达到护岸目的,工程手段很多,但柴枕护岸具有其独特的优越性:①和按制导线续建坝头相比,护岸工程施工难度和投资大大降低,如果按照制导线布置,坝头要建在大河中心位置,水中进占工作量极大,而且在流量 1 000 m³/s 以上的情况下,工程风险很大,投资很难控制,而且新建坝头还要抢险。即使不按照原先制导线采用土石坝护岸,也需要水中进占和抢险,投资也很大。②自从 2002 年后,黄河来水量逐年丰沛,上游又进行调水调沙试验,河口地区河势发生较大变化,清三工程有脱溜的趋势,这是当初黄河一期流路规划所始料不到的,由于变化剧烈,今年采取临时护岸是必要的、及时的。③与传统的抛石护岸相比,柴枕护岸具有造价低、工程稳定性好的优势。抛石护岸必须用铅丝笼护根,造价较高。粗排乱石容易受到高水位洪水的淘刷发生脱坡险情。抛石护岸经过汛期洪水,往往需要重新整理、补充石料;而柴枕护岸即使发生根部淘刷,也是整体均匀下蛰,工程能够保持其完整性。④与传统柳料相比,棉柴作为施工软料价格低廉,在黄河滩区可以就地取材,减少施工准备期。

表3 2004年调水调沙试验期间流量水位统计

日期	利津站流量(m³/s)	利津站含沙量(kg/m³)	利津站水位(m)	清三水位(m)
6月18日			12.03	
6月19日	761		12.46	
6月20日	1 130		12.38	5.75
6月21日	1 760	16	11.96	
6月22日	1 600	10.9	12.56	
6月23日	1 040	16.7	12.98	5.85
6月24日	1 980	16.1	13.19	6.15
6月25日	2 490	16.9	13.23	6.22
6月26日	2 660	16.9	13.26	6.30
6月27日	2 680	18.7	13.26	6.33
6月28日	2 700	16.1	13.29	6.3
6月29日	2 700	13.21	3.22	6.3
6月30日	2 600	13.61	3.22	6.28
7月1日	2 550		12.7	6.28
7月2日	2 560	14	11.94	5.96
7月3日	1 840	8.44	11.8	
7月4日	910	5.18	11.75	
7月5日	630	4.64	11.69	
7月6日	620	4.16	11.92	
7月7日	628	4.36	12.94	5.7

续表 3

日期	利津站流量(m³/s)	利津站含沙量(kg/m³)	利津站水位(m)	清三水位(m)
7 月 8 日	1 000	14.5	13.1	6.05
7 月 9 日	2 390	14.9	13.12	6.14
7 月 10 日	2 610	13.2	13.16	6.26
7 月 11 日	2 630	12.8	13.28	6.4
7 月 12 日	2 520	14.8	13.36	6.4
7 月 13 日	2 600	14.8	13.39	6.45
7 月 14 日	2 740	20	13.36	6.54
7 月 15 日	2 810	19.6	13.19	6.58
7 月 16 日	2 770	14.5	12.27	6.36
7 月 17 日	2 500	8.26	11.9	5.65
7 月 18 日	1 270	4.26	11.76	
7 月 19 日	905	3.84	11.67	

汛后对护岸工程进行了检查,发现经过汛期运用,工程整体有明显下蛰,整体沉陷量有 50 cm,另外工程两端各有 30 m 左右的毁坏,说明试验工程还有待于改进。

2.7 改进建议及推广应用前景

由于用本次柴枕护岸尚属实验工程,在设计和施工中还有需要改进的地方。①护岸工程两端需要加固处理。汛后进行工程查勘时发现,工程东端 20 m 和西端 30 m 被洪水毁坏。两端需要采取一些必要的措施进行加固处理才能防止这种现象,比如采用实枕或石枕,调整枕的摆放走向,增加木桩数量和长度,增加捆绑铁丝的匝数等。②增加埋枕深度,调整素枕和实枕的比例,增加工程稳定性。查勘时发现,工程整体下蛰 60 cm 左右,这是洪水淘刷造成的,采取一定的工程措施可以减少下蛰程度,比如增加埋枕深度,再深 0.5 ~ 0.8 m 就会好一些;调整素枕和实枕的比例,由现在的 9:1 改为 7:3,这样工程的稳定性会大大增加。③工程要有足够的超高,不仅土方要有超高,护岸工程本身也应该有 0.5 m 以上的超高。

从本次柴枕护岸的成功经验来看,这种施工方法具有一定的推广前景。①可以用在黄河汛前加固中。由于取材方便,可以短时间收集大量软料,因此在今后的汛前加固中可以广泛采用。②可以用在沉沙池围堤的护坡中。相比黄河边溜,沉沙池的风浪淘刷的剧烈程度要小得多,采用柴枕护岸完全可以适应,而且比以往采用芦苇的耐久性更好。

3 2005 年清三柴枕护岸试验工程简介

本次工程主要对 2004 年清三柴枕临时护岸试验工程两端水毁部分进行修复,并继续上延实施 120 m。在工程设计时充分吸取了去年临时护岸试验工程的经验和教训,对上延工程两端进行藏头处理并且全部采用实枕,增加了工程的稳固性。

工程完成后,经受了 2005 年调水调沙试验人造洪峰和秋汛的考验,工程效果显著。

4 结语

黄河河口地区有丰富的棉柴资源和廉价的人力资源,棉柴通常作为燃料处理。以棉柴为材料进行河道整治不仅能大大降低工程造价,提高施工速度,降低抢险维护费用,而且有利于带动当地农业经济发展,为棉农增收提供新的有效途径。

基于两级分配模式的河流
排污权优化分配研究

黄显峰　　邵东国　　顾文权

（武汉大学水资源与水电工程科学国家重点实验室）

摘要：针对目前我国排污权分配研究现状及存在问题，提出河流排污权应该在水功能区划基础上实行两级分配模式，从生态环境保护和水资源可持续利用角度出发，选择经济效益最大和水质状况最优为目标，考虑污染物浓度控制、总量控制、分配的公平性等约束条件，建立河流排污权多目标优化分配模型。并应用于举水河排污权分配，取得了实用性成果与结论，证明了模型的有效性和适用性，为河流环境保护部门进行排污权初始分配提供了科学依据。

关键词：河流排污权　两级分配模式　优化分配　水功能区　公平性

1　概述

排污权研究始于 20 世纪 60 年代，美国学者 Dales（1968）首先提出该概念，并定义为"权利人在符合法律规定的条件下向环境排放污染物的权利"。它实际上是指环境容量资源的使用权。随着经济发展，水环境恶化，权利人之间排污矛盾越来越突出。排污权分配是解决该矛盾、协调环境保护与经济发展的有效途径。只有在有限资源基础上对排污权进行合理分配，才能提高权利人和整个社会对水资源使用权及其性质的认识，同时有利于利用经济手段管理水资源和推动水环境保护工作。因此，研究如何科学合理分配排污权具有重要意义。

随着河流水环境日益恶化，人们对河流排污权分配越来越关注，这里排污权分配是指排污权初始分配，是市场经济中进行排污权交易的前提和基础。20 世纪 70 年代，美国国家环保局（EPA）就开始将排污权分配政策用于大气污染源和河流污染源管理，并逐步建立起以气泡（bubble）、补偿（offset）、排污银行（banking）和容量节余（netting）为核心的一整套排污权分配交易体系，在 30 多年时间里，排污权分配交易政策给美国带来了巨大的经济效益和明显的环保效果。我国在 1988 年发布《水污染物排放许可证管理暂行办法》和 1996 年实行污

基金项目：国家重点基础研究发展计划项目（2003CB415206）；国家自然科学基金项目（50679068）。

染物排放总量控制计划以后,河流排污权分配研究也全面开展起来,浙江、江苏等省已经尝试实行了排污权商品化管理。王勤耕、李宗恺等(2000)研究了总量控制区域排污权的初始分配方法,通过引入平权函数和平权排污量,保证排污权分配的现实性和公平性,并建立了以平权排污量为基础的排污权分配模型。李寿德、黄桐城(2003)基于经济最优性、公平性和生产连续性原则,构建了初始排污权分配的一个多目标决策模型。

目前,河流排污权分配主要存在以下问题:①单纯考虑综合污染治理费用最小,致使水环境容量满负荷运行,排污者在环境质量目标控制下,将尽可能多地排放污染物。②仅以现状排污量为依据进行分配,则鼓励了排污者的现时排污行为,对实施清洁生产的排污者是一种惩罚。③污染物按浓度标准控制排放,忽视不同外部环境如气象、地形、水文等因素对污染物不同的吸纳和降解能力影响的差异,另外,排污者有可能将污染物稀释后排放,排污总量不变,却能逃避排污费。④没有考虑河流水功能区特性,不同水功能区对水质要求不同,排污权分配基本都没有考虑这个因素,这是不符合社会发展实际情况的。

基于以上分析,本文试图在河流排污权两级分配模式基础上,从经济目标和水质目标两方面考虑,建立河流排污权多目标优化分配模型,以弥补现有排污权分配方法的不足。

2 河流排污权两级分配模式

我国水利部从1999~2000年组织有关单位在全国范围内进行了水功能区划分(朱党生等,2001)。不同的水功能区,其水质管理目标不同。水功能区的划分为实现水资源的合理开发、有效保护、综合治理和科学管理,促进经济社会的可持续发展提供了保障。因此,河流排污权分配应该充分考虑水功能区的特性,从河流全局出发,结合各水功能区水质管理目标,给出河流总体上经济有效、水质较优的污染物负荷排放量分配方案。

河流排污权两级分配模式是指从河流环境保护部门到水功能区、从水功能区到排污者的两级分配(见图1),河流环境保护部门根据河流排污现状、经济技术水平、污染治理水平、未来发展规划和本河流水环境容量特征及上级河流总量控制要求确定河流排污权,将其分置给各个水功能区,再在该水功能区范围内分配给各个排污者,确定每个排污者的规划排污量。河流排污权在向下一级分配时可以预留一部分,以利于河流水环境保护和水资源可持续利用及应对社会经济发展不确定性因素的影响。

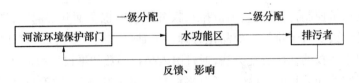

图 1　河流排污权两级分配模式

3　河流排污权优化分配模型

3.1　建模思想

河流排污权分配是解决排污矛盾和进行水环境保护的有效途径。考虑河流水功能区特性,排污权实行两级分配模式,在河流全局控制范围内,在保证经济发展和水质管理目标的同时,要考虑经济最优和水质最优,并且尽可能多地节余水环境容量,满足水资源的可持续利用。经济最优和水质最优是两个相互矛盾的目标,排污权优化配置就是要通过数学规划方法寻找二者之间的平衡点。

为了协调经济发展与生态环境保护,浓度控制和总量控制都必须成为排污权分配的制约条件。对于一个河流,其浓度控制值以各个水功能区的水质管理目标结合《地表水环境质量标准》(GB 3838—2002)确定,总量控制值可以通过计算该功能区的纳污能力来确定。

分配的公平性也是建模所要考虑的。排污权分配不能一刀切,必须考虑到排污者对流域经济发展的贡献水平,对于贡献水平较大的分配排污权时应该加以照顾,同时考虑到排污者的临界排污量,每个排污者应该给以排污量上下限。

基于以上考虑,本文以经济最优和水质最优为目标,以污染物浓度控制、总量控制、公平性及排污者临界排污量,建立河流排污权多目标优化分配模型,以此来计算各个排污者的规划排污量,从而实现该流域经济、环境整体最优。

3.2　目标函数

3.2.1　经济最优目标

经济最优目标:考虑河流污染物综合治理费用最小。

$$minEP = k_1 Q^{k_2} + k_3 Q^{k_2} \eta^{k_4} \tag{1}$$

式中:EP 为河流综合污染治理费用,万元;Q 为超标污染物的处理流量,L/s;η 为污染物去除效率(%);k_1、k_2、k_3、k_4 分别为处理规模费用比例参数、处理规模和去除率费用比例参数、处理规模与处理工艺费用比例参数和去除率费用指数参数,可结合国家已有城市污水处理厂投资费用资料及河流实际情况确定。

3.2.2　水质最优目标

水质最优目标:考虑河流水环境节余容量最大,即

$$maxWEC = W - \sum_{i=1}^{m} \sum_{j=1}^{n_i} W_{ij} \tag{2}$$

式中:WEC 为河流水环境节余容量,t/a;W 为河流环境保护部门综合考虑各种因素确定的河流排污权,t/a;W_{ij} 为第 i 功能区内排污者 j 的规划排污量,t/a;n_i 表示第功能区内排污者的个数;m 表示河流划分的水功能区的个数。

3.3 约束条件

3.3.1 浓度控制约束

浓度控制约束主要考虑将污染物规划排放浓度控制在水功能区的水质管理目标之内。

$$B_{i0} + \sum_{j=1}^{n_i} B_{ij} \leq C_{is} \qquad (3)$$

式中:B_{i0} 为第 i 功能区上游背景浓度对下游控制断面的浓度贡献值(即浓度传递函数的值),mg/L;B_{ij} 为第 i 功能区内排污者 j(本文将点源污染源和面源污染源都看成是排污者)对下游控制断面的浓度贡献值,mg/L;C_{is} 为第 i 功能区水质管理目标,mg/L。

3.3.2 总量控制约束

功能区内各排污者规划排污总量控制在各个水功能区的纳污能力范围内,所有水功能区的规划排污量不超过河流排污权总量。

$$\sum_{j=1}^{n_i} W_{ij} \leq W_i \qquad (4)$$

$$\sum_{i=1}^{m} W_i \leq W \qquad (5)$$

式中:W_i 为第 i 功能区的纳污能力,t/a。

式(4)、式(5)意义是各级所分配的排污权不得多于上一级的总排污权,排污权初始分配可预留部分,以利于生态环境保护和水资源的可持续利用。

3.3.3 公平性约束

将排污者的规划排污量与公平初始排污权,以及排污者近几年平均排污量之间差值的平方和控制在排污者现状排污量的某个百分比之内。

$$(W_{ij} - W_{eij})^2 + (W_{ij} - \bar{W}_{ij})^2 \leq (\lambda W_{ij}^0)^2 \qquad (6)$$

式中:W_{eij} 为第 i 水功能区排污者 j 的公平初始排污权,以排污者对功能区的经济发展贡献率乘以该功能区的规划排污量计算,t/a;$\bar{W}_{ij}$ 为排污者近几年平均排污量,t/a;W_{ij}^0 为排污者现状排污量,t/a;λ 为修正系数($0 < \lambda < 1$),它将排污者的规划排污量与公平初始排污权,以及排污者近几年平均排污量之间的平方和误差控制在排污者现状排污量的某个百分比之内,λ 越小,公平性越显著。

3.3.4 临界排污量约束

考虑到排污者生产连续性以及未来经济发展规划水平,排污者的排污权受到临界排污量约束,排污量下限约束主要考虑排污者的生产连续性,以排污者近几年排污量的最小值为衡量标准,上限约束则以排污者的最大排污量为标准,根据社会经济方面的因素以及排污者的排污量削减潜力等确定。

$$W_{ij}^{L} \leqslant W_{ij} \leqslant W_{ij}^{U} \tag{7}$$

式中:W_{ij}^{L} 为第 i 功能区排污者 j 的最小排污量,t/a;W_{ij}^{U} 为第 i 功能区排污者 j 的最大排污量,t/a。

4 应用实例

举水河位于湖北省东北部,大别山南麓,长江中游下段北岸,自北向南流经湖北省黄冈市所辖的麻城市、红安县、团凤县和武汉市新洲区,于鹅公顷处注入长江,是长江的一级支流。干流全长 165 km,流域面积 4 302.8 km²。随着流域内经济的发展,大量污染物未经控制直接排入河流,河流水质日益恶化,因此对该河流实行排污权分配、协调经济发展与生态环境保护是十分必要的。举水河干流共划分 6 个一级功能区和 4 个二级功能区,对于一级功能区内的开发利用区进一步划分二级功能区,详细情况见《湖北省水功能区划》。举水干流一级功能区划结果如表 1 所示。

表 1 举水河干流一级功能区划分

一级功能区	功能区名称	范围			水质管理目标
		起始断面	终止断面	长度(km)	
A1	举水源头保护区	源头	麻城市黄土岗镇	32.5	Ⅱ
A2	举水麻城上游保留区	麻城市黄土岗镇	麻城水文站上 2 km	34.5	Ⅱ
A3	举水麻城开发利用区	麻城水文站上 2 km	麻城市闵家集	9	
A4	举水闵家集—三店保留区	麻城市闵家集	新洲水厂上游 1.5 km	58.5	Ⅲ
A5	举水新州开发利用区	新洲水厂上游 1.5 km	新洲水厂下游 0.5 km	2	
A6	举水新州—团凤保留区	新洲水厂下游 0.5 km	团凤	28.5	Ⅲ

经过简化,举水河两侧共有 11 个排污者,其一级水功能区及排污者布置如图 2 所示。

由于国家对二级功能区内排污控制区的水质管理目标不作要求,本文根据排污控制区下接的二级功能区确定,若排污控制区下接过渡区,则采用一维水质迁移方程反推确定,若下接除过渡区外的其他二级功能区,则其下断面浓度即为下一个功能区的水质目标。以此确定各个功能区的浓度控制目标 C_{is},背景浓度

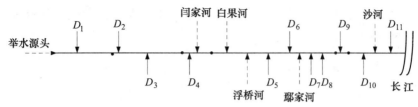

图 2　举水河一级水功能区及排污者布置示意

及排污者污染物排放浓度对下游控制断面的浓度贡献值计算方法见文献[6]。各功能区的总量控制目标可以根据污染物的浓度控制目标通过计算纳污能力确定,将各功能区的纳污能力作为本功能区的规划排污量 W_i。各功能区的公平初始排污权,以排污者对功能区的经济发展贡献指数乘以该功能区的规划排污量计算,经济发展贡献指数为经济利税贡献、经济发展规模贡献和对劳动就业贡献三方面的加权和,结合排污者近几年的排污量确定排污者的临界排污量。

本文以 COD 为研究对象,建立举水河排污权多目标优化分配模型。对长江中下游地区污水处理厂投资分析,率定参数 k_1、k_2、k_3、k_4 分别取 4.437 9、0.661 7、44.323 9、4.999,η 取 90%,λ 取 0.5。该模型为一个多目标非线性模型,其求解方法已有广泛研究(Ni-Bin Chang、Brian Pyson, 2006;袁宏源等,2000)。本文利用多目标规划中的理想点法求解。

其基本思想是:设多目标优化模型有 p 个目标函数,对于每个目标函数 $f_j(x)$,事先确定一个目标值 f_j^0,其中 $f_j^0 \leqslant \min f_j(x)(j=1,2,\cdots,p)$,记理想点为

$$f^0 = (f_1^0, f_2^0, \cdots f_p^0)^T \tag{8}$$

然后求解单目标优化问题:

$$\min_{x \in S} \| f(x) - f^0 \|_\alpha \tag{9}$$

本实例中采用最短距离理想点法,即取 $\alpha = 2$ 进行计算。

根据举水河排污现状、经济技术水平、未来发展规划和本河流水环境容量特征以及长江对举水河总量控制要求确定举水河流排污权为 6 654.87 t/a。利用上述模型及方法进行举水河排污权分配,各功能区及排污者的排污权分配结果如表2、表3所示。

将本文模型结果与文献[4]提出的模型计算的结果进行对比分析。文献[4]给出了一种排污权分配的多目标决策模型,模型中以经济最优为主要目标,以公平性和生产连续性为次要目标,本文中,经济最优目标和水质最优目标是两个同等重要的目标,在计算中对于经济最优目标以污染物综合治理费用最小来

衡量,对水质最优日标用水环境节余容量最大来衡量。两种模型计算成果如表3所示。

表2　本文模型法计算的各功能区排污权分配成果

功能区	上游背景浓度（mg/L）	下游控制断面浓度（mg/L）	现状排污量（t/a）	规划排污量（t/a）
A_1	1.0	1.2	332.96	556.18
A_2	1.2	1.6	691.39	877.36
A_3	1.6	3.2	1 853.00	1 736.90
A_4	3.2	2.8	2 737.90	1 273.00
A_5	2.8	3.7	965.35	919.03
A_6	3.7	3.9	1 663.80	1 292.40

表3　本文模型与文献[4]计算的各排污者排污权分配成果

排污者	距河口距离（km）	排污量下限（t/a）	排污量上限（t/a）	现状排污量（t/a）	本文模型计算排污权（t/a）	文献[4]模型计算排污权（t/a）
D_1	162	266.36	399.55	332.96	383.01	395.66
D_2	131	249.30	373.95	311.63	352.88	373.09
D_3	114	303.81	455.71	379.76	379.76	442.42
D_4	93	922.39	1 383.60	1 153.00	976.65	974.59
D_5	72	335.83	503.74	419.78	419.84	489.37
D_6	68	321.97	482.96	402.46	402.56	455.29
D_7	60	163.25	244.87	204.06	212.01	212.64
D_8	55	130.54	195.81	163.18	165.64	163.18
D_9	29	772.28	1 158.40	965.35	919.03	850.27
D_{10}	20	284.00	426.00	355.00	406.84	402.17
D_{11}	8	310.21	465.31	387.76	425.30	448.62
合计		4 059.94	6 089.90	5 074.94	5 043.52	5 207.30

由表3可知,本文模型计算的各排污者排污权之和为 5 043.52 t/a,污染物综合处理费用为391.91万元,河流水环境节余容量为1 611.35 t/a,节余容量比为0.242,而以文献[4]给出的方法计算各排污者排污权之和为5 207.30 t/a,污染物综合处理费用为488.66万元,水环境节余容量为1 447.57 t/a,节余容量比为0.218。比较两种方法计算结果可以看出,本文模型计算得到的河流排污权分配结果总量少,污染物综合处理费用少,且水环境节余容量多,经济目标和水质目标都较优。这主要是因为实行河流排污权两级分配后,河流水功能区对排污者的污染物浓度和总量有制约作用,排污权分配体现了平稳性和公平性,结果更趋合理。而对于没有考虑水功能区的排污权分配模型,其分配结果不均匀,不仅造成水环境容量近似满负荷运行,而且使得河流污染物综合处理费用偏大。因此,本文模型有利于河流的全流程水环境控制与管理,有效解决河流地区之间、上下游之间的排污矛盾,协调经济发展与环境保护,保障水资源的可持续利用。

5 结语

排污权分配是排污权交易的前提和基础,是一项综合经济、社会、政治、资源、环境、工程等多种因素的动态系统工程,具有复杂性特征。在排污权分配中引入水功能区划,首次提出从河流环境保护部门到水功能区,再到排污者的两级分配模式,将水功能区划与水环境保护结合起来,有利于河流的全流程水环境管理。在此基础上,以经济最优和水质最优为目标,以浓度控制、总量控制、公平性、临界排污量等四个方面为约束条件,建立河流排污权多目标优化分配模型,体现了排污权分配的复杂性特征,丰富和发展了排污权分配理论与方法,有利于协调区域环境保护与经济发展,具有广泛的应用前景。当然,由于文中排污权分配只考虑了河流环境保护部门的作用,而没有考虑水资源管理部门的作用,如何在水质、水量统一管理的情况下进行排污权分配有待进一步研究。

参 考 文 献

[1] Dales J H. Pollution, Property and Prices[M]. University of Toronto Press, 1968.

[2] Brady, Gordon L, Morrison, et al. Emissions trading: an overview of the EPA policy statement[J]. International Journal of Environmental Studies. 1984,23(1):19 – 40.

[3] 王勤耕,李宗凯,陈志鹏,等. 总量控制区域排污权的初始分配方法[J]. 中国环境科学,2000,20(1):68 – 72.

[4] 李寿德,黄桐城. 初始排污权分配的一个多目标决策模型[J]. 中国管理科学. 2003,11(6):40 – 44.

［5］ 朱党生,王筱卿,纪强,等. 中国水功能区划与饮用水源保护［J］. 水利技术监督,2001 (3):33 – 37.

［6］ 阳书敏,邵东国,沈新平. 南方季节性缺水河流生态环境需水量计算方法［J］. 水利学报,2005,36(11):1341 – 1346.

［7］ Ni-Bin Chang, Brian Dyson. Multiobjective risk assessment of freshwater inflow on ecosystem sustainability in San Antonio Bay,Texas［J］. Water International,2006,31(2):169 – 182.

［8］ 袁宏源,邵东国,郭宗楼. 水资源系统分析理论与应用［M］. 武汉:武汉水利电力大学出版社,2000.

黄河海勃湾水库库尾冰塞计算

雷　鸣[1]　饶素秋[2]　张志红[1]　贺顺德[1]　高治定[1]

（1.黄河勘测规划设计有限公司；
2.黄河水利委员会水文局水文水资源信息中心）

摘要：利用北京勘测设计院、西北勘测设计院对黄河盐锅峡—刘家峡河段冰塞计算的研究，借鉴推移质泥沙运动特性理论推出的一套冰塞壅水计算方法，通过对有实测冰塞资料的万家寨河段冰塞水面线的计算验证，找出各经验参数的地区变化规律，进而推求无实测冰塞观测资料的海勃湾河段冰塞壅水水面线，论证推求成果的合理性，为该计算方法能够推广到其他无实测冰塞资料河段进行了探索。

关键词：库尾冰塞　海渤湾　黄河

1　概述

冰塞是我国北方河流较严重的冰凌现象，一般形成于流凌封河期。在天然河段，冰塞一般发生在河道弯曲、河道比降由陡变缓处。水库修建以后，水库回水末端以上的河段比降较陡，流速较大，其下游河段比降变缓处先行封河后，有一部分冰花在冰盖前沿下潜，堵塞、壅水，冰盖逐渐上延，这种过程反复发展，易形成冰塞。

冰塞发展过程可分为形成、稳定和消融三个阶段。当冰塞发展到一定时期，就进入动态平衡时期。此时，冰塞体断面流速、比降、过水断面出现较长时间的稳定，该时期称为冰塞的稳定阶段。这时期水位虽有波动，但比较平稳，为壅水最高时期。处于这种状态的河段称为"稳定河段"，常位于冰塞体中部，瞬时最高水位也出现在这个河段内。稳定阶段冰塞体的这些特点对推估冰塞稳定阶段冰塞最高壅水位及相应水面线具有实际意义。

目前计算冰塞壅水的方法主要有概率统计方法，结合经验公式的水力学方法，以及借用相似河段最大壅水资料（最大涨差）进行类比估计法。其中，概率统计法需要长期稳定的冰塞观测资料；结合经验公式的水力学方法，主要建立在冰塞稳定阶段水流的水力学特性基础上，概化了断面平均流速与流量、水面宽的经验关系，其中经验系数仍需要利用河段少量冰塞体实例资料率定；相似类比法采用相似河段最高壅水位类比推算，一般仅能给出最高壅水位，而无法给出其冰塞体确切位置及冰塞水面线。本次计算研究了刘家峡河段使用过的两种结合经验公式的水力学方法,借用其中的水流挟冰花能力建立的水力学方法与成果,再通过对有实测冰塞资料的万家寨河段冰塞水面线进行验算后,分析了公式经验系数及有关参数的地区变化规律,进而用于推求无实测资料的海勃湾河段冰塞壅水水面线。

2 计算原理及方法

北京勘测设计院、西北勘测设计院研究黄河盐锅峡—刘家峡河段冰塞计算研究中,提出了根据阿尔图宁河相关关系式和水流挟带冰花能力建立的冰塞壅水两种计算方法。这两种方法均需要利用设计河段实际冰塞资料率定经验公式。对于前一种方法,用万家寨河段实测资料验证时发现,计算冰塞水面线与实测冰塞水面线差别较大,而且其公式中河相系数变化规律较难掌握。而后一种方法,通过万家寨 3 年冰塞资料,反复试算,重新率定稳定冰塞河段断面平均流速与流量、水面宽建立的经验公式的经验系数。计算结果表明,与万家寨 3 年冰塞资料比较,计算冰面线与实测冰面线的平均误差控制在 0.3 ~ 0.5 m,拟合较好。同时,参照有关文献分析,冰塞的稳定程度是阻力的函数,它们取决于河流宽度和坡度,以及存在不同的河床阻碍作用。分析了盐锅峡、万家寨河段所用经验公式的经验系数与两河段平均比降和断面宽的关系,发现其与平均比降有正相关关系,与断面宽有反相关关系。以此,为海勃湾水库库尾冰塞计算合理选用公式经验系数,提供了分析思路与方法。

该方法借用泥沙推移质运动概念,根据实测冰塞资料率定的稳定冰塞阶段断面平均流速与流量、水面宽建立经验公式:

$$V = \beta \frac{Q^{0.35}}{B^{0.35}} \tag{1}$$

并结合曼宁公式和水流连续方程:

$$Q = HBV \tag{2}$$

式中:Q 为相应冰塞最高壅水时的流量;H 为断面水深;B 为水面宽;V 为断面稳定平均流速,β 为经验系数。

根据以上计算方法,冰塞壅水水面线的计算步骤如下:

(1)利用盐锅峡水库和万家寨水库冰塞计算公式的经验系数 β 值,与河段的平均比降建立相关关系。在计算海勃湾水库的库尾冰塞时,利用原始及淤积 20 年的库尾河段平均比降,用上述关系,初选相应经验系数 β 值,再按以下步骤进行试算,选用合适的数值,见表 1。

表 1　海勃湾水库冰塞壅水计算经验系数 β 分析

水库	河道平均比降(‰)	经验系数 β 值
盐锅峡	0.17	0.71
万家寨	0.085	0.58
海勃湾(原始河道)	0.05	0.50
海勃湾(淤积 20 年)	0.022	0.45

（2）根据预报或某设计频率确定冰花总量（即冰塞体冰量）及封河期平均流量。

（3）初步确定冰塞头部及尾部的位置。冰塞头部可取断面平均流速 $V = 0.3 \sim 0.4$ m/s 的位置。尾部可据地形、流速条件判定，一般在比降陡、流速大且下游冰塞壅水后又难以改变该河段水力条件的位置。

（4）把冰塞河段划分成若干计算河段，选用合适的冰盖糙率及河床糙率，并计算各断面的综合糙率 n_c。综合糙率 n_c 可按照下式推求：

$$n_c = \left(\frac{n_b^{\frac{3}{2}} + n_i^{\frac{3}{2}}}{2} \right)^{\frac{2}{3}} \tag{3}$$

式中：n_b 为河床糙率；n_i 为冰盖糙率。

根据对有实测资料河段计算分析得出的经验，在进行冰塞体壅水计算时，n_c 对冰底水位没有影响，只影响冰塞壅水水位。n_c 越大，断面间冰塞壅水水面比降越大，相邻上断面冰冰塞壅水水位也越大，计算出的冰量也相应增加。在计算海勃湾水库库尾冰塞时，综合糙率取 0.05 左右，尾水部分断面综糙率采用 0.03。

（5）联立式（1）、式（2），则可分别计算各断面的稳定流速及水面宽。

（6）根据式（4）分别计算各断面的稳定比降 j。

$$j = \frac{V^2 n_c^2}{R^{\frac{4}{3}}} \tag{4}$$

式中：n_c 为综合糙率；R 为断面稳定水力半径；j 为冰塞稳定水面比降。

（7）从假定的头部位置的水位，按各断面计算的稳定比降向上游推得各断面的冰塞壅水位。

（8）据推得的冰塞壅水位减去冰盖下稳定水位，即可求出各断面的冰塞厚度。

（9）根据各断面的冰塞厚度计算总冰量，并与预报或某设计频率（与实测拟合时为实测值）的总冰量比较，若计算的堆冰量与给定冰量不相符，重新假定冰塞头部，重复上述计算步骤，直至两者基本相符。

3 计算结果

根据防凌需要,采用黄河海勃湾水库运行 20 年后的库区地形断面资料,水库蓄水位 1 076 m,封河流量以石嘴山站封河期 20 年一遇来水流量 869 m³/s 为初始条件,计算海勃湾水库回水末段冰塞壅水的情况。冰塞头部选择距坝 11 km 的峡谷出口,尾部选择断面由窄变宽处,冰塞曲线见图 1。

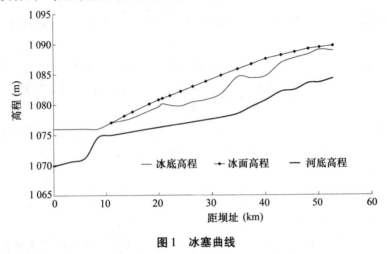

图 1 冰塞曲线

4 成果分析

4.1 冰塞图形合理性检查

根据盐锅峡、万家寨、天桥水库库尾冰塞稳定阶段资料分析,在黄河峡谷河段冰塞体形状似一个倒扣的概化梯形或概化三角形。现研究的海勃湾水库库尾河段仍是峡谷型河段,预计冰塞体图形应基本上与上述水库库尾河段冰塞体形状一致。计算冰塞图形的合理性还需从以下几个方面进行检查:

(1)冰塞头部、尾部位置的合理性检查。头部位置由以下几个条件综合考虑选取:一是先把断面平均流速为 0.3 m/s 作为冰花在冰盖下最初停留位置;二是天然河道比降突然变缓处;三是在断面突然展宽处的上沿弯道处,或存在明显的阻水、阻冰工程等处;最后,再通过试算来确定。在有一定选择范围时,按设计河段情况,应选择影响范围靠上游侧,壅水影响最为严重的位置。尾部位置选择由下游向上游比降变缓处,而下游冰塞壅水又难以改变水力条件的地方,或者断面由窄深变为宽浅,而壅水也较难以改变水力条件的地方。

(2)冰塞头部起始陡涨断面水位及涨差。冰塞头部初始陡涨点水位对后续整个冰面线位置影响较敏感,直接影响到计算成果的合理性。头部前缘起点位置高程,与下游侧水库回水曲线相衔接,但库尾回水末端水面线可能因冰凌插封,与畅流期同流量水位相比,一般可考虑1 m左右涨幅进行衔接。但整个头部水位选择,也还需要通过反复试算来调整确定。

（3）水面(冰面)比降的变化特点分析。在冰塞稳定阶段,水面(冰面)比降具有一定规律特点。冰塞体前缘部分比降较缓,与其下游库区冰盖衔接水面线较平缓,头部起始断面比降变化较陡,接近或大于河道比降(或畅流期同流量下水面比降)。参照万家寨河道1998～2000年3年比较严重的冰塞实例情况模拟选定。冰塞体中部与尾部水面比降接近或小于河段比降。海勃湾水库建库初期与运用20年后设计冰塞水面线与同期河道比降相比,基本符合这个特点。

（4）计算的冰塞图形比较符合实际。就水库淤积20年后的库尾冰塞图形,尚无实例可参照。但计算中较充分地反映了水库库区泥沙淤积对冰塞特点的影响。一是考虑库尾回水段比降调缓,与运用初期计算相比,减小了经验公式中的经验系数;二是将冰塞头部位置下移8.1 km;三是整个冰面线比降调缓,冰塞长度增加,需求的冰花总量有较大幅度增加,而来凌条件仍基本能满足。因此,这个方案也能成立。

4.2 计算成果的合理性分析

（1）各计算环节均加以合理控制,保证成果出现的可能性。

在各计算环节中,包括经验公式中经验系数,初始起涨断面位置、水位、涨差,以及分段综合糙率和冰塞体总冰量等方面,均参照相似河段实际情况及本河段水文气象条件实际资料情况范围之内选用,并且各环节数值并不完全孤立,而是相互牵涉,不可过分偏于某一方面。这样计算的成果比较合理。

（2）冰塞体最大冰厚计算成果检查。建库初期冰塞最大冰厚达4.65 m,而淤积20年后最大冰花厚度只有3.05 m,这主要反映了河道淤积后,比降变缓,同样来水条件及断面形态条件下,流速减小,冰花下潜深度能力有所减小。故两种情况相比,后者冰花厚度有所减小是合理的。

（3）冰塞壅水各个断面平均流速的检查。从盐锅峡、万家寨水库库区冰塞计算成果来看,冰塞壅水各个断面平均流速一般应在0.3～1.2 m/s范围内,且河段比降与平均流速保持正比关系,即河段比降越大,冰塞壅水体各个断面平均流速越大,又由于断面平均流速与断面综合糙率n_c成正比关系,可通过调整各断面n_c值试算出恰当的断面平均流速,得到合适的冰塞壅水水面线。对于海勃湾水库库尾冰塞的计算,各个断面平均流速均保持在0.6 m/s左右,因此可以认为计算成果是合理的。

（4）冰塞体计算的总冰量检查。根据海勃湾河段1968～1988年共21年的冰期流凌资料,最大流凌量5 600万 m³。经分析,在水库运行初期,冰塞河段较短,上游来冰量能够完全满足冰塞体所需总冰量;水库运行 20 年后,河道比降变缓,冰塞体变长,冰塞体所需冰量为 6 600 万 m³,上游来冰量不能完全满足冰塞体需冰量。但是,考虑到海勃湾水库库尾部分河段在冰塞形成过程中,其中水面宽的 3/4 以上系浅滩部分,在当地气温较低的情况下,该部分河段的冰塞体的岸冰由当地水面形成,不需要上游的来冰量进行补充,经估算,这部分冰量为 1 000 万 m³ 左右。因而,只要上游来冰量达到 5 500 万 m³,便可以满足该冰塞体的冰量需要。所以,计算的冰塞体冰量与设计冰量比较接近,也比较符合冰塞体形成和发展的基本特点。

5 结语

通过对水流挟带冰花能力建立的冰塞壅水计算方法的研究,对实测冰塞资料河段计算出的经验系数 β 进行归纳,找出与河段平均比降、断面宽、综合糙率的相关关系,为利用该方法计算无冰塞资料河段冰塞壅水水面线提供了新经验。

参 考 文 献

[1] Бузин В. А. Заморы льда и Заморные наводния на реках Гидрометеоиздат[M]. 圣彼得堡:国家水文气象出版社,2004:16 – 20.

[2] 武汉水利电力学院. 河流泥沙工程学[M]. 北京:水利出版社, 1988.

利津水库底泥对水厂水质的影响分析研究

闫洪波

（胜利油田供水公司）

摘要：通过利津水库原水水质和底泥影响水厂水质技术路线分析，作出水库原水水质对水厂运行水质影响的评价，确定水库的水质优良，暂时不影响水厂水质，由此确定水库暂不需要实施水库淤泥清淤，节省了利津水库的运行维护、清淤等费用。

关键词：利津水库　原水　底泥　研究

利津水库位于东营市利津县城区西北约 4 km，东距引黄宫家干渠 150 m，水库南北长 3.3 km，东西宽 2.2 km，布置为平行四边形，面积 7.8 km²（见图 1），设计库容 2 000 万 m³，设计水深 3.5 m，于 1992 年 1 月水库进行蓄水，主要为 5 万 m³/d 的利津水厂提供原水。由于水库水没有经过沉沙池预沉沙，浑水直接入库，水库的东北角泥沙淤积比较严重。2006 年夏季以来，利津水厂水质浊度指标偏高，出水浊度超过了 1.0 NTU，经排查认为是水库淤积造成富营养化形成的，建议对水库的淤泥进行清淤。为了查找原因，本文针对水库水质及底泥对水库水质的影响进行了调查研究。

1　研究方案

黄河水进入水库后，泥沙会沉积在水库底部。泥沙中含有的有机物在特定的条件下能够释放到水体中，对水体质量产生影响。由于水库中淤泥有差异，由此研究水库中的不同部位的水质，可以确定底泥对水库水质的影响。

2006 年 9 月，进入水库对水库东、南、西、北的 4 个角位置和中心的 1 个位置进行了水样与泥样的采集。为避免水库大坝对周边取样的影响，水库 4 个角取样点离开水库大坝 50～80 m。采集水库底表面底泥泥样 5 个；每个水样取样点水样依深度方向上、中、下三个位置位置分别取样，下层水样离水库库底 0.5 m，共采集水样 15 个。经过对水样总磷、总氮、氨氮、藻类、耗氧量等指标的化验和底泥有机物的含量结果分析水库底泥对水质的影响。

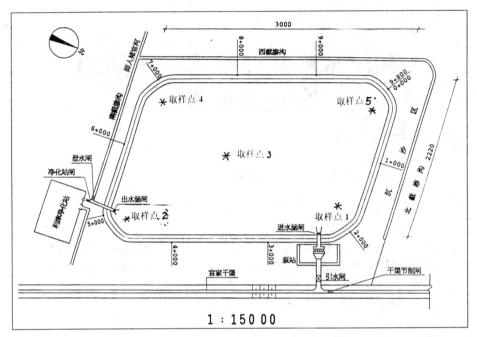

图1 利津水库取样点位置图

2 检测结果分析

2.1 水库的富营养化分析研究

水体富营养化,是指水库水体以及某些河流水体内的氮磷营养元素的富集,水体生产力提高,浮游植物异常增殖,使水质恶化的过程。一般规定,耗氧量超过 7.10 mg/L,总氮超过 1.20 mg/L,总磷超过 0.11 mg/L,透明度低于 0.73 m,即处于富营养化状态(叶守泽等,1998)。它是水环境中常见的一种污染现象。

2.1.1 水库水总氮和耗氧量的化验结果分析

利津水库水样的总氮总平均指标为 1.67 mg/L,超过了 1.20 mg/L 指标 39%,各部位上、中、下平均数值分别为 1.624 mg/L、1.614 mg/L、1.766 mg/L,水库的上部、中部、下部呈富营养状态,从总氮指标总体评价水体为富营养化状态。但从水库东南角出口的总氮平均水平看,为 1.06 mg/L,比 1.20 mg/L 低,从总氮项目来评价,水库水体除东南角水库出口外都呈现富营养化状态;耗氧量指标:各个部位耗氧量指标都比较低,上、中、下平均数值分别为 3.212 mg/L、3.274 mg/L、3.356 mg/L,属于非富营养化状态,对水厂的运行也是有利的。

2.1.2 总磷分析研究

水库中的总磷平均指标为 0.054 mg/L,接近 0.11 mg/L 指标的 50%,东北角总磷平均指标为 0.077 mg/L，没有超过 0.11 mg/L 标准，只有东北角下层水样为 0.12 mg/L，超过 0.11 mg/L 标准，超标幅度仅为 0.09%，原因是水库刚进水，进水口没有经过长时间的生态过程。东南角水库出口总磷指标水库出口为 0.04 mg/L，比 0.11 mg/L 标准低，其他水样都比 0.11 mg/L 标准指标低。根据国外对水库生态的研究资料，氮、磷被浮游植物吸收的平均比是 7.2∶1。如果产生限制作用的结果，这个比例可以相差很大，氮、磷的临界比是 10∶1。Forsberg 等通过对培养基和湖水中浮游植物氮磷比的对比研究决定了这些作为限制性营养的元素的作用，根据水库的化验结果，总氮/总磷的值为 17～59，大于 12，由此得出利津水库中磷为限制浮游植物藻类的限制因子。

2.1.3 藻类分析

根据藻类的化验结果分析，水库中间部位的藻类上层 6 635 500 个/L，中层 10 416 100 个/L，下层 8 255 700 个/L，平均为 8 435 767 个/L，水中的藻类含量不高。

3 水库底泥对水库水质的影响分析

水库中水样分析：底层水质总磷含量有 4 个点分别比中层和上层高，说明了水库中上部分水质比下层水质好。水库中东北角、东南角、中间、西南角、西北角耗氧量平均指标分别为 3.4 mg/L、3.22 mg/L、3.12 mg/L、3.35 mg/L、3.32 mg/L，5 个取样点差别不大，每个取样点上、中、下只有细微的差别。东北角淤积最重，耗氧量稍微大一点。东南和西南角淤积程度最轻，但东南和西南角两个方向与东北角的差别却很小。说明淤积的淤泥对水体水质的影响比较小。根据泥样干燥和灼烧后测得的化验结果，底泥中的有机物含量平均为 9.56%，水库出口的含量为 8.18%，水库中的底泥中的有机物含量比较低。

4 结语

以上分析结果表明，利津水库中的水样，水库东南角出水口水质比较好，即向水厂供应的原水属于非富营养化状态，东北角、西北角、西南角和水库中间水质呈富营养化状态；水库中四个角和中间部位包括淤泥淤积比较厚的和淤泥淤积比较薄的各个部位不同水深的耗氧量指标没有明显的差别，显示出底泥对水库水质的影响不大，可以暂时不实施水库清淤。

根据检测分析的结果，没有对水库进行底泥清除，针对利津水厂前一时期水的浊度偏高现象，进行水厂工艺运行参数调试细化，在现有水库的情况下，到目前为止，水厂的出厂水浊度已经控制在 1.0 NTU 以下，达到了向社会提供优质水的目的。

胜利油田引黄微污染
原水的处理对策

刘　欣

（胜利油田供水公司）

摘要：由于黄河水质的污染加剧，给处于黄河最下游的胜利油田的城市供水水处理工作带来了相当大的难度，本文立足于实践，对胜利油田供水公司在水处理方面的成功经验进行阐述，主要从预氧化、溶气气浮、强化混凝、双级过滤等措施实施前后的水质比较来说明其可行性。

关键词：预氧化　气浮　强化混凝　双级过滤

1　概述

胜利油田地处黄河下游东营市境内，黄河是胜利油田工业生产、生活及日常生活的重要水源，自1970～1999年，胜利油田以黄河为引水水源兴建大中型水库11座，小型水库110座，水库总库容4.5亿 m³。由于油田所在地区浅层地下水矿化度高，不能饮用和灌溉，深层地下水含氟、含碘超标，开发利用困难，黄河水成为油田唯一能利用的客水资源。然而根据环境监测部门的定期检测发现，黄河近几年的水环境质量有了较大变化，主要表现在一些水质指标超出《地面水环境质量标准》IV类标准的现象，超标因子主要为COD、高锰酸盐指数、氨氮、挥发性酚等。污染原因主要为中上游城镇工业废水及生活污水的点源污染和农业废水的面源污染。入河污染物已超过黄河水环境容量，据权威部门检测发现，黄河流域污水排放总量由20世纪80年代每年平均20亿 t激增到目前的40亿 t，每年的化学需氧量的排放量在140万 t左右，氨氮的排放量近14万 t，分别超过了黄河水环境容量的1/3和2.5倍，水质超标的现象比较普遍，部分地区饮用水源有机污染日益严重，饮用水安全问题已经显现。

2　水库原水水质调查

由于黄河水高含沙、高污染的现实情况，胜利油田兴建的大、中、小型水库发挥了重大作用。引黄水在水库中的沉沙、自净等一系列作用，使水质有了明显的改善。但是仍然存在 COD、总氮、藻类、高锰酸盐指数超标现象(见表 1、图 1 ~ 图 3)。

表 1　供水公司各水库原水指标超标情况调查

序号	水源名称	评价项数	超标项数	超标项目	取样日期(2006 年)
1	耿井	30	1	总氮(3.99 mg/L)	7月3日
2	辛安	30	2	COD$_{Cr}$(26.1 mg/L),总氮(1.95 mg/L)	7月3日
3	广南沉沙池出口	30	5	铁(0.49 mg/L),COD$_{Mn}$(7.21 mg/L),氯化物(671 mg/L),COD$_{Cr}$(30.3 mg/L),六价铬(0.067 mg/L)	7月3日
4	广北沉沙池出口	30	2	总氮(5.41 mg/L),铁(0.31 mg/L)	7月3日
5	民丰2号	30	2	总氮(2.61 mg/L),铁(0.36 mg/L)	7月17日
6	民丰4号	30	1	总氮(1.27 mg/L)	7月17日
7	纯化	30	1	总氮(2.44 mg/L)	7月17日
8	利津水库	30	1	总氮(1.14 mg/L)	7月17日
9	孤河水库	21	3	氯化物(328 mg/L),总氮(1.19 mg/L),pH(9.28)	7月18日
10	5号水库	21	2	氯化物(428 mg/L),总氮(1.07 mg/L)	7月18日
11	孤东水库	21	1	总氮(1.56 mg/L)	7月18日
12	孤岛一库	21	2	COD$_{Cr}$(22.3 mg/L),总氮(1.75 mg/L)	7月18日
13	孤岛二库	21	2	总氮(1.32 mg/L),COD$_{Cr}$(24.5 mg/L)	7月20日

注:项目标准值:总氮(1.0 mg/L),COD$_{Mn}$(6 mg/L),COD$_{Cr}$(20 mg/L),氟化物(1.0 mg/L),氯化物(250 mg/L),锰(0.1 mg/L),铁(0.3 mg/L),总磷(0.05 mg/L),硫化物(0.2 mg/L),挥发酚(0.005 mg/L),六价铬(0.05 mg/L)。

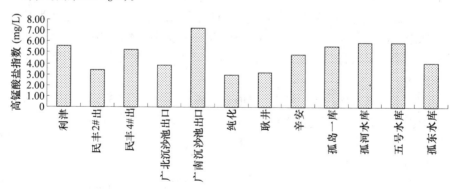

图 1　供水公司 7 月份水源水高锰酸盐指数柱状图

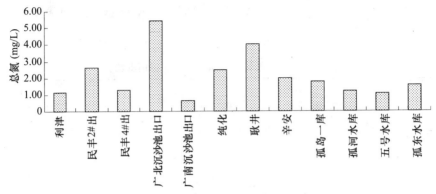

图2 供水公司7月份水源水总氮柱状图

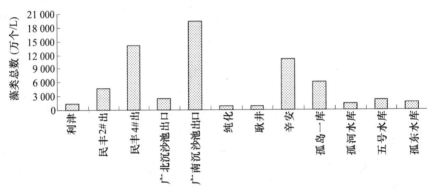

图3 供水公司7月份水源水藻类总数柱状图

3 水处理工艺的改进

为了提供符合《城市供水水质标准》的安全饮用水,我们在常规处理工艺之外又采取了预氧化、溶气气浮、强化混凝、双级过滤等技术新措施,下面以笔者所在的胜利油田供水公司滨南水厂和辛安水厂一厂处理微污染原水所采取的措施进行阐述。

滨南水厂辖水库一座,属于浅层地表水库,平均蓄水深3.5 m,库容2 000万m³;净化站一座,水处理能力50 000 m³/d。该水厂仍然采用的第一代净水工艺(混凝—沉淀—过滤—消毒)水处理流程见图4。

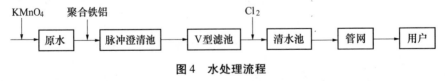

图4 水处理流程

由于工艺落后,滨南水厂主要从原水预氧化和强化混凝两个方面采取了措施。

3.1 预氧化

由于水库水循环周期过长,水库浅,致使水体富营养化,水草生长迅速,藻类含量偏高1 979万个/L,总氮超标。从原水不合格指标看已属于典型的微污染原水,常规的处理工艺比较难以处理合格,为此我们分别尝试$KMnO_4$预氧化和预氯化两种方案。经过生产调试,$KMnO_4$和Cl_2的最佳投加量分别为1.5 mg/L、1.0 mg/L,混凝剂采用的淄博混凝剂厂生产的聚合氯化铁铝,投加量为34 mg/L。具体效果见图5~图7。

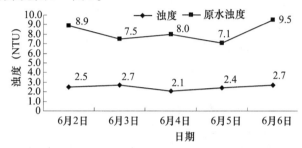

图5 单独投加聚合氯化铁铝

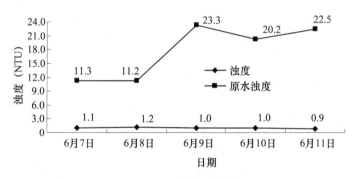

图6 Cl_2 + 聚合氯化铁铝

由上可知,$KMnO_4$ + 聚合氯化铁铝投加方式处理效果最优,自此以后主要调试这两种药剂投量,将出厂水浊度控制在1.0 NTU以下。

3.2 强化混凝

由于原水水体富营养化,有机污染加剧,而滨南水厂工艺设施落后,仅限于常规处理工艺,而八月份温度持续升高,为了保证出厂水质,滨南水厂在2006年8月开始采用强化混凝方法处理水质(见图8~图10),由于工艺局限,只能采用持续加大投药量的方法实施,使悬浮泥渣加密加厚,取得了良好的效果,但是不能处理使出厂水稳定在1.0 NTU以下,供水公司已经把这个水厂列为2007年工艺改造的对象。

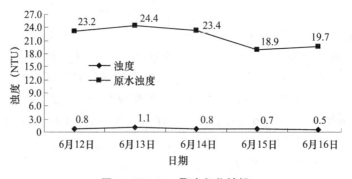

图7　KMnO₄ + 聚合氯化铁铝

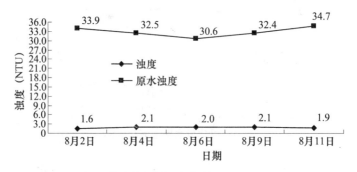

图8　单独投加聚合氯化铁铝(40 mg/L)

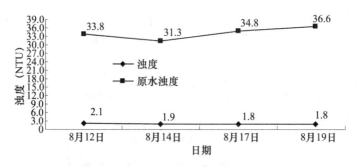

图9　单独投加聚合氯化铁铝(55 mg/L)

　　胜利油田供水公司辛安水库为半地下条带式平原水库,平均水深4.0 m,设计库容2 000万 m³,原水特征为低浊高藻,原水浊度低于20 NTU,藻类含量偏高(高达11 600万个/L),为了处理这种低浊高藻水,供水公司积极探索新工艺、新技术、新设备的应用,对辛安水厂一厂(水处理能力50 000 m³/d)的常规处理工艺进行了改造,在2006年8月,将脉冲澄清池 + 虹吸滤池改为气浮移动罩滤池 + 翻板滤池,改造获得成功,从根本上解决了水质处理难题,并且大量节约了混凝剂的投量。

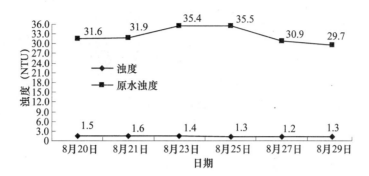

图 10　单独投加聚合氯化铁铝(65 mg/L)

辛安一厂改造前的工艺流程见图 11。

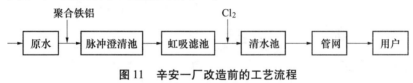

图 11　辛安一厂改造前的工艺流程

辛安一厂改造后的工艺流程见图 12。

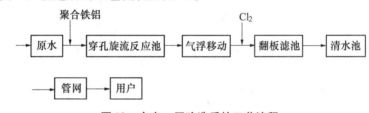

图 12　辛安一厂改造后的工艺流程

3.3　气浮除藻

由于藻类含量太高,工艺改造采用了除藻效率比较高的气浮工艺,具体设计参数如下。

反应池:采用穿孔悬流反应池,钢筋混凝土结构,单组悬流反应池平面尺寸 11.35 m×6.25 m,每组反应池分为 10 格,各格之间孔口连通,水流在各格中逐级串联,每格进水孔与出水孔应上下、左右错开布置,以使水流形成旋流。各孔洞设计流速从 1.0 m/s 逐渐降到 0.1 m/s。旋流反应池总水头损失约 0.3 m。

反应池底部设穿孔排泥管向池外侧自动排泥,单池设有 2 个 DN100 手动蝶阀和 2 个 DN100 气动蝶阀,反应池两侧分设排泥房一座。

气浮:接触溶气区平面尺寸 10.90 m×1.25 m,溶气释放器选用 TS-IV 型溶气释放器,单组(2.75 万 m³/d)设置 44 个溶气释放器,两组共 88 个;空压机选用 Z-0.2/7 型空压机,气量 0.20 m³/min,最大压力 0.7 MPa;溶气罐选用喷淋式填料型压力溶气罐,材质选用不锈钢钢板,压力溶气罐型号为 TR – 10,直径 1 000 mm,工作压力 0.2 ~ 0.5 MPa,过水量 2 262 ~ 3 533 m³/d。回流比例控制在 5% ~ 10%,回流水泵 Omega80-370A 型水泵,叶轮直径 340 mm,扬程 37 m,流量 107 m³/h。接触室水流上升流速约为 23.4 mm/s(一般取 10 ~ 20 mm),因受原池尺寸限制,上升流速偏大;水流在接触室内的停留时间约为 120 s;底部设穿孔排泥管,将底部积泥排至池外。

气浮除藻的效果对比见图 13。

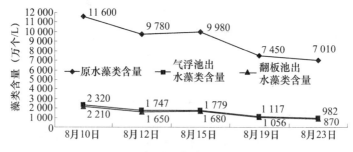

图 13　气浮除藻的效果对比

3.4　双级过滤

(1)移动罩滤池:单组移动罩滤池净尺寸 10.4 m × 15.05 m,分为 60 格,两组共 120 格,单格净尺寸 1.60 m × 1.35 m。

反冲洗采用单水反冲洗,反冲洗强度按 15 L/(s·m²)设计,反冲洗水泵流量 116.6 m³/h,扬程 4.4 ~ 5.2 m;滤池设计反冲洗周期 4 ~ 8 h,根据实际运行情况进行调节。

承托层厚 100 mm,滤料层厚 700 mm。

(2)翻板滤池部分。单组滤池过滤面积:$F_单 = 4.75 × 5.80 × 2 = 55.1(\text{m}^2)$

总过滤面积:$F_总 = 55.10 × 6 = 330.6(\text{m}^2)$

正常滤速:$V_正常 = 6.93(\text{m/h})$

水冲洗强度:$q_{水冲} = 13 ~ 15\ \text{L}/(\text{s·m}^2)$

气冲洗强度:$q_{气冲} = 15\ \text{L}/(\text{s·m}^2)$

滤料及承托层:上层为陶粒,粒径为 1.6 ~ 25 mm,厚度为 0.7 m;下层为石英沙,粒径为 0.9 ~ 1.35 mm,$K_{80} = 1.4$,厚度为 0.8 m;承拖层砾石粒径为 2 ~ 12 mm,按不同级配分三层布置,总厚 400 mm。

辛安水厂一厂改造完成以后,由于采用移动罩滤池 + 翻板滤池双级过滤,使出厂水质得到较好的保证,具体效果对比见图 14、图 15(投加混凝剂聚合氯化铁铝均为 65 mg/L)。

结果显示,将脉冲澄清池改造为气浮移动罩滤池,将虹吸滤池改为翻板滤

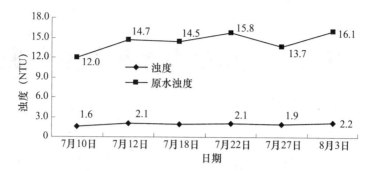

图 14　脉冲澄清池 + 虹吸滤池工艺

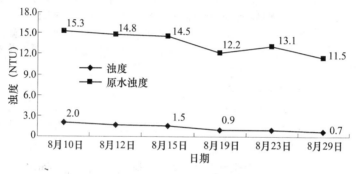

图 15　气浮移动罩滤池 + 翻板滤池工艺

池,气浮工艺对除藻有着明显的优势,除藻率为 63% ~ 85%,随着试运行的延续,再加上原水水质有了改善,藻类对水处理的影响基本消除,双级过滤使出厂水水质稳定在 1.0 NTU 以下。

4　结语

从以上图表数据可以看出,处理微污染原水的有效措施就是首先对原水进行预氧化,其次是气浮除藻、强化混凝、平流沉淀,最后实施多级过滤(活性碳滤池、生物陶粒滤池、沙滤池等组合),现在胜利油田供水公司气浮移动罩工艺又将在孤河水厂和滨南水厂进行改造。

自 2005 年 6 月 1 日建设部制定的《城市供水水质标准》执行以来,胜利油田供水公司开始强力推行标准,加大了水质课题攻关的力度,在常规处理工艺之外增加了预处理和深度处理工艺,并且在混凝、沉淀和过滤各个构筑物开展了创新型管理,确保了饮用水水质安全,对于即将出台的新的国家水质标准要求各供水公司重点解决的浊度、氯化物、氨氮等指标,我们也已经取得了良好效果。

河南黄河湿地生态系统修复研究

王团荣

（河南省林业科学研究院）

摘要：根据河南黄河湿地情况及生态系统的特点，提出了河南黄河湿地生态修复的目标是建立健康的生态系统，为人类提供可持续利用的资源；生态修复的措施是保障水源补给、保护原生植物群落、人工辅助繁育原生植物群落、引种开发利用耐盐碱经济植物；生态系统修复的对策是建立完善的湿地保护政策和管理机制、积极开展湿地科学研究、建立一批湿地自然保护区和湿地公园。

关键词：黄河　湿地　生态系统　修复　河南

按照《湿地公约》对湿地的定义，湿地是指天然或人工的，长久或暂时的沼泽地、泥炭地或水域地带，带有静止或流动、淡水或半咸水、咸水体，包括低潮时水深不超过 6 m 的水域。沼泽、泥炭地、盐沼、湿草甸、湖泊、河流、蓄滞洪区、河口三角洲、滩涂、水库、池塘、水稻田以及低潮时水深不超过 6 m 的海域地带等均属于湿地范畴。湿地、陆地与海洋并称为全球三大生态系统。与人类的生存、繁衍、发展息息相关，是自然界最富生物多样性的生态景观和人类最重要的生存环境之一。它不仅为人类的生产、生活提供多种资源，而且具有巨大的环境功能和效益，在抵御洪水、调节径流、蓄洪防旱、控制污染、调节气候、控制土壤侵蚀、促淤造陆、美化环境等方面有其他系统不可替代的作用。

1 河南黄河湿地概况

河南黄河湿地位于河南省北部，西起灵宝市的豫灵镇杨家村，东到濮阳市台前县张庄村，涉及三门峡市、洛阳市、济源市、焦作市、郑州市和开封市、商丘市的25 个县（区）。目前有黄河湿地国家级自然保护区（河南三门峡库区湿地省级自然保护区、河南孟津黄河湿地水禽省级自然保护区、河南洛阳吉利区黄河湿地省级自然保护区三个省级湿地自然保护区和三门峡黄河国有林场、孟州市国有林场"合并组成）、郑州黄河湿地省级自然保护区和开封柳园口湿地省级自然保护区。

1.1 植物资源

河南黄河湿地处于北亚热带与暖温带的结合部，植物种类丰富，区系成分复杂,显示出南北植物汇合的过渡性及湿地植物的隐域性的特点,据调查,河南黄河湿地有维管束植物80科284属598种,其中木本植物有38种,草本植物560种。湿地是水生植物赖以生长的优良场所,河南黄河湿地内有水生植物种类18科41种,主要为眼子菜科、金鱼藻科、睡莲科、浮萍科、香蒲科、禾本科和莎草科。陆生植物共有62科557种,优势科为禾本科、菊科、豆科、莎草科、藜科和蔷薇科。尤为突出的是,在河南黄河湿地有不少为省内至国内其他地域所罕见的种类,如苦马豆、刺果干草、圆果干草、黄河虫实、盐芥等。浮游植物主要是藻类,本区内至少有藻类8门37科71属124种,以绿藻和硅藻占绝对优势。

1.2 动物资源

据调查河南黄河湿地有鸟类175种,隶属16目42科,其中鸭科26种占14.9%,鹰科16种占9.1%,鹭科11种占6.3%,鹬科10种占5.7%,鸥科8种占4.6%,鸦科8种占4.6%,其他科96种占54.8%,主要是雀科、鹤科、鸠鸽科、啄木鸟科、秧鸡科、翠鸟科、鹳科、杜鹃科、燕科、伯劳科、画眉科、山雀科、鸫科等35科。兽类资源较缺乏,仅有22种,分别隶属5目8科,其中啮齿动物较多,占13种,隶属2目4科。两栖爬行类2目5科10种。最普遍的是大蟾蜍,泽蛙、黑斑蛙。其他种类则数量较少。昆虫437种,隶属13目108科。主要集中在鳞翅目、鞘翅目、同翅目、蜻蜓目。5目昆虫占总数的75.3%。国家一级保护的动物有黑鹳、白鹳、金雕、白肩雕、大鸨、白头鹤、白鹤、丹顶鹤、玉带海雕、白尾海雕10种,二级保护动物有大小天鹅、灰鹤等31种鸟类及兽类水獭和两栖类大鲵等。鱼类中有珍贵的铜鱼、黄河鲤鱼及一些经济价值很高的洄游鱼类如鳗鲡等。

1.3 湿地类型

河南黄河湿地类型为人工湿地、河流湿地、湖泊湿地和沼泽湿地,小浪底水库大坝以上以人工湿地为主,大坝以下以河流湿地为主。小浪底水库建成初期以蓄水为主,湿地面积大幅度增加,达到规定水位后,采取蓄清排浑的运作方式,湿地面积相对稳定,冬、春季节湿地面积增大,夏、秋季节面积减少。大坝以下河流湿地受河流汛期以及水库的运作方式影响,汛期湿地面积增大,冬春面积减少。

2 湿地特点

2.1 生态系统的多样性

黄河湿地不但具有河流湿地的特征,它同时还具有库塘湿地和沼泽湿地的特征。包括河道水域生态系统、背河洼地生态系统、河滩生态系统、沼泽生态系统、林地生态系统、农田生态系统、廊道生态系统等,因此黄河湿地具有生态系统多样性的特征。

2.2　生物物种的多样性

据调查,区内有植物 743 种,其中低等植物藻类 8 门 124 种;高等植物 93 科,302 属,619 种(含 4 个变种)。动物 867 种,其中鸟类 175 种,兽类 22 种,昆虫 437 种,鱼类 63 种,其他动物 143 种。具有生物多样性富集的特点。

2.3　地理位置的重要性

湿地处于黄河中游和下游的过渡地带,同时又处于我国东部平原与豫西山地丘陵、黄土高原的过渡地带。湿地中既有峡谷地貌,也有广阔滩涂。数量众多的候鸟都要在河南路过、停留或越冬,地理位置非常重要。

2.4　生态环境的脆弱性

河南黄河湿地处于我国内陆地区,周边人口多,环境压力大,保护难度大。保护区周边经济的发展对黄河的依赖性极强,保护区的生态环境受人为活动的威胁大。目前,河流南北两岸及支流附近,工矿企业较多,河水受到污染,保护区干流的水质除重金属镉和非离子氨外,其余指标符合Ⅲ类标准,某些支流甚至超过了Ⅴ类水质标准。近年由于气候干旱,无计划用水,致使黄河下游多次断流。如果不加强保护区的保护工作,湿地的生态环境很容易遭到破坏。

3　生态修复的目标、原则及修复措施

3.1　生态修复目标

生态修复的目标是修复和建立健康的生态系统,为人类提供可持续利用的资源。主要包括以下内容:

(1)实现生态系统的地表基底稳定性,基地不稳定,就不可能保证生态系统的持续演替发展;

(2)修复植被和土壤,保证一定的植被覆盖率和土壤肥力;

(3)增加种类组成和生物多样性;

(4)实现生物群落的修复,提高生态系统的生产力和自我维持能力。

3.2　生态修复原则

生态修复的原则可概括为自然、社会经济技术和美学三个方面。强调遵循自然规律和人类的作用,要求技术适当、经济可行和社会能够接受。

3.3　生态修复措施

3.3.1　保障水源补给

河南黄河湿地属于半干旱、半湿润季风型气候,天然降雨量不高,且一年内分布不均匀,6 月、7 月、8 月的降雨量占全年降水量的 60 % 以上;春秋季干旱多风,土壤蒸发量大。黄河是主要的淡水来源。为了保证湿地的健康和生态功能的良好发挥,必须在干旱季节进行水源补给。主要措施是增加植被覆盖,减少土壤蒸发;改良土壤结构,增强土壤持水力;雨季多蓄水,旱季补充水;调节黄河流量,保证不断流。

3.3.2 保护原生植物群落

河南黄河湿地生长有许多原生植物群落,如湿生植物带莎草,牛筋草群落、挺水植物带芦苇、莲群落、浮水植物带眼子菜群落、沉水植物带藻类群落等。它们适应性强,对湿地的健康和生态功能的良好发挥有重要作用。但是,随着人类活动的加剧,这些原生植物群落受到不同程度的破坏,如过量放牧、土地开垦等,导致植被覆盖率降低,生长变差。因此,要采取严格措施,对这些原生植物群落进行保护。

3.3.3 人工辅助繁育原生植物群落

在保护原生植物群落的同时,为了提高植被覆盖率,还要对原生植物群落进行人工辅助繁育更新。自然条件下,植物繁育慢,生长差。通过采取人工辅助繁育更新措施,可大大提高植物繁育系数。

3.3.4 引种开发利用耐盐碱经济植物

为了调动群众保护湿地的积极性,减少对湿地的过量开垦,在保护原生植物群落的基础上,在土壤条件比较好的地段,可种植一些耐盐碱经济植物。树种选择既要考虑生态效益,又要兼顾其经济效益,可考虑选择绒毛白蜡、桑树、枸杞、大果沙棘、枣、梨、桃等。这样既改善生态环境,又有一定的经济效益,着力构建植被体系,提高植被覆盖率。

4 生态系统修复对策

4.1 建立完善的湿地保护政策和管理机制

完善的政策是湿地保护的关键,通过建立限制威胁湿地生态系统活动的政策,协调湿地保护与区域经济发展的关系。要制定限制危害湿地保护和鼓励有利于湿地资源可持续利用的经济政策;探讨湿地开发和利用中的有价补偿利用及生态修复管理的政策;把水资源与湿地保护有效结合起来的经济政策。应成立河南黄河湿地保护领导小组,统一协调各机构在湿地保护方面的机制,通过部门间的联合行动,促进决策的制定并综合考虑湿地的自然价值和功能及其生产力和生物多样性。

4.2 突出保护重点,抓紧建立一批湿地自然保护区

根据河南黄河湿地状况和存在的主要问题,要尽快贯彻落实八部委联合编制的经河南省政府批准的《河南湿地保护工程规划》,努力做好前期工作,努力在"十一五"期间把"郑州黄河湿地省级自然保护区"和"开封柳园口湿地省级自然保护区"晋升为国家级湿地自然保护区;抓紧建立商丘黄河故道湿地、原(阳)

封(丘)长(垣)黄河湿地、温(县)武(陟)黄河湿地和濮阳黄河湿地4个湿地省级自然保护区。使这些受到严重威胁,并具有重要价值的湿地尽快保护起来。

4.3 建立湿地公园,探索湿地保护与合理开发的新模式

近年来,江苏省姜堰市立足湿地生物多样性保护与发展,将保护湿地和发展旅游相结合,不仅打造了湿地公园良性循环的生态系统,又打出湿地旅游这一生态旅游品牌,开创了湿地资源保护与开发并举的新模式。受到了国家的重视和当地的欢迎。河南学习江苏的经验,最近省林业厅批复同意建立信阳两河口省级湿地公园,这是河南建立的第一个湿地公园。黄河湿地也要学习这些成功经验,结合实际,科学规划,在黄河湿地建立公园。既要积极稳妥,又要加强管理,严格保护,使湿地保护与开发很好地结合起来。充分发挥湿地的生态效益、经济效益和社会效益。

4.4 加快退化湿地的生态修复和重建

首先,要在湿地资源调查基础上分析、评价退化湿地类型、找出退化的原因,作出不同类型退化湿地生态修复规划。其次,结合国家和省的重点生态工程建设,积极落实退耕还林(湖、泽、滩、草)工程,尽快修复天然湿地面积,改善湿地生态环境状况,修复湿地生态系统功能。第三,突出重点,分区施策,稳步推进。为保证黄河的生态安全,重点在三门峡—洛阳黄土台地丘陵区、太行山地和黄河沿线,加大退耕还林还草、封山育林育草、封滩育滩力度,修复黄河两岸的湿地环境。在黄河背河洼地沼泽区、黄河故道湿地全面禁止围垦湿地。

4.5 积极开展湿地科学研究

科学研究的滞后已经严重影响河南黄河湿地的科学保护和开发利用。所以要积极组织科研院所、大专院校等科研力量,对湿地的发生、演化规律和生态系统结构与功能的研究、整治、重建与修复技术研究、吩人类活动的影响等方面对湿地保护和利用中迫切需要解决的理论和技术问题进行联合攻关。

参 考 文 献

[1] 规划编制组.河南省湿地保护工程规划(2005~2030年).2005.

[2] 河南省林业厅野生动物保护处.河南黄河湿地自然保护区科学考察集[M].北京:中国环境科学出版社,2001.

[3] 管华.豫境黄河沿岸湿地特征及其保护开发[J].国土与自然资源研究,2003,9(3):34-36.

[4] 江泽慧.林业生态工程建设与黄河三角洲可持续发展[J].林业科学研究,1999,12(5):447-451.

黄河下游河道萎缩模式研究*

王卫红　　常温花　　左卫广

（黄河水利科学研究院）

摘要：近20年来，黄河下游河段游荡型河道持续萎缩，给防洪带来较大威胁。为研究河道萎缩原因和萎缩模式，开展了河工动床模型试验。结果显示，游荡型河道萎缩的发展过程视水沙条件不同而有不同的模式，从淤积部位划分，有"滩槽并淤"、"集中淤槽"两大类，同时，还存在着"淤积不萎缩"的现象。河道萎缩是一个复杂的演变过程，判断河道是否发生萎缩，应以河槽过流面积、主槽河底平均高程等作为必要因子，而断面宽深比不是必要因子。

关键词：河道萎缩　滩槽并淤　集中淤槽　黄河下游

河道萎缩是一种复杂的河床演变过程，具有特殊的演变模式。研究黄河下游河道萎缩模式，了解河道萎缩的发展规律，不仅是河道治理的实践需求，而且对于丰富河床演变学的科学内容也有积极的意义。通过物理模型试验的方法，以黄河下游游荡型河段为试验对象，对河道萎缩模式进行了初步研究。

试验研究表明，河道萎缩的共同效应是河槽过流能力降低、同流量下水位不断抬升，但在一定的河床边界条件下，其萎缩的模式却视水沙条件而有所不同。另外，依据原型定位断面观测资料进一步分析，不同河型河段的河道萎缩形态也是不同的。

1　不同水沙条件下的萎缩模式

图1～图3分别是在1994年汛前地形基础上，施放汛期洪水过程，在此条件下，得出八堡、来童寨两个断面形态的调整过程。可以看出，初始河槽形态均为复式断面，河槽相对宽深，床面较低。但在经历7月洪峰流量为4 100 m³/s、含沙量为32.2 kg/m³的第一次洪水过程后，主河槽都已明显缩窄，尤其在洪水后期，主河槽宽度已由初始的4 000 m左右减为不足1 000 m。与此同时，河床也大幅度抬升，如八堡断面河床平均抬高约1 m。这完全符合前述河道萎缩的基本特征，说明在此种水沙条件下，河槽已处于萎缩过程中。由于1994年洪水

* "十一五"国家科技攻关计划项目第8课题第1专题"黄河下游河道形态修复目标和对策研究" 2006BAB06B00 – 08 – 01。

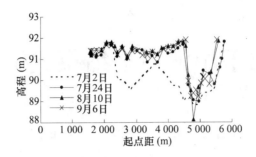

图1 八堡断面套绘图

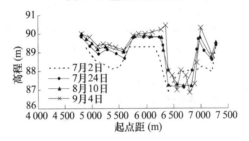

图2 来童寨断面套绘图

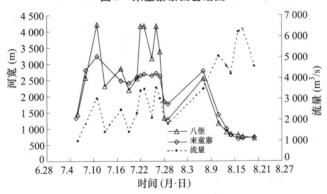

图3 "94型"水沙条件下河宽变化过程线

发生漫滩,两个断面萎缩后,河槽形态均由多槽变为单槽。当形成单槽后,河槽横向摆动相对变缓,且在水沙试验条件下,未再出现双槽或多槽,而河底平均高程却居高不下。试验河段沿程断面宽深比在汛期初始阶段往往处于不断减小的过程,如来童寨断面在汛期头一个月内,断面宽深比由80 $m^{1/2}/m$ 减小至20 $m^{1/2}/m$ 左右。其后尽管流量有所增减,但宽深比则处于一种相对稳定状态。总的来说,在有漫滩洪水且含沙量较高的水沙条件下,河道萎缩过程基本上呈现出滩槽平行淤积→多槽变单槽→河槽缩窄→河底平均高程抬升的模式,可简称为"滩槽并淤"模式,其主要特征是滩槽均淤、主河槽变窄趋浅、床面抬高。

　　图4~图7分别为"88型"汛期河宽、断面宽深比、主河槽过流面积和平均河底高程的变化过程。可以看出,在1988年水沙条件下,河宽与断面宽深比均随试验流量过程而不断减小,约1个半月后趋稳。而主河槽过流面积虽有增减的调整现象,但总体来看,在整个汛期,同流量过流面积变化并不大。同时,汛前汛后的河底平均高程基本持平,在汛末还稍有降低。而在该时段内,河道却是淤积的,其淤积量约4 400万 m³。对此可称之为"淤积不萎缩"。根据1988年汛期水沙过程分析知,虽然该年的含沙量比较高(最大含沙量为169 kg/m³),但其洪峰流量大(最大流量为6 719 m³/s),且大流量洪水持续时间长(4 000 m³/s以上的流量历时约15天),因而,从试验横断面调整过程看,尽管河槽有所淤积,但滩地淤积相对更多,从而也就形成了淤积不萎缩的造床模式。

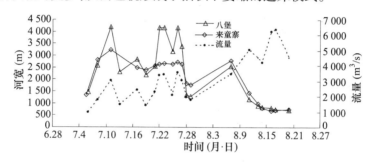

图4　"88型"汛期河宽调整过程

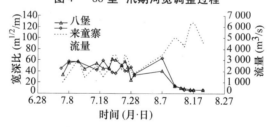

图5　"88型"汛期断面宽深比变化过程

　　在1988年汛后地形基础上实施的1991年水沙过程,则造成了河道的严重萎缩。如1991年汛期试验过程中,试验河段的河宽基本未变,但八堡、来童寨两断面的宽深比与1994年型水沙过程的试验结果相反,均增加1.5倍以上。两断面汛后的河底高程较汛前抬升了3m多。同时,主槽过流面积大幅度减小,如八堡断面过流面积减少1 028 m²,来童寨的减少757 m²。这正是河道萎缩的基本特征。分析其原因,主要是1991年汛期缺乏大流量洪水过程,洪峰流量仅有2 000 m³/s,而含沙量却相对较高,来沙系数大多在0.02 kg·s/m⁶以上。因此,其淤积部位基本上全在主河槽内,形成了这种"集中淤积主槽"的萎缩模式,可简称为"集中淤槽"模式。

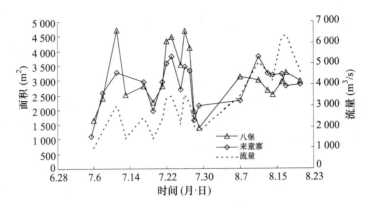

图6　"88型"汛期主河槽过流面积调整

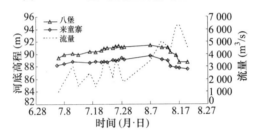

图7　"88型"汛期主河槽平均河底高程变化过程

另外,从上述不同萎缩模式的断面宽深比变化还可看出,尽管都处于萎缩状态,但断面宽深比却有增大的也有减小的,由此再次证明,断面宽深比不是判断河道萎缩的必要因子。

2　萎缩过程断面形态的调整特点

试验表明,横断面形态的调整是比较复杂的。横断面形态的调整趋势取决于河道的萎缩模式。对于"滩槽并淤"模式,河道横断面变窄趋深,而且,随来沙系数增大,这种趋势愈明显,即横断面宽深比($\sqrt{B}/H$)随之减小(见图8)。

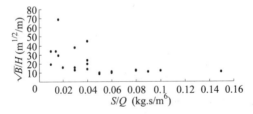

图8　"滩槽并淤"模式横断面宽深比与来沙系数关系

不过,当来沙系数大于0.05 kg·s/m⁶以后,$\sqrt{B}/H$减小幅度趋缓;对于"集中淤槽"模式,河宽变化不大,而河床明显抬升断面变浅,宽深比增大。而且,由前述分析知,来沙系数越大,河床抬升越多,断面面积减小越多。相应地,随来沙系数增大,横断面宽深比则随之增大(见图9)。

实测资料分析也表明,随来沙系数增大,过流面积减少(见图10)。由图10花园口、艾山断面的汛后过水断面面积与汛期水沙系数的关系可见,黄河下游断面的主槽过水面积与来沙系数之间有明显的变化关系,随着来沙系数的增大,汛后过水面积有减小趋势。来沙系数反映了来水量、来沙量的对比。来沙系数小时,反映出平均流量较大,挟沙能力较强,而输送的沙量相对较少,有利于河槽的冲刷,过水面积较大;而来沙系数大时,输送的沙量相对较多,而平均流量却较小,挟沙能力弱,不利于泥沙的输送,主槽产生泥沙淤积,使过水面积减小。从黄河下游4个站的汛前、汛后面积变化量 ΔA 与汛期平均来沙系数的关系来看(见图11),其函数关系与花园口站的断面面积关系类似,即过水断面面积的变化量与来沙系数有较密切的关系,来沙系数较小时,断面面积增量为正,随着来沙系数的增大,面积增量为负,河槽产生淤积。应当指出,各站的冲淤临界来沙系数是不同的。

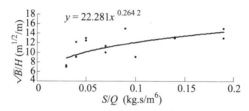

图9 "集中淤槽"横断面河相关系数与来沙系数关系

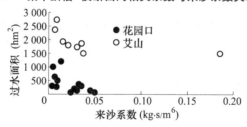

图10 来沙系数与过水面积关系

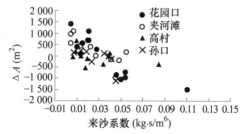

图11 来沙系数与断面面积变化量关系

　　试验研究还发现,河道萎缩与水沙过程具有密切的跟随性。所谓河道萎缩
与水沙过程的跟随性,是指在一定的水沙变异条件下,河道萎缩的进程,即达到
萎缩"相对稳定"状态所对应的水沙过程的时段。图 12 为"94 型"水沙过程中
1 000 m³/s、2 000 m³/s 流量下过流面积的变化过程。可以看出,过流面积随流
量过程而不断减小,约至 1 个半月后,过流面积趋于稳定。河床高程的抬升阶段
也主要在汛期的头一个月内,平均高程抬升 1 m 多。其后,处于微升或微降的小
幅调整过程中。图 13 是 1991 年水沙系列主槽平均河底高程的变化过程,在第
一次洪水过程的初期(约 10 天),主槽河底平均高程迅速抬高,其后,则趋稳。
另外,"94 型"和"91 型"水沙过程中主河槽宽深比的调整过程也表明,无论是增
大的或是减小的,均在第一个洪峰期内调整较快,但其后基本稳定在某一小的
值域内。

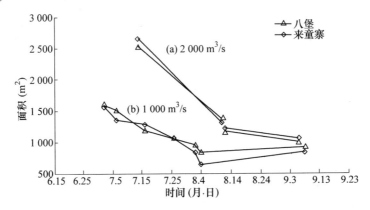

图 12　"94 型"水沙系列过流面积调整过程

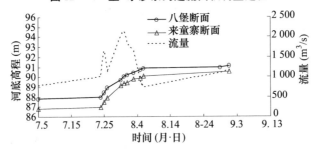

图 13　"91 型"洪水主槽平均河底高程调整过程

　　显而易见,在变异的水沙试验条件下,河槽萎缩发展过程往往是比较快的,
主要发生在汛期的初期阶段。也就是说,对于一定的变异水沙过程,河道的萎缩
并不需要在很长的时期内才可完成。因此,变异水沙过程对河槽萎缩的塑造作
用具有"前置"性。

参 考 文 献

［1］ 麦乔威,赵业安,潘贤娣,等. 黄河下游来水来沙特性及冲淤规律研究. 李保如. 黄河水利委员会水利科学研究院科学研究论文集(第二集,泥沙. 水土保持)［C］. 郑州:河南科学技术出版社,1990:100 – 146.

［2］ 毕慈芬. 黄河下游游荡性河段形态变异成因的探讨. 李保如. 黄河水利委员会水利科学研究所科学研究论文集(第一集,泥沙. 水土保持)［C］. 郑州:河南科学技术出版社,1989:27 – 37.

［3］ 钱意颖,叶青超,周文浩. 黄河干流水沙变化与河床演变［M］. 北京:中国建材工业出版社,1993.

［4］ 尹学良. 黄河下游的河性. 尹学良. 河床演变河道整治论文集［C］. 北京:中国建材工业出版社,1996:165 – 174.

［5］ 陆中臣,贾绍凤,黄克新,等. 流域地貌系统［M］. 大连:大连出版社,1991.

［6］ 姚文艺,郑合英. 人类活动对无定河流域产沙影响的分析［J］. 中国水土保持,1987(1).

［7］ 麦乔威,赵业安,潘贤娣,等. 多沙河流拦洪水库下游河床演变计算方法［J］. 黄河建设,1965(3).

黄河流域水污染防治的可持续管理研究 *

徐 辉 张大伟

（兰州大学）

摘要：黄河流域的水污染日趋严重。水环境不断恶化，已经对该地区的社会经济发展带来了严重的危害，同时也对整个黄河流域的可持续发展构成了潜在的威胁。本研究在全球变化、流域可持续管理和生态系统管理理论的基础上，根据流域的特点，结合黄河流域水污染存在的实际问题，探讨了如何实现黄河流域的可持续发展，指出：有必要对现行的管理制度进行评价；在现有体制下调整管理制度会更有效；制度设计应该考虑综合性和长期性。

关键词：黄河流域中上游 水污染防治 可持续管理

黄河位于 96°E～119°E,32°N～42°N 之间，东西长 1 900 km，南北宽 1 100 km，流域面积 79.5 万 km²（含内流区面积 4.2 万 km²），是中国的第二大河，是西北、华北地区重要的供水水源，承担着本流域和下游引黄灌区占全国 15% 耕地面积、12% 人口及 50 多座大中城市的供水任务，同时还要向流域外部分地区远距离调水。因此，其地位十分重要。由于黄河河情特殊，流域水利基础设施薄弱，加之流域管理乏力，一直是世界上最难治理的河流之一。特别是进入 21 世纪，随着人口的急速增长和经济的快速发展，原本生态环境脆弱的黄河流域又出现了新情况、新问题：①由断流和社会发展所带来的污染超标和生态环境问题更加突出；②水环境恶化更加剧了水资源的供需矛盾等。分析近 15 年的《中国环境公报》，无论Ⅳ类及劣于Ⅳ类水质河长占评价河长的比例，还是综合排污指数排序，黄河一直位居全国 7 大江河前列。2005 年 5 月 8 日至 5 月下旬，中国全国人大常委会水污染防治法执法检查组在检查时发现：中国 7 大水系中污染最为严重的依次是海河、辽河、黄河和淮河，这也是黄河污染首次超过淮河。

黄河流域水污染问题不仅涉及流域本身，还关系到人与流域的关系，关系到社会、政治、经济、法律、国际关系、人们的观念等诸多方面，特别是人类自身发展的特点。对黄河流域水污染的防治，除了工程手段的应用外，更要重视科学的管理。本研究在全球变化、流域可持续管理和生态系统管理理论的基础上，根据流

---

* 本文受国家自然科学基金项目（70603014）、教育部社科研究青年基金项目（06JC820006）和甘肃省科技攻关计划项目（4RS064 - A65 - 064）的联合资助。

域的特点,结合黄河流域水污染存在的实际问题,探讨如何实现黄河流域的可持续发展。

1 黄河流域水污染现状

黄河流域工业长期沿袭低投入、高消耗、重污染的发展模式,20世纪80年代中期到90年代初期,重污染型企业发展很快,污染源增多,而水污染治理严重滞后,加上近年来日益严重的农业污染、生活污染等,水质进一步恶化。分析1990~2004年15年间的相关资料,流域内废污水量从32.6亿 m^3 增至44亿 m^3,增加了三成半。李祥龙等(2004)根据代表年份,对近20年来黄河流域水污染变化趋势的分析结果表明:黄河干流水质呈明显恶化趋势;废污水排放量呈增长趋势;生活污水所占比例从80年代初的20%增加到2000年的近30%;主要污染物 COD_{Cr} 的排放量则从80年代初的45 t增加至150 t,增加了2倍多,已远远超过黄河水环境的承载能力。资料显示:特别是自2001年以来,黄河干流已经从20世纪80年代初的均为优于Ⅳ类水质,恶化为目前超过60%的河长劣于Ⅳ类水质,且有30%以上的河长处于Ⅴ类和劣Ⅴ类(图1)。

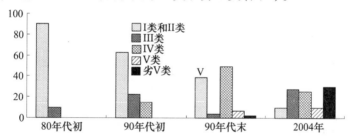

图1 近25年来黄河干流不同水质类别河长所占比例(根据李祥龙等图表修订)

王殿芳等人(2003)研究显示:干流主要污染项目为氨氮、镉、铅等。局部河段如黄河干流甘肃段、内蒙古段还发现石油类、重金属超标的现象(钱易等,2004)。支流主要污染项目为氨氮、挥发酚、高锰酸盐指数、五日生化需氧量(BOD_5)、溶解氧、亚硝酸盐氮等。同时,由于地面水污染严重,一些以地面水为灌溉水源的地区,地下水质量下降,污染物浓度有逐年增高之势。

从黄河流域的污染废水来源看,主要来自流经大中城市的湟水、大黑河、汾河、渭河、洛河、大汶河等6条支流和干流刘家峡至花园口河段,约占流域污染废水总量的80%以上,更集中于西宁、兰州、银川、包头、呼和浩特、太原、宝鸡、咸阳、西安、洛阳等10个黄河流域中上游大中城市河段,约占流域总量的40%。因此,黄河流域中上游的水污染防治是黄河流域水污染防治可持续管理的重中之重。

2 黄河流域水污染防治的可持续管理研究

2.1 黄河流域水污染防治的研究

在过去半个多世纪的治黄实践中，已经进行了大量的科学试验和研究。近年来，对黄河流域水污染的研究主要集中在以下几个方面：①水污染特征以及水污染因子特征分析，包括某段对另一段的影响等；②水污染的测定及分析；③水污染控制方法与模型建构；④水污染防治管理中新技术及新方法的应用，包括计算机模拟技术、人工神经系统模拟、GIS 系统的应用、博弈论方法、情景分析法等；⑤水污染防治管理理论及对策探讨方面，包括流域冲突管理、流域综合管理、流域可持续管理、流域立法管理、流域水污染防治对策与战略研究。中国流域管理立法虽然起步较晚，但发展很快。1995 年国务院颁布了我国第一部流域水污染防治法规《淮河流域水污染防治暂行条例》，1997 年，新疆自治区八届人大常委会通过了我国第一部地方性流域水资源管理法规——《新疆塔里木河流域水资源管理条例》。2002 年修订的《中华人民共和国水法》确立了"流域管理与行政区域管理相结合"的管理体制。中国从 21 世纪开始引入综合生态系统管理理念，探索创立一种跨越部门、行业和区域的可持续的自然资源综合管理框架。在中国的生物多样性保护中，正在逐步采用生态系统方法，如作为全国生物多样性保护行动的纲领性文件《中国生物多样性保护行动计划》的制定便是明证。2000 年中国发布的《全国生态环境保护纲要》，就在其中贯彻了生态系统方法的思想。虽然，到目前为止，中国没有在法律、法规及相关的政策文件中正式地提出"流域生态系统管理"，但是中国目前已经开展了大量的以小流域综合治理为目标的研究和实施工程，特别是近年来，流域相关机构的管理者和流域管理的研究者正通过各类项目的实施和会议的召开等多种形式的国内、国际交流与合作，正在不断引进和学习有关流域生态系统管理的理念和方法，并总结经验，在实践中探索实现途径，具有代表性的有：中国环境与发展国际合作委员会流域综合管理课题组，2002；国家科技攻关项目（863、973）环境规划与管理研究小组，2003；黄河国际论坛，2003、2005；中欧流域综合管理研讨会，2005；中荷水资源管理创新研讨会，2006 等。值得一提的是，国外一些学者近年来对黄河流域水资源管理的研究也显示出浓厚的兴趣，如 Robinson，A. R. 1981 年对黄河流域侵蚀和沉积的控制做了研究，Zdzislaw Kaczmarek 1998 年研究了人类活动对黄河流域水资源管理的影响等。特别是 2003 和 2005 年 10 月召开的两届黄河国际论坛，为广大治黄工作者提供了广阔的交流舞台。这些成果的取得为黄河流域水污染防治可持续管理的研究奠定了坚实的理论基础和实践支撑。

总括起来，通过对黄河流域水污染现状的分析和其防治管理研究，已经形成了一些基本的认识：

（1）缺乏流域统一管理机制是造成黄河水污染的重要原因之一，需要建立新型的黄河流域管理体制。

（2）防治黄河流域水污染需结合流域的社会、经济、自然条件和人文因素，完善法律、法规、加强区域合作和部门协作。

（3）黄河水污染防治要尝试运用国家资源管理体制下水体纳污能力的市场调节。

（4）由于缺乏科学的管理机制和强有力的立法保障，没有形成有利的约束机制和激励机制，致使现有的成果难以持久巩固，也很难把一些好的科研成果持续地用于治理黄河中。

（5）生态保护应以生态系统结构的合理性、功能的良好性、生态过程的完整性为目标，从单一的统一管理向多要素综合管理的转变，从行政区域向流域的系统管理转变，生命系统与非生命系统的统一管理，生态监测与科研为基础的科学管理，将人类活动纳入生态系统的协调管理。

2.2 国际上流域水污染防治的管理研究

考察国际上对流域水污染防治的管理，无论是一国内跨区域的流域管理还是国际跨境流域的管理，都经历了从分散管理到统一管理再发展到综合管理和可持续管理的过程，已经形成了一些较为典型的案例和较为完善的理论。如1933年，美国国会通过了开发田纳西流域水资源的立法，成立了世界上最早的流域统一管理机构——田纳西流域管理局，取得了综合开发治理的良好效果。二战以后，很多国家都研究美国的经验并结合本国国情，制定出了自己的水环境流域统一管理方案。英国泰晤士河和欧洲的莱茵河是水污染控制方面的又一典型：把握了流域具有系统性的特征，把局部与整体统一起来，有效地避免了区域间为区域利益而牺牲流域利益的利益之争、部门间为部门利益而牺牲流域利益的利益之争、以及区域与部门间的利益之争。流域统一管理强调以流域为单元对资源和环境实行统一管理，系统考虑环境保护和治理问题、资源的可持续利用问题、利益相关者之间的利益分配问题、资源管理决策中的公众参与问题以及航运、发电、旅游等问题。90年代，随着可持续管理理论的提出，流域管理进入了新的发展阶段。Gardiner（1993）最先提出以流域可持续发展为目标的流域综合管理，Brebbia C. A（2002）认为水资源管理活动面临着的主要问题是：人口的增长和人均需水的增加正在加剧人类对水资源的需求；同时，水污染、水资源浪费以及气候变化等因素却正威胁着水资源的供给。可持续管理（Sustainable Management）正是按照一定的生态环境功能和社会经济发展目标，综合运用行政、法律、教育、经济和科学技术措施，达到社会经济和环境可持续协调发展目的。与统一管理相比,可持续管理目标更为明确,内涵更为丰富,强调树立流域可持续发展观,从流域环境与发展统一的角度考虑基于流域生态系统、流域经济系统和流域社会系统的流域综合复合系统管理。随着流域生态学的发展和流域管理实践经验的丰富,流域管理更侧重于生态系统的管理。总的来说,它是有关水、土、气、生等要素进行综合管理的策略,同时承认人类及其文化多样性是构成生态系统的重要组成部分,要求采用合适的管理方法来处理生态系统的复杂性和动态性问题,并解决对生态系统功能认识上的不足问题。生态系统管理概念的提出使人类由对自然的无序利用和被动适应,开始走向实施主动的生态恢复和科学管理(马克明,傅伯杰等,2004),得到了国际社会和资源环境领域的普遍认可。2000 年《生物多样性公约》缔约方大会第五次会议通过了第 V/6 号决定,提出了有关 EM 的 5 项导则和 12 项原则,为进一步实施 EM 提供了重要的指南。Hubbard Brook 生态系统研究项目是最早致力于发展一种详尽的、综合性的针对具体生态系统结构和功能进行的研究,它着眼于具体的小流域是怎样工作的。1992 年,美国林务局宣布将采用生态系统的方法来管理国家森林,这在美国是第一次,或许在全世界也是第一次官方采用生态系统的方法来管理自然资源。流域生态系统管理是建立在生态系统管理的基础上,从整个流域全局出发,统筹安排,综合管理,合理利用和保护流域内各种资源和环境,从而实现全流域综合效益最大和社会经济的可持续发展(仇蕾等,2004)。总结以往研究,流域生态系统管理应该包括但不限于以下内容:①注重流域生态系统特征;②从流域环境与发展统一的角度考虑流域复合系统管理,实现流域的可持续发展;③加强机构的合作、协调与沟通等能力建设;④采用适应性管理即"边走边看"的方法,从实践中积累经验,及时调整行动;⑤人类的价值对于实现流域管理目标非常重要,重视地方居民生态系统知识的运用,鼓励各利益相关主体的广泛参与;⑥采用多学科方法,尤其是自然科学和人文社会科学的交叉;⑦应用行政、市场等多种调节手段;⑧特别强调流域管理的法制化;⑨加强信息能力建设;⑩重视流域中长期规划的制定以及规划执行情况的跟踪和评价工作等。在此基础上,一些学者逐渐偏向于流域的生态系统管理(Mitchell, 1990;Boon, Dixon J. A, Easter K. W, 1991;J. L. Gardiner ,1993;Harper & Ferguson, 1995;Ewing, Byrne, 1997;Miguel A. Marin, Chenoweth J. L, 2001;Laine A. , 2002; Grayman, W. M, 2003;Hagebro C. , 2004;Steven H. W, 2005 等)。

尽管从流域宏观角度进行资源管理的观念早在 20 世纪 50 年代就逐渐为人们接受和熟识,但科学家们数十年来所极力倡导的真正意义上的流域综合管理的目标却未能实现。从研究的现状来看,无论国际还是国内,已有的研究多注重技术层面的水污染防治和控制措施,虽然国际上关注人文科学和自然科学的综合集成管理研究较国内多,但针对管理机制的研究,普遍缺少针对不同区域水环境和经济结构特征、综合多种措施并兼顾多种因素、依据不同的地域特征和边界条件、立足流域的系统性特征和全球变化背景的综合集成研究。同时,由于流域水资源系统是一个动态、多边、非平衡、开放耗散的"非结构化"或"半结构化"系统,不仅涉及与水有关的自然生态系统,而且与经济社会乃至人文法规等有着密切的联系,对于流域水污染防治管理尚需要一种动态的管理机制,与此相关的许多规律性东西需要进一步研究和探讨。因此,迫切需要探索新形势下流域水污染防治的创新性机制与措施。

同样,黄河流域水污染的防治也不可能单靠市场手段、经济手段、行政手段、法律手段、技术手段或工程手段解决,而应该是多种手段的综合与集成。要切实实现黄河流域水污染防治的可持续管理,必须强调全球变化背景下,流域的环境变迁、气候变化、生态耦合以及未来短尺度趋势预测,强调自然科学的和人文科学的有机融合,强调流域尺度兼顾多种利益和区别不同区域特征的综合集成机制,把黄河流域的水环境建设与流域各区域的可持续发展作为一个有机的统一体系,作为国家安全体系的重要组成部分,进行跨学科的联合攻关研究。

3 黄河流域水污染防治可持续管理研究需要注意的问题

由于黄河流域地域广阔,各区域自然地理条件不同,人文社会环境各异,经济发展水平参差不齐,所以今后的研究工作应该根据黄河流域水污染防治管理中存在的突出问题开展相关研究。以下研究值得关注和进一步展开。

3.1 现行相关管理政策的能力评估研究

在资源和环境管理中,对资源和环境有关的政策和计划进行评价是非常必要的。实践中,常见的有国家或地方对某政策和法律实施情况的跟踪评价,但是评价的规范性不够,且往往只从事实角度进行评估,只关注政策的实施效度,忽略了制定的政策本身是否符合生态系统的科学规律即政策的价值。国内在这方面的研究也还远远不够。要克服现有利益和体制的惯性,必须对现行相关管理政策予以评估,并进行相应的修改和进一步的完善。因此,我们可以选择与流域管理相关的主要要素,如流域的自然属性、流域内社会经济发展水平、城镇化水平、人口分布、资源结构、产业结构、水质特征、主要污染因子、相关法律、法规、政策、治污水平、资金筹集、公众参与、妇女角色、地方知识的运用以及信息公开化程度和相关机构的职权划分等作为评估指标,选择重点污染城市及其辐射区域,一一对应,进行评估和比较,全面分析现有管理政策的启示和不足。

3.2 开展国内外典型流域管理模式的比较研究

以往对国外流域立法的案例研究多采取:国外的做法和经验——我国的不

足——概括性提出我国应该在哪些方面建立和完善相应的制度的研究路径,对其制度产生的人文和自然背景的考证、基于人文和自然背景变迁条件下制度变迁的系统和动态考察没有给予足够重视,从而影响了制度的本土化以及建议在实践中的采纳程度和可操作性。建立社会上和生态上都可接受的环境管理方法和政策是至关重要的(Derek,1996)。因此,今后的研究工作应该有重点地选择一些国内外典型流域管理模式如美国的田纳西流域(TVA)管理模式、澳大利亚的墨累–达令流域综合管理(ICM)模式、英国的多部门共同参与的协作管理模式(CCM)以及我国淮河流域水污染管理模式等,对同一流域不同时期的相关立法进行纵向比较和分析,对不同流域立法目的或规范对象相似的相关立法进行横向比较和分析,得出这些模式的变迁特点、优缺点、在实践应用中的得与失以及对黄河流域水污染防治管理的启示。

3.3 探讨黄河流域水污染防治可持续管理的模式

结合我国国情和黄河流域实际,并结合全球气候变化趋势、流域生态环境响应趋势、流域水资源变化趋势以及流域社会经济发展趋势,探讨黄河流域水污染防治的可持续管理模式。

由于机构能力建设的重要性,特别是未来流域综合管理机构必须具有协调与管理流域内各利益相关行为的权威性(Hopper,2000),本文以机构为主线,提出黄河流域水污染防治的可持续管理模式供探讨(如图2所示),旨在探索流域生态系统管理的实现。由于在现有体制下调整管理制度往往会更有效,因此总的思路是不改变现有机构职权范围的前提下,加强机构间的合作,通过设置咨询委员会吸收诸多利益相关者参与流域保护,有利于地方知识的吸收,并保证流域相关事务决策的科学性。具体来说,首先,应该成立由政府部门代表、行业代表、环保组织、专家、公众包括妇女等利益相关者组成的流域生态系统管理咨询委员会,融合多学科知识,并从多视角共同商讨流域事务,包括相关法律和政策的制定、修改和具体实施方案、中长期流域规划的制定和实施途径、重大工程项目建设的环境影响评价等,有利于为中央政府提供科学的决策依据并为地方政府的具体实施提供重要的参考依据,从而为实现流域的可持续发展奠定基础。流域生态系统管理咨询委员会直接为中央政府在流域管理事务决策中提供咨询建议,并监督和评价流域管理措施的制定情况,同时中央政府就其咨询建议的采纳情况及其他在流域管理事务中存在的问题及时向流域生态系统管理咨询委员会反馈。各级政府层面,其机构设置保持不变。中央层面,主要负责制定流域综合规划和激励政策,协调各种利益的平衡,促进利益相关主体间的合作,从宏观上掌握流域可持续发展目标,指导和监督流域管理措施在地方层面上的执行情况。地方层面,为中央层面负责,按照中央的产业布局和区域功能划分,考虑当地具体的人文、生态因素,制定具体的实施细则,贯彻执行相关法律和政策。

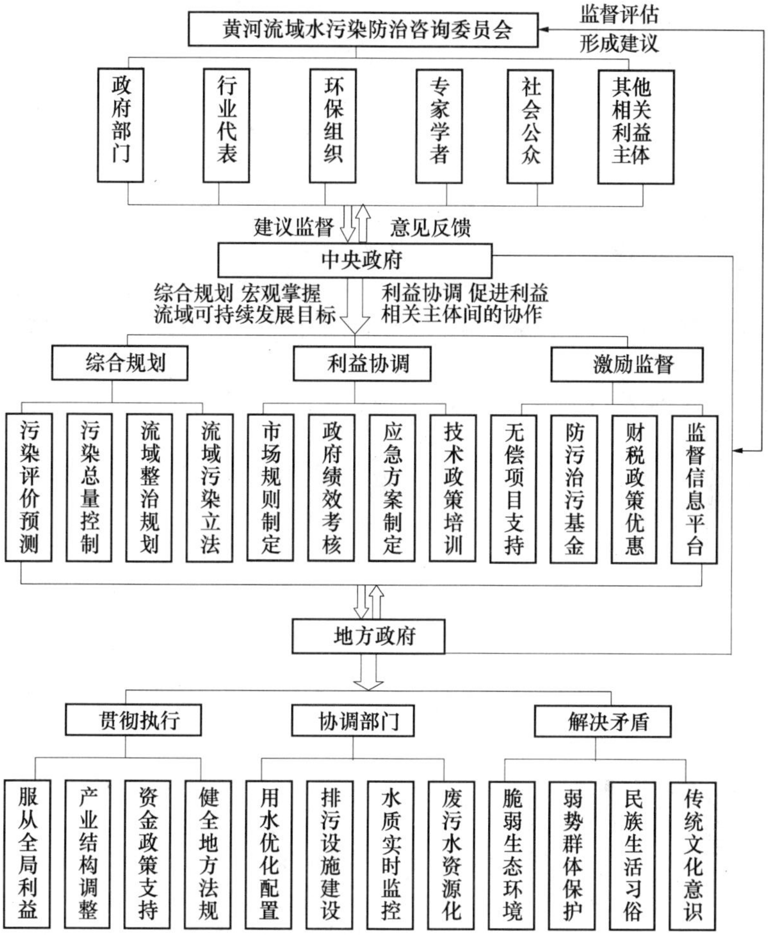

图2 黄河流域中上游水污染防治可持续管理模式示意图

3.4 探索黄河流域水污染防治可持续管理的长效机制与途径

流域生态系统的特征决定了相应的制度设计必须考虑综合性和长期性。要集成制度、措施、法律以及流域水污染防治管理模式,探索黄河流域水污染防治可持续管理的长效机制与可行途径。

参 考 文 献

[1] 中国环境公报(1989~2004年).国家环保总局.

[2] 陈允涛.直面黄河污染[J].绿色中国,2005,13:12-16.

[3] 李祥龙,等.黄河流域水污染趋势分析[J].人民黄河,2004,26(10):26-27.

[4] 李春晖,等.黄河干流水体污染时空变化特征[J].水资源与水工程学报,2004,15(2):10-14,20.

[5] 王殿芳,等.黄河流域水污染现状分析及控制对策研究[J].环境保护科学,第29卷,总116期,2003,4:28-31.

[6] 钱易,汤鸿霄,等.西北地区水资源配置生态环境建设和可持续发展战略研究——水污染防治卷[M].北京:科学出版社,2004.

[7] 李晓晖.黄河流域水污染问题之我见[J].科技情报开发与经济,1997,5.

[8] 姜英.黄河中游生态环境现状分析[J].林业资源管理,1999,1:50-51.

[9] 张俊华,等.黄河兰州段水质污染状况分析[J].国土资源科技管理,2003,4:47-50.

[10] 王金玲.黄河中游地区的水土流失与河流有害污染物关系浅析[J].中国水土保持,1993,3:49-51.

[11] 王华东.黄河中、上游黄土高原开发的环境污染及其对策[J].人民黄河,1989,6:7-10.

[12] 史复有,等.兰州市排水对黄河兰州下游段的水质影响[J].甘肃环境研究与监测,1996,4:52-56.

[13] 夏星辉,王然,孟丽红.黄河耗氧性有机物污染特征及泥沙对其参数测定的影响[J].环境科学学报,2004,24(6):969-974.

[14] 夏星辉,周劲松,杨志峰.黄河流域河水氮污染分析[J].环境科学学报,2001,21(5):563-568.

[15] 夏星辉,沈珍瑶,杨志峰.水质恢复能力评价方法及其在黄河流域的应用[J].地理学报,2003(58)3,458-463.

[16] 程红光,杨志峰.城市水污染损失的经济计量模型[J].环境科学学报,2001,21(3):318-322.

[17] 李菲菲,杨志峰,等.水资源冲突的协同谈判刍议[J].人民黄河,2005,27(1):44-46.

[18] 曾维华.流域水资源冲突管理研究[J].上海环境科学,2002,21(10):600-602.

[19] 曾维华,程声通,杨志峰.流域水资源集成管理[J].中国环境科学,2001,21(2):173-176.

[20] 杨桂山,等.流域综合管理导论[M].北京:科学出版社,2004.

[21] 彭新育,王力.流域综合集成管理的资源价值体系初探[J].中国软科学,2000,(3):114-116.

[22] 阮本清,等.流域水资源管理[M].北京:科学出版社,2001.

[23] 杨志峰,冯彦,张文国.流域水资源可持续利用保障体系——理论与实践[M].北京:化学工业出版社,2003.

[24] 蔡庆华,刘建康.流域生态学与流域生态系统管理.流域生态学研究协作网网刊,2000.

[25] 吕忠梅.水污染的流域控制立法研究[J].法商研究,2005(5).

[26] 冯彦,何大明,包浩生.国际水法的发展对国际河流流域综合协调开发的影响.经济法

网,http://www. cel. cn.

[27] 蔡守秋,等.水污染防治法与跨界污染管理[C]//第一届黄河国际论坛论文集.郑州:黄河水利出版社,2003.

[28] 徐辉,张大伟,王刚.流域水污染防治立法研究[M].兰州:兰州大学出版社,2004.

[29] 吴丽娜,王红瑞,程晓冰,等.黄河流域水资源管理中的问题与对策[J].资源科学,2003,25(4):56-61.

[30] 程国栋.西北水资源问题与对策[J].学会月刊,1998(1):18-20.

[31] 王根绪,程国栋,徐中民.中国西北干旱区水资源利用及其生态环境问题[J].自然资源学报,1999,14(2):109-116.

[32] 张大伟,徐辉,等.黄河流域水污染问题研究[J].人民黄河,2003,10:12-13.

[33] 崔树彬.黄河流域的水污染问题及对策措施[J].水资源保护,1993,26(1).

[34] 杨振怀.黄河治理方略的若干思考[J].人民黄河,2000,22(1):1-4.

[35] 柯礼聃.建立新型的黄河流域管理体制[J].中国水利,2001,453(4).

[36] 黄河近期重点治理开发规划.国务院国函[2002]61号文.

[37] (英)朱莉·斯托弗著.水危机——寻找解决淡水污染的方案[M].张康生,韩建国译.北京:科学出版社,2000.

[38] 陈丽晖.国际河流整体开发及管理及两大理论依据[J].长江流域资源与环境,2001,10(4):309-315.

[39] 李周,等.国外水资源管理状况与发展[J].环境与发展,2000年第一期(总1期).

[40] 葛颜祥,胡继连,等.水权的分配模式与黄河水权的分配研究[J].山东社会科学,2002(2):35-39.

[41] 邓红兵,等.流域生态学——新学科、新思想、新途径[J].应用生态学报,1998,9(4)443-449.

[42] Francisco N. Correia & Joaquim E. da Silva, Transboundary Issues in Water Resources, Conflict and the Environment[J]. P315-334.

[43] Jerome D. P. The development of transnational regimes for water resources management, river basin planning and management[M]. Oxford University Press, 1996.

[44] Gerald E. Galloway, river basin management in the 21st century: blending development with economic, ecological and cultural sustainability[J]. Water International, 1997,22:82-89.

[45] C. Hagebro, T. Chiuta and T. Belgrove, water pollution abatement as related to ecosystem protection, Water Science & Technology Vol 49 No 7 pp 165 ~ 168 © IWA Publishing 2004.

[46] Laine. A, etc. Integrated management and monitoring of boreal river basins: An application to the Finnish River Siuruanjoki. Archiv fuer Hydrobiologie Supplement 141 (3~4):387-399 December 2002.

[47] Ostdahl, Torbjorn, etc. Possibilities and constraints in the management of the Glomma and Lagen river basin in Norway, Archiv fuer Hydrobiologie Supplement 141 (3~4): 471-490 December 2002.

[48] Kao, C. – M, etc. Water quality management in the Kaoping River watershed, Taiwan, Water Science and Technology 47 (7~8) : 209 – 216, 2003.

[49] Grayman, W. M, etc. Regional water quality management for the Dong Nai River Basin, Vietnam. Water Science and Technology 48 (10) :17 – 23, 2003.

[50] H. Coccossis, Intergrated Coastal Management And River Basin Management, Water, Air, and Soil Pollution : Focus 4 :411 – 419, 2004.

[51] Bobinson, A. R. 1981. Erosion and sediment control in China's Yellow River basin. J. Soil Water Con. 36, 125 – 127.

[52] Zdzislaw Kaczmarek. Human Impact on Yellow River Water Management, INTERIM REPORT, IR – 98 – 016/April, IIASA, http://www. iiasa. ac. at.

[53] Nienhuis, P. H. etc. New concepts for sustainable management of river basins, Backhuys Publishers, Leiden, 1998.

[54] Miguel A. Marino, Slobodan P. Simonovic, Intergrated Management of Water Resource (I), 2001.

[55] A. Brebbia. P. Anagnostopolos, Intergrated Management of Water Resource (II),2002.

[56] 蔡守秋. 综合生态系统管理法的发展概况,政法论丛,2006. 3 :5 – 18.

[57] 郭怀成教授环境规划与管理研究小组, http://www. ccepr. org/huanjing/frontend/default. aspx.

[58] 杨桂山,等. 流域综合管理导论[M]. 北京 :科学出版社,2004.

[59] 时任国家环保总局自然保护司司长杨朝飞在 2003. 3. 25 接受《中国环境报》记者王娅采访时所强调.

[60] Kelly F. B and Tomas M. K, Theory into Practice : Implementing Ecosystem Management Objectives in the USDA Forest Service, Environmental Management, 2005. 3.

大土工包机械化抢险技术研究

张宝森[1]　王震宇[2]　汪自力[1,3]　邓　宇[1]

（1. 黄河水利科学研究院；2. 黄河水利委员会防汛办公室；
3. 河海大学水利水电学院）

摘要：本文提出了大土工包机械化抢险新技术。概述了土工包抢险技术发展状况，探讨了大土工包沉落过程中的受力情况，分析了大土工包的抗冲稳定、摩擦稳定等，为大土工包材料的选择、结构设计、制作加工提供了理论依据。大土工包在本身荷载作用下可很好地贴服于河床上，适合于填充河道冲刷坑，便于稳定水下基础，可代替柳石搂厢、柳石枕及抛散石和铅丝网笼等传统抢险方法。2004 年在黄河下游兰考蔡集工程 54 坝水中进占和王庵工程 -14 垛抢险中进行了试验应用，取得了良好效果。该技术为石料缺乏地区如何有效组织抢险，提供了一条新途径，具有广泛的应用和推广价值。

关键词：大土工包　机械化抢险　土工合成材料　抢险技术　黄河

1　概况

在千百年与黄河洪水的斗争中，沿黄人民积累了丰富的抢险经验，并且根据黄河的水沙特点，因地制宜，就地取材，创造了以秸柳料、土和少量石块为主要材料的柳石搂厢、柳石枕及抛散石和铅丝石笼等抢险技术。这些技术和料物的应用，形成了黄河抢险的基本方法，在抗洪抢险中发挥了巨大的作用，至今仍是抢险的重要手段。随着科学技术的发展和社会经济实力的增强，近年来黄河下游组建了 20 多支专业机动抢险队，配置有自卸汽车、挖掘机、推土机、装载机等大型机械设备，提高了抗洪抢险能力；应用了化纤网笼和土工合成材料抢险，新材料、新装备、新技术给抗洪抢险带来很大的变化，突出的优点是节省人力，提高抢险速度，料物储备容易等。本次研究主要解决在没有石料或缺乏石料以及雨季抢险石料跟不上的情况下，如何有效组织抢险，提出了采用大土工包机械化抢险的方法。研究成功 10 ~ 12 m³ 大土工包，利用自卸汽车、挖掘机、推土机、装载机等大型机械设备配合，进行机械化装料、运输和机械化抛投，用 10 min 的时间即可完成装料作业。2004 年在兰考蔡集工程 54 坝水中进占和王庵工程 - 14 垛抢险中进行了试验应用，经历了调水调沙期间 2 800 m³/s 洪水的考验。

2 土工包抢险技术发展状况

土工包(Geocontainer)抢险技术是将土工合成材料制作成一定形状和容积的大包用于防汛抢险。土工合成材料(Geosynthetics)是一种新型岩土工程材料,它是以合成纤维、塑料及合成橡胶为原料,制成各种类型的产品,置于土体内部、表面或各层介质之间,发挥其工程效用。该项技术便于配合装载机、挖掘机、自卸汽车等大型机械在土工包内装散土或其他料物,进行防洪工程机械化抢险,具有快速、高效的特点。

土袋是比较常用的抢险料物,目前编织袋取代了草包和麻袋,土工织物长管袋、软体排等也在抢险中得到应用。黄河下游近年来用大型机械抢险作业,并用土工织物制作大型土工包。大土工包尺寸视自卸汽车车厢尺寸而定,事先把土工布缝合成盒子形状,上面的盒盖留下三个边,敞口放置于车斗内,用挖掘机向土工包内装散土,装满后用缝袋机或人工封口,形成一个大土工包。

以下是利用土工袋或土工包实际应用抢险的典型案例:

(1)"96·8"洪水期间,原阳武庄防洪路口门冲决恢复时,在石料、柳料运不进去情况下,采用土工织物做土袋抢堵,利用装载机和挖掘机结合编织土工布做成长 2 m、宽 1.5 m、高 1.2 m 的土工袋抢险,快速堵复了口门。

(2)2000 年结合国家防办"堤防堵口关键技术研究"专题项目,于 2001 年 4 月在枣树沟工程进行了大型土工包水中进占堵口试验,并对土工包沉落进行了试验研究。土工包的材料采用 400 g/m² 机织土工布,尺寸为长 4.2 m、宽 2.5 m、高 1.0 m 和长 3 m、宽 2 m、高 1 m,每边用涤纶线缝合 2~3 道。在抛投过程中约有 50% 的土工包损坏。

(3)2003 年 9~10 月在东垆裁弯工程抢险时,主要采取倒挂柳缓冲落淤、投放柳石枕和编织土袋装笼、土工布大袋装编织土袋和装散土的抢险方式,阻挡了水流对出险段土体的冲刷,防止出险段扩展。其中土工布大袋采用 230 g/m² 机织土工布在现场人工缝制成长 2.0 m、宽 1.5 m、高 1.0 m 的土工袋,人工装编织土袋和装散土,装满后人工缝口,然后人工推入水中。

(4)近十几年来,在欧洲、马来西亚、日本和美国成功地将充填砂的大体积土工包借开底船抛投于深度达 20 m 的水下,其中最成功的是美国新奥尔良的 Red Eye Crossing 工程和洛杉矶的 Marina Del Rey 工程,皆由陆军工程师团承建。国外还使用了特大型水上土工包抢险,水上土工包是将 Geolon 高强土工织物铺设在特制的可开底的空驳船内,将疏浚的淤泥或废料填其上,待装满后,将织物包裹缝合,防止泄漏,然后将驳船开到预定地点,打开船底,把土工包沉放到水底。这种土工合成材料产品由于尺寸很大(长度可达 40 m,体积可达 800~

1 000 m³),柔性好,整体性强,因此用于大面积崩岸治理、堤防迎水坡堵漏、河岸及河底的淘刷都很有效。制作水上土工包的合成材料为织造型土工织物。三种规格的土工包使用的织物,其单位面积质量分别为 360 g/m²、510 g/m² 和 940 g/m²,厚度分别为 1.0 mm、1.6 mm、3.3 mm,在长度方向的抗拉强度分别为 80 kN/m、120 kN/m、200 kN/m。

3 大土工包稳定性分析

3.1 大土工包沉落过程中的受力分析

3.1.1 土工包的状态

首先分析大土工包的状态:包内装入散土,即便是用挖掘机铲斗压实后,现场取土样的最大密度为 1.47 g/cm³,土样含水率为 24%;一般情况下整体土工包的空隙率比较大,密度应该在 1.15 ~ 1.33 g/cm³ 之间。当大土工包进入水中后,土工包的状态会发生很大的变化,土工包缓慢浸水,包中土体会缓慢排气并逐渐饱和,此时包中土体的力学参数也会发生很大的变化,该过程变化较为复杂。

3.1.2 土工包在抛投过程中的受力情况

土工包在自卸汽车抛投过程中的受力情况相对较为简单,主要受到重力和车斗摩擦阻力。当自卸汽车车斗达到 45° ~ 50° 时,土工包会瞬间自动滑出车斗,但在入地时会受到很大的冲击力,此时如果土工包的结构不合理,土工包就会破裂(见图1)。土工包在入地时一般呈跪卧式形态(见图2)。

图1 土工包在抛投过程中破裂　　　　图2 土工包入地时的形态

此外,土工包在抛投过程中,如果不到位还要受到挖掘机、推土机的推压作用(见图3、图4),这些作用力在土工包的结构设计和材料选择时必须考虑。

3.1.3 土工包在入水过程中的受力情况

土工包在水中的受力情况有两种:①岸坡滚落或滑落;②水中沉落。其受力种类与石块相同,只是密度小而已。

图 3　推土机推土工包　　　　　　　图 4　挖掘机拨土工包

当大土工包进入水中时,土工包内的空气会聚集在土工包的上方,形成气囊(见图 5、图 6),其所产生的浮力是必须考虑的因素,它对大土工包沉落过程和稳定影响很大。大土工包在沉落过程中,主要受到重力、浮力、边坡的摩擦阻力、水的绕流阻力、水流对包的动水压力,这些力的合力决定包的下沉过程的时间和位移。耿明全、孙东坡曾进行过土工包的水槽试验和稳定性分析,大河流速和水深对土工包沉落偏移量影响也很大,大河流速越高土工包偏移量越大,大河水深越大土工包偏移量越大。

图 5　土工包刚入水　　　　　　　图 6　土工包入水后形成气囊

3.2　大土工包的抗冲稳定分析

单个土工包的有效重量应满足水流的抗冲稳定要求。其起动流速采用依士伯喜泥沙起动公式:

$$v_0 = 1.2\sqrt{2g\frac{\rho_s - \rho_w}{\rho_w}}\sqrt{d} \tag{1}$$

式中:v_0 为起动流速,m/s;g 为重力加速度,取 9.8 m/s^2;ρ_s 为土工包内土的湿密度,g/cm^3;ρ_w 为水的密度,取 1 g/cm^3;d 为土工包的体积折合直径,m。

可按式(1)估算在不同流速下土工包满足抗冲稳定要求的最小体积和重量。现场试验表明,在水深6~14 m、流速1.5 m/s以下时,大土工包在水下可以稳定。

如果考虑包内气体(充填度一般为0.7~0.8,也可从土工包的制作尺寸和装土量计算),即包内装土越不密实,孔隙率越大,土中含有气体越多;如果土工包本身排气性差,不易在水中排气,则土工包所受浮力越大,稳定性越差。因此,在设计制作土工包时应选择排气性好的土工布,以便使土工包在入水时排气;在土工包装土时应将散土压密实,以便减少土中含气量,增大浮压重。

3.3 大土工包的摩擦稳定分析

土工包之间在水中的摩擦稳定非常重要,摩擦系数选择土工材料与土、土工材料之间较小者,经计算后,即可指导确定土工包材料选择。表1是土工材料与土、土工材料之间直接剪切摩擦试验结果。

表1 直接剪切摩擦试验结果 （单位:C,kPa;φ,℃）

名称	粉质黏土		粉质壤土		极细砂		无纺布		编织布	
	C	φ	C	φ	C	φ	C	φ	C	φ
无纺布			0	30.2	0	27.5	0	23.4	0	14.0 * ,10.8
机织布	10	19	0	32.8	0	31.3			5 * ,2	13.4 * ,11.0
编织布			0	29.9	0	29.5			0	14.4

注:本表为饱和试样的直接剪切摩擦试验结果;* 为干态。

总体来看三种布与土的摩擦系数较大,均大于布与布之间的摩擦系数。无纺布与无纺布、编织布与编织布之间的摩擦系数较大,机织布与编织布之间的摩擦系数较小。

大土工包进占时,土工包的稳定性主要与水流流速、冲刷坑的形成、土工包的状态以及土工包进占强度等有关。在进占速度较快情况下,土工包的失稳需要时间,等达到一定坡度时,占体就会稳定。

4 大土工包结构设计及抢险方法

4.1 结构和尺寸

为满足自卸汽车运输、抛投的需要,土工包规格尺寸按自卸汽车车斗尺寸确定。本次试验按黄河机动抢险队配备的15 t解放自卸汽车,20 t、31 t太脱拉自卸汽车考虑,根据自卸汽车料斗长、宽尺寸各加大到1.2倍,高度上均增加30 cm的原则来确定土工包尺寸,制作尺寸分别为:4.2 m×2.4 m×1.3 m、5.0 m×2.9 m×1.3 m、5.4 m×3.0 m×1.3 m。

土工包制作材料的选用主要考虑土工包在抢险过程中所需要满足的强度、

变形率、透水性、排气性和保土性等技术指标要求。在使用编织布材料、复合土工材料($200 \sim 250 \ g/m^2$)制作土工包时，原则上间隔 $1.0 \ m$ 缝制一条 $5 \ cm$ 宽的加筋带，这种结构可以解决编织布材料、复合土工材料制作的土工包强度不够的问题，见图 $7 \sim$ 图 10。在使用无纺布材料($300 \sim 350 \ g/m^2$)制作土工包时，原则上间隔 $1.0 \ m$ 用粗麻绳或化纤绳捆绑，解决无纺布材料强度不够的问题。

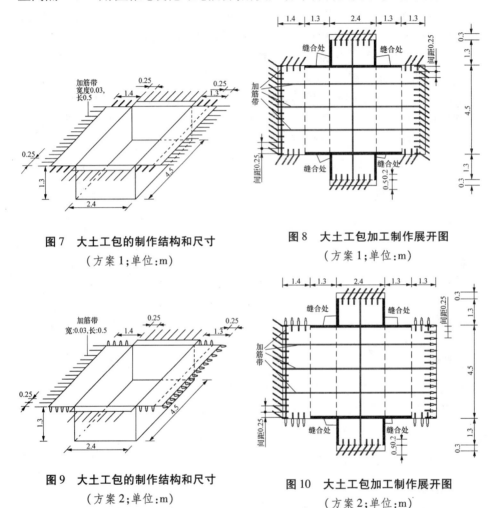

图 7　大土工包的制作结构和尺寸
（方案 1；单位：m）

图 8　大土工包加工制作展开图
（方案 1；单位：m）

图 9　大土工包的制作结构和尺寸
（方案 2；单位：m）

图 10　大土工包加工制作展开图
（方案 2；单位：m）

4.2　大土工包抢险方法和特点

大土工包机械化抢险就是将土工合成材料制作成一定形状和容积的大包，配合装载机、挖掘机、自卸汽车等大型机械在土工包内装散土或其他料物，进行防洪工程机械化抢险。大土工包抢险方法和特点如下：

大土工包(图11)采用装载机、挖掘机在自卸汽车上直接装土,可满足自卸车装运抛机械化作业要求(图12)。由于空袋可预先缝制且便于仓储,当发现险情后可迅速运往出险地点装土抛投,因此大土工包具有以下特点:①运输方便,操作简单,抢险速度快;②船抛、岸抛、人工抛、机械抛均可,适用范围广;③对土质没有特殊要求,可就地取土,一定条件下用其代替抛石投资省;④用其替代柳石枕,有利于保护生态环境。

图11　工厂化加工的大土工包　　　　　图12　机械化装散土

当险情发展较快或自卸汽车进不到现场时,可制作简易土袋枕进行抢护。具体做法是,在出险部位临近水面的坝顶平整出操作场地,选好抛投方向,并确定放枕轴线和抛枕长度,每间隔0.5～0.7 m垂直枕轴线铺放一条捆枕绳,将裁好的编织布沿轴线铺于地上,然后上土并压实;将平行轴线的两边对折,用缝包机封口或折叠后用捆枕绳捆绑好,然后用推土机或人工推入水中,人工推抛方法同柳石枕。

大土工包机械化抢险技术的核心是将土工包制作与抛投过程所需场面分离,打破传统抢险技术作业场面小的限制,成功实现了抢险的流水作业,大大提高了抢险效率。将费时较多的土工包制作过程放在距出险位置有一定距离的开阔场地,有限的抢险场地只承担抛投到位过程,彻底克服了传统抢险中人机多、场面小,造成人机资源浪费,贻误抢险时机的不利局面。

5　大土工包抢险效果分析

兰考蔡集工程54坝水中进占和王庵工程14垛抢险中抛投大土工包试验结果表明:

(1)合理的现场布置可以提高机械化作业速度。自卸汽车数量可按运输距离所需的运转循环时间和挖掘机的作业循环时间来确定,数量不宜过多,以保证生产率最高、成本最低为标准。按水中进占50 m考虑,1辆D85的推土机、3台挖掘机、10～12辆自卸汽车配合作业效率最高。

（2）在水深4～6 m、坝头实测流速小于1.0 m/s、大溜顶冲情况下，10 m³ 大土工包可以站稳，并能形成占体，见图13、图14。

图13 大土工包水中进占　　　图14 大土工包抗水流淘刷

封丘顺河街13#坝水中进占抛投大土工包试验结果表明：

（1）机织布大土工包在水深8～10 m、坝头实测流速1.5 m/s、大溜顶冲情况下，包内装土和土石混装均不易站稳，没有形成占体。分析原因主要与土工包抛投强度和所受水流的冲击力有关，一般25～35 min抛投1个10 m³ 土工包，这样的抛投速度不能满足水中进占的要求。

（2）机织布大土工包在抛投过程中，多数大土工包在上部封口处开裂，漏土严重，效果很差，浪费太大。包内装土改为包内土石混装，增大了大土工包的重量，但效果并不理想。分析原因，主要是机织布透水能力太差，包内空气在水下难以排出，大土工包受浮力太大，起动流速小，抗冲能力较差。

6 结论与建议

大土工包机械化抢险就是将土工合成材料制作成一定形状和容积的大包，配合装载机、挖掘机、自卸汽车等大型机械在土工包内装散土或其它料物，进行防洪工程机械化抢险。该方法具有较大的优势和发展潜力，已在黄河下游实际抢险中得到应用。通过本次试验，基本解决了大土工包的制作材料选择、结构、尺寸以及现场机械化装料、运输、抛投等问题。综合分析初步得到以下结论和建议：

（1）大土工包机械化抢险，将充分体现"高强度、高效率、工厂化、机械化作业"的原则，具有很多优势和发展潜力，为今后防汛抢险提供了新的技术保障。人机配合机械化抢险与传统抢险相比，体现出更快、更强、更灵活的特点，可以节约大量人力，自卸车抛土工包就相当于100人抢险效率的8～10倍。

（2）成功研发了10 m³ 左右的大土工包。提出用加筋条或麻绳捆绑大土工包来解决土工材料强度低以及封口处在抛投过程中易开裂问题，这样在大土工包的材料选择时,就可用造价较低、强度不高的编织布或土工布,封口效率提高,在抛投过程中排气较畅,增加有效重量,有利于下沉稳定。另外,土工包因内部装的是土,可以避免因秸料腐烂造成的险情。

(3)大土工包柔软,变形能力强,适合于填充冲刷坑,在本身荷载作用下可很好地贴服于河床上,便于稳定水下坝基,对河道丁坝抢险非常有利;大土工包可工厂化生产,便于储备、运输,且抢险操作简单、方便,机械化程度高、速度快,效果好,劳动力强度低,可节省大量石料和铅丝笼。

(4)使用编织布、复合布和无纺布制作的 10 m^3 大土工包试用效果好;3 种结构的大土工包均能满足自卸车的抛投要求,操作简单、快速。机织布制作的大土工包试用效果较差,上部封口处在抛投过程中容易开裂,在入水过程中不易排气,受浮力太大,不易稳定。

(5)系带固定法封口现场封口不需要缝包机,现场操作简单、快速,整个装料过程只需要 10 ~ 15 min 即可完成,在抛投过程中也不易开裂,试用效果好。大土工包在一侧留口,在抛投过程中封口不易破裂,说明侧向留盖结构合理、使用效果好,即大土工包在制作时一侧为整体结构、一侧为现场系带固定法封口。

(6)大土工包在水中的稳定情况较为复杂,应视具体水深、流速条件和施工工艺而定,建议对大土工包水中进占时稳定性和进占技术做进一步的分析和试验研究。

参 考 文 献

[1] 罗庆君. 防汛抢险技术[M]. 郑州:黄河水利出版社,2000.
[2] 张宝森,朱太顺,等. 黄河治河工程现代抢险技术研究[M]. 郑州:黄河水利出版社,2004.

透水丁坝浅论

张翠萍[1]　张锁成[2]　杨达莲[3]

（1. 黄河水利科学研究院；2. 黄河水利委员会；3. 黄河水利委员会水文局）

摘要：文章总结了透水丁坝的发展变化，论述了透水丁坝和不透水丁坝的特点与作用，对比了黄河上修建的透水丁坝和其他河流上透水丁坝的特点与作用，提出了黄河上适合修建透水丁坝的位置。

关键词：透水丁坝　河道整治　河道工程

1　透水丁坝

河道整治中不同结构和外形的丁坝对河流的作用很不一样。根据修建的方法和材料，丁坝可以分为透水坝和不透水坝。透水丁坝和不透水丁坝从名字上可以看出它们建筑材料不同，同时对水流的影响也不同。透水丁坝降低流速而不透水坝改变水流方向或者说具有挑流作用。

透水丁坝常常是由桩、竹子和木头构成，可以使水流通过。水流通过透水丁坝时，损失一部分水能，流速降低，从而挟沙能力也降低并导致泥沙淤积。透水桩丁坝可以用来阻止河岸侵蚀或淤堵汊河。

2　透水丁坝的发展

2.1　透水丁坝的类型

从图1可以看出早期透水丁坝的结构（Nedeco，1959），它是一排由一个横梁把2~3个桩交叉联系在一起的桩组成。为了防治坝体下游和坝体之间的冲刷，首先要沉排一个防冲软铺盖以达到桩的稳定。桩间的流速和深度决定了防冲软铺盖的尺寸，冲刷坑向上游发展6~9 m，向下游发展9~15 m。在靠近河流的丁坝头部冲刷坑要大一些。

图2显示了密西西比河的桩式丁坝，透水丁坝逐渐转变为不透水丁坝（Nedeco，1959）。图3显示了用竹子和木材修建的透水坝。图4显示了在孟加拉国的不透水丁坝桩列（Wal，2001）。目前，透水丁坝可以由钢桩、预制混凝土桩构成，被埋入河床和滩地，可以由一排桩组成，也可由多排桩构成（见图5）。

最近,提出了一种由不透水部分和透水部分组合成的新坝型(见图6),对这种坝型已经进行了多项试验研究(Wal, 2001;Reduan, 2002)。

2.2 透水丁坝的作用

透水丁坝在河道工程中可以发挥一个或多个作用,一是降低流速形成缓流,达到在坝附近淤积的目的;二是保护堤防,使主流远离堤防;三是缩窄宽河槽,通常是改进通航水深。

2.3 透水丁坝的影响

透水坝允许水流从桩间通过,同时也削弱了水流的流速。

由于阻水面积小,透水坝(如图7所示针状坝)通常在较低的水力荷载下工作,通过桩间的水流没有环流发生,或者说至少减弱了环流。

2.4 丁坝的优缺点

2.4.1 透水丁坝的优点

(1)就地取材。许多材料,如竹子或者木材等,都可以用来修建透水坝,利用当地可用之材来修筑透水丁坝。

(2)控制流态。在透水丁坝范围内(见图8)可以适当地控制流态,使之与河岸平行。正确选择坝间距,一组透水丁坝可以增大减小靠近河岸的流速的作用。透水丁坝的方向或者坝头的构造对于水力性能和工程稳定性影响较弱。

(3)淹没透水丁坝区域,紊流比淹没不透水丁坝明显减弱。淹没透水丁坝比淹没不透水丁坝更有效保护沿岸财产安全,因为前者并不像后者那样会造成很强紊流和漩涡。然而,只有在较高输沙的河流上,这些丁坝作用才明显(Central Board of Irrigation and Power, 1989)。

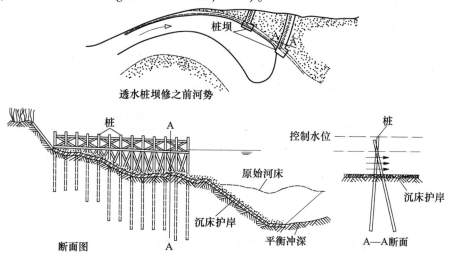

图1 桩式透水丁坝(Nedeco, 1959)

图 2　密西西比河上的透水桩式丁坝（Nedeco，1959）

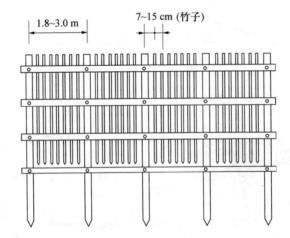

图 3　孟加拉国使用的透水丁坝（Alam 和 Faruque，1986）

图 4　孟加拉国 Brahmaputra 河上 1996 年试验桩坝（Wal，2001）

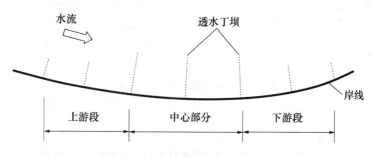

图 5　透水桩坝群平面示意图

（标准化护岸工程设计手册，孟加拉水利部水资源计划组织，2001）

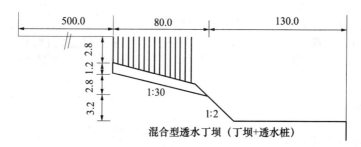

图 6　混和型透水丁坝（Reduan，2002）

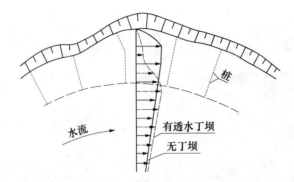

图7　透水丁坝对流速分布的影响（Przedwojski，1979）

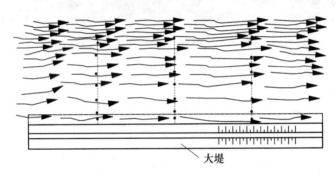

图8　通过一组透水丁坝的流态

（标准化护岸工程设计手册，孟加拉水利部水资源计划组织，2001）

2.4.2　透水丁坝的缺点

（1）透水丁坝承受漂浮物、流冰和原木等冲击力不足。来自迎水面漂浮物的堆积会使透水丁坝变成半透水坝，甚至成为不透水丁坝。

（2）如果河道工程是用于将河流主槽在约束限制范围内，透水丁坝并不适合。透水丁坝不能有效地控导水流，进而使河流进入预期的河槽，除非透水率很低。

（3）透水丁坝对水流含沙量的影响小于不透水丁坝（Nedeco，1959）。

2.5　黄河上修建透水丁坝的合适位置

根据透水坝的功能和作用以及黄河的河道工程状况，黄河上比较适合修建透水坝的地点有：黄河上的直河段以及河道的凸岸，来收缩宽河槽，垂向透水丁坝更适合用于保护防洪堤防，透水丁坝可以用于黄河上的一些临时工程，如淤堵支汊。

3　黄河透水坝经验

3.1　黄河透水工程概况

1979年黄河上就进行了透水河道工程的野外试验。作为试验工程，1987年在黄河下游东大坝修建了透水坝，坝由100根混凝土桩组成，总长度104 m，桩径0.55 m,桩间净距为0.55 m 或0.40 m,透水率为50%和42%（Li, 2003）。透水坝是修在一组不透水丁坝的下游末端（见图9），坝桩被布置在沿水流方向的河道整治线上，可以称为纵向透水坝。近年来在实体模型试验成果基础上，又修建了一些透水坝,桩的直径0.8 m,桩间净距0.4 m,透水率为33%（Chen et al, 2003）。

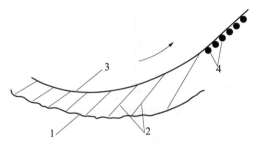

图9　黄河上的透水工程
1—滩唇;2—不透水丁坝;3—河道整治治导线;4—透水工程的桩

3.2　透水工程研究结果

为了优化透水率,黄委会水科院进行了实体模型方面的研究（Tian & Wang, 2000）。透水建筑物的平面布置如图10所示,试验参数如表1所示。研究成果表明（Yao et al,2003）局部冲刷是沿桩排方向,其中最深点在桩附近（见图11）;局部冲刷最深处大约20 m,在桩的靠河一侧;透水率越高,局部冲刷的深度越小;同样水沙条件下,透水率越大,桩后淤积的速度越快。

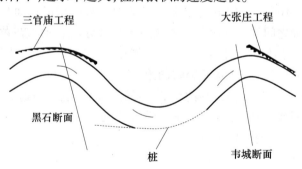

图10　透水工程试验平面布置（Yao et al, 2003）

表1　试验参数

桩径（m）	桩间净距（m）	透水率(%)
0.8	0.3	27
1	0.5	33
1	0.75	43

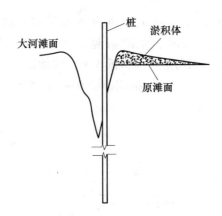

图11 透水工程断面（Yao et al. , 2003）

3.3 黄河透水工程与透水丁坝对比

黄河上修建的透水工程与其他河流修建的透水丁坝相比,有以下不同之处:

(1)布局不同。在黄河只布设了一排桩,且透水坝的轴线平行于河道整治治导线(见图10)。其他河流大都是丁坝,即丁坝方向基本垂向水流方向,且由一组丁坝组成。如孟加拉国《标准化护岸指导和设计手册》指出为了使从上游到下游之间过渡段的平稳,丁坝布置应该由一个中心区域和不少于3个的坝垛以及向上游延伸和向下游延伸的部分构成(为了减少长度),见图5。

(2)功能不同。其他河流上透水丁坝的主要作用是护岸或保护堤防,而黄河上透水建筑物的主要作用是控导水流。

(3)透水率不同。丁坝的透水率 p 定义为过水面积占总面积的比值,可以用邻近两个桩轴之间的桩间净宽 s 占桩距 e 的百分数表示。在黄河上,透水率为50% ~30%。其他河流上孟加拉国《护岸标准指导和设计手册》(水利部水资源计划组织,2001)推荐,从靠近堤防的第一个桩到最后一个桩渗透率为50%、60%、70%和80%为透水建筑物的标准,越靠近堤防,透水率越低。这种排列能够从使河道横断面没有阻碍渐变到部分阻碍阻断,并或多或少能够引起从上到下的阻力(当允许水流于堤防平行时)。

4 讨论

透水丁坝能不能代替黄河传统丁坝,或者说是在黄河上哪些位置上可以代替传统丁坝,还有许多工作值得研究。应该开展透水丁坝和不透水丁坝的对比研究,特别是经济方面的比较也是十分必要的。对于透水坝本身来说,在考虑黄河特殊情况下,应进一步研究优化参数,比如坝间距、透水率等。

5 结论和建议

在黄河河道工程中,透水丁坝可以修建在直河段或者凸岸以缩窄宽河槽,透水丁坝更适合用来防洪保堤。透水丁坝可以作为临时工程运用在黄河上,比如淤堵支汊。透水丁坝不能有效地控导河流,除非透水率很低。建议对透水坝进行野外和实体模型试验,对新型坝开展更深入的研究。

参 考 文 献

[1] Becksteak, G.. (1975). Design Consideration for Stream Groynes. Alberta. Department of the Environment, Environmental Engineering, Support Services, Canada.

[2] Przedwojski, B., Blazejewski R. & Pilarczyk K. W. (1995). River Training Techniques: Fundamentals, Design and applications, A. A. Balkema, Rotterdam.

[3] Chen Xuejian, Chen Maoping (2003). Preliminary design on the bank protection of concrete piles at ZhangWangzhaung, the design report, Institute of Henan Huanghe design. (in Chinese).

[4] Escarameia, M. (1998). River and Channel Revetment: A Design Manual, Thomas Telford, London.

[5] Jansen, P. Ph. (ed.) (1994). Principles of River Engineering: the Non – tidal Alluvial River, Delftse Uitgevers Maatschappij, The Netherlands.

[6] Li Hexiang (2003). The development of the Techniques on harnessing the Yellow River, China Water Resources, 2003, No. 7B. (in Chinese).

[7] Leopold, L. B., Wolman, M. G. & Miller, J. P. (1964). Fluvial Processes in Geomorphology, W. H. Freeman and company, San Francisco.

[8] Ma Rongzeng, Liu Yunsheng (2002). The Project Research of Channel Regulation at the Wandering Reach of lower Yellow River, China Water Resources, 2002 No. 3. (in Chinese).

[9] Ministry of Water Resources: Water Resources Planning Organization, Government of Bangladesh (2001). "Guidelines and Design Msanual for Standrdized Bank Protection Structures", Bank Protection Pilot Project FAP 21.

[10] Opdam H. J. (1994). "River Engineering", Lecture Notes LN0042/94/1 UNESCO – IHE Delft, The Netherlands.

[11] Petersen M. S. (1986). River Engineering, Prentice – Hall, Englewood Cliffs, U. S. A.

[12] Reduan, N. S. (2002). Effect of Innovation Groynes on Design Flood Levels and Ship Induced Water Motion, M. Sc Thesis HE115, UNESCO – IHE Delft, The Netherlands.

[13] Report Mission (2004). Bank Erosion in Mekong Delta and Along Red River in Vietnam, Delft, The Netherlands.

[14] Schijndel, S. V. (2001). Flow Around Groynes and Pile Sheets", New Insights in the Physical and Ecological Processes in Groyne Fields, TU Delft, Institute fur hydromechanik Universitat Karlsruhe.

[15] Straub, L. G., (1942). Mechanics of River, in Hydrology, O. E. Meinzer, ed., McGraw – Hill Book Company, New york.

[16] Tian Zhizong, Wang Puqing (2000). The Report of Design and Calibration on Physical Model of Permeable Groynes, Institute of Hydraulics Research, YRCC. (in Chinese).

[17] Wal, M. van der (2001). Approach to Groyne Innovation in the Netherlands, New Insights in the Physical and Ecological Processes in Groyne Fields, TU Delft, Institute fur hydromechanik Universitat Karlsruhe.

[18] Wu chigong (ed) (1982) Hydraulics, People Education Press, China. (in Chinese)

[19] Yao Wenyi, Wang PuQing, Chang Wenhua (2003). Research Effects of Deposition Falling with Tranquil Flow Permeable Pile dike for Bank Protection and Scouring Process around the Pile Position, Sediment Research, 2003 No. 2. (in Chinese).

黄河主溜线特征提取研究*

张海超[1]　段　锋[1]　张艳宁[1]　刘学工[2]　韩　琳[1,2]

(1. 西北工业大学计算机学院;2. 黄河水利委员会信息中心)

摘要:主溜线对黄河河势预测与洪水控制有重要的意义。本文提出了一种主溜线的特征提取方法。针对河流的主溜与非主溜区域光谱差异较小的特点,提出了以类间散布程度作为投影指标的变换方法,将类间差异最大化以得到对分类有效的信息分量;然后根据主溜与非主溜区域在类间散布最大的分量中体现出的统计分布差异,利用偏度系数对主溜特征进行描述。试验结果表明了本文方法在主溜线检测中的有效性。实例计算结果表明,本文提出的方法能自动地确定出主溜线的位置,且较为准确。

关键词:遥感　特征提取　主溜线　类间散布矩阵　偏度系数

1　引言

主溜是河流中流速最大的一股,流动态势凶猛,对坝岸冲击考验最大。确定河流的主溜位置,对预测河势变化,进行河道整治,制定防洪决策与规划等都有重要的指导意义。传统的主溜线绘制方法是人工绘制,费时费力又存在很大的不确定性。遥感技术的发展给我们提供了更好的绘制手段。基于遥感影像的主溜线提取是一个比较困难的问题,目前开展的研究还较少。遥感成像往往受众多复杂原因影响,获得的光谱特征很难准确描述物质的构成;而且黄河主溜线与非主溜线光谱特征差异很小,因此传统的方法在实际中很难使用。为解决该问题,本文从寻找对原始数据信息的有效表达方式以及黄河主溜线与其他水域的相对差异入手,获取相对稳定的可用于分类的特征。

2　主溜线特征提取研究

由于多光谱影像中河流的主溜与非主溜区域主要组分均是水体,光谱差异较小,本文首先通过投影将类间差异最大化,以得到对分类最有效的信息分量,然后通过主溜线区域在差异最大化分量上体现出的特征进行主溜区域判决。

* 本论文受黄河水利委员会黄河防汛科技项目支持,并得到2007年西北工业大学本科毕业设计(论文)重点扶持项目资助。

设 W 表示 $n \times 1$ 的单位向量,投影变换的思想是将 $n \times m$ 的观测矩阵 X 通过 $Y = W^T X$ 投影到 W 上,得到一个 $m \times 1$ 的列向量 Y。W 的选取准则是使得投影后的特征 Y 具有更好的可分性。最大化该准则的单位向量 W 称为最优投影轴。多类情况下,除了最优投影方向外,还需要多个次优的投影方向,那么就要寻找一组满足标准正交条件且使准则函数(1)极大化的最优投影方向。

$$J = \frac{W^T G M}{W^T W} \tag{1}$$

上式所求是 G 矩阵的 Rayleigh 商。由 Rayleigh 商的极值特性得出,d 个最优投影轴为 G 的 d 个最大特征值所对应的标准正交的特征向量。令 G_T、G_w、G_b 分别代表图像的总体散布矩阵、类内散布矩阵和类间散布矩阵。

当 $G = G_t$ 时,即为 PCA 变换。它的物理含义是,观测矩阵在 W 方向上投影后总体散布程度最大。此时的最优投影方向即为总体散布矩阵的最大特征值所对应的特征向量的方向。

但是使总体散度最大对于分类不一定有效,因为被 PCA 抛弃的那些方向有可能正是能够把不同类别区分开来的分布方向(见图1)。总体散度最大代表类内散度与类间散度的总体效应达到最大,若此时类内散度占主要部分那么将很有可能出现图1的情形。若能排除掉类内散度的影响,即令 $G = G_b$,分类效果应该增强。本文算法是用类间散布矩阵作为变换算法的产生矩阵,考虑到了训练样本的类别信息,因而更有分类意义。由于以类间散布程度为投影指标,在变换后的第一分量中,主溜与非主溜两类别之间的散布程度最大,包含的对分类有效的信息最多,因而用本文算法变换后的第一分量是对分类最有效的分量。

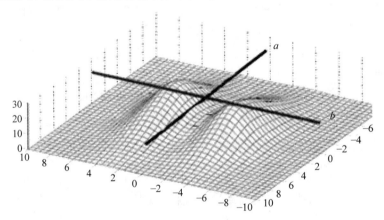

图1　在总体散度最大轴(a)上不可分的情况

传统的多光谱影像研究方法是基于光谱的分析,通过目标的光谱信息识别目标。但在实际应用中,这种仅依靠光谱信息的简单分类方法难以满足要求。对某河段用本文算法变换后的第一分量进行分析发现包含主溜线区域的直方图峰值向左偏斜,图2更好地说明了这个现象。

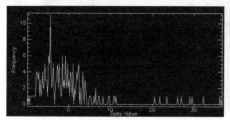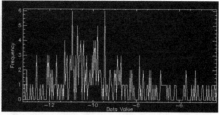

图2　某河段变换后第一分量的区域直方图(左为含主溜区域,右为非主溜区域)

这个现象可以用统计中的偏度系数来描述。偏度系数是一个三阶统计量,是关于数据分布均匀性的测度。计算公式如下:

$$Skewness = \frac{1}{n-1}\sum_{i=1}^{n}(x_i - \bar{x})^3/SD^3$$

其中,SD 为标准差。$Skewness = 0$ 说明分布形态与正态相同;$Skewness > 0$,正偏,峰值在左;$Skewness < 0$ 为负偏,峰值在右。$|Skewness|$ 越大,分布形态偏移程度越大。由图3两图可知,两种区域的偏度系数均大于零,且含有主溜线的区域偏度系数大于不含主溜线的区域偏度系数。那么,我们可以通过河道某一横断面上的一系列直方图的形态判断主溜线的位置,即某一断面的直方图集合中,取偏度系数最大点的位置作为当前断面上主溜线的位置。至此,我们便得到了主溜线偏度特征,而且可以通过断面上的偏度比较得出当前断面上主溜线的位置,这是一个局部区域内的相对差异,因而比较稳定。

3　实例计算

下面进行实例计算,计算对象为黄河某段的河道内区域,即将非河道内的部分进行屏蔽,如图3所示。

为构造类间散布矩阵,首先依据人工标注的主溜线选取主溜线和非主溜线两区域的光谱样本;构造得到的类间散布矩阵 G_b,然后用它作为产生矩阵进行投影变换。变换后得到的第一分量如图4所示。

对变换后的第一分量用窗口计算偏度系数,并记录影像每列偏度系数最大的点的纵坐标,然后将记录中相邻列的纵坐标平均,最后结果用白点进行标注(河道断面可用垂直线近似)。得到的结果如图5所示。图中的虚线为人工标注的主溜线位置,图中可见二者吻合度相当高,说明我们提出的主溜线特征是有效的。我们用上述方法对黄河 TM 影像的其他河段进行了主溜线提取,得到结

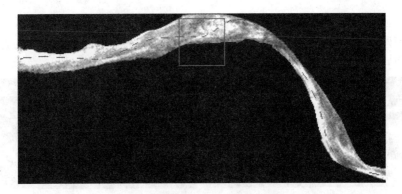

图 3　黄河某段的水域图(*Band* 4)

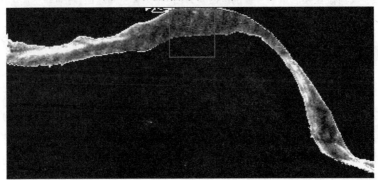

图 4　本文算法投影变换后的第一分量图

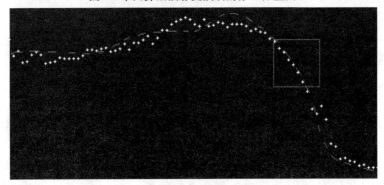

图 5　黄河某河段偏度系数最大值位置分布图

果如图 6 所示。

　　通过与人工标注的主溜线位置对比可见,通过本文方法提取出的主溜线位置基本在主溜的流路上,是比较准确的。

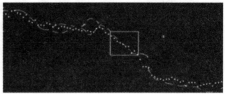

图6 黄河其他河段及其主溜线提取结果对比图

4 试验结论及下一步工作

本文首先通过以类间散布矩阵作为生成矩阵的投影方法将原始数据信息进行了投影变换,在类间差异较小的情况下充分地聚合有效分类信息,得到对分类最有效的信息分量;然后在变换后的主分量中,利用区域统计的偏度特性对主溜特征进行了描述,从而可以对主溜线的位置进行判决。由于是基于河道横断面的处理,本文方法对区域差异性有较强的鲁棒性。实例计算结果表明,本文提出的方法在微弯及顺直河段提取出的主溜线位置都较为准确;但在有滩涂、河心洲的河段效果则稍差。因此,下一步的工作就是研究如何将河势动力的知识融入到主溜线的提取过程中,使主溜线的定位更加精确。

参 考 文 献

[1] National Standard of the People's Republic of China. Code for river channel changing process survey and investigation (draft standard for examination) ,2006:P11.

[2] Shixin Wang, Shirong Chen, Yi Zhou, Qing Zhao. Assessing the efforts of the flood diversion and storage in the drainage area of Huaihe River using remote sensing, Geoscience and Remote Sensing Symposium, 2004. IGARSS 04. Proceedings. 2004 IEEE International, Sep. 2004, Vol. 4:20 – 24.

[3] Birkett, C. The global remote sensing of lakes, wetlands and rivers for hydrological and climate research, Geoscience and Remote Sensing Symposium, 1995. IGARSS '95. Quantitative Remote Sensing for Science and Applications, International, July 1995, Vol. 3.

[4] Zhao Ziqiang. A survey on river situation of the downstream section of the Yellow River on flood season in 1993, National Yellow River, Jan. 1996.

[5] Wang Yongqiang. Dimensionality Reduction Algorithm Based on Subspace and Manifold Learning, [Bachelor Dissertation] University of Science and Technology of China, Jun. 2006.

[6] Fukunaga, K., Ando, S. The optimum nonlinear features for a scatter criterion in discriminant analysis, IEEE Trans, Information Theory, Jul 1977, Vol. 23.

[7] Chengjun Liu, Wechsler, H. Enhanced Fisher linear discriminant models for face

recognition, IEEE Proceedings on Pattern Recognition, Aug. 1998, Vol. 2, 16 – 20.

[8] WU Xiaojun, YANG Jingyu, WANG Shitong, LIU Tongming. The Generalized DKL Transform and it's Application on Face Image Recognition, Computer Science, 2003.

[9] Agustin Ifarraguerri, Student Member, IEEE, and CheinI chang. IEEE, Multispectral and Hyperspectral Image Analysis with Convex Cones, IEEE Trans. Geosci. Remote Sensing, vol. 37, Mar. 1999.

冲积性河流平衡河宽研究

张　敏　李　勇　王卫红　侯志军　罗立群

（黄河水利科学研究院）

摘要：冲积性河流的断面几何形态是一个很重要的因素，尤其是河宽，在河道整治、渠道设计，乃至河道的管理等方面都是一个很重要的决定性因素。平衡河宽是学术界研究的一个热点和难点，对于这个问题，中外学者都有着很多不同的观点。从早期的阿尔图宁提出的"稳定河宽"的概念，直到 J. H. Mackin 提出的"均衡河流"的观点，再到各种假设下的关于平衡河宽的研究，所有这些，都是指河道的调整在某一程度上达到平衡状态、稳定状态。本文在总结前人研究的基础上，提出的关于平衡河宽的观点为：平衡河宽是一个较抽象的概念，是一个终极的目标，是一个理想情况下的值，也是一个代表长期的发展趋势的概念。并结合概化模型试验，对于平衡河宽及相应的河势变化进行了定量研究。

关键词：冲积　河流　平衡　河宽

1　引言

黄河下游是一条强烈堆积的河道，河道游荡宽浅，主槽断面形态变化剧烈，尤其是 1986 年以来，随着水沙条件的趋势性变化，主槽河宽明显减小。河道横断面形态的变化，对河道的排洪和输沙能力有着重大的影响。以河宽为代表的河道断面形态，以及由此而决定的河相系数等参数，对河型和河性有着关键的影响。多年来，水利科技工作者针对黄河干支流冲积性河道的河床演变开展了大量的研究工作。但总体看来，在以往的研究中，对水沙变化成因、河道冲淤演变等方面的研究相对较多，而针对河宽变化规律，特别是平衡河宽的研究较少。平衡河宽是一个较抽象的概念，是一个终极的目标，是一个理想情况下的值，也是一个代表长期发展趋势的概念。

2　平衡河宽的研究动态

关于平衡河宽这个问题的研究，最初并不是平衡河宽，而是阿尔图宁提出来"稳定河宽"的概念。他根据苏联中亚细亚的河道用经验方法得出，稳定河槽的计算公式：$B = A_1 Q^{0.5} J^{-0.2}$，B 指河流宽度，A_1 指稳定系数，Q 指最大下泄流量，J 指纵比降。同时对于稳定河宽的定义为：适合式 $B^m = KH$，H 指水深，K 为 8 ~

16,平均值 10,在俄国河流上 m 为 0.5。这种河槽没有浅滩,即在造床流量时,这种河槽没有成汊道的趋势。这种河槽称为稳定河槽。

麦乔威曾按照阿图宁的稳定河宽的系数公式,计算了黄河下游秦厂至前左 10 个站的河宽稳定系数,其结果显示:黄河下游在高村以上是属于游荡性河道的特性,而且它的不稳定程度远较苏联阿姆河下游为甚,而孙口、利津及前左则属于下游河段的特性,艾山、洛口及杨房则属于山区河段的特性。显然,根据阿尔图宁的分类,尚不能正确地解决黄河下游河型问题,因而对于断面形态问题也不能很好的适用。这是因为,这些计算稳定系数的公式均得自含沙量小的平原河流或具有粗粒淤积物的山区河流,但黄河的情况是悬沙含量很大。

Leopold 和 Maddock 的《河槽的水力几何形态及其在地文学上的意义》一书中提到,J. H. Mackin 在 1948 年,关于均衡河流有一概念:一条均夷的河流是在相当久的年份以内,坡降作了极细致的调整,使得在它已有流量和河槽特性下能够有充分的流速来输送来自流域的泥沙。均夷河流是一个处在平衡状态下的系统;它的最突出特性在于任何控制因素的改变,都会使平衡发生变位,变位的方向是使整个系统能够更快吸收这种改变所造成的影响。钱宁认为 Mackin 的观点不恰当地突出了比降的作用。

钱宁在《河床演变学》一书中,曾讲到关于河流平衡的一些认识。冲积性河流的自动调整作用时,曾提到冲积河流是一个开放系统,即系统与系统以外的环境不断有物质和能量的交换,当整个系统达到平衡时,各个组成部分依然可以有一定的变化。由于流域因素的复杂性和多样性,来自上游的水流所挟带的泥沙不可能总是正好和河槽在这样的水流下的挟沙能力相等,河槽免不了会有一定的冲淤变化。因此,冲积河流河床无时无刻不在变形和发展中。另一方面,冲积河流的自动调整作用又是朝着使变形停止或消失的方向发展的。

从研究方法上来讲,均衡理论方法是最早的一种用来研究平衡的断面形态的方法,具有代表性的是 Leopold 和 Maddock,即认为河床断面几何形态和流量呈一定的指数关系,用大量的实际资料来确定指数和系数的大小,得到断面几何形态的经验公式,后来经发展,加入了流量、含沙量和床沙粒径等因素的影响。这些经验公式可以是沿程的也可以是断面的,都是在一定实测资料的基础上建立起来的经验公式,其简单易掌握,这些经验公式得到广泛应用。但是这些资料是在特定流域下的产物,当我们所研究的水系所在流域的自然条件与上述流域条件相近时,这些经验公式还有一定的参考价值。如果两者相差较远,则应用这些公式时必须十分慎重。

另一种是力学理论分析方法。假定河道是顺直的,次生流是可以忽略的,泥沙是非黏性的,并不随河床而改变。用水流的横向紊动扩散方程和泥沙颗粒的临界起动力平衡方程联解,得到描述临界河床横断面形态的控制方程,再结合河床中心底部和河边的两个边界条件,得出描述临界河床断面形态。近年来,一种建立在力学机理分析基础上的水动力学—土力学方法正逐渐发展起来。这种方法是先根据水动力学模型计算床面冲淤变形,然后用土力学模型分析河岸的稳定性。

极值假说在研究平衡河宽问题时,在 20 世纪六七十年代后也作为一种方法得以迅速发展。最大泥沙输送理论,假定河床调整比降和几何形态来增大输送泥沙能力直至平衡,换句话说就是给定流量和比降,河宽将不断调整至达到最大的输沙率。最大输沙率理论和最小比降理论相同。通过水流连续方程、泥沙输送方程、水流阻力方程,再加上输沙率最大的条件,可得到平衡条件下的河宽、水深和比降。最大摩擦力理论,假定河床在最初是平坦的,当水流经过时,河床边界会变的不平坦,水流对边界产生了破坏作用,边界对水流的摩擦力就会增加。水流对边界的破坏作用直到边界的摩擦力达到最大,此时的河床断面形态则达到平衡。最大水流输沙效率理论,认为河床具有自我调整能力,且在调整过程中力求达到单位水流的最大输沙效率。还有最小活动性假说、最小弗汝德数理论、最小能耗理论等。以上假说,是人们对于平衡河宽问题的研究更深入一层的表现,但要是应用到实际冲积性河流中还存在一定的距离。

3 对于平衡河宽的新认识

这里假设水沙及河道边界条件保持不变,则断面形态经过长时间的调整之后适应了来水来沙条件,河宽会保持不变,主槽横断面形态也会保持稳定,此时的河宽称为平衡河宽。也就是说,一定的水沙及边界条件对应一定的平衡河宽,这个平衡河宽有可能在实际河流中存在时间很短,或者一直没达到平衡状态,但断面形态的调整会向着平衡的趋势发展。在这里还很难说出,什么决定性的条件达到某种状态后,河宽达到了平衡。但是可以近似定量说,什么样的流量、含沙量和比降对应什么样的平衡断面形态以及河势情况。

3.1 横断面形态方面的试验结果

本次概化模型试验是在比降依次为 3‰、2‰ 和 1‰ 的 3 个河段进行,各河段之间用导流槽连接。水沙条件分为 5 个流量级:800、1 500、3 000、4 000、5 000 m³/s,每个流量级均有来沙系数从 0.014 到 0.05 的 3 或 4 个含沙量,含沙量范围为:12 ~ 240 kg/m³,共 16 组试验。

水沙及边界条件的变化,对于河床的横断面形态的调整有着决定性的影响,而从另一个角度来讲,河道的调整,就是为了适应水沙条件的变化,达到排洪输沙的目的。在恒定水沙条件下,经过长时间的调整后,河道横断面形态已经适应了来水来沙条件,达到了一个平衡的状态,即一定的水沙条件对应一个平衡的断面形态。

根据恒定水沙条件下的最终平衡的48组试验数据,可以回归得到平衡条件下的河宽与水沙条件下的综合关系式:

$$B = 2.18Q^{0.95}S^{-0.45}J^{0.44} \tag{1}$$

其相关系数为 $r^2 = 0.91$,其中 B 为河宽,m; Q 为流量,m^3/s; S 为含沙量,kg/m^3; J 为纵比降(‰)。

式(1)的计算值与实测值的对比情况如图1所示。可以看出计算值与实测值相当接近。

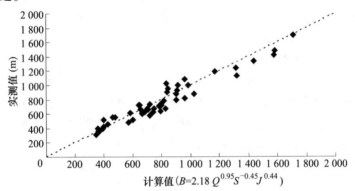

图1　公式(1)实测值与计算值的对比图

平衡状态下面积与水沙及比降之间存在如下关系式:

$$A = 2.5Q^{0.9}S^{-0.145}J^{0.07} \tag{2}$$

其相关系数为 $r^2 = 0.92$,其中 A 为面积,m^2; Q 为流量,m^3/s; S 为含沙量,kg/m^3; J 为比降,‰。式(2)计算值与实测值的对比关系如图2所示。

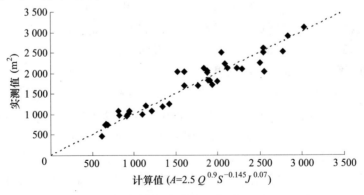

图2　公式(2)实测值与计算值的对比图

从上面的关系图及公式可以看出,流量越大河宽越大,面积也越大,同流量条件下含沙量越大,河宽越小,面积也越小。同流量和含沙量的条件下,比降越大,河宽越小,面积也越小。

3.2　平面形态方面试验的结果

对于冲积性河流来说,河道的冲淤演变取决于来水来沙条件和河床边界条件,而局部冲淤的剧烈变化,引起平面形态的变化,因此河道的弯曲系数,弯曲半径,主流线摆幅也发生变化。

恒定水沙条件下,不同比降河段在断面形态平衡时,弯曲系数、河弯半径和主流线摆幅与流量的关系如图3、图4和图5所示。可以看出,同比降情况下,流量对河湾的弯曲系数的影响比较明显,流量越大,河道越容易趋直,弯曲系数越小。流量越大,河道的弯曲半径越大,主流线摆幅也相对较大。

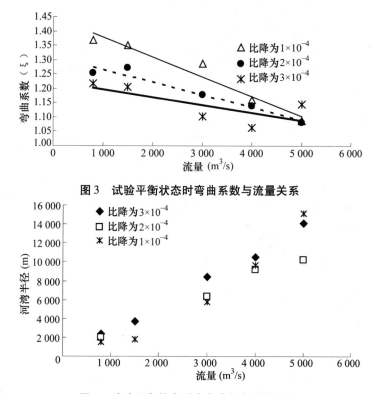

图3　试验平衡状态时弯曲系数与流量关系

图4　试验平衡状态时弯曲半径与流量关系

从图中也可以看出,平衡条件下的河道弯曲系数、河弯半径和主流线摆幅与水沙及比降条件存在一定的影响关系,经过对试验数据进行多元回归可以得到如下公式:

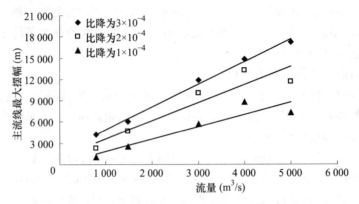

图5 试验平衡状态时弯曲半径与流量关系

$$\xi = 2.85 Q^{-0.1} J^{-0.14} \tag{3}$$

$$R = 0.52 Q^{1.14} J^{0.52} \tag{4}$$

$$\Phi = 0.68 Q^{1.07} J^{1.4} \tag{5}$$

式中:ξ 为弯曲系数;R 为弯曲半径,m;Φ 为主流线最大摆幅,m;Q 为流量,$m^3/$ s;J 为比降,相关系数分别为0.9、0.96、0.95。上式中计算值与实测值的对比关系如图6~图8所示。

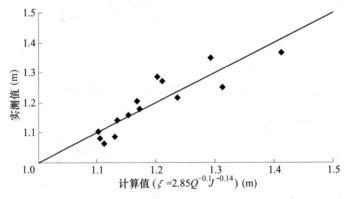

图6 公式(3)实测值与计算值对比

4 结语

从以上关于平衡条件下横断面形态和平面形态的试验研究结果可以得出,流量、含沙量和比降均是影响横断面形态的因素,且流量对河宽的影响最大,其指数达到了0.95,其次是比降指数为0.45,最后是含沙量。对于面积,也是流量最大,其指数大到了0.9,但比降的影响没有对河宽那么大,指数为0.07,含沙量的指数在 -0.145。对于河道平面形态的影响,也存在明显的趋势,流量越大,河道的弯曲系数越小,弯曲半径越大,主流线摆幅越大;比降越小,弯曲系数越大,

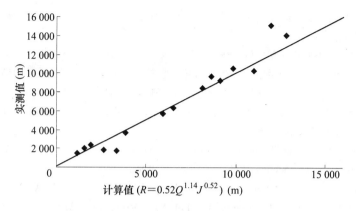

图7 公式(4)实测值与计算值对比

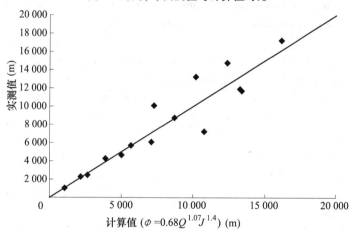

图8 公式(5)实测值与计算值对比

河湾半径越小,主流线摆幅越小。本次平衡试验得到的横断面形态和平面形态的相关公式,对于黄河下游河道治理和规划有一定的参考价值。例如,假设黄河下游山东河段,长期在小流量 1 000 m³/s,含沙量 15 kg/m³ 时,河宽为 450 m 左右。最后,对于各平衡理论也提供了丰富的验证资料。

参 考 文 献

[1] 钱正英.重新认识黄河[J].中国水土保持科学,2003.9,1(3):1-4.

[2] 陈建国,周文浩,邓安军.黄河下游河道萎缩的不稳定性[J].中国水利水电科学研究院学报,2004.12.

[3] 申冠卿,李勇,张晓华,等.黄河下游近年来河道冲淤变化特点分析[R].1999.6.

[4] 李勇,翟家瑞.黄河下游宽河段河床边界条件变化特征分析[J].人民黄河,2000.11.

[5] C. T. 阿尔图宁, и. A 布佐诺夫. 河道的防洪建筑物[M]. 北京:中国水利出版社,
     1957.4,p17 – 18.

[6] 麦乔威. 麦乔威论文集[M]. 郑州,黄河水利出版社,1995.4,p49 – 59.

[7] L. B 里奥普,T. 麦杜克,等. 河槽水力几何形态及其在地文学上的意义. 1953.

[8] 钱宁,张仁,周志德. 河床演变学[M]. 北京:科学出版社,1987,4,p317.

[9] Diplas, p. , and Vigilar, G. G. , Hydraulic geometry of threshold channels[J]. Hydr. Engrg,
     ASCE, 118(4),p597 –614.

[10] Osman, A. M. , and Thorne, C. R. Riverbank stability analysis I[J]: Theory, ASCE, Journal
      of Hydraulic Engineering, Vol. 114 , No. 2 ,1988, p134 –150.

[11] Thorne, C. R. , and Osman, A. M. Riverbank stability anaiysis[J]: Application, ASCE,
      Journal of Hydraulic Engineering, Vol. 114 , No. 2 ,1988, p151 –172.

[12] White, W. R. , Bettess, R. and Paris, E. , 1982, Analytical approach to river regime.
      Journal of the Hydraulics Division, Proceedings of ASCE, Vol. 108 , No. HY10, pp. 1179 –
      1193.

[13] Davies, T. R. H. , 1980, Bed form spacing and flow resistance. Journal of Hydraulis
      Division, ASCE, Vol. 106, No. HY3, pp. 423 –433.

[14] Davies, T. R. H. and Sutherland, A. J. , 1980, Resistance to flow past deformable
      boundaries. Earth Surface Processes, Vol. 5, pp. 175 –179.

[15] Davies, T. R. H. and Sutherland, A. J. , 1983, Extremal hypotheses for river
      behavior. Water Resources Research, Vol. 19, No. 1, pp. 141 –148.

[16] Huang, H. Q. and Nason, G. C. ,2000, Hydraulic geometry and maximum flow efficiency
      as products of the principle of least action. Earth Surface Processes and Landforms, Vol. 25,
      pp. 1 –16.

[17] Dou, G. R. ,1964, Hydraulic geometry of plain alluvial rivers and tidal river mouth.
      Journal of Hydraulic Engineering (in Chinese), No. 2, pp. 1 –13/

[18] Jia, Y. , 1990, Minimum Froude number and the equilibrium of alluvial sand rivers. Earth
      Surface Processes and Land Forms, Vol. 15, pp. 199 –209.

[19] Yang, C. T. , 1987, Energy dissipation rate approach in river mechanics: Sediment
      Transport in Gravel – Bed Rivers, pp 735 –766, John Wiley &sons, New York.

[20] Yang, C. T. and Song, C. C. S. , 1981, Discussion of "A contribution to regime theory
      relating principally to channel geometry," by D. I. H. Barr, M. K. Allan and A. Nishat.
      Proceedings, Institution of Civil Engineers, Part 2, Vol. 71, pp. 961 –965.

[21] Yang, C. T. And Song, C. C. S. , 1986, Theory of minimum energy and energy dissipation
      rate. Chapter 11 in Encyclopedia of Fluid Mechanics, Gulf Publishing Company.

[22] Yang, T. , Song, C. C. and Woldenberg, M. T. , 1981, Hydraulic geometry and
      minimum rate of energy dissipation. Water Resources Research, Vol. 17, pp. 877 –896.

黄河下游河道淤积成因分析与治理

张燕菁　胡春宏　王延贵

（国际泥沙研究培训中心）

摘要：近年来黄河水沙呈持续减小的趋势，但黄河下游河道泥沙淤积却未见减轻，相反主槽泥沙淤积加剧，河道持续淤高，河道萎缩，河道泄洪能力减弱，同流量下水位抬升，给黄河下游河道防洪造成威胁。本文综合分析认为黄河水沙过程变异是导致黄河下游持续淤积的主要原因，这些水沙过程变异条件包括持续小水、含沙量高、洪水历时增长、平均流量大幅度减少、洪水含沙量增大，黄河高含沙洪水、粗泥沙来源区洪水、生产堤缩窄河道以及黄河口延伸等；本文还探讨了治理黄河下游河道淤积的措施，如水保工程、河道整治、水库调水调沙、引沙放淤、疏浚以及缩短黄河口流路等。

关键词：黄河下游　河道萎缩　地上悬河　减淤措施

1　概述

黄河下游从铁谢至利津河道全长约 800 km，河道总面积约 4 000 km² （见图 1），属冲积性河道。黄河下游河道由上至下分为三种河型，即铁谢—高村河段为游荡型河段，河相系数 $\sqrt{B}/H$ 值为 20 ~ 40；高村—陶城铺河段为过渡型河段，河相系数 $\sqrt{B}/H$ 值为 8.6 ~ 12.4，陶城铺—利津河段为弯曲型河段，河相系数 $\sqrt{B}/H$ 值为 2 ~ 6。

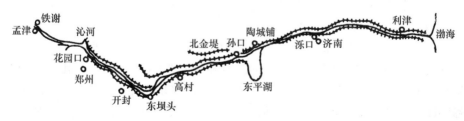

图 1　黄河下游河道平面示意图

黄河下游现河道系在不同历史时期所形成，可分为 1855 ~ 1960 年河道自然淤积期和 1960 年三门峡水库运用以来的两大调整阶段。

表 1 给出了黄河下游各时期来水来沙条件。由表可知，1960 年 10 月三门

峡水库修建后,由于三门峡水库的拦沙作用,下游河道来沙量明显减少。1985年11月~1999年10月下游年平均来水量为278亿 m³,来沙量为7.64亿 t,1919年7月~1985年6月多年平均水量为464亿 m³,沙量为15.6亿 t,与多年平均水沙量比较,1985年以后水量减少了40.1%,沙量减少了51%,含沙量减小了18.2%。可见,1985年以后黄河下游水沙量大幅度减小,但含沙量却没有发生大幅度的减小。

表1 黄河下游各时期水沙特性

时段(年·月)	水量(亿 m³)	沙量(亿 t)	含沙量(kg/m³)	花园口最大流量(m³/s)
1950.07 ~ 1960.06	480	17.95	37.4	22 300
1960.10 ~ 1964.10	573	6.03	10.5	9 430
1964.10 ~ 1973.10	426	16.3	38.3	8 480
1973.11 ~ 1980.10	395	12.4	31.3	10 800
1980.11 ~ 1985.10	482	9.7	20.1	15 300
1985.11 ~ 1999.10	278	7.64	27.5	7 000
1919.07 ~ 1985.06	464	15.6	33.6	

黄河下游水少沙多、水沙不平衡,河道宽浅,黄河下游河道大量泥沙淤积,河床逐年淤积抬高,形成"地上悬河";受三门峡水库滞洪排沙运用和下游两岸生产堤的影响,在两岸大堤之内又形成了一条河床高于生产堤以外滩地的"悬河",成为"二级悬河",造成防洪形势严峻。目前,黄河下游河段已全部为"二级悬河",河床普遍高出背河地面3~5 m,最大达10 m以上,较为严重的"高悬"河段达300多千米。分析研究黄河下游河道淤积产生的原因,并研究其治理措施,对黄河两岸地区的防洪安全与黄河的治理,就显得尤为重要。

2 黄河下游河道的淤积特征

2.1 河道持续淤积

20世纪50年代以来,黄河下游河道处于持续淤积状态。表2给出了1950年以来黄河下游不同时期的年平均冲淤量和河道淤积比,河道淤积比为河道淤积量占来沙量的比例。可见,黄河下游河道淤积量并没有随着来水来沙量总体趋势性的减少而有十分明显的减少。除1960.10 ~ 1964.10由于三门峡水库蓄水拦沙水库下泄清水,以及80年代前5年来水偏丰、来沙偏少情况下,下游河道发生冲刷,该两时期年冲刷量分别为5.73亿 t和0.96亿 t;其他各个时期河道均为淤积,年均淤积量达1.98亿~4.26亿 t,河道淤积比均大于15.93%,尤其在连续枯水少沙年的1985~1999年,河道淤积比高达29.58%,是多年淤积比15.55%的1.9倍。可见,相对于各时期的来沙量而言,1985年以来下游河道淤积明显加剧。

表2　黄河下游各时期年均沙量、冲淤量及淤积比

项目	1950.07～1960.06	1960.10～1964.10	1964.10～1973.10	1973.10～1980.11	1980.11～1985.10	1985.11～1999.10	1950.07～1999.10
冲淤量（亿t）	3.60	−5.73	4.26	1.98	−0.96	2.26	1.88
淤积比(%)	20.06	−95.00	26.13	15.93	−9.94	29.58	15.55

注:表中"＋"表示淤积,"－"表示冲刷。

2.2　河床持续淤积抬高

　　表3给出了1950～1993年黄河下游各河段主槽冲淤厚度。由表可见,1950～1993年43年间,除铁谢—花园口河段累计为冲刷外,其他各河段均为淤积,年均淤积厚度为0.04～0.09 m,1986年后,主槽淤积抬高速率进一步加大,各段年均淤积为0.09～0.28 m。可见,50年代以来,河床冲淤调整总的结果为淤积抬高,1986年以来,河床淤积抬高速率加大。

表3　黄河下游各河段不同时期主槽冲淤厚度　　　　　（单位:m）

时段（年）	铁谢—花园口	花园口—夹河滩	夹河滩—高村	高村—艾山	艾山—泺口	泺口—利津
1950～1960	1.15	0.57	0.97	0.96	0.14	0
1960～1964	−1.91	−1.15	−1.31	−1.62	−0.59	−0.49
1964～1973	0.69	1.42	2.16	1.73	2.30	3.25
1973～1980	−0.45	0.02	0.15	0.46	0.29	0
1980～1985	−0.54	−0.62	−1.0	−0.36	−0.49	−0.54
1986～1993	0.69	1.27	1.50	1.50	2.24	1.01
1950～1993	−0.37	1.51	2.47	2.85	3.89	3.23
年均(1986～1993)	0.09	0.16	0.19	0.19	0.28	0.13
年均(1950～1993)	−0.01	0.04	0.06	0.07	0.09	0.08

注:表中"＋"表示淤积,"－"表示冲刷。

2.3　主槽严重淤积萎缩

　　由于黄河下游来水来沙呈逐年减小的趋势,水流漫滩机会减小,泥沙主要淤积在主槽,造成下游河道主槽淤积严重。表4给出了黄河下游河道1950～1999

年年均冲淤量及主槽淤积比例。由表可见,1950～1960年下游河道淤积以滩地为主,约占全断面的77%,主槽仅占23%。水库滞洪排沙期(1964.11～1973.10),河道横向淤积分布发生了根本变化,该时期由于水库的削峰滞洪排沙,水流一般不漫滩,而峰后水库排沙,流量较小,挟带大量泥沙,使泥沙主要淤积在主槽,年均淤积量达2.94亿t,占总淤积量的67%,滩地淤积仅占33%。1986～1999年黄河持续为小水小沙年,枯水流量历时延长,下游河道主槽淤积比例进一步增大,主槽年均淤积1.59亿t,占全断面的70.4%。

与20世纪50年代相比,1986年以来下游河道主槽不仅淤积比例增大,而且淤积量也大大增加。1986～1999年年均淤积量仅为1950～1960年的63%,而主槽淤积量却是1950～1960年的1.6倍。

表4　黄河下游河道1950～1999年实测年均主槽冲淤量及淤积比例

项目	实测年均冲淤量(10^8t)					
	1950.7～1960.6	1960.10～1964.10	1964.11～1973.10	1973.10～1980.10	1980.11～1985.10	1985.11～1999.10
全断面	3.61	−5.78	4.39	1.81	−0.97	2.26
主　槽	0.82		2.94	0.02	−1.26	1.59
主槽淤积占全断面比例(%)	22.7		67.0	1.1	129.9	70.4

注:表中"+"表示淤积,"−"表示冲刷。

2.4　河槽过洪能力降低

近年来,黄河下游河道不断淤积萎缩,中水河槽缩窄严重。表5给出了由航空照片资料得到的近期黄河下游游荡性河道河槽宽度的变化。由表可见,20世纪80年代以来,由于长期小流量作用和有效造床洪水出现的频率大幅度下降,至1996年黄河下游中水河槽宽度缩窄到不足2 km,仅为50年代中水河槽的40%～70%。

表5　黄河下游河槽宽度变化　　　　　　　　(单位:m)

河　段	年　份			
	1956	1972	1982	1996
铁　谢—花园口	2 806	3 252	3 000	1 937
花园口—夹河滩	3 742	3 644	3 079	1 555
夹河滩—高　村	2 890	2 707	1 451	1 207

用平滩水位下过水面积的变化反映河道的发展或萎缩过程。图2(a)为1986年和1994年黄河下游平滩水位下过水断面面积的沿程变化。由图可见,

与 1986 年相比,1994 年除个别断面外,大多数断面过水面积减小,不少断面过水面积减小到 1986 年的一半以下。图 2(b)为游荡段马寨断面和过渡段大田楼断面平滩水位下的过水面积随时间的变化,可以看出两断面平滩水位下的过水面积呈逐年减小的趋势。

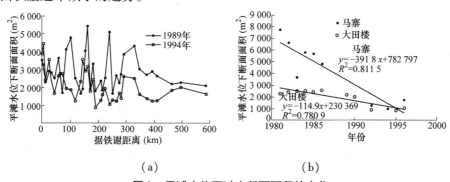

（a）   （b）

图 2   平滩水位下过水断面面积的变化

黄河下游河槽断面的逐渐淤积萎缩,导致下游河道平滩流量的不断减小。图 3 为不同年份黄河下游平滩流量的沿程变化。由图可见,黄河下游平滩流量从 20 世纪 80 年代中期以前大于 6 000 m³/s 减少到 2003 年的 3 000 m³/s 左右,局部河段甚至减小到 2 000 m³/s。

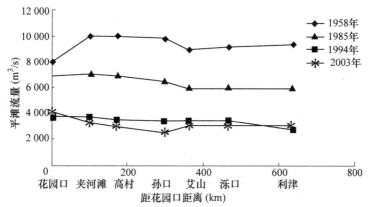

图 3   下游河道平滩流量变化

表 6 给出了黄河下游各站 1985 年、1994 年和 1996 年的平滩流量。由表可见,自 1985 年以来,平滩流量急剧减小,至 1996 年高村以上游荡段的平滩流量已减小到 1985 年的一半或一半以下。

主槽的淤积萎缩和平滩流量的大幅减小,使河道过流能力锐减,严重影响河槽行洪,形成小水漫滩,中小洪水就可能发生较大洪水灾害的不利局面。

表6　黄河下游平滩流量的变化　　　　　　（单位：m³/s）

年份	花园口	夹河滩	高村	孙口
1985	6 800	7 600	6 900	4 300
1994	3 700	3 700	3 500	3 400
1996	3 500	3 160	2 800	3 300

2.5 "二级悬河"加剧

20世纪80年代以来,由于气候干旱、来水减少以及黄河水资源的过度开发利用,进入黄河下游的水量急剧减少,加之三门峡水库的削峰滞洪,水流漫滩机会减小,下游滩地淤积较少,泥沙主要淤积在主槽。此外,自1958年开始在黄河下游两岸滩地普遍修筑生产堤,缩窄了行洪河道,影响了滩槽水沙交换,致使泥沙大部分淤积在生产堤内的主河槽里,出现了"槽高于滩、滩高于背河地面"的"二级悬河"。

根据2001年10月河道实测大断面资料,高村至孙口河段的13个大断面,除了3个断面主槽平均高程略低于滩地平均高程外,其他10个断面都高于滩地,最大高差达0.89 m;滩唇一般高于大堤临河堤脚3 m左右,双合岭断面达4.5 m;滩面横比降在0.38‰~2.3‰之间,是该河段纵比降的2.6~15.5倍。

目前,黄河下游河道普遍高出背河地面3~5 m,最大达10 m。黄河下游河段已全部为"二级悬河",较为严重的"高悬"河段达300多千米。若与近河两岸的城市地面相比较,黄河下游河道平均高程较新乡市地面高20 m,较开封市地面高13 m,较济南市地面高5 m,而且仍在继续淤高,平均每年淤高0.05~0.1 m。一旦发生较大洪水,将造成重大河势变化,易出现横河、斜河,增大了"冲决"和"溃决"的危险。在中常洪水下,形成横河、斜河和顺堤行洪的可能性逐渐加大,增大了洪水对两岸的威胁,防汛形势日趋严峻。黄河下游河道形态恶化达到历史上最危险的程度,黄河防汛已到了非常关键的地步。

3 黄河下游河道持续淤积的成因

3.1 水少沙多,含沙量高

据黄河下游花园口站1950~2000年实测水沙资料,黄河下游多年平均年输沙量达10.5亿t,居世界大江大河之冠,而黄河多年平均径流量仅为403.6亿m³,多年平均含沙量高达26.4 kg/m³,水沙极不平衡。与此同时,黄河流域来水量大幅度减少,20世纪70年代以后的年径流量明显小于70年代以前,自80年代中期以来,年径流量呈迅速减少的趋势。受中游地区气候变化、水利工程和水土保持措施等因素的影响,年输沙量亦自20世纪70年代以来迅速减少(图4)。值得注意的是,1985年以来,尽管来沙量减少,含沙量却明显增大(表1),进一步加剧了黄河下游河道的淤积。

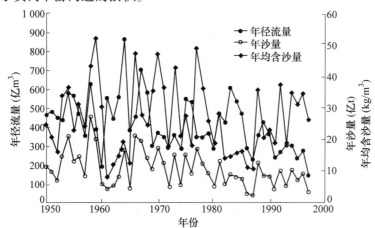

图4 花园口站年水量、年沙量和年均含沙量随时间的变化

3.2 高含沙水流

20世纪80年代中期以来,高含沙水流发生的频率增高。三门峡站1988年、1989年、1992年、1994年和1996年都发生了含沙量大于300 kg/m³的高含沙水流,高含沙水流对黄河下游河道的塑造作用大大加强。

高含沙量洪水虽然历时短,但造成的黄河下游河道淤积特别严重。表7给

表7 高含沙量洪水期黄河下游河道冲淤量

日 期 (年·月·日)	三门峡 最大含沙量 (kg/m³)	花 园 口		水量 (亿 m³)	沙量 (亿 t)	淤积量 (亿 t)	淤积强度 (万 t/d)
		最大流量 (m³/s)	来沙系数 (kg·s/m⁶)				
1953.8.18~8.25	716	6 790	0.045 2	19.8	3.5	2.31	2 880
1953.8.26~9.2	412	8 410	0.043 6	21.0	3.51	1.50	1 880
1954.9.2~9.9	590	12 300	0.017 9	47.5	8.38	4.88	6 100
1956.7.23~7.29	444	6 500	0.033 8	20.6	3.13	2.10	3 000
1959.8.6~8.12	397	7 680	0.043 9	27.0	5.31	2.65	3 320
1969.7.25~8.5	435	4 500	0.070 9	21.6	4.63	3.35	2 786
1970.8.4~8.17	620	4 040	0.114	26.3	8.3	5.54	3 970
1971.7.25~7.30	666	5 040	0.073 2	10.8	2.47	2.0	3 330
1973.8.28~9.7	477	5 890	0.058 8	31.7	7.4	3.02	2 626
1977.7.4~7.15	589	8 100	0.0524	34.5	8.02	4.54	3 780
1977.8.3~8.12	911	10 800	0.058 6	30.9	8.87	5.82	5 820
合 计				291.7	63.5	37.7	
1950.7~1983.6				14 820	462	69.9	
高含沙量洪水/总量(%)				2.0	13.7	54	

出了 1950 ~ 1983 年间发生的 11 场高含沙洪水下游河道冲淤量。11 场高含沙洪水历时 104 天,来水来沙量分别占 1950 ~ 1983 年总水量和总沙量的 2% 和 14%,但河道淤积量却占 1950 ~ 1983 年间总淤积量的 54%。

3.3 粗泥沙来源区的洪水

表 8 给出了 1960 ~ 1990 年黄河下游河道各级粒径泥沙的冲淤量以及大于 0.05 mm 的粗沙占淤积的百分比。由表可见,大于 0.05 mm 的粗沙占高村以上河段汛期泥沙淤积量的 61%,占非汛期泥沙淤积量的 100%,占全年泥沙淤积量的 94%;大于 0.05 mm 的粗沙占整个下游汛期泥沙淤积的 55%,占非汛期的 100%,占全年的 82%。可见,下游河道的淤积主要是由大于 0.05 mm 的粗沙造成的。

表 8　黄河下游河道粗颗粒泥沙占冲淤量的百分比(1960.9.15 ~ 1990.10.31)

时段	粒径（mm）	下游河道冲淤量(亿 t)			>0.05 mm 粒径泥沙占淤积量百分比(%)		
		高村以上	高村以下	下游	高村以上	高村以下	全下游
汛期	<0.025	4.58	4.58	9.16	60.67	13.76	55.24
	0.025 ~ 0.05	12.76	− 2.42	10.34			
	0.05 ~ 0.1	19.30	− 3.32	15.98			
	>0.1	7.45	0.63	8.09			
	合计	44.09	− 0.52	43.57			
非汛期	<0.025	− 11.55	0.44	− 11.11	100.00	51.48	100.00
	0.025 ~ 0.05	− 11.34	7.25	− 4.09			
	0.05 ~ 0.1	− 4.63	7.03	2.40			
	>0.1	0.70	1.13	1.83			
	合计	− 26.82	15.85	− 10.97			
全年	<0.025	− 6.97	5.03	− 1.95	94.18	35.68	81.91
	0.025 ~ 0.05	1.41	4.83	6.25			
	0.05 ~ 0.1	14.67	3.71	18.38			
	>0.1	8.16	1.76	9.92			
	合计	17.27	15.33	32.60			

注:表中" + "表示淤积," − "表示冲刷。

有关研究发现,每年淤积在黄河下游河道里的粗泥沙,集中来源于河口镇至龙门区间、马莲河、北洛河和泾河上游约为 8 万 km² 的多沙粗沙区。粗沙区的洪水平均含沙量一般都大于 150 kg/m³,虽然出现的几率只有 10%,但其淤积量占全部洪峰淤积量的 40% ~ 60%。可见,粗沙来源区的洪水是造成黄河下游河道严重淤积的主要原因。

3.4 小流量历时大幅增加

20 世纪 70 年代以后,小流量历时大幅度增加,小流量的造床作用增强。

1950～1986 年间,出现频率最高的流量级为 2 000～3 000 m^3/s,年均历时达 30 天,3 000～4 000 m^3/s 和 4 000～5 000 m^3/s 流量级出现的频率也很高。而 1986～1996 年,出现频率最高的流量级减小为 500～1000 m^3/s,年均历时达 38 天,大于 3 000 m^3/s 的洪水年均历时只有 5 天。同时,由于沿程引水和槽蓄作用的影响,较大流量出现的天数沿程减少,而 50～500 m^3/s 和小于 50 m^3/s 流量级出现的天数增大,说明越向下游,大流量的造床作用越弱,小流量的造床作用则相对增强。从黄河下游利津站历年小于 50 m^3/s 和大于 1 000 m^3/s 流量天数随时间的变化(图 5)可以看到,小于 50 m^3/s 的流量,50～60 年代几乎不发生,1970～1990 年增加至每年 50～60 天,1990 年后增至每年 150 天左右。大于 1 000 m^3/s 流量出现的天数,50 至 60 年代为每年 200 天左右,70 年代以后迅速减少,至 90 年代减少为每年 60 天左右。

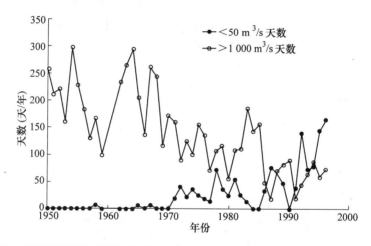

图 5　黄河下游利津站历年小于 50 m^3/s 和 1 000 m^3/s 流量天数随时间的变化

3.5　洪水过程、洪水流量和含沙量发生了较大变化

洪水过程发生较大变化,表现在洪水历时增长,洪水平均流量大幅度减少,而含沙量有所增大,改变了塑造下游河槽的动力条件,加剧了主槽淤积。1950～1997 年黄河下游共发生了 398 场洪水,其中 1986～1997 年发生了 100 场。398 场洪水中,最大含沙量大于 300 kg/m^3 的高含沙洪水有 33 场,平均含沙量小于 10 kg/m^3 的低含沙洪水有 48 场。表 9 给出了黄河下游历次洪水水沙特性。表中来沙系数为含沙量与流量比值,其大小反映了河道来水来沙搭配条件。由表可见,1986 年以后每场洪水的水量和沙量有所减少,但历时增长;洪水平均流量大幅度减少,而含沙量和来沙系数增大。洪水过程的这种变化,使得下游河道缺乏大洪水冲刷主槽,加剧了主槽淤积。

表9　黄河下游历次洪水水沙特性

洪水分类	时段（年）	洪水（场）	历时（天）	水量（亿 m³）	沙量（亿 t）	流量（m³/s）	含沙量（kg/m³）	来沙系数（kg·s/m⁶）
一般洪水	1950～1997	317	12.5	24.85	1.129	2 402	45.4	0.018 9
	1986～1997	77	13.2	15.78	0.878	1 651	55.7	0.033 7
高含沙洪水	1950～1997	33	12.9	23.10	3.772	2 388	163.3	0.068 4
	1986～1997	12	16.1	22.42	3.153	1 786	140.6	0.078 7
低含沙洪水	1950～1997	48	18.9	24.73	0.094	1 801	3.8	0.002 1
	1986～1997	11	31.0	20.02	0.122	791	6.1	0.007 7
历次洪水	1950～1997	398	13.3	24.69	1.224	2 329	49.6	0.020 1
	1986～1997	100	15.5	17.02	1.068	1 573	62.7	0.039 8

　　1976 年以来黄河下游河道洪峰流量呈明显减小趋势。图 6 为三门峡站和花园口站的历年洪峰流量的变化。由图可见,1976 年以来,黄河下游河道的入口控制站三门峡站洪峰流量逐渐减小,花园口站 1982 年受区间来水影响,洪峰流量很大,其余年份仍呈减小趋势。

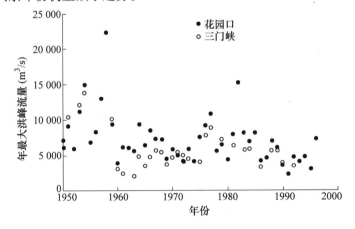

图6　三门峡站和花园口站历年洪峰流量变化

3.6　生产堤的修建

　　1958 年以来,黄河下游河道滩区普遍修筑生产堤,缩窄了行洪河道,加剧了河道淤积,影响了滩槽水沙交换,致使泥沙大部分淤积在生产堤内的主河槽里,使河槽淤积量增加、滩地淤积量减少,加剧了"槽高于滩、滩高于背河地面"的"二级悬河"局面。

3.7　河口的淤积延伸

　　河口的不断淤积延伸,导致下游河道侵蚀基准面的抬高及下游河道水位抬升,使下游河道产生溯源淤积,一定程度上加剧了下游河道的泥沙淤积。

4 减少黄河下游河道淤积的措施探讨

4.1 中上游水土保持

加强中上游水土保持,以减少进入黄河的泥沙。黄河中游多沙粗沙区是造成黄河下游河道淤积的主要泥沙来源区,这一地区地形破碎,坡陡沟深,暴雨集中,水土流失极为严重,治理标准低,治理任务十分艰巨。实践表明,水土保持是减少入黄泥沙的根本措施之一,加强黄土高原地区淤地坝建设,植树造林,采取工程、生物和耕作等综合措施,做到水土流而不失,减少进入黄河的泥沙,最终达到减少黄河下游河道淤积的目的。

4.2 河道整治

河道整治工程具有强化河岸边界条件和控导主流的功能。通过建坝、垛、护岸等控导护滩整治工程,归顺中水河槽,缩小游荡范围,控导主流,控制河势,减小对防洪威胁较大的横河、斜河和滚河,达到保滩护堤的目的;在此基础上,针对黄河下游河道游荡宽浅、中小水流量持续时间延长的特性,在主槽两岸修建丁坝,缩窄河宽,逐渐形成窄深河槽,增加河槽的输沙能力,将大大提高黄河下游河道在洪水期的输沙能力,将更多泥沙输送入海,从而达到减小河道淤积的目的。

4.3 利用水库调节水沙

利用中游水库调节水沙过程,使水沙条件有利于河道输沙,增加河道输沙能力,减少河道淤积,提高河道行洪能力。继续建设骨干工程,构建黄河水沙调控体系,最终形成以龙羊峡、刘家峡、大柳树、碛口、古贤、三门峡、小浪底七大控制性工程为骨干的水沙调控体系,提高人为干预与控制洪水和泥沙的能力。

2002 年 7 月和 2004 年 7 月,黄河进行了三次调水调沙原型试验,总计 2.6 亿 t 泥沙被送入大海,黄河下游河道全线冲刷,河槽过流能力从试验前的不足 2 000 m^3/s 提高到 3 000 m^3/s,有效减少了下游河道的泥沙淤积。自 2005 年起,黄河调水调沙正式转入生产应用。

4.4 引沙放淤

引沙放淤,减少下游河道输沙量,既可减轻河道的淤积,又可延缓河口的延伸速度,因此引沙放淤可作为整治黄河下游的一条根本措施。尤其是结合中上游大型骨干工程,调水调沙,有计划地开辟下游放淤区,堆沙、改土、固堤,一举而多得。

4.5 河道疏浚

采用挖泥船(吸泥船)进行河道疏浚,可以将严重淤积萎缩的断面主槽浚深和拓宽,将粗于 0.025 ~ 0.05 mm 的粗沙挖走,并将疏浚的泥沙淤临、淤背和加固黄河堤防,减小主河槽与堤脚之间地面高差,抬高周围地面的高度。疏浚对扩大河道行洪能力、减少河道泥沙淤积量、减缓河床淤积抬升的速度、减小防洪压力,以及减轻洪水对两岸堤防的威胁,都有一定的作用。河口疏浚挖沙已有成功的经验。河道疏浚是一个很重要的减缓河道淤积速率和减轻防洪压力的辅助措施,但须尽量减小疏浚对水流挟沙力的影响,减小疏浚河道的回淤,妥善处置疏浚泥沙,防止其成为污染源。

4.6 缩短入海流路,延缓河口延伸

由于河口的趋势性延伸会导致河道纵剖面的趋势性抬升,所以务必采取措施延缓河口的延伸。具体措施为选择海域条件好的入海口,有计划地改变流路,使河道缩短,降低下游侵蚀基准面,加大河道输水输沙能力,使河道产生溯源冲刷,延缓河口延伸。

4.7 引海水冲刷

从莱州湾引海水注入黄河利津以下河段,冲刷下游河床并溯源冲刷其上游河床,同时利用可能形成的咸浑水异重流输送更多泥沙入海,达到减小下游河道淤积的目的。

5 结语

通过本文的分析可以看出,造成黄河下游河道近年来持续淤积萎缩,河道过洪能力降低的主要原因是黄河水沙条件发生了变异,1986 年以来持续为小水小沙条件,小流量历时延长,含沙量偏高洪峰过程、洪峰流量与含沙量的改变都朝着加剧河道淤积的方向变化,造成河道淤积的泥沙组成为粗泥沙来源区洪水挟带来的粗泥沙,此外,生产堤缩窄河道与黄河口延伸也在一定程度上加剧了河道淤积。针对黄河下游河道的淤积状况,通过采取水保工程、河道整治、水库调水调沙、引沙放淤、疏浚、缩短黄河口流路以及引海水冲刷等来减小河道淤积,这些措施中除引海水冲刷尚处于试验论证阶段外,其他措施都发挥了较好的减淤效果。由于黄河下游河道淤积严重,影响因素众多,要从根本上解决问题,必须在现有的治理措施基础上,随着对黄河水沙机理的不断认识与科学技术的不断发展,进一步研究新技术新方法,更加有效地减小黄河下游河道淤积。

参 考 文 献

[1] 胡春宏,等.黄河水沙过程变异及河道的复杂响应.北京:科学出版社,2005.

[2] 赵业安,周文浩,费祥俊,等.黄河下游河道演变基本规律.郑州:黄河水利出版社,1998.

[3] 胡一三,张红武,刘贵芝,等.黄河下游游荡性河段河道整治.郑州:黄河水利出版

社,1998.

[4] 李勇,瞿家瑞. 黄河下游宽河段河床边界条件变化特征分析. 人民黄河,2000,22(11):1-2.

[5] 许炯心,孙季,等. 黄河下游游荡河道萎缩过程中的河床演变趋势. 泥沙研究,2003(1):10-16.

[6] 曹文洪. 黄河下游复杂变化与河床调整的关系. 水利学报,2004(11).

[7] 杨玲,刘飞,史宗伟,白璐. 黄河下游二级悬河问题及其治理. 中国农村水利水电,2004(4).

[8] 李国英. 关于黄河治理的若干重大问题. 水利水电技术,2000(4).

[9] 中华人民共和国水利部. 中国河流泥沙公报,2000.

[10] 钱意颖,叶青超,曾庆华. 黄河干流水沙变化与河床演变. 北京:中国建材工业出版社,1993.

[11] 钱宁,王可钦,阎林德,府仁寿. 黄河中游粗泥沙来源区对黄河下游冲淤的影响[C]//第一次河流泥沙国际学术讨论会论文集(第一卷). 北京:光华出版社,1980.

[12] 陈孝田,陈明非,宋晓景. 黄河下游不同含沙量洪水对河道冲淤的影响. 人民黄河,2000,22(11):13-14.

淮河流域闸坝对河流水质影响研究

张永勇[1] 夏军[2,1] 王纲胜[2] 赵长森[2] 蒋艳[2]

(1. 武汉大学水资源与水电工程科学国家重点实验室;
2. 中国科学院陆地水循环及地表过程重点实验室)

摘要:闸坝对河流生态与环境的影响评估一直是国际研究的热点之一。本文以淮河流域为例,以分布式 SWAT 模型和水质水量概念模型为基础,研究分析了有闸有污情景、无闸有污情景以及无闸无污情景下淮河支流沙颍河各闸坝以及淮河干流蚌埠闸下水质变化过程,首次量化了闸坝对现状年(1999 年)淮河流域水污染的影响大小,为淮河治污、闸坝群水质水量联合调度提供科学依据。

关键词:闸坝　水污染　影响程度　淮河流域

1 引言

　　闸坝对河流生态与环境影响评估在我国流域管理中是一项全新的任务,意义重大,同时在国际上也是研究热点和难点之一。据国际大坝委员会(ICOLD)1998 年统计,世界上约有 48 000 座大型闸坝,其中中国有 22 000 座,约占全世界的 46%。闸坝的建设在供水、灌溉、防洪、发电等方面带来巨大的效益,促进区域社会经济的发展。但随着水资源开发利用过度,闸坝的大量建设则加剧了河流水体的污染,生物多样性的退化等,闸坝对生态与环境带来的负面效应也日益突出。针对如何正确处理闸坝与生态、环境的关系,美国等发达国家反坝运动一浪高过一浪。1995 ~ 2000 年美国共拆除闸坝 1 440 座。

　　淮河污染一直是党中央、国务院高度重视的问题。1994 年,我国政府公开向全世界承诺:2000 年实现淮河水变清。然而,十多年过去了,淮河水环境没有根本性的变化。淮河污染除了与污染物过量排放有关外,过多闸坝的建设对水环境的影响也是不可忽视的。目前淮河流域共有大中型水库 5 400 座和水闸 4 200多座。这些闸坝的存在导致水体流速趋缓,河道径流减少,水体自净能力降低,水体污染加剧;此外,淮河流域大多数闸坝在整个枯水期关闸蓄水,闸上大量生产生活污水聚集,形成高浓度污水团,当汛期首次开闸泄洪时,极易造成突发性污染事故。如"1994 · 7","2004 · 7"淮河重大污染事故均是由于污水团集

基金项目:国家自然科学基金项目(40671035)。

中下泄而造成的。2005年3月,国务院办公厅提出"抓紧对淮河流域现有闸坝运行管理情况进行评估"。10月,曾培炎副总理在淮河流域水污染防治现场会讲话中谈到"在治淮工作中,对新建水利工程项目,应认真进行生态环境影响评价。对现有闸坝运行管理情况,应进行一次评估"。11月,水利部副部长索丽生在"水利工程生态影响"论坛上表示"有必要重新评估已建闸坝"。

目前,国内外对闸坝的影响评估还局限于单方面的研究上,如闸坝碍航、降低纳污能力、对洄游鱼类和生物多样性的影响等,并没有在流域尺度上以全流域水循环为基础对闸坝进行全面系统的评估,此外在评估中定性研究较多,具体量化研究较少。本文以淮河流域为例,以流域分布式SWAT水文模型和相邻闸坝间水质与水量概念模型为基础,评价了淮河流域闸坝对河流水质过程的影响,初步量化了闸坝对淮河水污染现状(1999)的影响程度,为淮河流域治污,闸坝的水量水质联合调度提供了科学依据,对于淮河流域经济社会可持续发展有重要的意义。

2 闸坝对河流水质综合评估模型

闸坝对河流水质影响综合评估模型以耦合闸坝系统的分布式SWAT水文模型与相邻闸坝间水质水量概念性模型相结合。在现状模拟确定参数基础上,利用SWAT模型模拟有闸和无闸情景下各条河流的流量、区间产流量、人类活动取用水量以及河道和水库的蓄变量等作为水质模型的输入,模拟有闸无闸情景下河流水质浓度的变化,最终得出闸坝对河流水环境的影响程度。

2.1 耦合闸坝系统的分布式SWAT水文模型

SWAT是美国农业部农业研究局开发的,一个具有很强的物理机制的流域分布式水文模型。该模型在加拿大和北美寒区具有广泛的应用。王中根(2003,2006),刘昌明(2003,2006)将SWAT模型分别应用到了我国黑河、海河和黄河流域,研究实例表明SWAT功能强大,适用于复杂大流域的水文模拟和水资源管理。

淮河流域闸坝众多,流域水循环受人类活动影响较大,在构建淮河流域分布式水文模型时必须考虑闸坝的影响。SWAT模型提供了对水库的模拟控制功能,将水库作为独立的单元添加在相应的子流域中,可以十分方便模拟出水库对流域水循环的影响。水闸可认为是河道型水库,兼有河道演变及较弱的水库调蓄功能,因此水闸对水流的调蓄模拟可以借鉴水库的调蓄概念。耦合闸坝系统的淮河流域分布式水文模型是在SWAT2000的ARCVIEW界面上构建的。

2.2 相邻闸坝间水质与水量概念模型

将任何两个相邻闸坝之间作为一个计算河段(图1)。对于河段 i 水质水量

概念模型为:

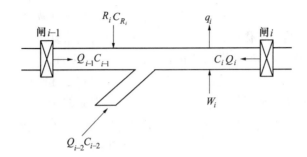

图1　相邻闸坝间水量与水质平衡关系图

$$\begin{cases} \Delta V_i = Q_{i-1} + Q_{i-2} + R_i - q_i - Q_i \\ C_i = \dfrac{Q_{i-1}C_{i-1} + Q_{i-2}C_{i-2} + R_iC_{R_i} + W_i}{q_i + \Delta V_i + Q_i + K_iV_i} \end{cases} \quad (1)$$

其中,Q_{i-1}、C_{i-1} 为闸(坝)$i-1$ 闸下水量与水质浓度;Q_{i-2}、C_{i-2} 为支流汇入水量与水质浓度。若无支流汇入,Q_{i-2}、C_{i-2} 均为 0;Q_i、C_i 为闸(坝)i 闸上水量与水质浓度;R_i 为区间入流量;C_{R_i} 为河段接纳的非点源污染浓度;q_i 为生产生活取用水量;V_i 是单元蓄水量;ΔV 为单元蓄水变化量;K_i 是单元系统污染物质的综合降解系数;W_i 是河段接纳的各种点源污染负荷的总和。详细公式推导见文献[17]。污染物综合降解系数 K_i 在同一计算河段与流量有关,假定 $K_i = \alpha_iQ_i^{\beta_i} + \gamma_i$,其中 α_i、β_i、γ_i 为计算河段 i 的降解参数。

由于缺少非点源污染观测资料,模型需要识别非点源污染负荷 C_{R_i}。非点源污染 C_{R_i} 假定为输出水质浓度的倍数,即 $C_{R_i} = \eta_{C_i}$。一年当中汛期和非汛期进入河道的非点源污染负荷相差较大。在模拟氨氮、COD_{Cr} 等浓度时,该模型参数分汛期和非汛期两组参数:认为在非汛期非点源污染浓度一般小于常规观测浓度,即 $\eta \leqslant 1$;在汛期非点源污染浓度一般大于常规观测浓度,即 $\eta \geqslant 1$。参数 α_i、β_i、γ_i 和 η 的率定采用遗传算法。

2.3　闸坝对河流水质的主要影响和评价指标

本次研究重点考察淮河闸坝和控制污染源排放对河流水质的影响,对比分析有闸有污染(11)、无闸有污染(01)、有闸无污染(10)三种情景下水质变化情况,最终分离出闸坝和排污各自对水质变化的影响程度。

2.3.1　闸坝对河流水质影响分析

$$\eta_{闸} = \sum_{i=1}^{12}(C_{11} - C_{01}) \Big/ \sum_{i=1}^{12}C_{11} \times 100\% \quad (2)$$

式中:$\eta_{闸}$为闸坝对河流水质影响评价系数;C_{01}、C_{11}分别为现状排污条件下,无闸和有闸时水体水质浓度,通常取氨氮和COD。当$\eta_{闸}<0$时,$\sum C_{11}<\sum C_{01}$,说明无闸条件下比有闸条件下水质浓度要高,即闸坝可削减河流水质浓度;当$\eta_{闸}>0$时,$\sum C_{11}>\sum C_{01}$,说明无闸条件下比有闸条件下水质浓度低,即闸坝加剧河流水质恶化;当$\eta_{闸}=0$时,$\sum C_{11}=\sum C_{01}$,说明闸坝对河流水体水质影响不明显。

2.3.2 控制污染源对河流水质影响分析

$$\eta_{污}=\sum_{i=1}^{12}(C_{11}-C_{10})\Big/\sum_{i=1}^{12}C_{11}\times100\% \qquad (3)$$

式中:$\eta_{污}$为控制污染源排放对河流水质影响评价系数;C_{10}、C_{11}分别为现状有闸条件下污染物达标排放和现状排污时的河道水质浓度。一般情形下,$\eta_{污}\geqslant0$。

2.3.3 闸坝和控制污染源对河流水质的影响

$$\varepsilon_{闸}=\frac{\eta_{闸}}{\eta_{闸}+\eta_{污}} \qquad \varepsilon_{污}=\frac{\eta_{污}}{\eta_{闸}+\eta_{污}} \qquad (4)$$

式中:$\varepsilon_{闸}$、$\varepsilon_{污}$分别是闸坝和控制污染源排放对河流水质的各自影响程度。

当$\eta_{闸}<0$时,说明淮河流域闸坝削减了河流水质浓度,河流水质超标主要是由于污染物排放引起的,因此认为$\varepsilon_{闸}=0$,$\varepsilon_{污}=1$;当$\varepsilon_{闸}<\varepsilon_{污}$时,说明该河段闸坝比控制污染源对河流水质影响小,河流水质超标主要是由于污染物过度排放引起的;当$\varepsilon_{闸}>\varepsilon_{污}$时,说明该河段闸坝比控制污染源对河流水质影响大,河流水质超标主要是闸坝引起的;当$\varepsilon_{闸}=\varepsilon_{污}$时,说明该河段闸坝和污染源的排放对河流水质影响程度相等。

3 淮河流域闸坝对河流水质影响评估

本文以淮河流域沙颍河为重点,研究分析闸坝对河流水质的影响。沙颍河是淮河流域水量最大和污染最严重的支流。它在为淮河干流带来充沛水量的同时,也带来了六成以上的污染物,因此沙颍河被称为淮河水质好坏的"晴雨表"。从20世纪80年代开始,沙颍河普遍水体黑臭,全流域劣五类水体超过60%,一些河流主要污染物超标几十甚至上百倍,流域大规模污染事故多次发生。文章按照重点评估闸坝所在位置将沙颍河分为"昭平台水库—白龟山水库—马湾拦河闸—漯河沙河橡胶坝—沙河周口闸—槐店闸—阜阳闸—颍上闸—范台子"8条计算河段,重点对沙颍河7座闸坝和淮河干流蚌埠闸进行评估(图2,表1)。

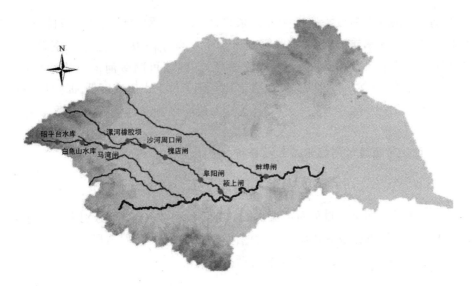

图 2　淮河流域研究河段和研究闸坝

表 1　沙颍河各评估闸坝所在水功能区划目标水质

闸坝名称		水功能区名称	水质目标（mg/L）		
上断面	下断面		类别	氨氮	COD$_{Cr}$
昭平台水库	白龟山水库	源头水保护区、开发利用区	Ⅱ	0.5	15
白龟山水库	马湾拦河闸	开发利用区	Ⅲ	1	20
马湾拦河闸	漯河橡胶坝	开发利用区	Ⅲ	1	20
漯河橡胶坝	沙河周口闸	开发利用区	Ⅲ	1	20
沙河周口闸	槐店闸	开发利用区	Ⅲ	1	20
槐店闸	阜阳闸	开发利用区	Ⅲ—Ⅳ	1	20
阜阳闸	颍上闸	开发利用区	Ⅲ—Ⅳ	1	20
颍上闸	范台子	开发利用区	Ⅱ—Ⅲ	1	20
范台子	蚌埠闸	开发利用区	Ⅱ—Ⅲ	1	20

3.1　闸坝对河流水质影响分析

文中以沙颍河源头白龟山水库和下游阜阳闸为例详细阐述闸坝对沙颍河水质和淮河干流蚌埠闸的影响。

3.1.1　白龟山水库

白龟山水库坝下有闸和无闸情景下流量过程见图3。

白龟山水库坝下现状条件下水质污染，达不到其所在水功能区划Ⅲ类的水质浓度要求,氨氮超标严重(图4)。无坝情景下与现状相比,氨氮和COD_{Cr}的浓度汛期变化不大;非汛期变化较大,其中由于年初水库放水,1、4月份有坝时坝下水质浓度均比无坝时要低。但非汛期年末蓄水,11、12等月份有坝时坝下水质浓度比无坝时要高。白龟山水库坝下,无坝时水质浓度与有坝时相比,全年氨氮、COD_{Cr}浓度分别提高了2%和28%。白龟山水库的存在有利于改善坝下水质浓度。

控制白龟山水库坝下污染源排放,使坝下水质达到水功能区划Ⅲ类的水质目标要求,此时氨氮和COD_{Cr}浓度与现状相比,分别将削减92%和20%。

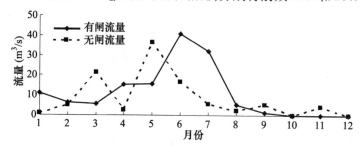

图3 白龟山水库坝下有闸和无闸情景下流量过程线

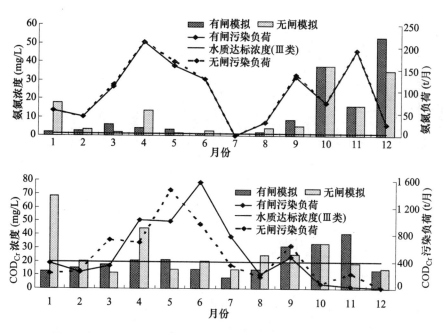

图4 白龟山水库坝下氨氮和COD_{Cr}有闸和无闸情景下浓度过程线

3.1.2 阜阳闸

目前阜阳闸下水体污染也比较严重,氨氮和COD_{Cr}浓度远远高于水功能区划目标Ⅲ类水的浓度(图5)。阜阳闸下无闸与现状有闸相比,氨氮和COD_{Cr}的浓度汛前和汛期6、7月份变化不大;但8月初到年底,由于关闸蓄水,闸上污水团对闸下水体没有影响(图6)。无闸时水质浓度与有闸时相比,全年氨氮浓度提高了42%,COD_{Cr}浓度变化不大。阜阳闸的存在对闸下水体水质有所改善。

控制污染源,排放污染物达标排放情景下与现状相比,闸下氨氮和COD_{Cr}浓度与现状相比,分别将削减93%和37%。

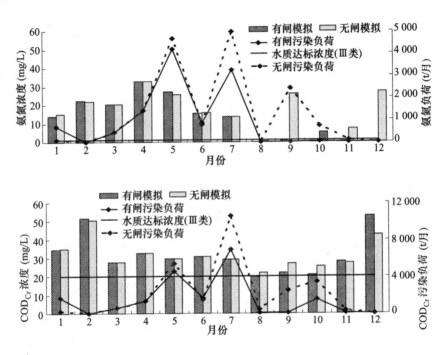

图5 阜阳闸下氨氮和COD_{Cr}有闸和无闸情景下浓度过程线

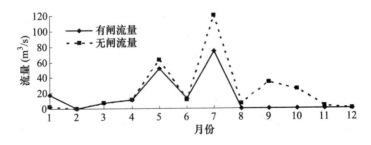

图6 阜阳闸下有闸和无闸情景下流量过程线

3.2 沙颍河闸坝和控制排污对闸下水质影响分析

沙颍河闸(坝)非汛期闸门关闭蓄水,泄流量比无闸时小,流速减缓,降解系数降低,闸下水质恶化,与无闸(坝)时相比,水质较差。汛期开闸放水,闸(坝)下水质与无闸时汛期相比变化不大(见表2,图7,图8)。沙颍河白龟山水库坝下泄流量比无坝时大,水体流动性强,水质较好;漯河橡胶坝和阜阳闸对污水有拦蓄作用,闸上污水对闸下水体影响比无闸时要小,闸的存在对闸下水质有一定改善作用;马湾闸、沙河周口闸和颍上闸的闸下流量比无闸时要小,闸的存在加速了闸下水质的恶化;槐店闸对不同的污染指标所起的作用有所不同。闸上氨氮负荷对闸下氨氮浓度影响较大,闸的存在有利于减轻闸上污染团对闸下的影响,削减闸下氨氮浓度,但闸下 COD_{Cr} 浓度受闸上污染团影响较小,受闸下排污影响较大,因此槐店闸的存在一方面有利于削减闸下氨氮浓度,但另一方面却在一定程度上增加了闸下 COD_{Cr} 的浓度。

对比分析控制污染和闸坝的有无对闸(坝)下水质的影响。对于沙颍河白龟山水库、漯河橡胶坝和阜阳闸,闸坝的存在有助于改善河流水质,闸(坝)下水体污染的主要原因应归结于污水的过量排放;对于马湾闸、沙河周口闸和颍上闸,闸坝的存在和污水排放二者共同作用加剧了闸坝下游水质的恶化,各自所占的比重有所不同,但污染物的大量排放对水体污染的影响较大;槐店闸上污水团下泄对闸下氨氮浓度影响较大,而下游排污对 COD_{Cr} 浓度恶化影响较大,因此槐店闸有助于降低闸下氨氮浓度,但提高了 COD_{Cr} 的浓度。

表2 沙颍河各闸(坝)和排污对闸(坝)下水质影响结果

闸坝名称	氨氮(%)		COD_{Cr}(%)	
	闸坝 $\eta_{闸}$	污染 $\eta_{污}$	闸坝 $\eta_{闸}$	污染 $\eta_{污}$
白龟山水库	-2.0	97.0	-28.0	20.0
马湾闸	13.0	71.0	8.0	28.0
漯河橡胶坝	-19.0	66.0	-5.0	20.0
沙河周口闸	8.0	89.0	9.0	47.0
槐店闸	-10.0	96.0	10.0	49.0
阜阳闸	-42.0	93.0	0	37.0
颍上闸	23.0	96.0	4.0	45.0
蚌埠闸	15.0	83.0	6.0	43.0

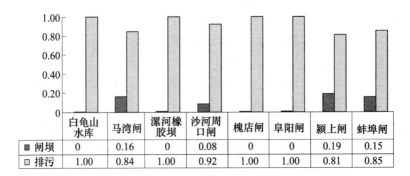

图7 沙颍河各闸(坝)和氨氮排放对闸(坝)下氨氮浓度的各自影响程度

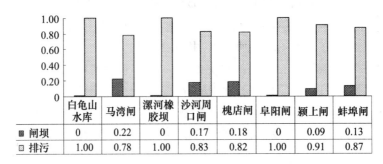

图8 沙颍河各闸(坝)和COD_{Cr}排放对闸(坝)下COD_{Cr}浓度的各自影响程度

3.3 小结

通过对淮河支流沙颍河闸坝研究,可以得出如下结论:

(1)闸坝对淮河水质的影响与水文情势有密切的关系。淮河过多闸坝的建设改变了河流的水文情势。闸坝调蓄,闸坝调度使河流流量流速均发生了很大的变化。闸开,流速大、流量大;闸关,则流速小、流量小。俗语说"流水不腐",水体自净和纳污能力均与河流流量、流速有密切的关系。闸坝严重减缓了水流速度,削弱了水体自净和纳污能力。

(2)淮河流域不同地区闸坝对河流水质影响所起的作用有很大差异。淮河源头水库蓄水量较大,在1999年全年以放水为主,坝下泄流量大,水体流动性强,水质相对较好,闸坝的存在有助于改善河流水质,降低污染物浓度;但随着流量的增加,在沙颍河中下游闸坝进行调蓄,削减峰值,与无闸状态相比,流量流速均减小,降解系数也降低,水质恶化。闸坝的存在则加剧了河流水环境的恶化。

(3)对比分析控制污染源排放和闸坝对沙颍河水质的影响。对于沙颍河源头水库,水库的存在有利于改善河流水质,水体污染主要原因是污染源的超标排放。如白龟山水库。对于沙颍河中下游闸坝,水质恶化主要是污染源的超标排放和闸坝拦蓄共同作用造成的。但对于不同地区的闸坝和不同的水质指标,这两个因素的影响程度也有所不同。总体而言,污染源的超标排放对水体污染的影响是主要的,大体影响程度在 0.7~1.0。如马湾闸、沙河周口闸、颍上闸和蚌埠闸等。但对于闸上污水团蓄积量较大的闸坝,闸坝对污水有拦蓄作用,闸上污水对闸下水体影响小,闸的存在可减轻闸下水质恶化。如漯河橡胶坝、槐店闸和阜阳闸等。

4 结语

淮河流域大量水利工程的建设对加剧淮河水环境恶化的作用是不可忽视的。为整治淮河水污染,实现 2010 年淮河水"变清",除削减污染源排放,调整产业结构,加大治污力度等以外,还必须对闸坝进行科学调度,兼顾经济利益和生态环境保护双重目标。

本文以流域水文模型与水质模型相结合,初步探索了闸坝对河流水环境所起的作用,首次以流域水循环为基础,定量分析了闸坝对淮河流域水污染的影响,评估方法简单,但评估体系尚不成熟,还需进一步完善。

参 考 文 献

[1] Dams and Development：A New Framework for Decision – Making. The report of the world commission on dams. 2000,11.

[2] 俞云利,史占红. 拆坝措施在河流修复中的运用[J]. 人民长江,2005,36(8):15 – 17.

[3] 索丽生. 闸坝与生态[J]. 中国农村水电及电气化,2005(8):3 – 5.

[4] 李群,陈健强. 闸坝碍航:不该拥有的"专利"[J]. 中国水运,2003(10):8 – 9.

[5] 林鸿怡. 闽江闸坝对通航的影响及对策[J]. 中国水运,2005(12):56 – 57.

[6] 袁弘任. 三峡水库纳污能力分析[J]. 中国水利,2004(20):19 – 22.

[7] 周世春. 美国哥伦比亚河流域下游鱼类保护工程[J]. 水利发电,2005,31(8):15 – 18.

[8] 汪秀丽,董耀华. 美国建坝与拆坝[J]. 水利电力科技,2006,32(1):20 – 41.

[9] 李小五. 水坝对人类环境的影响及其规制[J]. 法学杂志,2006(5):48 – 50.

[10] 杨军严. 初探水利水电工程阻隔作用对水生动物资源及水生态环境影响与对策[J]. 西北水力发电,2006,22(4):80 – 86.

[11] 黄亮. 水工程建设对长江流域鱼类生物多样性的影响及其对策[J]. 2006,18(5):553 – 556.

[12] Fontaine,T. A.,Cruickshank,T. S. Arnold,J. G.,et al. Development of a snowfall-snowmelt routine for mountainous terrain for the soil water assessment tool [J]. Journal of Hydrology, 2002.

[13] 王中根, 刘昌明, 黄友波. SWAT 模型的原理、结构及应用研究[J]. 地理科学进展,

2003, 22(1):79 - 86.

[14] 朱新军,王中根,李建新,等.SWAT 模型在漳卫河流域应用研究[J]. 地理科学进展,2006, 25(5):105 - 111.

[15] 刘昌明,李道峰,田 英,等.基于 DEM 的分布式水文模型在大尺度流域应用研究[J]. 地理科学进展, 2003, 22(5):437 - 445.

[16] 刘昌明,郑红星,王中根,等. 流域水循环分布式模拟[M]. 郑州:黄河水利出版社,2006.

[17] 夏军,王渺林,王中根,等. 针对水功能区划水质目标的可用水资源量联合评估方法[J]. 自然资源学报, 2005,20(5):752 - 759.

[18] Duan Q. , S. Sorooshian, and V. K. Gupta. Optimal Use of the SCE - UA Global Optimization Method for Calibrating Watershed Models [J]. J. of Hydrol. , 1994, 158:265 - 284.

[19] 王纲胜,夏军. 利用 SCE - UA 算法率定月水量平衡模型的参数[J]//全国第三届水问题研究学术研讨会论文集. 北京:中国水利水电出版社. 2005,140 - 143.

黄河口尾闾河道的萎缩及其对行洪的影响

张治昊   胡春宏

（中国水利水电科学研究院）

摘要:针对水沙过程变异后,黄河口尾闾河道严重萎缩,防洪安全受到极大威胁,采用实测资料分析和理论探讨的方法,研究了尾闾河道的萎缩特征、机理及其对黄河口行洪的影响。研究结果表明:1986 年后,黄河口尾闾河道的冲淤过程、纵比降、横断面形态都经历了一个重新调整的过程,表现出新的演变特征;水沙过程变异塑造了萎缩的河槽水力几何形态,而萎缩的河床形态反影响于尾闾河道的输水输沙能力,加剧了尾闾河道萎缩的发展;尾闾河道萎缩恶化了河势,抬高了洪水水位,坦化了行洪过程,延长了洪水传播时间,对行洪极其不利。运用多元回归分析建立的黄河口尾闾河道萎缩的判别指标,可供有关部门在治理黄河口尾闾河道萎缩的过程中参考使用。

关键词:黄河口　尾闾河道萎缩　演变机理　行洪　判别指标

1　概述

1986 年后,黄河口水沙过程发生变异,对河口演变造成巨大影响。黄河口尾闾河道作为河海交汇作用最剧烈的地带,经历了复杂的响应过程;其间,尾闾河道萎缩的特征最为突出。尾闾河道萎缩的形成和发展,对黄河口防洪安全构成极大威胁,全面深入地研究尾闾河道萎缩迫在眉睫。本文揭示了黄河口尾闾河道萎缩的演变特征,深入分析了尾闾河道萎缩机理,探求了尾闾河道萎缩对黄河口行洪的不利影响,试图为科学治理黄河口尾闾河道萎缩提供科学依据。

2　黄河口尾闾河道的萎缩特征

2.1　冲淤特征

图 1 为利津—清 7 河段冲淤量年际变化过程,由图可见:1986 年后尾闾河道萎缩,冲淤过程发生了相应变化,主要表现为:①淤积绝对量值减小,冲淤幅度变小,淤积的历时增长;②年内分布由汛期冲刷,非汛期淤积变为汛期、非汛期均

基金项目:"十一五"国家科技支撑计划(2006BAB06B03)。

淤积;③横向分布由主槽冲刷,滩地淤积变为主槽与滩地均淤积,而且,1986 年后河道冲淤主要发生在主槽内。

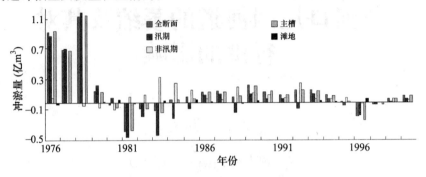

图 1 利津—清 7 河段冲淤量年际变化

2.2 纵剖面调整

尾闾河道萎缩必然引起纵剖面的调整。河道纵比降是反映纵剖面的调整的重要指标,图 2 绘制了利津以下各河段 3 000 m³/s 水面纵比降变化,由图可见:1986 年后,利津至一号坝河段受沿程淤积加重的影响,纵比降缓慢增大;一号坝至西河口河段受沿程淤积和溯源淤积双向影响,双向作用,此强彼弱,纵比降调整复杂多变;西河口至十八公里河段纵比降先增大后减小,反映出该河段萎缩过程中沿程淤积影响在减小,溯源淤积影响占据了主要地位;十八公里至丁字路河段受溯源淤积影响支配,纵比降调整的趋势是变小的。比较利津至丁字路全河段 1988 年纵比降 0.98‰和 1995 年纵比降 0.90‰可知:黄河口尾闾河道萎缩过程中,纵比降调整的总趋势是变缓的。

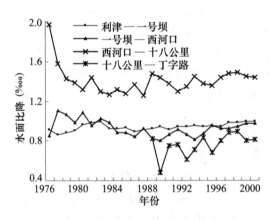

图 2 黄河口尾闾河道 3 000 m³/s 水面比降变化

2.3 横断面形态变化

尾闾河道萎缩,横断面形态的变化最直观。选清3断面为代表断面,点绘横断面形态变化图(见图3),分析萎缩过程中河道横断面形态的变化特征为:①河道主槽缩窄,淤积严重,过水面积大幅度减小;②河道淤积最严重的部位是深槽窄深处,断面宽深比变大,河槽变得宽浅;③河道萎缩的淤积方式是贴边淤积,即一侧滩地基本不淤或淤积很少,另一侧淤出大块嫩滩,压迫主槽缩窄;④主槽在嫩滩上淤出新滩唇,大量泥沙淤在新滩唇周围,使其越淤越高,距主槽较远的滩面漫水机遇小,长期少淤变得相对低洼,滩地横比降明显加大。

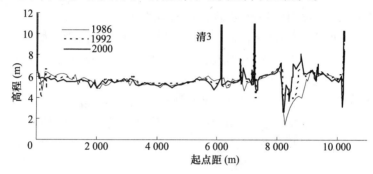

图3 黄河口尾闾河道典型横断面形态变化

3 黄河口尾闾河道的萎缩机理

水沙过程变异的不同特征作用于尾闾河道,会有不同响应:年际间水沙持续减少,使河道年际间输水输沙能力降低;汛期水沙大幅度减少,使河道丧失了年内良好的自我调整功能;河海耦合动力的减小,使输运泥沙入海能力降低。所有这些响应都是水沙变异使河道的输水输沙能力发生了改变,打破了原来河道冲淤的相对平衡状态,使之朝新的冲淤平衡状态发展。在打破旧平衡,建立新平衡过程中,河道的冲淤特性发生了改变。河道冲淤特性的改变必然引起纵剖面、横断面形态的调整,调整的方向是纵比降变缓,横断面形态萎缩,这样随着新的冲淤平衡状态的建立,尾闾河道萎缩逐渐形成。此后,水沙持续衰减,河道的输水输沙能力还在减小,暂时的冲淤平衡状态还将被打破,尾闾河道萎缩将继续发展。在此过程中,除了水沙条件外,持续萎缩的纵剖面和横断面进一步降低河道的输水输沙能力,加剧了河道萎缩的发展。河道陷入了越萎缩—输水输沙能力越低—河道萎缩越严重的恶性循环之中。图4为概括以上分析得出的黄河口尾闾河道萎缩形成和发展过程示意图。

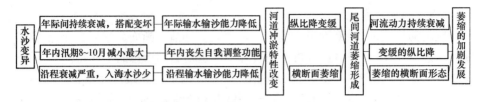

图4　黄河口尾闾河道萎缩形成和发展过程示意图

4　尾闾河道萎缩对行洪的影响

4.1　河势恶化,滩岸坍塌严重,工程控制作用减弱

水沙过程变异,河流动力横向减弱,导致尾闾河道断面横向输沙不平衡,减弱的横向水流动力一方面无力携带大量泥沙实现横向泥沙输移,使主槽一侧淤出大片新滩,另一方面无力冲刷另一侧滩地以补给横向泥沙输移,使主槽另一侧基本不冲不淤,所以尾闾河道萎缩,河道淤积表现为"贴边淤积"。贴边淤积的方式使尾闾河道主槽发生摆动,引起尾闾河道河势的剧烈变化,使原来的一些节点工程失去了控导河势的作用,在一些河段甚至出现了畸形河湾。据"96·8"洪水现场河势查勘,尾闾河道萎缩使河势发生巨大变化,河流主溜动力轴线位置明显移动,而尾闾河道遵循"一弯变,弯弯变"的平面演变规律,致使大部分原来靠主溜的险工控导工程溜势上提下挫,原来不靠溜的滩岸坍塌严重。河势变化最大的是十八户以下河段,十八户控导由原来的靠左行溜发展成居中偏右行溜,这一变化引起以下河段发生连锁反应,护林控导溜势下延,工程下首滩岸坍塌,八连控导溜势上提坐弯,上首滩岸大面积坍塌,清3控导溜势上提,造成滩岸不断坍塌、后退、坐弯,丁字路溜势逐渐南移,靠近口门的汊2断面不仅向左岸坍塌了500 m,而且河道呈现了明显的畸形"S"弯。尾闾河道河势的恶化,使得河道行洪过程中,极易出现滩岸坍塌险情,原建的险工控导工程难以发挥正常的防洪功能,对河势的控制作用明显减弱。

4.2　相同流量洪水水位大幅度抬高

根据河道水流连续方程及曼宁阻力公式[9]可得

$$Q = A \times V = \frac{1}{n}BJ^{\frac{1}{2}}h^{\frac{5}{3}} \tag{1}$$

当尾闾河道主槽流量从 Q_1 上涨到 Q_2 时,水位的升高值为

$$h_2 - h_1 = n^{\frac{3}{5}}B^{-\frac{3}{5}}J^{-\frac{3}{10}}(Q_2^{\frac{3}{5}} - Q_1^{\frac{3}{5}}) \tag{2}$$

由式(2)可见,相同流量下,主槽洪水水位的升高值随主槽河宽的缩窄而增大,随主槽河床阻力的增大而增大。尾闾河道萎缩,主槽宽度大幅度缩窄,而主槽的床面形态的调整也导致主槽的河床阻力增大,所以相同流量的洪水水位必

然升高。图5为黄河口尾闾河道3 000 m³/s流量水位变化过程,由图可见,1986年水沙过程变异后,黄河口尾闾河道萎缩,尾闾河道沿程利津、一号坝、西河口、丁字路4个水位站的3 000 m³/s流量水位都是呈不断上升的趋势,且上升的幅度较大。具体说来,1986~1995年,4站水位分别上升1.46 m、1.73 m、1.34 m、1.43 m,上升的速率分别为0.15 m/a、0.17 m/a、0.13 m/a、0.14 m/a。1996年后,由于受汛期洪水冲刷及清8出汊造成

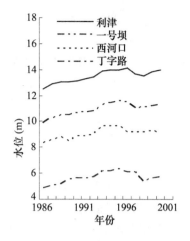

图5　尾闾河道3 000 m³/s流量水位变化

溯源冲刷的双重影响,尾闾河道沿程各站的水位有所下降,之后又呈逐年上升的趋势。同流量洪水水位的大幅度抬高必然使同流量的大洪水的致灾程度增大,同时,对于中小洪水过程而言,黄河口行洪情况发生了巨大变化,即1986年以前不能造成灾害的中小洪水过程在河道萎缩后也会形成漫滩成灾,造成"小水大灾",黄河口防洪安全受到了极大威胁。

4.3　洪峰流量削减严重,洪水坦化作用加强

表1为黄河口尾闾河道沿程3个典型横断面特征值统计,由表可见,1986~2000年,尾闾河道沿程3个典型横断面主槽宽度缩窄了142~525 m,主槽淤积厚度0.27~1.03 m,所以尾闾河道萎缩造成主槽过水断面面积大幅度减小,其中,王家庄断面减少了898 m²,朱家屋子断面减少了1 081 m²,清3断面减少面积高达1 296 m²,由此也可看出,越靠近口门,尾闾河道主槽损失的过水断面面积越大。尾闾河道主槽过水断面面积减小,平滩流量Q_p必然降低,实测资料分析表明,对于一定的平滩流量,当洪水的洪峰流量Q_m小于河槽的平滩流量时,洪水在主槽运行过程中,即使洪水有所坦化,但洪峰流量的削减不会太大;一旦洪峰流量超过平滩流量,洪水发生漫滩,削减随洪峰流量的增大而增大,尾闾河道萎缩后,过洪能力降低,平滩流量大幅度减小,中小洪水即可漫滩,洪峰流量的削减率Q_m/Q_p必然增大,且洪峰流量越大,洪峰削减的越严重,所以尾闾河道萎缩,洪水在传播过程中洪峰流量的削峰作用更为明显,洪水沿程坦化作用更强。

4.4　洪水传播时间大大延长

尾闾河道萎缩,洪峰流量削峰作用明显,洪水沿程坦化作用加强,洪水的传播速度必将受到影响。对于主槽而言,尾闾河道萎缩,主槽过水断面面积减小到1 000 m²左右,主槽泄洪能力大幅度下降,在这种主槽条件下,洪水漫滩的概率高,洪峰流量削减大,洪水波附加比降小,水流速度慢,洪水传播时间必然加长;

同时,由于尾闾河道漫滩洪水的减少,河滩上杂草丛生,滩地糙率 n 值明显增大,在遭遇洪水的行洪过程中,滩地水流速度远小于主槽的流速,而且滩地退水都发生在落水过程中,退水往往叠加于峰后的落水过程上,形成另一个洪峰过程,且流量经常超过主河槽已先期到达的主峰,而形成最大洪峰,从而造成洪峰传播时间的大大加长。以"96·8"洪水为例,利津站洪峰流量 3 200 m³/s,水位 14.12 m,黄河口尾闾河道沿程发生大面积漫滩,据现场观测,利津站全断面平均流速仅为 0.5~0.9 m/s,为 1986 年以前同流量下断面平均流速的 1/3~1/2,"96·8"洪水自利津站传播入海的时间为 27 小时,为 1986 年以前同流量洪水传播时间的 1.5~2.2 倍。

4.5　极易出现横河、斜河或滚河,顺堤行洪的危险增大

观察图 3 中清 3 断面萎缩过程可发现:主槽淤出大块嫩滩的同时,在嫩滩上会淤出一个新的滩唇,随河槽的萎缩发展,大量泥沙淤在滩唇周围,使滩唇越淤越高;另一方面,距主槽较远的滩面漫水机遇很小,长期不淤或少淤,变得相对低洼,长此发展,滩地横比降明显加大。表 1 中对黄河口尾闾河道沿程 3 个典型横断面的横比降值进行了统计:王家庄断面 1986 年滩地横比降是 1.2‰,2000 年增至 1.4‰;朱家屋子断面 1986 年滩地横比降是 0.97‰,2000 年增至 1.03‰;清 3 断面 1986 年滩地横比降是 2.7‰,2000 年增至 3.1‰;由此可知,随着尾闾河道萎缩的发展,多数断面的滩地横比降已远远大于尾闾河道纵比降,这种情况若遭遇大洪水,会使河势骤变,发生横河、斜河或滚河险情,危及堤防安全;即使遭遇中小洪水,出现横河、斜河的几率也较大,造成顺堤行洪的险情,如"96·8"洪水中,利津站洪峰流量仅为 3 200 m³/s,尾闾河道两岸大堤偎水长度长达 54 km,偎堤水深 0.5~2.5 m,黄河口堤防随时面临着被冲决的危险,防洪形势十分严峻。

表 1　黄河口尾闾河道典型横断面特征统计

断面名称	年份	主槽宽度 B(m)	主槽深度 H(m)	主槽过水面积 A(m²)	滩地横比降 J(‰)
王家庄	1986	493	3.79	1 868	1.2
	2000	351	2.76	969	1.4
朱家屋子	1986	796	3.79	3 017	0.97
	2000	603	3.21	1 936	1.03
清 3	1986	950	2.25	2 138	2.7
	2000	425	1.98	842	3.1

5　黄河口尾闾河道的萎缩判别指标

黄河口尾闾河道萎缩的日益严重,导致相同洪水流量尾闾河道水位急剧升高,黄河防洪安全受到极大威胁,已引起政府部门的高度重视。自 1988 年至今,国

家多次对黄河口尾闾河道实施了大型拖淤、挖河疏浚等工程措施,对减缓尾闾河道萎缩起到了一定作用,但工程实施过程中,急需引入一个判别指标,作为实施尾闾河道萎缩治理工程的控制标准。

利津断面是黄河口尾闾河道演变的进口控制断面,水文资料相对较齐全,可将利津断面作为尾闾河道萎缩的控制断面。既然要对尾闾河道萎缩做一个量的控制,首先要提出一个能确切表征尾闾河道萎缩的变量。尾闾河道萎缩最突出的特征是过水面积损失严重,河道过流能力减小,所以选用利津断面的变量 $\Delta A_i / \overline{A}$ 能比较确切地表征尾闾河道第 i 年的萎缩程度。变量 $\Delta A_i / \overline{A}$ 代表利津断面第 i 年过水面积损失程度,其中,ΔA_i 为利津断面第 $i-1$ 年的过水面积减去第 i 年过水面积的差值;$\overline{A}$ 为利津断面多年过水面积的平均值。当变量 $\Delta A_i / \overline{A}$ 为正值时,$\Delta A_i / \overline{A}$ 越大,利津断面第 i 年过水面积损失程度越大;变量 $\Delta A_i / \overline{A}$ 越小,利津断面第 i 年过水面积损失程度越小。

影响黄河口尾闾河道萎缩的因素主要有两方面:①来水来沙条件,黄河口水沙条件变异是尾闾河道萎缩的主要原因;②边界条件,尾闾河道断面形态与河道萎缩关系密切,萎缩的断面形态将加剧河道萎缩。根据实测资料,利用多元回归方法,建立第 i 年黄河口尾闾河道萎缩的变量 $\Delta A_i / \overline{A}$ 与该年度水沙条件和利津断面宽深比 $\frac{\sqrt{B}}{H}$ 的关系式:

$$\frac{\Delta A_i}{\overline{A}} = 0.02 \left(\frac{Q}{\overline{Q}} \cdot \frac{\overline{\rho}}{\rho} \cdot \frac{\overline{d}_{50}}{d_{50}} \right)^{-0.57} \left(\frac{\sqrt{B}}{H} \right)^{0.49} \tag{3}$$

其综合相关系数 $R = 0.82$,表明该式相关性良好,分析式(3)可知,$Q/\overline{Q}$ 值越大,表示利津站来水量越大,$\overline{\rho}/\rho$ 值越大,表示利津站水沙搭配关系越好,$\overline{d}_{50}/d_{50}$ 值越大,表示利津站来沙组成越细,三者相乘得到的值越大,表示黄河口综合水沙条件越好,反之,表示黄河口综合水沙条件越坏,变量 $\Delta A_i / \overline{A}$ 与黄河口综合水沙条件成反比,表明综合水沙条件越好,利津断面萎缩程度越轻;综合水沙条件越坏,利津断面萎缩程度越重。变量 $\Delta A_i / \overline{A}$ 与断面宽深比 $\frac{\sqrt{B}}{H}$ 成正比,说明利津断面越宽浅,利津断面萎缩程度越重,利津断面越窄深,利津断面萎缩程度越轻。

黄河口尾闾河道萎缩的变量 $\Delta A_i / \overline{A}$ 是反映尾闾河道控制断面第 i 年损失过水断面面积的百分比,水沙连年持续衰减,尾闾河道存在一个逐年日益加重的累积发展过程,所以引入黄河口尾闾河道萎缩的判别指标 T_n 作为控制尾闾河道萎缩的一个标准。黄河口尾闾河道萎缩的判别指标 T_n 的数学表达式如下:

$$T_n = \sum_{i=1986}^{n} \frac{\Delta A_i}{\overline{A}} = \frac{A_i - A_{1986}}{\overline{A}} \tag{4}$$

由上式可知,尾闾河道萎缩判别指标 T_n 是变量 $\Delta A_i / \overline{A}$ 自 1986 年后至第 n 年的累加值,它的物理意义十分明确:表明 1986 年后,河道萎缩发展到第 n 年过水断面面积累计损失的百分比。图 6 为尾闾河道萎缩判别指标 T_n 随年份变化过程,由图可见,1986～1995 年,除 1990 年外,萎缩判别指标 T_n 持续增大,由 1986 年的 0.21 增大到 1995 年的 0.5;1996 年后受清 8 出汊工程的影响,萎缩判别指标 T_n 有减有增,出现一定波动。萎缩判别指标 T_n 这种变化反映出 1986～1995 年尾闾河道萎缩随时间不断加重的发展过程,最严重的 1995 年过水断面面积累计损失达 50%,1996 年后受清 8 出汊溯源冲刷的影响,过水断面面积有所恢复,但萎缩依然严重。

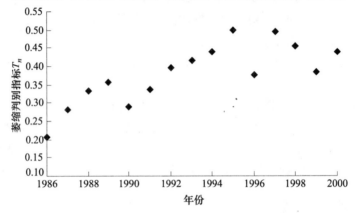

图 6 黄河口尾闾河道萎缩判别指标 T_n 变化过程

由图 6 可见,萎缩判别指标 T_n 分布在直线 $T_n = 0.2$ 之下的为 0 年;分布在直线 $T_n = 0.2$ 和直线 $T_n = 0.3$ 之间的有 3 年,占图中总年数 20%;分布在直线 $T_n = 0.3$ 和直线 $T_n = 0.45$ 之间的有 9 年,占图中总年数 60%;分布在直线 $T_n = 0.45$ 之上有 3 年,占图中总年数 20%。根据图中点群上述分布特征,可取 T_n 值为 0.2、0.3、0.45 对河道萎缩发展过程进行阶段划分:

(1) $T_n < 0.2$,尚未出现尾闾河道萎缩阶段;

(2) $0.2 \leqslant T_n < 0.3$,尾闾河道萎缩出现和发育阶段;

(3) $0.3 \leqslant T_n < 0.45$,尾闾河道萎缩形成和发展阶段;

(4) $T_n \geqslant 0.45$,尾闾河道萎缩十分严重阶段。

尾闾河道萎缩判别指标 T_n 对尾闾河道萎缩发展过程的阶段划分,为治理尾闾河道萎缩工程的实施提供了量的控制。当萎缩判别指标 T_n 达到 0.2 时,标志着尾闾河道已开始出现萎缩,应加强观察,密切注视河道萎缩是否继续发展;当萎缩判别指标 T_n 升高到 0.3 时,有条件的前提下,应采取一定的工程措施减小河道萎缩程度;当萎缩判别指标 T_n 升高到 0.45 时,必须采取有力的工程措施或综合性工程措施大幅度减小河道萎缩程度。

6 结语

(1)黄河口水沙过程变异必然会引起尾闾河道的演变响应。1986年后,为适应变异的水沙条件,黄河口尾闾河道的萎缩逐渐形成和发展。其间,黄河口尾闾河道的冲淤过程、纵比降、横断面形态都经历了一个重新调整的过程,表现出新的演变特征。尾闾河道纵向萎缩遵循三次多项曲线的淤积模式,按照动力条件差异,分为沿程淤积段、双向淤积段、溯源淤积段,各段萎缩特征有明显区别,尾闾河道横向萎缩模式反映出尾闾河道横断面的萎缩存在一个形成和加剧发展的过程。

(2)黄河口尾闾河道萎缩引起河势的恶化,滩岸坍塌严重,险工控导工程控制作用明显减弱;对于洪水而言,尾闾河道萎缩会造成同流量洪水水位的大幅抬高,洪水传播过程中洪峰的削减增大,洪水沿程坦化加强,洪水传播时间大大延长,形成"小水大灾"的致灾效应;随尾闾河道萎缩的发展,滩地横比降远大于河道纵比降,极易发生横河、斜河或滚河,造成顺堤行洪;总之,黄河口尾闾河道萎缩对行洪极其不利,黄河口防洪安全受到了极大威胁。

(3)黄河口造床流量的减小、河床阻力的增大、河海耦合动力减小均降低了尾闾河道的输水输沙能力,其持续作用的结果是塑造了萎缩的河槽水力几何形态;而萎缩后的河床形态反影响于尾闾河道的输水输沙能力,其结果是加剧了河道萎缩的发展;尾闾河道陷入了越萎缩—输水输沙能力越低—河道萎缩越严重的恶性循环之中。为解决治理尾闾河道萎缩缺乏控制标准的问题,引入尾闾河道萎缩的判别指标 T_n,T_n 的物理意义是1986年后尾闾河道横断面累计损失的过水面积百分比,依据 T_n 点群分布特征,取 T_n 值 0.2、0.3、0.45 作为实施尾闾河道萎缩治理工程的控制界限点。

参 考 文 献

[1] 胡春宏,等. 黄河水沙过程变异及河道的复杂响应[M]. 北京:科学出版社,2005.

[2] 曾庆华,张世奇,胡春宏,等. 黄河口演变规律及整治[M]. 郑州:黄河水利出版社,1998.

[3] 张启舜,胡春宏,何少岑,等. 黄河河口的治理与三角洲地区泥沙的利用[J]. 水利水电技术,1997,28(7):1-4.

[4] 胡春宏,曹文洪. 黄河口水沙变异与调控I[J]. 泥沙研究,2003(5):1-8.

[5] 胡春宏,曹文洪. 黄河口水沙变异与调控II[J]. 泥沙研究,2003(5):9-14.

[6] 胡春宏,张治昊. 水沙过程变异条件下黄河口拦门沙的演变响应与调控[J]. 水利学报,2006(5):78-83.

[7] 陈建国,邓安军,戴清,等. 黄河下游河道萎缩的特点及其水文学背景[J]. 泥沙研究,2003(4).

[8]　吉祖稳,胡春宏,曾庆华,等．运用遥感卫星照片分析黄河河口近期演变．泥沙研究,1994(3):12 –22.

[9]　徐正凡．水力学[M]．北京:高等教育出版社,1986

[10]　张治昊,胡春宏．黄河口水沙变异及尾闾河道的萎缩响应[J]．泥沙研究,2005(5):13 –21.

[11]　李殿魁,杨玉珍,等．延长黄河口清水沟流路行水年限的研究[M]．郑州:黄河水利出版社,2002.

黄河下游河道工程观测研究

郑利民　　侯爱中　　陈伟伟

（黄河水利科学研究院）

摘要：黄河河道工程观测项目、观测仪器、观测技术是在长期的防洪过程中逐步建立起来的，随着黄河防洪现代化目标的逐步实现，河道工程观测暴露出常规项目开展少、技术含量低、管理缺乏科学性等一系列问题。本文在分析黄河河道工程观测现状基础上，提出近阶段黄河河道工程观测开展的项目、观测技术及仪器配置，探索黄河工程观测规范化的良性运行机制。

关键词：黄河　观测　仪器　技术　管理

1　引言

黄河洪水是一种非频发性的自然现象，各种防洪工程设施不是经常运用的。开展工程观测，能准确及时地掌握工程运用状况，掌握工程变化规律，检验防洪工程的安全性、稳定性以及合理性，为工程运行安全、防洪工程科学运用积累资料，为更好地发挥工程效益提供科学依据。同时，通过原型观测资料的积累，对河道工程设计理论、计算方法和设计指标进行验证，检验工程设计的正确性和合理性，提高河道工程设计水平。

2　黄河河道工程现状

黄河河道工程包括堤防、河道、涵闸工程，是在长期的防洪历史过程中逐步形成的。新中国成立后，对黄河堤防、险工进行了大规模的建设，取得了举世瞩目的成就，建成了较完善的河道防洪工程体系，在黄河防洪中发挥了巨大的作用。

黄河下游河道全长878 km，从孟津白鹤镇到垦利渔洼，除右岸河南郑州铁路桥以上和山东梁山十里铺至济南宋庄两段为山岭外，主要靠堤防约束洪水。黄河堤防左岸长718.7 km，右岸长604.8 km。

2.1　堤防工程

黄河堤防工程是下游防洪体系中最重要的组成部分,始修于春秋战国,秦汉以后历代都有修筑,现下游共有各类堤防 2 285.115 km,其中临黄堤 1 368.342 km、分滞洪区堤防 312.868 km、支流 199.320 km 和其他堤防 247.340 km,共有设防堤防长 1 952.810 km,不设防堤长 332.205 km。

黄河堤防工程修筑质量差别很大,隐患较多,许多堤防的基础是强透水的砂砾层,新中国成立以后,先后对下游堤防险工进行了 3 次大规模培修加固,虽然在整修加固堤防时,注意修筑戗堤或增加脚铺盖,延长渗径,但由于战线长,工程量过大,难以全部处理,汛期涌水、险工坍塌等险情依然很多。在汛期高水位条件下,历史决口形成的堤后冲坑、渊塘,成为堤防的薄弱环节,容易出现渗水、散浸、漏洞、脱坡,甚至溃口等重大险情。

2.2　河道工程

黄河下游河道是举世闻名的"地上悬河",汛期洪水危害极为严重,一直是黄河防洪的重点。经常靠溜的堤段,称为险工,修建有坝、垛、护岸工程。黄河下游堤防共有各类险工 207 处,坝、垛和护岸 6 265 道,工程长 394 km;其中黄河大堤共有险工 134 处,坝、垛、护岸 5 248 道,工程长 308 km,占堤线总长的 17%;滚河防护工程 94 处,防护坝 301 道。黄河下游有河道控导护滩工程 204 处,坝、垛 3 793 道,工程长 346 km。通过河道整治,对保护沿河堤防安全、控制河道流路、扩大河道泄洪能力、发展地方经济等起到了显著的作用。

2.3　引黄涵闸

黄河下游堤防已建成引黄涵闸 99 处,引黄灌区主要分布在沁河口以下,涉及河南、山东两省 21 个市(地)、60 多个县(市、区),设计灌溉面积 332.7 万 hm^2,有效灌溉面积 161.1 万 hm^2。促进了黄河下游工农业、经济健康发展,保证了沿黄两岸人民生活用水及黄河防洪安全。黄河水已成为黄河下游的支柱水源,是沿黄县、市经济发展的命脉,在经济发展中具有举足轻重的作用。

为防御黄河特大洪水,黄委在黄河下游建成北金堤、东平湖等滞洪区,提出了"分得进、守得住、排得出、群众保安全"的防洪目标,建设分泄洪闸 12 处,大大减轻了下游防洪压力。

3　黄河河道工程观测现状

黄河河道工程观测长期处于附属地位,同国家相关观测规范的要求相比,开展的观测项目较少,观测项目设置、观测技术手段落后。工程观测以人工为主,劳动强度大,技术含量低,成果质量差。观测仪器简陋,仪器配置、观测频率不能满足规范要求,与管理发展的现状不相适应。

3.1 观测项目

河道工程水情、工情资料观测不全面,河势信息主要靠眼观手描绘制;根石信息靠人工探摸获得;水位信息采用原始水尺直读法;多数项目没有按规范进行观测,即使是进行了观测,所使用的仪器精度、观测方法、观测终止条件也很少达到规范要求。

河道工程现已开展了坝身沉降、表面、大断面、根石探测、堤坝蛰陷、河势查勘、流凌等项目观测。大多数涵闸都应用水位流量关系,由水位推算流量,仅有少数管理单位开展了含沙量、扬压力观测。

3.2 观测仪器

黄河河道工程观测仪器技术现代化程度低,观测设备投入较少,以至于工程观测长期停滞在低水平重复发展的态势,造成技术门槛低、观测设施老化、损坏严重的现状。现有的观测仪器主要有水准仪、经纬仪、水尺、望远镜、流速仪、皮尺、隐患探查等。

3.3 观测管理

在黄河河道工程观测中,管理单位专业观测人才严重缺乏,普遍存在着观测管理制度不健全、管理不规范等现象。特别是日常观测项目,仅有少数管理单位对观测记录的资料进行了初步统计分析和整理归档。

4 黄河河道观测新技术

"数字黄河"建设,为工程观测建设提出新的要求,近年来,黄河工程观测引进开发了自记水位计、激光测距仪、超声波自动成像的水下电视系统、工程 CT 等观测仪器。改变了传统河道地形位移、测量手段落后、精度差、耗时长的状况,在部分河段实现了河道快速精确测量的目标。

新引进的仪器具有自动化程度高,数据准确,安全可靠等特点,为工程观测提供了新的手段,在工程观测中发挥了重要作用。这些观测手段大大增强了观测资料的实时性,将准确、及时、直观的提供各种观测信息,减少了现场人工观测的工作量,为确保工程安全运行提供了第一手资料。

4.1 涵闸、控导工程工情险情实时远程监控系统

新乡河务局 1999 年研制了涵闸远程监控系统,该系统可通过网络传输直接操控涵闸远程监控系统,实现了闸门的远程、近程监控。成果已在全河推广。

黄河险工控导工程工情险情实时监测系统,于 2003 年 7 月在原阳双井控导工程安装使用,系统立足于黄河险工控导工程工情险情监测实际,利用图像处理技术及传感器技术,实现了及时发现工程险情、自动报警,对工程实时远程监测、监视功能,采用自主研制的根石位移传感器,实时监测坝(垛)根石走失情况。

4.2 中牟险工、控导工程出险无线自动报警系统

中牟黄河河务局研制开发了险工、控导工程出险无线自动报警系统。该系统是采用磁传感、水传感、脉冲发射及微电脑显示技术结合而成的报警装置。它不需架设导线,探测发射装置能探测工程的坍塌、下蛰、移动和滑坡,并兼有防盗功能,使用时携带方便,易安装,报警距离可达 5 km 左右。

4.3 黄河老田庵控导工程光纤光栅实施堤坝监测

河南河务局与清华大学、台湾新竹交通大学在武陟黄河老田庵控导工程联合实施堤坝监测项目。该项目利用光纤光栅等感应组件的可分布性、高灵敏度与高稳定度等优点,对坝体靠河部位移动变形进行连续性数字监测,克服了传统坝岸观测、探测方法的不足。整个项目采用光纤光栅地层变形监测系统、振弦式地层变形监测系统及电阻式颁布地层变形监测系统等 4 种 9 套监测仪器,对控导工程坝体迎水面、坝头及上跨角的坝坡、坝根变形进行监测分析。

4.4 堤防隐患探测技术

黄委勘测规划设计研究院开发研制了 MIR－IC 覆盖式高密度电测仪,该仪器从基本理论方面,首先提出了边界"聚流作用"的新认识,修正了半无限空间理论的异常体(裂缝、空间)深度计算公式,建立了直流电法探测堤防较小异常体的理论基础。在方法技术上完善了电阻率剖面法,引入了高密度电阻率法,用于堤坝裂缝、洞穴探测,将传统的直流电法中的一维探测扩展到二维,解决了裂缝位置、顶部埋深、走向等问题,使裂缝、空洞探测技术更加完善;由定位提高到定位、定性、成像、部分定量。变传统的分段测试为连续滚动测试,变梯形有效区域为矩形有效区域。

4.5 孟津水位观测的信息化

孟津河务局 2003 年 4 月在铁谢险工 12 坝安装了接触式电子水尺,使全河系统都可以在第一时间掌握铁谢险工最新水位变化情况,实现了数据信息共享共用;2004 年 7 月在白鹤控导 5 坝又安装了 DJ－99WG(YRT)型遥测电子水尺,水尺测量误差小,性能稳定,并将数据信息输进网络,在水位观测中经济快捷、精确高效。

5 黄河工程观测工作的目标

河道工程观测是为堤防工程科学技术开发积累资料的重要手段。根据工程安全和运行管理的需要,《堤防工程管理设计规范》(SL171—96)、《水利部河道堤防工程管理通则》(SLJ703—81)、《水利部水闸工程管理通则》(1990),黄河下游河道工程观测应设置沉降、水流形态、河势变化、河床冲淤、河岸坍塌、位移、波浪、冰情等项目观测;堤防工程观测应开展的基本观测项目主要有工程变形、渗流、

水位、表面观测等;引黄涵闸工程观测开展流量、含沙量、水位、渗压及沉陷观测。

5.1 基本观测项目

基本观测项目包括沉降、位移、堤身浸润线、水位、表面观测等。通过对河道工程的观测,掌握其状态变化和工作情况,保证工程安全,积累资料,提高管理水平。

河道工程观测的任务是监视水情和水流状态、工程状态变化和工作情况,掌握水情、工程变化规律,为管理运用提供科学依据。观测工作应保持系统性与连续性,按照规定的项目、测次和时间进行,观测成果要真实、准确、精度,要符合规定。

防洪观测的测次间隔,应根据规范规定的运用情况决定,要求观测到运用过程中各测点变形的最大值和最小值。管理运用时间较久,建筑物变化情况基本稳定并掌握其变化规律,观测间隔时间可以适当延长。

5.2 专门观测项目

黄河专门观测项目是针对黄河堤防环境因素的不利影响而设置的,为了确保河道工程安全完整和河道行洪畅通,充分发挥河道和堤防工程的综合效益,保障黄河两岸工农业生产和人民生命财产安全。黄河河道工程观测,要根据黄河河道整治工程安全运用的要求,进行水位、渗流、沉降、位移、表面观测、水深、河势变化、河道大断面、滩岸坍塌、堤坝蛰陷、根石走失、凌情、漫滩、波浪等观测。

观测项目的观测点布设能反映工程运行情况,观测的断面和部位应选择在良好的控制性和有代表性的坝段,工程观测剖面,应重点布置在工程结构有显著特征和特殊变化的地段,复杂的工程,根据需要可适当增加观测项目和观测剖面。

5.3 观测资料的整编

工程观测按照观测规范任务执行,各种观测要随时记录,及时分析,精度要符合要求。在观测过程中,应检查作业方法是否符合要求,各项检验结果是否在限差以内,观测值是否符合精度要求,数据记录是否准确、清晰、齐全。

观测数据整编资料的重点是查证原始观测数据的正确性与准确性;判断是否存在变化异常值。成果应项目齐全,考证清楚,数据可靠,图表完整,规格统一,说明完备。资料保存要完整,各种观测、分析成果,每年三月底前,将上年的工程观测资料进行初步分析整理后存档,每五年集中审查刊印存档。

5.4 工程安全鉴定

对河道工程的安全性进行评价、鉴定,是观测管理的基础,为工程安全评估和维护管理提供数据和依据。黄河下游河道工程情况复杂、隐患多,水文地质条件、隐患分布沿线随机性变化很大,建立黄河河道工程系统的安全评价准则与评价方法,为河道管理与维护提供理论依据与技术支持。

安全鉴定工作是对河道工程的一项特殊检查和安全类别评价,是对河道工程进行维修、加固、改建或重建的决策依据。通过对存在问题较多的河道进行安全鉴定,进而有效遏制河道工程功能的衰退,保证工程的防洪安全和正常运用。

6 观测项目及仪器标准

为满足黄河防洪管理单位正常开展观测工作的需要,黄河水利工程观测仪器系统配置应从先进性、环境适应性、长期运行、能实现自动化数据采集等方面入手,观测设施配备标准应符合有效、可靠、牢固和经济合理的原则,通过改进观测技术,合理配置观测仪器设备,改革观测手段及测读方法,实现黄河水利工程观测技术、装备现代化,观测资料有效可靠。

6.1 应开展的项目设置

堤身沉降、隐患探查,渗流、险工堤坝蛰陷、位移、水位、根石、河势等;河道大断面、根石探测、堤坝蛰陷、工程位移、河势、水位等;凌汛观测、流量、含沙量、渗压、水质、水位及沉陷、裂缝观测。

6.2 应配备的基本观测仪器

根据黄河河道工程堤防线长、点多的特点,同时考虑到黄河观测管理人员的技术水平,县河务局观测仪器参照表1配置。

表1 中等县河务局观测设备配备标准

仪器名称	单位	数量	仪器名称	单位	数量
S3 水准仪	部	3	绘图仪	部	2
J2 经纬仪	部	3	自记水位计	部	5
照相机	架	5	TGSY 型渗压计	套	1
摄像机	部	2	差动电阻式孔隙压力计	套	2
望远镜	部	5	测船	艘	2
GPS 系统	套	1	拓普全站仪	架	1
DISTO－classic[3] 经典型激光测距仪	部	2	SYS1－2 型超声波测深仪	部	2
LJX－1 型便携式流速流量仪	架	3	ZDT－I 型智能堤坝隐患探测仪	台	1

7 结语

黄河河道工程观测,应通过对信息采集点的合理布置,对工程有关的信息进行采集、存储、检索、显示和分析,将水利工程观测数据与空间位置直观地联系起来,为水利信息可视化表达提供强有力的技术手段,实现黄河工程观测数据传输现代化。

随着宽带网络时代的到来,水利信息的传输速度将大大加快,实时动态视频的流畅传输成为现实,为水利工程观测信息的可视化提供基础技术条件。建立黄河水利工程观测仪器配置保障体系,加强工程观测管理与监督,到 2008 年,黄河防洪工程 60% 以上的重要观测项目设备配置达到国际 20 世纪 90 年代末先进水平,高新技术产品品种达到发展总数的 10% 左右。到 2010 年,重要观测项目设备配置达技术装备综合技术水平达到或接近 90 年代末国际水平,高新技术产品品种达到发展总数的 20% 左右。

黄河水利工程观测应以计算机技术为核心的信息技术全面提升自动化管理水平,以科学的现代水利观念、高效合理的管理体制、先进合理的业务流程和技术手段、高素质的专业人才队伍、全面的资源整合,推进黄河工程观测现代化进程。

大型输水渠系运行控制研究

姚　雄[1]　王长德[1]　范　杰[2]

（1.武汉大学水资源与水电工程科学国家重点实验室；
2.长江水利委员会设计院）

摘要：中国的南水北调中线工程距离长，流量大，底坡缓，沿线没有可供调蓄的水库和湖泊，为实现适时、适量供水，实行自动控制运行十分必要。对大型渠道控制蓄量运行的实现方法进行了研究，并设计了一种新的水位、流量复合控制器，建立了一个包含倒虹吸、渡槽、取水口等建筑物在内的大型输水渠道自动控制运行仿真模型。选取南水北调中线工程京石应急渠段作为典型仿真渠系，结果表明控制蓄量运行方式可以对整个渠系的水量进行最优控制，特别适合具有复杂运行要求的大型输水渠道系统，从而为大型明渠输水工程特别是我国南水北调工程的运行管理提供了一定的理论依据。

关键词：自动化运行　控制蓄量法　南水北调工程　仿真

1　概述

中国北方地区水资源严重短缺，跨流域调水势在必行。南水北调中线工程从陶岔渠首到北京团城湖，输水总干渠全长 1 276 km，沿线供水对象复杂且缺少必要的调蓄工程，实行渠道自动控制运行十分必要，它能有效提高渠系的调度运行水平，保障输水安全，改善输水效率，实现适时、适量的供水，避免供水的不足与浪费，同时降低调度运行管理费用。

一个有效的渠道自动控制系统必须针对渠道自身水力学特点及功能，选择合适的控制运行方式，它直接影响到渠道的调蓄水量，对渠道的运行稳定性影响较大。渠系的运行方式主要有下游常水位、上游常水位、等容积和控制蓄量等运行方式，控制蓄量运行方式最为灵活，特别适合于有复杂运行要求的大型输水系统，但它需要采用监控系统和根据当地具体情况编制的复杂软件支持，实施起来最为困难，国内外这方面的研究与应用也相对较少。控制蓄量运行方式下的渠

基金项目：国家自然科学基金资助项目（59879016）；国家高技术研究发展计划（863）资助项目（2001AA242111）。

道系统通过控制一个或多个渠段中的蓄水量来满足运行标准,水面可以上升也可以下降,即水面支点并不重要,运行的灵活性主要受水位波动范围的限制。本文对大型渠道控制蓄量运行的实现方法进行了研究,在此基础上设计合适的闸门控制器及控制逻辑,建立了一个包含倒虹吸、渡槽、取水口等建筑物在内的大型输水渠道自动控制运行仿真模型,并将南水北调中线工程京石应急渠段作为典型仿真渠系进行了计算机仿真。

2 描述一维明渠非恒定流的基本方程

渠道从一个恒定流状态平稳过渡到另一个恒定流状态,过渡过程中渠池内的水流应是缓变的非恒定流;输水渠道断面又大都为规则的棱柱形,且同一渠池内渠道断面变化不大或保持均一,因此本文采用一维圣维南方程组来描述渠池中的水流特性。

（1）连续方程:

$$B\frac{\partial z}{\partial t} + \frac{\partial Q}{\partial s} = q \tag{1}$$

（2）动量方程

$$\frac{1}{gA}\frac{\partial Q}{\partial t} + \frac{2Q}{gA^2}\frac{\partial Q}{\partial s} + \left(1 - \frac{BQ^2}{gA^3}\right)\frac{\partial z}{\partial s} = \frac{q}{gA}(v_{qs} - v) + \frac{BQ^2}{gA^3}(i + M) - \frac{Q^2}{A^2 C^2 R} \tag{2}$$

式中:B 为水面宽,m;z 为水位,m;t 为时间,s;Q 为流量,m³/s;C 为谢才系数;s 为断面的距离坐标,m;q 为区间入流量,m³/(s·m);g 为重力加速度,m/s²;A 为过水断面面积,m²;v 为水流沿轴线方向的流速,m/s;R 为水力半径,m;v_{qs} 为侧向入流在水流方向的平均流速,m/s,常忽略不计;i 为渠道底坡;M 为明渠单宽、定深（常深）、断面沿程的放宽率,$M = \frac{1}{B}\frac{\partial A}{\partial s}|_h$,对于棱柱型明槽,可令 $M = 0$ 或 $\frac{\partial A}{\partial s}|_h = 0$。

在求解圣维南方程组的数值方法中普莱士曼（Preissmann）隐式差分格式以其精度高、无条件收敛等优点被广泛采用。此法中将求解域的 $s - t$ 平面划分成许多矩形网格,通过对因变量（Z 和 Q）的偏导数进行差商逼近,得到各网格上的离散方程组,再加上两端边界条件,共有 $2N$ 个方程,渠道有 $2N$ 个未知数,方程组是封闭的。将各网格上的方程联立,可以得到一大型稀疏非线性方程组,通常采用双消去法（或叫追赶法）求解。

3 渠道运行方法

3.1 基本运行方式

根据渠池内水面支枢点位置的不同渠道有下游常水位、上游常水位、等体积和控制蓄量等运行方式。

上游常水位运行方式的支枢点位于渠池上游。这种方式要求渠岸必须水平,以适应零流量水面线,因此渠岸的修建费用较大,不宜在大型输水渠道系统中使用。

下游常水位运行方式的支枢点位于渠池下游。采用这种方式的渠道可按通过最大恒定流量设计,其他所有流量下恒定流状态的水深不超过设计流量下的正常水深,因此渠岸的超高最小,从而减少了建设费用,但其对于下游需水改变的反应速度较慢。

等体积运行方式的支枢点位于渠池中点(图1)。当流量变化时,水面以渠池中点为轴转动,从而保持渠池内蓄水体积的近似相等。较上、下游常水位运行方式,等体积运行的主要优点是能迅速改变整个渠系的水流状态。它的缺点是渠池的下游端需要增加渠岸和衬砌高度,然而需要增加的高度仅是上游常水位运行方式所需要高度的一半。

控制蓄量运行方式下的渠道系统通过控制一个或多个渠段中的蓄水量来满足运行标准(图2),而不像等体积运行方式那样要求渠段内水体体积保持不变,即水面支点并不重要,水面可以上升也可以下降,运行的灵活性主要受水位波动范围的限制,因此特别适合具有较大渠道断面的大型输水系统,本文将针对这一最为灵活的运行方式进行建模及仿真研究。

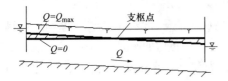

图1　等体积运行方式　　　　　　图2　控制蓄量运行方式

3.2　控制蓄量算法设计

控制蓄量的渠系运行方式下,渠道水位可以升降,但为避免渠堤漫顶和满足渠侧分水要求,也必须满足一定的水位限制条件。对于由多个渠段串联而成的渠道,在一定过水流量下,各渠段有相应的最低运行水位 Z_{min} 和最高运行水位 Z_{max},目标水位 YT 随取水口或最下游需水流量变化而变化,是一个非恒定值。控制蓄量算法设计如下:

(1)首先根据渠系的渠首入流量和下游的总的取水流量之和判定渠系将处于补水还是耗水的状况之下。

(2)根据各渠池的水位状况(是否在限制水位范围以内),判定哪些渠池可以改变蓄水量。若没有可参与蓄量调节的渠池,则渠系按常规运行方式运行,使渠系的入流和出流平衡。

（3）若有可参与蓄量调节的渠池，计算出能够参与蓄量调节的各渠池的可调蓄量并求和得出总的可调蓄量。

（4）根据各渠池可调蓄量占总可调蓄量的比例，从最下游渠池开始依次向上游方向，将整个渠系的出、入流量差按比例分配在各渠池的上游过闸流量中。根据新的上游过闸流量，计算闸门开度，使参与蓄量调节的各渠池出、入渠池的流量差，而处于调节蓄量的状态（补充蓄量或消耗蓄量）。

（5）当整个渠系在经过蓄量缓冲调节后，各渠池均达到限制条件，无可调蓄量时（没有可蓄水的容积或没有可消耗的蓄量），再次从最下游渠池开始依次向上游方向，按出、入渠池流量平衡条件调节各渠池上游闸门开度，使渠系在蓄量平衡的条件下运行，从而完成整个渠系容积调控的全过程。

根据控制蓄量运行要求，采用闸门同步操作技术，这样才能保证每个闸门能够适时地根据流量变化进行闸门操作。若某一渠段需水量变化，相关节制闸同时调整开度，使进入每一渠段流量发生相应地变化，这样总干渠的响应时间缩短为单渠段的响应时间。

4 渠系运行控制系统模型

4.1 控制系统结构

整个渠道控制模拟系统设计成以下6个模块组成：恒定流计算模块、流量前馈控制模块、水位反馈控制模块、闸门开度计算模块、过闸流量计算模块和非恒定流计算模块（图3），这6个模块紧密联系，相互作用，以实现渠池按所设计的控制蓄量运行方式运行，满足下游的需水要求。

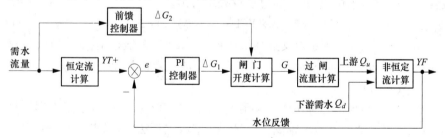

图3 渠道控制系统方框图

4.2 复合控制器

控制器采用前馈与反馈相结合的控制方式。在前馈控制里控制流量，在反馈控制里控制水位，分别设计出流量前馈控制器和水位反馈控制器来共同调节闸门开度，整个控制器的输出为经叠加后的闸门开度变化值，当然它还须在满足闸门静止带宽及最大闸门开启速度的限制条件后，才能作为闸门启闭设备的最终输入值。

流量控制器是使用流量而不是水位作为输入量。采用流量控制器作为前馈控制,其基本思想是通过控制蓄量法得出每个闸门的预分配流量,同时通过圣维南方程组计算出了渠道上一时刻的闸前水位、闸后水位,这样就可以根据过闸流量计算公式反推闸门开度 G_k。

$$Q = C_d G_k b \sqrt{2gh_0} \tag{3}$$

式中:Q 为过闸流量,$\mathrm{m^3/s}$;G_k 为闸门开度,m;b 为闸门宽度,m;h_0 为上游水深,m;C_d 为流量系数。

通过和上一时刻的闸门开度进行比较,得出闸门开度变化值 $\Delta DG1$。

$$\Delta DG1 = G_{k+1} - G_k \tag{4}$$

式中:G_k 为上一时刻闸门开度;G_{k+1} 为下一时刻闸门开度。

反馈控制就是利用偏差进行控制。根据控制蓄量法,渠池的目标水位随着渠系入、出流量差不断变化。假设一个采样周期内,由于渠池蓄量变化导致的目标水位变化值为 Δh,这样可得出新的目标水位 YT。在不同的流量下,目标水位不再是恒定值,而是根据 Δh 不断变化。

$$\frac{\mathrm{d}V}{\mathrm{d}t} = Q_u - Q_d \tag{5}$$

式中:V 为渠段内水体体积,是渠段目标水深 h 的函数 $V = f(h)$;Q_u、Q_d 为渠段上、下游流量。

控制水位 YF 是通过圣维南方程组对整个渠段进行非恒定流求解,得出渠段各节点的流量水位值,然后通过加权处理得出。

$$YF = K \times YF1 + (1 - K) \times YF2 \tag{6}$$

式中:K 为渠池上、下游水位支点加权系数,$0 \leqslant K \leqslant 1$,$K$ 值越小,支点位置越靠近渠池下游,通过对 K 值的调整,可以实现对渠池支点的调整。$YF1$ 为上游水位;$YF2$ 为下游水位。

通过控制蓄量法计算出的各渠池水位目标值 YT 和通过圣维南方程计算出的水位反馈值 YF 产生水位偏差 e,采用 PI 增量式算法,可以得出闸门开度变化值 $\Delta DG2$。

$$\Delta DG2 = K_p \Delta e + K_I e \tag{7}$$

式中:$\Delta DG2$ 为反馈控制的输出;K_p 为比例系数;K_I 为积分系数;e 为水位误差;Δe 为水位误差变化,$\Delta e(k) = e(k) - e(k-1)$。

5 京石应急渠段运行仿真

南水北调中线京石应急段渠道,起点为古运河节制闸(968 + 909),终点为河北省段渠道终点(1196＋167),全长 227.298 km。整个渠道系统由节制闸分成 13 个渠段,起点渠段设计流量 170 m³/s,终点渠段设计流量 60 m³/s,沿程包括 12 个分水口,16 个倒虹吸,3 座渡槽,暗渠、隧洞、桥梁、排水建筑物若干,各渠段整体参数见表1。由于各渠段内部存在断面形式变化、分水口门、渡槽、倒虹吸等情况,所以在各渠段内部又分成若干子渠段。划分子渠段的依据主要是:

表1　各渠段整体参数

渠段序号	子渠段数	长度 (m)	设计水深 (m)	设计流量 (m³/s)	渠底高程(m)	
					上端 Z_u	下端 Z_d
1	5	9 759	6.00	170	70.253	70.141
2	4	22 053	5.00	170	69.991	69.032
3	4	15 177	5.00	165	68.882	67.728
4	6	19 553	5.00	155	67.578	66.475
5	3	9 234	5.00	135	66.325	66.139
6	5	25 697	4.50	135	65.989	64.935
7	3	13 198	4.50	135	64.812	64.295
8	7	27 098	4.50	135	64.145	61.486
9	4	9 717	4.50	125	61.336	60.771
10	2	14 924	4.50	100	60.621	59.920
11	5	20 829	4.30	60	59.770	58.695
12	4	14 705	4.30	60	58.545	57.849
13	8	25 314	4.30	60	57.699	56.500

注:本文考虑闸门水头损失为 0.15 m。

(1)渠道参数(糙率 n、底坡 i、底宽 b、边坡系数 m)的变化情况。以参数变化处为子渠段的分界点,经划分后须保证每个子渠段的渠道参数是常数;

(2)分水口的位置。在分水口处渠道的流量会有突变,因此分水口也是子渠段划分的分界点,在分水口处渠道的水位、流量应满足连续性条件;

(3)倒虹吸的位置。由于倒虹吸内部是有压流,不能用圣维南方程组来模拟,因此本文把倒虹吸简化为空间上的一个点,这个点应该是子渠段划分的分界点;

(4)渠道断面中的渐变段。在渠道与建筑物之间往往通过渐变段进行连接,通常将渐变段细分为几个变化不大的子渠段进行模拟,这样就能保证对渐变段模拟的准确性;

(5)渠道中需要加密节点的部分。对于渠道中的无压隧洞、渡槽等部分,其水流状况可用圣维南方程组进行模拟。但其长度相对较短,为了保证对其模拟计算的精度,须对他们的节点进行加密,所以渠道中的明渠建筑物通常是单独的子渠段。

假设渠系最上游端水深保持 7.0 m 不变。为简单起见,仅考虑中管头分水口(位于第4渠池)和天津干渠分水口(位于第9渠池)参与分水运行,其余分水口流量为零,分水口流量变化过程见图4,最下游需水流量保持10 m³/s不变。部分仿真结果见图5与图6。

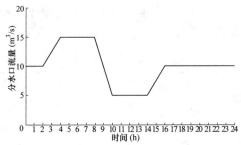

图4   分水口流量变化过程

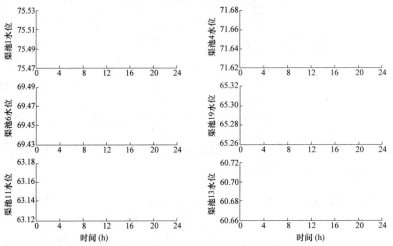

图5   目标水位过程线

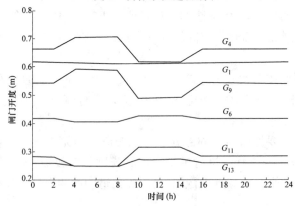

图6   闸门开度过程线

以上仿真结果表明：

（1）由于采用了流量前馈控制，各个闸门可以同时开启或关闭，达到了节制闸门同步操作的目的。在分水口流量变化的时段，各渠段的节制闸门开度有升有降，在有分水口取水的渠段，闸门变幅相对较大，渠首节制闸始终稳定在初始开度附近，整个渠道系统是通过自身的蓄量调节来满足下游流量需求的变化。

（2）各渠池水位都是随分水口流量的变化而均匀变化。分水流量增大时，首先消耗渠道内蓄水量，目标水位值开始下降；分水流量减少时，补充渠道内的蓄水量，目标水位值开始上升，通过对蓄水量在时间上按比例合理分配，保证了各渠池不论长短、有无分水口参与运行，都能运行平稳。

（3）各渠池的中点目标水位不再恒定不变，而是随取水口流量变化平稳过渡。假如按渠系运行等体积控制，中点水位保持恒定，在其过渡过程中，上、下游水位经常是上下起伏较大，而在控制蓄量运行的渠系中，由于渠道自身蓄水体的缓冲作用，水位过渡过程较为平稳。

6 结语

跨流域调水是调节区域水资源时空分布不均、实现水资源合理配置的重要手段。渠系自动化系统是为提高渠系运行水平所实施的控制系统，它是优化调度理论和自动控制技术两者的有机结合。本文建立了基于控制蓄量运行方式的大型输水渠系运行控制模型，在南水北调中线工程京石应急渠段上的仿真结果表明，通过对渠道蓄水体积的自身调节，即改变渠道内水位的目标值，可以从时间上对渠系的水量进行最优控制，从而满足用水户的需求，控制方式具有很强的灵活性。通过调节渠道所能容纳的蓄水量，可以很好地适应较大的流量变化范围，在其他运行方法可能需要在渠道外蓄水或使用弃水道时，控制蓄量运行方式可以对整个渠系的水量进行最优控制，将下游流量剧变转换为上游流量缓变，减少对上游渠段及渠首干扰，特别适合具有复杂运行要求的大型输水渠道系统。

参 考 文 献

[1] Rogers D. C., Goussard J. Canal Control Algorithms Currently in Use [J]. Journal of Irrigation and Drainage Engineering, 1998(1):11–15.

[2] Fubo Liu, Jan Feyen, Jean Berlamont. Downstream Control Algorithm for Irrigation Channels [J]. Journal of Irrigation and Drainage Engineering, 1994(3):468–483.

[3] 王长德,张礼卫. 下游常水位水力自动控制渠道运行动态过程及数学模型的研究[J]. 水利学报,1997(11):11–19.

［4］ 徐正凡.水力学［M］.北京:高等教育出版社,1986,255 – 326.

［5］ 美国内务部垦务局.渠系自动化手册(第一册)［M］.北京:中国水利电力出版社,1996,35 – 41.

［6］ Pierre O M, David C R, Jan S. Classification of Canal Control Algorithms［J］. Journal of Irrigation and drainage engineering, 1998(1):2 – 5.

［7］ 张志明,文丹.南水北调中线工程总干渠总体布置［R］.武汉:水利部长江水利委员会,1997.

［8］ 柳树票,王长德,崔玉炎,等.串联倒虹吸渠系的 P + PR 控制［J］.中国农村水利水电,2001(10):30 – 32.

［9］ 王长德,柯善青,冯晓波.P + PR 控制器用于比威尔算法［J］.武汉水利电力大学学报,2000(2):11 – 15.

论黄河河口段挖沙疏浚对下游河道的减淤作用

张东方　张厚玉

（黄河水利委员会建管局）

摘要：黄河河口为弱潮、多沙、摆动频繁的堆积性河口，河口不断淤积延伸不仅导致了黄河下游河道比降变缓、造成溯源淤积，同时，也对河道泄洪排沙产生了不利影响。今后相当长的一段时期内，黄河仍将是一条多泥沙河流，因此减少河口段泥沙淤积是增大黄河下游河道泄洪排沙能力的重要措施之一。本文首先从理论上分析了挖沙疏浚的减淤作用，并通过对1997年11月和2001年10月黄河河口段两次挖沙后河道冲淤演变情况的分析，论证了在黄河河口河段主槽内有计划地进行一定规模的挖沙疏浚，在一定的水沙条件下，能够在一段时期内形成沿程冲刷和溯源冲刷，可有效减少挖沙段上下游附近河段内的河道淤积，增加河道的排洪输沙能力，有利于现行河口流路的通畅与稳定。

关键词：黄河　河口　疏浚　淤积　冲刷

1　黄河河口水沙、动力特性及河床演变

黄河河口是黄河水沙的承泄区，与其他江河河口相比，具有水少沙多，洪峰陡涨陡落的特点。利津水文站1950年以来平均年来水量为332.4亿 m^3，平均来沙量8.23亿 t。近20年来，由于下游耗水量迅速增加和黄河流域降雨量有所减少，河口水沙量锐减。1986～2001年期间，利津站年均来水来沙量分别为137.7亿 m^3 和3.51亿 t，仅为1950～1985年年均来水量501.5亿 m^3 的27.4%和来沙量12.37亿 t 的28.4%，但水少沙多的特点仍然没有改变。

黄河河口演变既与上游来水来沙密切相关，又受滨海区海洋动力因素影响。影响河口三角洲演变的海洋动力因素有潮汐、海流、海浪、环流、倾泄流等多种因素，其中潮汐、海流和海浪是最主要的因素。黄河河口海洋动力因素相对较弱。潮流流速慢，约1 m/s;潮差小，潮差平均0.61～1.13 m;几乎没有潮流段，非汛期感潮段长度短，仅为15～30 km。

由于黄河河口具有以上水沙特性和海洋动力特性，因此黄河携带的巨量泥沙在河口地区落淤，河口表现为强烈堆积，三角洲造陆功能很强，年平均造陆20

多 km²,海岸线不断向外滨海推进,河床不断抬高。当河床抬高到一定程度后,洪水冲破约束,经三角洲低洼地区另寻捷径入海。此后,沙嘴延伸,河床抬高的过程,在新的基础上从头开始。黄河河口三角洲的演变过程,就体现在尾闾"淤积—延伸—摆动—改道"的周期性循环中,1855 年以来,发生在河口三角洲扇面轴点附近的改道共 9 次,黄河河口摆动改道频繁。1855 年以来黄河河口流路演变情况见表 1。

表 1　1855 年以来黄河河口流路演变情况

序号	改道年份 (年·月)	改道地点	入海位置	流路历时 (年)	改道原因
1	1855.8	铜瓦厢	肖神庙	34	伏汛决口
2	1889.4	韩家垣	毛丝坨	8	凌汛漫决
3	1897.6	岭子庄	丝网口	7	伏汛决口
4	1904.7	盐窝	老鸹嘴	22	伏汛决口
5	1926.7	八里庄	刁口	3	伏汛决口
6	1929.9	纪家庄	南旺河	5	人为扒口
7	1934.9	一号坝	老神仙沟 甜水沟 宋春荣沟	20	堵汊未合拢
8	1953.7	小口子	神仙沟	10.5	人工并汊
9	1964.1	罗家屋子	刁口河	12.5	凌汛人工破堤
10	1976.5	西河口	清水沟	26	人工改道

2　黄河河口段挖河的必要性

2.1　黄河河口淤积延伸对下游河道冲淤的影响

河口的淤积延伸,造成河口侵蚀基准面相对升高,下游河段河道纵比降变缓,导致黄河下游河段淤积加重。从黄河下游同流量水位升高值与河口淤积延伸长度的关系可以明显看出这一点。1953 年黄河河口改走神仙沟流路至 1976 年刁口河流路结束,河口共延伸 25 km,平均每年延伸速度为 1.1 km/a。这期间利津以下河段水位以 0.11 m/a 的速度抬高,共抬升约 0.25 m,两者关系对应良好,说明利津水文站水位抬高与河口淤积延伸密切相关。1950～1975 年黄河高村以下河段同流量水位升高 2.07～2.38 m,与同期河口延伸约 32 km 引起的升高值 2.10 m 接近,1950～1990 年黄河下游各站同流量水位升高 2.0～2.5 m,也与同期河口淤积延伸引起的升高值相近。可见,黄河下游淤积是平行抬高的。而且,黄河下游各河段比降无变陡趋势,相反有变缓趋势,具有溯源淤积的性质。

因此说,河口淤积延伸是导致黄河下游严重淤积的主要原因。

2.2 河口治理对于黄河治理开发、三角洲地区经济发展和生态保护都具有极其重要的意义

首先,河口治理直接关系到黄河下游的长治久安。河口淤积延伸是导致下游河床淤积抬高,洪水位升高,影响下游防洪安全的主要因素之一,因此应将河口治理作为整个黄河治理的重要组成部分。其次,河口治理与三角洲经济社会的可持续发展密切相关。黄河河口三角洲地区土地、滩涂、石油、天然气盐卤、海洋生物等资源丰富,地理位置优越,发展潜力巨大,在环渤海经济圈黄河流域经济开发带中起着举足轻重的作用。2001 年 3 月,九届人大四次会议把"发展黄河三角洲高效生态经济"正式列入国家"十五"发展计划纲要,并被山东省政府列为跨世纪工程,为我国经济的一个新的增长点。因此,治理好黄河河口,保证河口防洪安全,是加快黄河三角洲建设和发展的必然要求。第三,河口治理直接关系到三角洲生态环境的修复和保护。总面积230 km² 的黄河三角洲自然保护区是地球暖湿带最广阔、最完整、最年轻的湿地生态保护系统,是国际重点保护的 13 处湿地之一,目前急需加强生态保护。

2.3 黄河河口段挖河疏浚是河口治理的重要措施之一

河口治理的关键是泥沙处理。挖河就是在黄河的河槽内以一定的开挖断面挖取一定数量的泥沙,从而调整河道断面的水力因子,以规顺河势或增大河道排洪输沙能力,减少泥沙淤积,并利用挖取的泥沙加固大堤的一种措施。在河口段挖河,不仅可以减少河口淤积,同时,产生溯源冲刷,对下游河段减淤也具有一定积极意义。目前,黄河艾山以下河段主槽淤积严重,防洪形势严峻。小浪底水库运用初期下泄清水冲刷下游河道,但经过艾山以上河段的冲淤调整,其对于艾山以下河段的减淤作用已是强弩之末,不再有明显效果。艾山以下束窄河段的淤积便成了下游防洪问题的"瓶颈",而目前对于该河段还缺乏其他行之有效的减淤措施,挖河不啻为一项积极有益的尝试。此外,还可以利用挖河疏浚泥沙加固大堤,消除现状堤防的险点隐患,提高该河段的防洪能力。因此,在黄河河口段挖河是很有必要的。

3 黄河河口段挖河减淤作用分析

3.1 挖河减淤效果理论分析

挖河减淤效果分析的范围应包括挖沙河段及其上下游一定范围内的河段。

对于挖河河段本身,挖了多少泥沙,就减少了多少淤积量。对于挖沙河段上游一定范围内的河段,通过挖沙可以增加水面比降,导致水流挟沙能力增大,使该河段产生溯源冲刷。其溯源冲刷量的大小,将随着比降的逐步调整而逐渐减

小直至消失。对于挖沙河段下游一定范围内的河段，由于挖沙河段本身的强烈回淤，使得进入该河段的水流含沙量减小而产生沿程冲刷，其沿程冲刷量的大小，也将随着含沙量的逐步恢复而逐渐减小直至消失。因此，挖河减淤量由两部分组成，一部分是直接从河道内挖出的泥沙，这是河段减淤量的主体；另一部分是由于上下河段的溯源冲刷和沿程冲刷所产生的减淤量。

3.2 黄河河口河段挖河试验研究表明挖河是能够减淤的

启动工程位于山东省河口地区的朱家屋子—清2河段，其中朱家屋子—清6断面河长10.89 km，为主开挖河段，开挖断面底宽200 m，平均挖深2.5 m，开挖土方532万 m³；清6断面—清2断面河长12.61 km，为挖河疏通河段，开挖断面底宽20 m，土方开挖量16万 m³；工程总开挖量为548万 m³，于1997年11月23日开始，1998年6月2日结束。

考虑挖河河段对其上下游河段所产生的影响，确定以利津—清6河段作为研究河段，观测布置见图1。

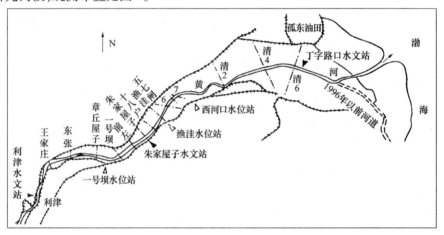

图1 挖河固堤原型观测测站、河道断面布置

挖河减淤效果以挖沙减淤比表示，挖沙减淤比就是指挖沙和不挖沙在同样的来水来沙条件及河床边界条件下，挖沙量与河道减淤量的比值。即：

$$\beta = \frac{W_{S挖}}{\Delta W_{S1} - \Delta W_{S2} + W_{S挖}} \tag{1}$$

式中：β 为挖沙减淤比；$W_{S挖}$ 为挖沙量；ΔW_{S1} 为不挖沙条件下研究河段的冲淤量；ΔW_{S2} 为挖沙后研究河段冲淤量。

通过实测资料和原型观测资料分析挖河减淤效果。

(1)类比分析。1986年与1998年汛期，西河口以下河长分别为54.4 km和55.5 km，相差不大；来水量分别为84.9亿 m³ 和93亿 m³，基本相当；来沙量分别为 1.519 亿 t 和 3.719 亿 t,1986 年沙量少得多。但 1998 年汛期淤积量 450.5 万 m³,明显少于 1986 年汛期淤积量 948 万 m³,说明挖河的减淤效果是明显的。

（2）根据利津站汛期来水量与利津—清 6 河段冲淤量的关系,并以汛前 3 000 m³/s 的比降为参数(图 2)。不挖河条件下,利津来水 100 亿 m³ 时,河段淤积量约为 650 万 m³;挖河后的 1998 年汛期利津站来水 93.2 亿 m³,该河段淤积 368.3 万 m³;减淤 281.7 万 m³,加上挖沙量 548 万 m³,总减淤量 829.7 万 m³,挖沙减淤比为 0.66。

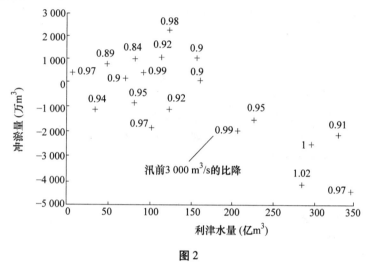

图 2

通过物理模型试验分析挖河减淤效果。模拟范围为利津至西河口河段,边界条件为在 1997 年汛后地形的基础上,按启动工程设计开挖断面开挖,试验水沙条件采用 1995.10.9 ~ 10.28 日 + 1993.7.24 ~ 8.17 日水沙过程,与原型水沙条件相比,基本相似,略为有利。试验结果,不挖河时利津—西河口河段淤积 410.2 万 m³,挖河后该河段淤积 235.4 万 m³,减淤量 722.8 万 m³,挖沙减淤比为 0.76。

数学模型计算挖河减淤效果。第一种模型是在武汉水利电力大学黄河下游河道准二维泥沙数学模型的基础上,采用"变动河长,增设断面"的方法进行扩展,第二种是黄科院建立的模型。河道边界条件,不挖河时采用 1998 年汛前实测断面,挖河后采用原型观测断面,进口水沙采用利津站 1998.6.6 日 ~ 10.9 日实测水沙过程。模型计算的挖沙减淤比分别为 0.63 和 0.85。

综合分析,1998 年汛期,黄河下游窄河段挖河固堤启动工程的挖河减淤比约为 0.63 ~ 0.85。2001 年的挖河试验研究,挖河减淤比为 0.63 ~ 0.76。因此说,下游窄河段挖河固堤启动工程是能够减淤的。

4　结语

在黄河河口段挖河是必要的;挖河在一定的条件下是能够减淤的,关键在于合理挖河方案的设计,合理的挖河方案要立足于本河段水沙特性及河床演变规律的实际,分析挖河后河道断面形态调整及排洪输沙能力变化特点,设计确定挖河方案,包括挖沙河段、开挖断面形态、挖沙规模、挖沙时机、开挖轴线布置等几方面内容。利用挖沙淤背对大堤具有很好的加固作用;挖河是治理黄河的新思路,需要深入系统的研究;施工技术、淤区布置也要认真研究,以保证工程能够顺利实施。

参 考 文 献

［1］姚文艺,侯志军,王万战. 黄河下游窄河段挖河固堤启动工程模型试验初步研究报告. 黄河水利科学研究院,黄科技第 ZH - 9804 - 29 号,1998.

［2］刘月兰,张明德,刘景国,等. 山东黄河挖沙试验河段冲淤情况分析［J］. 人民黄河, 1999(4).

［3］洪尚池,姚文艺. 黄河下游窄河段挖河固堤工程的作用分析［J］. 人民黄河,2000(7).

［4］周丽艳,张东方. 黄河下游窄河段挖河固堤汛期减淤效果分析［J］. 人民黄河,2000(7).

［5］贾新平,刘生云,彭瑜,等. 黄河下游窄河段挖河固堤淤区布置及泥沙特性［J］. 人民黄河,2000(7).

［6］中国水利学会,黄河研究会. 黄河河口问题及治理对策研讨会［M］. 郑州:黄河水利出版社,2003.

大坝建设与环境保护

解新芳[1]　王晓峰[1]　王文善[2]　刘新芳[1]

（1.黄河勘测规划设计有限公司；2.黄河水利委员会水土保持局）

摘要：环境与发展的博奕，一直是国际社会关注的焦点。人类的文明发展，必然要开发利用水电资源，修建大坝工程是其中的一条重要途径。但大坝建设也会对环境带来不利影响。如何将大坝建设与环境保护结合起来，使大坝工程真正造福于人类，是世人追求的目标。本文从大坝建设与环境影响、大坝建设与环境管理、大坝建设与环境评价、大坝建设与环保范围、大坝建设与环境监理等几个方面阐述了大坝建设与环境保护之间的关系，并在此基础上，对大坝建设的环境保护工作的前景做了展望。

关键词：大坝建设　环境保护　管理措施　前景展望

1　概述

环境与发展，是当今国际社会普遍关注的重大问题。环境是人类生存的基本条件，是社会经济持续稳定发展的物质基础。努力寻求一条人口、经济、社会、环境和资源相互协调的，既能满足当代人的需求又不对后代人满足其需要构成威胁的可持续发展的道路，是当今世人追求的目标。

在20世纪70年代，工业发达国家在环境灾难面前猛然觉悟的时候，中国政府也开始关注中国的环境问题。1973年中国第一次全国环境保护工作会议的召开，正式拉开了环境灾害治理的帷幕。之后，中国政府制定了《21世纪议程》，把环境保护纳入社会发展的重要轨道。

兴建水利水电工程对改造自然、合理利用资源具有巨大的作用和效益，但是它对环境也会带来不同程度的影响。大坝建设对环境影响的大小随工程的不同而不同，一般情况下，与工程规模和所在地区环境敏感性有关。对于大多数不利环境影响，可通过采取措施加以减免。

2　大坝建设与环境保护

2.1　大坝建设与环境影响

水是人类生活和社会生产不可缺少的自然资源。随着人类的进步和社会的发展,水资源的开发利用在国民经济发展和人民生活中的地位越来越重要。为了协调水资源在时间和空间上分布的不均衡状况,实现水资源的综合利用,满足国民经济发展的需要,修建大坝是一项重要的措施。

兴建大坝,抬高水位,在为国民经济的发展带来巨大综合效益的同时,也不可避免地会对环境带来一定的负面效应。如水库淹没造成土地资源和生物资源的减少,使一部分居民后靠或远迁,即带来的移民问题;工程施工期间产生的"三废"污染;水库蓄水对文物、景观的影响;对人群健康、水质、水生生物产生的影响等。虽然对于某一具体工程来说,影响的范围或大或小,影响的因素有多有少,但其产生的影响却是不可回避的事实。

克服兴建大坝的缺点,摆脱工程建设困境的积极措施,是在开发前开展充分的调查研究,提高大坝的设计质量和科学论证水平,切实重视大坝的生态环境和移民安置规划等问题。从我国目前所建大坝的情况来看,只要采取切实可行的措施,加大公众参与的力度,尽可能听取和吸纳他们的意见;做好移民工程的规划和开发实施,保持安置区经济、社会和生态的协调发展,使移民安居乐业;认真开展风险评价工作,加强预见性,克服盲目性;结合工程特点,做好环境保护规划,并通过加强环境管理,使其得到落实等,就可以将因兴建大坝而造成的环境危害降到最低限度,最终达到经济、社会和环境三种效益的统一。

2.2 大坝建设与环境管理

环境管理是协调人类社会经济发展与环境保护关系的重要途径与手段,它具有两种含义:广义上讲,是指在环境容量允许的条件下,以环境科学理论为基础,运用技术的、经济的、法律的、教育的和行政的手段,对人类的社会经济活动进行管理;狭义上讲,是指管理者为了实现预期的环境目标,对经济、社会发展过程中施加给环境的污染和破坏性影响进行调节和控制,以实现经济、社会和环境三效益的统一。

大坝建设是以除害兴利、综合利用为建设目标的,是以改善人们的生产生活条件为宗旨的。因而,在大坝工程的建设过程中,对环境造成的污染和生态破坏也是应值得重视的。特别是在经济飞速发展的今天,大坝越修越多,规模愈来愈大,对环境带来的负面影响亦会愈加严重。在某些工程中暴露或遗留的环境问题就是很好的证明。这些问题,究其原因,在很大程度上是由于管理不善造成的。如规划布局不合理,为追求最大经济利益而不受环境保护方面的任何约束等。还有一些环境问题,虽然不是由于管理而直接造成的,但加强环境管理仍能起到促进其解决的效用。因此,在依靠科技进步、增加环境投入的同时,把加强环境管理作为环境保护的工作方针,明确环境管理程序,在经济实力有限的情况下,具有很大的现实意义。

2.3　大坝建设与环境评价

大坝建设过程中及工程实施后的环境问题,可通过开展环境影响评价工作并落实其措施来减小或消除。所谓的大坝建设环境影响评价,是指对大坝工程实施后可能造成的环境影响进行分析、预测和评估,并提出预防或者减轻不良环境影响的对策和措施,并进行跟踪监测的方法与制度。

环境影响评价工作从程序上来说,无论是总体评价还是各环境要素分项评价,基本都分为三个阶段,即准备阶段、正式工作阶段和报告书编制阶段。

环境影响评价内容,主要分为水环境、大气环境、声环境、生态环境、人群健康、自然景观和文物古迹等环境要素(或评价项目),各要素的评价因子、方法、深度由评价等级决定,而评价等级应根据项目影响和范围、对象及源强来确定。

在评价方法上,有数学模型法、物理模型法、类比和对比法、特征指标法等,各环境要素应根据评价等级的规定,选取相应的模式或根据实际情况确定评价方法。一般而言,评价等级越高,现状调查与评价越全面,预测评价的精度越高。

2.4　大坝建设与环保范围

长期以来,大坝环境保护工作范围仅局限于可行性研究阶段的环境影响报告书的编制,这主要是因为项目的勘测规划设计研究与建设、管理,分属不同部门以及法规不完善和认识等多方面原因所造成的。随着大坝环境保护工作的全面开展,特别是国际金融组织贷款项目的引入,人们的环境意识有了很大的提高,除了从事水利水电环境工作的专业人员外,其他专业的人员、管理人员和领导的环境意识也有不同程度的提高,使得环境保护工作范围不断得到拓宽。

利用贷款建设的大坝或国内投资建设的高坝大库的环境保护工作已经贯穿于项目的前期规划、可行性研究、设计、招标、施工等全过程。在完成了工程前期规划的环境影响初评、可行性研究阶段的环境项目报告书和初步设计阶段的环境保护设计,并上报上级环境保护主管部门审查批准后,在工程招标设计阶段,还根据 FIDIC 条款、工程特点和环境保护的有关要求,编制了工程招标文件中的环境保护条款,这为环保规划与实施提供了充分的依据。

在工程进入技施设计阶段,环评人员编制《环境保护实施规划》,提出环境保护的总目标与分项目标,确立各专项工作的方式、方法与内容,并确定环境保护投资概算。

在工程进入实施阶段,成立环境管理机构,并明确业主监理工程师和承包商的各自职责,开展环境监测、卫生防疫等多方面的环境保护工作。

2.5　大坝建设与环境监理

大坝建设对环境的不利影响很多都出现在工程施工阶段,因此落实大坝施工阶段的环境保护措施尤其重要。环境监理是监督落实施工阶段环境保护措施的一种新型的环境管理方式。环境监理能够和工程建设紧密结合,缩小发现与解决环境问题的时间差,减少由此造成的经济损失,变事后管理为过程管理,变环境管理由单纯的强制性管理为强制性和指导性相结合的管理,变被动治理为主动预防和过程治理。

环境监理的工作内容主要包括:

监督承包商在施工中对合同有关环保条款的执行情况,并负责解释环保条款。对重大环境问题提出处理意见和报告,责成有关单位限期纠正。发现并掌握工程施工中的环境问题,对某些环境指标,下达监测指令。对监测结果进行分析研究,并提出环境保护改善方案。

参加承包商提出的施工组织设计、施工技术方案和施工进度计划的审查会议,就环保方面提出改进意见。审查承包商提出的可能造成污染的施工材料、设备清单及其所列环保指标。协调业主和承包商之间的关系,处理合同中有关环保部分的违约事件。根据合同规定,按索赔程序公正地处理好环保方面的双向索赔。

参加施工单位有关阶段的、分部工程的、单位工程和最后竣工的验收工作。对已完成的工程责令清理和恢复现场,使施工迹地的景观符合环保规定。

3 大坝建设的环境保护工作展望

(1)人类的文明发展,必然要改造自然环境。人类要开发利用水资源,必然要兴建大坝工程。固然,修建大坝将对当地的自然环境和社会环境产生各种各样的影响,有些是所期望的,有些是不希望的;有些是有利的,有些是不利的或者是有害的。但是随着人类科学技术的不断进步,人们将能够逐步认识并采取切实有效的措施来扩大各种有利影响,避免或减小各种有害影响。

(2)随着中国水利建设事业的发展,大坝环境保护工作将会进一步拓宽工作范围。目前大坝环境保护工作渗透到工程建设的各个阶段并不具普遍性,相当数量的大中型水利水电工程,只是在可行性研究阶段和初步设计阶段,开展环境影响评价和环境保护设计工作,而在其他阶段,相应的环境保护工作做得很少或根本没做。今后随着大坝工程各项环境保护制度的不断完善,必然要求水利水电工程的环境保护工作向两头延伸,一头延伸至规划阶段,参与工程方案的比选;另一头则会延伸至工程实施和运行管理阶段。

大坝环境保护工作的横向拓展,主要表现在移民工程领域。移民和环境密不可分,二者相互影响,因此在移民工作的各个阶段,包括规划、选址、搬迁、安置等阶段,均需做深入细致的环境保护工作,使移民安置与环境建设相互协调、相互促进。

（3）中国在今后加强环境保护工作各种途径中,依靠科学技术进步,可能是最重要的途径之一。对于中国大坝环境保护工作而言,采用新技术、新方法和先进设备是大势所趋。预计在不久的将来,可望会对每一个大型的水利水电工程都建立一个环境影响评价数据库,并随着工程的动态变化,不断地补充新的重要资料,以对预测的环境影响及对策进行验证,根据实际情况进行调整,对环境保护工作实施动态管理。

（4）大坝建设将会步入可持续发展道路。中国大坝在走过了最初的单一消除灾害、后来的除害与兴利多目标相结合的综合利用历程后,现已意识到必须走可持续发展道路的重要性。修建大坝,征服自然,首先要服从"事物的自然秩序",建立人与自然的新型关系,从单纯地让自然满足我们需要的现状,转为尊从自然和保护自然,在人和自然之间建立起和谐的关系。大坝工程的规划、设计与实施,不但要考虑当前的利益,更要考虑子孙后代的利益。只有把建设(改造自然)和保护(保护自然)结合起来,自然界才能"无限"地造福于人类。

参 考 文 献

[1] 解新芳,等. 黄河小浪底工程环境保护实践[M]. 郑州:黄河水利出版社,2000.

浅谈不平衡报价

张升光[1]   梁海燕[2]   于   涛[3]

（1.山东黄河河务局；2.黄河水利委员会；3.济南普泺养护公司）

摘要：招标投标工作在黄河防洪工程中推广运用日趋规范，《建设工程工程量清单计价规范》的颁布实施为施工企业的不平衡报价提供了平台，本文就不平衡报价产生的背景、表现形式、产生后果及实现公正、合理报价的对策和措施进行简要论述。

关键词：招标   报价   表现形式   对策

自 1998 年以来，黄河防洪工程开始通过招标投标确定施工单位，随着建筑市场的逐步开放，招标投标工作从摸索到成熟运作，日趋规范，投标单位之间的竞争也更加激烈。施工企业在招标过程中不断成熟，投标中采取了一定的技巧，以取得投标成功，获得利益。由于防洪工程建设的多样性及工程成本计价的复杂性，给工程成本价准确界定带来了一定的困难，在招投标活动中有两种倾向值得关注：一是施工企业在投标活动中采用不平衡报价手段，维持投标报价竞争力；二是业主盲目压价，对招标文件中不合理的条款，投标企业为了中标，均全部承诺，导致中标企业无利可图，而不惜采取偷工减料等不法手段，质量、安全、进度都大受影响，给工程管理带来极大被动。以上两种倾向都不利于业主在工程项目建设实施阶段的控制和管理。下面就不平衡报价谈几点看法。

1   不平衡报价产生的背景及原则

2003 年 7 月 1 日国家对《建设工程工程量清单计价规范》（50500—2003）的颁布与实施标志着我国建设工程施工招标的合同计价方式由以往的总价合同向单价合同的转变。它既代表着我国工程计价技术的重大进步，同时也给投标人尽早收回工程款，提高管理效益，进行不平衡报价提供了平台。

所谓不平衡报价是相对于常规的平衡报价而言，它是在总的报价保持不变的前提下，与正常水平相比，有意识地调整某些项目的单价或数量，其目的是为了尽早收回工程款，增加流动资金，有利于流动资金的周转，同时从设计修改引起工程量或单价变更中获得额外利润。

2 不平衡报价主要表现形式

不平衡报价表现形式大致归纳为如下五种:一是设计图纸不明确或有明显错误的,估计今后会修正的项目,其单价则会高些,以利变更估价时采用。二是预测到以后工程量会增加的项目,其单价则会高些;反之,其单价则会低些。三是对难以计算准确工程量的项目,如土石方工程,其单价可报得高些。虽然总报价影响不大,但一旦实际发生工程量比投标时工程量大,企业就可获得较大的利润,而实际发生工程量比投标时工程量小,对企业利润影响也不大。四是对业主提供暂定价格的项目,如暂定价偏低,则工程量有意扩大,待以后价格提高后获取额外的差价,如暂定价偏低,则工程量缩小(仅指招标单位不提供工程量清单的总价招标)。五是对先期施工的项目如基础工程、土方开挖、桩基等分项工程,其单价会定得高一些,可增加早期收入,加快资金周转。对后期施工的项目,其单价会定得低一些。

3 产生不平衡报价的主要原因和可能造成的后果

招标单位和投标单位在整个招投标过程中既统一又对立,双方均统一于保质保量按时完成建设任务这一基本点。但在工程造价的计取上又是相互对立的,招标单位追求的是在确保工程质量和工期的前提下,工程造价最小化,投标单位在相同前提下,则追求企业利润最大化。招投标单位在工程造价计取上的对立性,是产生不平衡报价的前提。目前建筑市场竞争态势愈演愈烈,随着招标单位对拟投标单位资格预审工作的重视,在整个评标过程中,商务标的高低直接影响投标单位能否中标。一些发包单位为了减少投资,盲目追求低价中标,而投标单位为了在竞争中生存,往往采用压低造价,甚至把报价压到成本价以下,这种不健康的市场竞争方法,是导致不平衡报价产生的直接原因。

就施工企业而言,不平衡报价是一种投标策略和技巧,而就业主而言,不平衡报价将导致低价中标、高价结算。严重的不平衡报价将扰乱招投标工作的正常进行。

4 实现公正、合理报价的对策和措施

工程造价和招标投标管理部门必须规范地管理,在造价控制方面遵循"量、价分离"的原则,"控制耗量、指导价格、市场定价"的计价管理模式,测算各类招投标工程的下浮幅度范围,使工程发、承包价格控制在相对合理的工程造价范围内,维护双方的经济权益。

招标单位针对种种不平衡报价情况,应在不失公平、公正的条件下采取相应对策,力求工程招标投标活动规范,保证工程质量,提高投资效益,维护国家和社会公共利益及招标投标活动当事人的合法权益。具体做好以下三方面工作。

4.1 要注重招标前的准备工作

业主必须切实按照国家规定的有关基建程序办事,严格杜绝"三边"工程,要舍得花精力、花资金搞好项目招标前的准备工作,特别是搞好施工图设计。正确测算工程成本价,积极推行合理最低价中标,同时要确保投标当事人的合法权益。大致概括为以下几方面,一是图纸的设计深度和质量,这对总价招标的工程而言,尤其显得重要,图纸设计到位可减少甚至避免设计变更。根据《招标法》,在投标企业资质、信誉等良好的前提下,工程应以不低于成本价的合理最低价中标,而正确测算工程成本价的前提条件之一是完整、准确的施工图。二是招标单位要有充分时间对工程涉及的主要材料进行市场调查,随时掌握最新价格信息;特殊的大宗材料,确定其价格确有难度的,可提供暂定价格,但暂定价格应适中,同时对涉及暂定价格项目的调整方法应在招标文件中予以明确。三是对投标单位的资信状况进行实地考察,尤其应重点关注拟投标单位以前施工工程中有无因工程结算而引起经济纠纷等情况。

4.2 在招标过程中要重视商务标的评审

首先,招标单位应委托具备相应资质中介部门编制参考标底,真正做到心中有数。目前,工程施工招标逐渐与国际接轨推行工程量清单计价,这一做法有利于建立新的工程造价形成机制,降低工程造价,也是杜绝因泄露标底而产生的舞弊现象的有效手段。工程量清单计价能够更准确地反映工程的实际成本,有利于通过公平竞争形成工程造价,同时工程量清单计价从技术上便于规范招投标人的计价行为,避免"暗箱操作",增加透明度。招标单位的参考标底是评标过程中对各投标单位商务标编制质量进行评审的依据。另外,作为业主要充分发挥中介机构的专业技术优势,切实把好投标单位的资格预审、招标文件、评标办法的编审关。其次,在评标专家组人员中要加大商务标评审人员的比例,同时确保商务标的评审时间,决不能走过场。对投标单位商务标报价中的不平衡项目,要逐一分析,汇总整理,形成书面材料,对涉及数额较大的不平衡报价,可予以废除。最后,招标单位及时组织好对拟中标单位商务标询标工作,要充分利用投标单位中标心切的心理,对商务标中含糊不清的问题予以书面澄清或承诺,尽量不留隐患,避免低价中标、高价结算。

4.3 在工程实施过程中要严把工程变更和索赔关

工程实施阶段是投资控制最难、最复杂的阶段,对工程而言,不变更是相对的,变更是绝对的。对涉及造价调整的变更联系单位,监理、业主、施工企业均应按统一的工程变更办理审核程序,层层把关,按合同规定及时核算。对偏差较大的不平衡项目,在施工过程中及时发现,与施工单位磋商,提出解决办法,尽量在施工过程中妥善解决,避免竣工后发生扯皮。对索赔事项,要分清责任,及时提出反索赔,挽回不必要的经济损失。业主对工程造价的管理,应贯穿到整个建设的全过程,在工程实施过程中避免重进度和质量控制、轻成本控制的现象发生。

综上所述,施工企业能够在激烈的竞争中取得市场,仅仅有策略和技巧还远远不够,应该不断提高企业管理水平,从而提高企业综合竞争力。而业主要在招标阶段做好标书评审工作,确保招标投标工作的正常进行,避免严重的不平衡报价在工程建设实施阶段造成的被动影响。

三门峡水库运用水位对潼关
高程影响试验研究

常温花　　侯素珍　　王普庆　　田　勇

（黄河水利科学研究院）

摘要：通过物理模型对三门峡水库不同运用水位和水沙条件组合的 5 组方案进行了试验，对比分析了不同水沙条件和不同运用水位对降低潼关高程的影响。试验结果表明，降低坝前水位，可以调整库区淤积部位，有利于冲刷降低潼关高程，但有利的水沙条件对潼关高程影响更大。

关键词：水库运用方式　潼关高程　洪水敞泄

1　概述

三门峡水库运用初期库区发生了严重淤积，潼关高程（潼关断面 1 000 m^3/s 流量的相应水位）急剧抬升，造成渭河下游河床不断淤积抬高，防洪形势严峻，为此，水库进行了两次改建和两次改变运用方式。1974 年采用"蓄清排浑"运用方式以来，为了减少水库运用对潼关高程的影响，1974～1992 年三门峡水库在凌汛期最高运用水位控制在 326 m 以下，春灌蓄水，水库最高水位控制在 324 m 以下，平均运用水位为 324.15 m，1993～2001 年非汛期最高运用水位控制不超过 322 m，平均运用水位为 321.83 m。1986 年以来，由于水沙条件变化，潼关以下库区发生累积性淤积，潼关高程持续上升。研究表明，潼关高程具有汛期冲刷和非汛期淤积的特点，而影响潼关高程的主要因素是来水来沙条件和水库运用水位。为了进一步研究三门峡水库不同运用水位和水沙条件对潼关高程及库区冲淤的影响，进行了物理模型试验。

2　试验方案

2.1　模型设计及验证

模型设计主要考虑水流重力相似条件、水流阻力相似条件、水流输沙能力相似条件、泥沙悬移相似条件、河床变形相似条件、泥沙起动及扬动相似条件和河型相似条件。取用的主要比尺为:水平比尺 $\lambda_L = 420$,垂直比尺 $\lambda_H = 50$,悬沙粒径比尺 $\lambda_d = 0.91$,含沙量比尺 $\lambda_s = 1.8$,时间比尺 $\lambda_t = 59.4$。

按 1991 年 11 月 ~ 1994 年 11 月水沙过程进行模型验证,结果表明,模型设计可以较好地满足水流运动相似和库区冲淤相似的要求。

2.2 试验条件及方案

试验初始边界条件为 2001 年汛后地形;水量和沙量以小北干流、渭河华县和北洛河洑头控制,出口以三门峡坝前水位控制。试验水沙条件采用两个系列,丰水系列采用 1986 年 11 月 1 日 ~ 1989 年 10 月 31 日实测水沙过程,潼关站年均来水量 292.9 亿 m^3,来沙量 8.45 亿 t;枯水系列采用 1996 年 11 月 1 日 ~ 1999 年 10 月 31 日实测水沙过程,相应潼关站年均来水量 190 亿 m^3,来沙量 5.70 亿t;水库运用水位:非汛期三门峡水库最高水位按 318 m 或 315 m 控制,汛期按全部敞泄和洪水敞泄(大于 1 500 m^3/s 流量敞泄,否则,按 305 m 水位运用)控制。不同组合的 5 个试验方案见表 1。

表 1　试验方案

试验方案	试验条件	方案简称
1	枯水水沙,非汛期 318 m,汛期敞泄	枯水 318 汛敞
2	枯水水沙,非汛期 315 m,汛期洪水敞泄	枯水 315 洪敞
3	枯水水沙,非汛期 318 m,汛期洪水敞泄	枯水 318 洪敞
4	丰水水沙,非汛期 315 m,汛期洪水敞泄	丰水 315 洪敞
5	丰水水沙,非汛期 318 m,汛期洪水敞泄	丰水 318 洪敞

3　试验结果分析

图 1 和表 2 是各试验方案不同时段潼关高程变化过程和升降值,可以看出

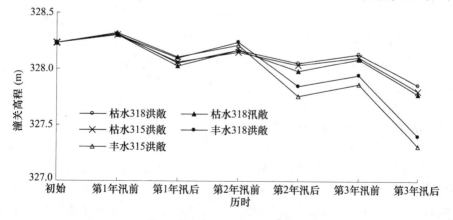

图 1　各方案潼关高程变化过程

不同方案间有一定差异。

表2　各方案不同时段潼关高程升降值　　　（单位：m）

方案	枯水 318 洪敞	枯水 318 汛敞	枯水 315 洪敞	丰水 318 洪敞	丰水 315 洪敞
第一年非汛期	0.08	0.07	0.07	0.07	0.09
第一年汛期	−0.26	−0.27	−0.24	−0.2	−0.21
第二年非汛期	0.12	0.14	0.09	0.14	0.1
第二年汛期	−0.12	−0.19	−0.11	−0.39	−0.45
第三年非汛期	0.08	0.11	0.07	0.1	0.11
第三年汛期	−0.27	−0.31	−0.31	−0.55	−0.56
累计上升值	0.28	0.32	0.23	0.31	0.30
累计下降值	−0.65	−0.77	−0.66	−1.14	−1.22
三年总升降值	−0.37	−0.45	−0.43	−0.83	−0.92

3.1　相同水沙条件不同运用水位比较

3.1.1　丰水条件

丰水318洪敞方案潼关高程非汛期累计上升0.31 m，汛期累计下降1.14 m，三年累计下降0.83 m。丰水315洪敞潼关高程非汛期累计上升0.30 m，汛期累计下降1.22 m，三年累计下降0.92 m。非汛期水库318 m运用时回水最远影响至黄淤34断面，潼关河段处于自然状态，315 m运用时回水影响更短，因此，非汛期水库运用水位对潼关高程影响较小，两方案潼关高程上升值相差0.01 m。汛期水位下降，引起水面比降和溯源冲刷，315洪敞泥沙淤积部位靠近大坝，更容易冲刷到坝下游，因此更有利于库区的冲刷，丰水315洪敞比丰水318洪敞汛期累计多冲刷0.08 m，三年累计多冲刷0.09 m。

3.1.2　枯水条件

枯水318洪敞方案潼关高程三年累计下降0.37 m，枯水315洪敞潼关高程三年累计下降0.43 m，比枯水318洪敞三年累计多冲刷0.06 m。

枯水318汛敞与枯水318洪敞相比，枯水318汛敞汛期坝前水位较低，库区水面比降较大，更有利于溯源冲刷，枯水318汛敞三年累计下降0.45 m。比枯水318洪敞多下降0.08 m。

3.2　水库相同运用水位不同水沙条件比较

3.2.1　318洪敞方案比较

非汛期丰水318洪敞和枯水318洪敞水库运用水位相同，影响潼关高程的主要因素是水沙条件。由于枯水水沙条件时桃汛洪峰流量较大，有利于潼关高程的冲刷，因此枯水318洪敞比丰水318洪敞非汛期潼关高程三年累计多下降0.03 m；汛期丰水水沙条件洪峰流量和水量均较枯水条件大，丰水条件有利于潼关高程的冲刷,因此丰水318洪敞比枯水318洪敞潼关高程累计多下降0.49 m。

3.2.2　315洪敞方案比较

丰水条件潼关高程的下降值远大于枯水条件潼关高程的下降值。丰水315洪敞方案汛期潼关高程累计下降1.22 m,比枯水315洪敞多下降0.56 m;三年累计下降0.92 m,比枯水315洪敞方案多下降0.49 m。

3.3　综合比较

从上述各方案之间的比较可以知道,相同水沙条件下,315洪敞方案比318洪敞方案潼关高程多下降0.06~0.09 m;枯水条件,318汛敞比318洪敞潼关高程多下降0.08 m。水库相同运用方式不同水沙条件时,丰水条件比枯水条件潼关高程多下降0.46~0.49 m。

从三年总的潼关高程下降值比较看,丰水315洪敞方案潼关高程下降值最大,枯水318洪敞方案潼关高程下降值最小。丰水318洪敞、枯水318汛敞和枯水315洪敞介于两者之间。

在相同水沙条件下,坝前运用水位较低时,对降低潼关高程较有利;水库运用方式相同时,水量越丰对降低潼关高程越有利。坝前运用水位和水沙条件对降低潼关高程都有影响,但是水沙条件对冲刷降低潼关高程更为明显。

4　认识

试验表明,315洪敞方案和318洪敞方案比较对冲刷降低潼关高程的影响相差较小,枯水318洪敞和枯水318汛敞比较对冲刷降低潼关高程的影响相差也较小;丰水洪敞方案与枯水洪敞方案比较,对冲刷降低潼关高程的影响相对较大。因此,影响潼关高程的主要因素是水沙条件,大幅度降低潼关高程不是仅靠降低水库运用水位所能实现的。降低潼关高程的目的是为了解决渭河下游的淤积及防洪问题,由于近期渭河水沙条件的恶化,仅仅靠降低潼关高程并不能完全解决渭河下游的防洪问题。应加快渭河下游的治理速度,加强渭河下游河道演变规律的研究。潼关高程问题十分复杂,尽管研究取得了大量的成果,但在潼关高程变化内在机理、影响因素、降低措施等方面还需要继续深入的研究。

黄河水利工程建设项目招标及招标代理实践

李　伟　罗大公

（河南黄河建设工程有限公司）

摘要：工程招标投标是工程建设中的一个重要环节。根据多年代理黄河水利工程建设项目招标的工作实践，介绍了黄河水利工程建设项目招标投标发展情况，初步总结了黄河水利工程建设项目招标的特点，并对招标代理工作中的一些问题进行了探讨。

关键词：工程建设　招标投标　招标代理　三项制度　数字黄河

工程招标投标是目前国内工程建设项目采购中最普遍、最重要的方式。工程招标投标作为工程建设中不可缺少的一个重要环节，目前在黄河水利工程建设中得到了全面推广和应用，正在逐渐显示它的重要性。多年以来，我们作为招标代理的专业机构，受建设单位的委托，先后承担完成了多批次的黄河水利工程建设项目的招标代理工作，积累了一定的经验，取得了较好的效果。

1　黄河水利工程建设项目招标投标发展简介

虽然早在 1982 年我国就在云南鲁布革水电站建设中采用了国际上通行的招标承包，但由于当时长期受计划经济的影响、法规体系不健全以及建设管理体制等多方面的原因，工程招标投标并没有在国内得到广泛实行。工程招标投标真正在黄河水利工程建设中推行，是在 1995 年水利部《水利工程建设项目管理暂行规定（试行）》之后。特别是 1998 年长江大洪水后，随着以堤防工程为重点的大规模防洪工程建设的开始，以及基本建设管理体制"三项制度"改革的深入，越来越多的黄河水利工程建设项目施工采用招标投标的方式，黄河水利工程建设项目招标投标工作得到迅速发展。2000 年《中华人民共和国招标投标法》颁布和实施后，招标投标在黄河水利工程建设中进入了全面实施阶段，黄河水利工程建设招标投标工作逐步走上规范。

2　黄河水利工程建设项目招标的主要特点

2.1　计划性强

　　黄河水利工程建设项目大都是公益性项目,属于中央水利基本建设项目,项目的建设资金也大都来源于中央投资,项目的实施必须通过基本建设程序立项。项目建议书、可行性研究报告等必须上报有关部门审查、审批,项目也只有列入中央年度投资计划才能实施。从项目立项到项目实施完成,中间程序众多,招标投标工作作为其中的一个环节,自然也具有很强的计划性。同时,黄河水利工程建设项目还往往涉及土地征用和移民拆迁等前期工作,众所周知,土地征用和移民拆迁涉及面广、工作难度也比较大。按照国家相关规定,项目招标工作必须在这些工作完成后才具备招标条件,招标工作才能启动。在实践工作中,往往是在有关各方做好招标前的准备及协调工作后,留给招标工作的时间就很少了。同时,招标工作还要保证项目后序工作能按计划实施。因此,黄河水利工程招标大多是根据项目计划开工时间倒推。这就造成黄河水利工程建设项目招标也必须有很强的计划性,何时发公告、何时受理投标报名、何时发售招标文件、何时开标等必须安排得很紧凑,基本没有机动的余地。同时,招标工作程序性强,中间环节多,也要求必须对招标工作做出切实可行的工作计划,才能保证招标工作的顺利实施。

2.2　项目涉及面广

　　一方面是指黄河水利工程建设招标项目涉及的地域较广。我们代理完成的黄河水利工程建设招标项目主要集中在黄河中下游地区,项目来源为河南、山东、山西、陕西4省份,招标人涉及4个省的近20个地市河务管理部门。另一方面是指招标项目的工作内容及涉及的专业面较广。我们所代理的招标项目涉及黄河防洪工程施工、工程施工监理、工程设计、工程勘测、环境评测等专业,其中,黄河防洪工程施工中又包括河流整治控导工程、大堤加高工程、混凝土截渗墙工程、道路工程、桥梁工程和闸渠改扩建工程等。

2.3　具有明显的批量性

　　黄河水利工程建设项目基本上都是公益性项目,项目的建设资金大都来源于中央投资,项目的投资是根据年度投资计划下达的,年度投资计划和年度工程实施计划一旦批准,与项目相关的各项工作也纷纷启动,由此带来的是黄河水利工程建设项目招标也显示出很强的批量性。批量性的具体表现就是每次招标一般都包括多个合同标段,一般情况下,一次招标少的有3~5个合同标段,多的时候一次招标会有30~40个合同标段。

2.4 施工企业竞争激烈

招标中如果一次招标项目的合同标段少,竞争激烈是很正常,也是很自然的现象,僧多粥少,竞争肯定激烈。一般而言,招标的合同标段多,施工企业中标的机会也多,竞争应该缓和一些。但对黄河水利工程建设施工招标来说,实际情况却并不是这样。黄河水利工程建设施工招标项目有时一次招标就有 30 ~ 40 个合同标段,虽然一次招标的合同标段较多,但施工企业间的竞争仍相当激烈,有时一个合同标段就会有 40 多家施工企业参与竞争,竞争的激烈程度可见一斑。施工企业之所以如此积极参与黄河水利工程建设施工招标投标,一方面和国内建筑市场的饱和有关,建设项目少、施工企业多是目前国内建筑市场的状况,这是造成激烈竞争的根本原因。另一方面也和参加投标的施工企业自身情况有关。据了解,参加投标竞争的许多施工企业从计划经济年代就开始从事黄河水利工程的施工,和黄河有着千丝万缕的联系,现在虽然这些企业都走上了社会,参与市场竞争,但由于目前国内建筑市场的条块分割以及行业、地方保护主义等因素,使得企业很难在社会上承揽到项目,因此这些企业把主要目标和力量都放在了黄河水利工程建设市场上,这在一定程度上也加剧了黄河水利工程建设项目招标投标的竞争。

2.5 对评标专家要求高

国家对评标专家有明确的条件和要求,但黄河水利工程建设项目招标的特点对评标专家提出了更高的要求。一方面,由于每次招标一般都包含多个合同标段,参与竞争的施工企业也多,相应的投标文件也很多,评标工作量也大,有时评标工作持续时间就会较长。要想在一定的时间内完成对众多的投标文件的比较和评审,不是一件轻松的事情,这就要求评标专家不仅要有好的身体,还必须有吃苦耐劳的敬业精神。同时,近几年来,作为"数字黄河"工程建设的一个组成部分,黄河水利工程建设项目招标正在逐步开展计算机评标的探索和尝试,这就要求参加评标的专家除了具有较高的专业知识和实践经验外,还必须能熟练使用和操作计算机,这也是黄河水利工程建设项目招标对评标专家提出的新的要求。

3 黄河水利工程建设项目招标代理实践

我公司是具有工程招标代理甲级资质的专业招标代理机构,自 2001 年来,受项目建设单位的委托,先后承担完成了近 30 个批次的黄河水利工程建设项目的招标代理工作,其中,既有中央投资项目,也有亚洲开发银行贷款项目,项目的内容涉及工程施工、工程监理、工程设计、工程勘测、环境评估等专业。几年来,共完成代理招标的工程项目有 450 个合同标段,累计招标中标金额约 35 亿元。

　　根据黄河水利工程建设项目招标工作的特点,我们在招标代理工作中,把工作重点放在提高思想认识、严格管理、认真做好招标文件的编写、加强评标阶段的工作等方面,保证了招标代理工作的顺利完成。

3.1　提高思想认识,严格贯彻执行国家有关法律法规,建立健全招标代理工作制度

　　招标投标工作涉及面广,政策性强,要想做好招标代理工作,为招标人提供优良、高效的服务,招标代理机构必须坚持和遵循公开、公平、公正、诚实信用的原则,牢固树立依法代理的思想意识,认真学习贯彻国家有关法律法规和规章。自 2000 年以来,为规范招标投标行为,国家及建设部、水利部等部委先后发布施行了《中华人民共和国招标投标法》、《评标委员会和评标办法暂行规定》、《工程建设项目施工招投标管理办法》、《水利工程建设项目招投标管理规定》、《水利工程建设项目监理招投标管理办法》等法律法规和规章。认真学习、理解这些法律法规和规章,不仅有利于提高我们的法律意识和法制观念,而且也是做好招标代理工作的基础和根本保证。

　　建立健全规章制度是做好招标代理的保障,是对招标代理日常工作和管理行为的进一步规范。除了以上法律法规和规章外,在招标代理工作中,根据工作需要先后制定了《招标代理工作制度及纪律》、《评标工作制度及纪律》、《招标代理工作档案管理制度及规定》,并在工作中把各项制度落实到实处,促进管理工作的规范化、制度化。

3.2　认真做好招标文件的编写工作

　　招标文件是招标人的意思表达。招标文件作为招标人向投标人发出的书面文件,是招标投标活动中最重要的法律文件,它不仅规定了完整的招标程序,而且还提出了各项具体的技术标准和交易条件,规定了拟订立的合同的主要内容,是投标人准备投标文件和参加投标的依据。招标文件的质量对招投标成败起着决定性作用。

　　根据黄河水利工程建设项目招标工作的特点,在招标文件编制中,主要突出了以下六个方面的内容:一是突出强调招标文件的法律效应,其编制必须坚持科学、严谨、规范、公正的基本原则;二是在招标文件中明确指定投标人必须具备的资格条件;三是在招标文件中明确了投标文件的组成及编制要求,以便投标人递交的投标文件能满足评标要求;四是在招标文件中明确了对投标文件的评审标准及评标方法,并保证投标文件中的评标标准及评标方法能满足评标工作的需要,做到评标标准和评标方法都在招标文件中公开载明,并且不随意改变,凡未在招标文件中公开的评标标准和评标方法,不得作为评标依据,以提高招标评标过程的透明度和公开、公平性;五是在招标文件中列出了合同的组成及主要条

款,目的是使投标人了解中标后签订合同的主要内容,明确双方各自的权利和义务;第六个方面是在招标文件中列出了项目实施所采用的各种技术规范,并突出了对项目质量和技术方面的要求。

在招标文件编制过程中,为保证招标工作的公平、公正性,还根据《招标投标法》的规定,对招标文件的条文逐项仔细审核,以保证招标文件不含有排斥潜在投标人的内容,保护投标人的利益。

为了保证招标文件能符合工程项目的实际情况,体现招标人的要求,反映招标人的意图,在黄河水利工程建设项目招标过程中,在招标文件编写阶段,我们都邀请有关建设管理部门和招标人派代表或熟悉工程情况的专业人员参加招标文件的编写工作,在坚持原则的前提下,充分尊重招标人的意见和建议。

3.3　积极接受监督,认真组织好评标工作

评标是招标投标活动中最重要的环节。评标阶段工作的重心是规范评标活动、保证评标活动的公正性。为此,在黄河水利工程建设项目招标代理工作中,在评标阶段,招标代理工作的主要重点有两方面:一是依法组建评标机构,二是做好评标过程的保密工作,积极接受相关机构和部门对评标活动过程的监督。

3.3.1　依法组建评标机构

在黄河水利工程建设项目招标的评标专家均按有关规定从黄河水利委员会评标专家库中随机抽取产生。评标专家的抽取工作在黄委招投标主管部门、监察部门、公证机构代表的监督下进行,评标专家名单在招标结果确定前保密。

3.3.2　主动接受监督,做好评标过程的保密工作

所有公开、邀请招标标段的评标工作均采用封闭进行,我们在积极提供服务、做好评标保密工作的同时,对黄河水利工程建设项目的招标评标,除委托公证机构派公证人员对评标工作的程序、评标方法、评标结果进行公证外,还均邀请黄河水利委员会相关职能部门派代表进行现场监督,确保评标工作严格按照投标文件规定的评审标准及评标方法进行。

4　黄河水利工程建设项目招标代理的体会与启示

(1)自实行基本建设管理体制"三项制度"改革以来,在黄河水利委员会领导的重视以及相关部门的共同努力下,黄河水利工程建设项目招标投标工作经历了发展、规范、提高的过程。招标投标的实施对促进黄河水利工程建设的发展、企业技术进步、节约工程建设投资、提高工程质量和效益起到了巨大的推进作用。随着"数字黄河"工程建设的开展,黄河水利工程建设项目招标投标管理也迈上了新的台阶。目前,计算机评标系统已经在黄河水利工程建设项目招标工作中得到越来越多的应用,这不仅有利于提高招标投标工作的管理效率,而且

能最大限度地减少评标过程的人为因素,进一步保证招标评标工作的公平和公正。

(2)黄河水利工程建设项目大都属于中央水利基本建设项目,项目的招标投标涉及面广,社会影响大,也备受社会各方面的关注。招标投标的工作质量不仅决定着项目后续工作的全面实施,而且还关系到国家资金的有效使用和工程质量。为此,作为招标投标代理企业,必须充分认清自己的责任,提高认识,树立全局观念,为招标人提供优良的服务。

(3)由于招标代理环节较多,涉及的法律、规章等硬性规定较多,因此招标代理企业在招标代理的过程中必须坚持公开、公平、公正和诚实信用的原则,严格遵守各项法律法规和规章,充分运用自己的专业知识,保证招标代理行为和过程符合相关法律法规的要求,通过规范的行为和运作为中标人选出能满足项目招标要求的投标人。只有这样,才能在保证招标人利益的同时,保证招标代理机构自身的利益。

(4)黄河水利工程建设项目招标投标在发展过程中也存在一些需要进一步解决和完善的问题,如在施工招标投标中存在着个别投标企业转借资质参与投标的现象,对此,黄委有关方面在招标过程中采取了许多措施和方法以杜绝这种现象,我们在招标代理工作中也着重加大了在投标报名及资格审查等环节的工作力度。但是,由于转借他人资质参加投标这一过程的隐蔽性强,在招标投标这个阶段有时很难发现问题。这些问题的解决和改进还需要相关部门在今后的工作中共同努力。

黄河河口段水质状况及变化趋势分析

李立阳　冯　晨　郭　正　王　霞　李　嫔

（黄河流域水环境监测中心）

摘要：随着"维持黄河健康生命"理论的提出及河口湿地建设的兴起，黄河河口段水质状况及未来发展趋势引起人们的高度关注。从某种意义上来说，河口段的水质状况直接关系到未来黄河健康生命的维持以及河口湿地建设的成败。本文结合近年来《黄河流域水资源公报》对黄河河口段利津站的水质评价结果，归纳出目前黄河河口段水质状况。在此基础上，结合1996～2005年利津站主要水质参数的实测资料，运用季节性肯达尔检验对河口段水质变化趋势进行定性与定量分析，并通过流量调节浓度检验判断浓度趋势的来源，对管理部门具有重要的参考价值。

关键词：季节性肯达尔检验　黄河河口段　水质状况　变化趋势

近年来，随着"维持黄河健康生命"理论的提出及河口湿地建设的兴起，黄河河口段水质状况显得尤为重要。从某种意义上来说，河口段的水质状况及未来变化趋势直接关系到黄河健康生命的维持以及河口湿地建设的成败。因此，研究黄河河口段的水质状况及未来变化趋势就显得尤为必要。

1　近年黄河河口段水质状况

目前在黄河干流河口段只设定一个重要的入海水质把口站——利津站，因此利津站的水质状况就基本反映了黄河河口段的水质状况。根据2003～2005年《黄河流域水资源公报》对利津段水质综合评价分析结果（见表1），近三年河口段水质状况有一定好转，全年平均水质已从2003年、2004年Ⅳ类水转为2005年的Ⅲ类水，达到地表水饮用水水质要求。同时枯水期的有机污染也有所减弱，主要污染指标化学需氧量（COD）含量已降到饮用水水质要求。

从年内来看，各月水质状况略有不同。根据2005年各月《黄河流域水资源质量公报》评价结果，在汛期初期及枯水期的部分月份水质较差（见表2），超标率达33.3%。主要污染项目是氨氮、COD和石油类。

表1　近三年黄河河口段水质状况

年 份	水 期	综合水质类别	主要超标项目
2003	枯水期	Ⅳ	COD
	丰水期	Ⅲ	
	全年	Ⅳ	COD
2004	枯水期	Ⅲ	
	丰水期	Ⅳ	石油类
	全年	Ⅳ	石油类
2005	枯水期	Ⅲ	
	丰水期	Ⅲ	
	全年	Ⅲ	

表2　2005年各月黄河河口段水质状况

月份	水质类别	主要超标项目	月份	水质类别	主要超标项目
1	Ⅲ		7	Ⅳ	COD、石油类
2	Ⅲ		8	Ⅳ	COD
3	Ⅳ	氨氮	9	Ⅲ	
4	Ⅳ	石油类	10	Ⅲ	
5	Ⅲ		11	Ⅲ	
6	Ⅲ		12	Ⅲ	

2　黄河河口段水质变化趋势分析

2.1　分析方法的选定及水质参数的选择

河流水质趋势分析有两种:一种是根据过去实测水质资料进行模拟建模,由模型推断未来水质的发展趋势,也称水质预测;一种是由过去至现在的水质序列分析其间水质发生的变化。本文主要是考虑后一种情形。采用利津站1996~2005年的水质序列,选择总硬度、氯化物、硫酸盐、氨氮、高锰酸盐指数、化学需氧量(COD)、五日生化需氧量(BOD_5)、石油类等8个主要水质参数进行趋势分析。

由于天然水质数据具有随机性、季节性、相关性等特点,常规的参数检验方法,如线性回归检验、t检验、方差分析及多变量正态法检验等都不能很好地符合水质序列的特点,因此使用这类方法在水质趋势分析中遇到了障碍。结合水质数据的特征,统计学家G·Kendall提出了一种更为广泛适用、合理的非参数检验——季节性肯达尔检验。

2.2 季节性肯达尔检验原理

2.2.1 肯达尔 t 检验

季节性肯达尔检验的原理是将历年相同月(季)的水质资料进行比较,如果后面的值(时间上)高于前面的值记为"+"号,否则记作"-"号。如果加号的个数比减号的多,则可能为上升趋势,类似地,如果减号的个数比加号的多,则可能为下降趋势,如果相等则为无趋势。

零假设 H_0 为随机变量与时间独立,假定全年 12 个月的水质资料具有相同的概率分布。

设有 n 年 P 月的水质资料观测序列 x 为

$$x = \begin{bmatrix} x_{11} & x_{12} & \cdots & x_{1p} \\ x_{21} & x_{22} & \cdots & x_{2p} \\ \vdots & \vdots & & \vdots \\ x_{n1} & x_{n2} & \cdots & x_{np} \end{bmatrix}$$

式中: $x_{11}, \cdots, x_{np}$ 为月水质浓度观测值。

(1)对于 p 月中第 i 月 $(i \leqslant p)$ 的情况。

令第 i 月历年水质系列相比较(后面的数与前面的数之差)的正负号之和为 S_i,第 i 月内可以作比较的差值数据组个数为 m_i,则在零假设下,随机序列 $S_i(i=1,2,\cdots,p)$ 近似地服从正态分布,则 S_i 的均值和方差如下:

均值: $E(S_i) = 0$

方差: $\sigma_1^2 = \mathrm{var}(s_i) = n_i(n_i - 1)(2n_i + 5)/18$

当 n_i 个非漏测值中有 t 个数相同,则公式 σ_i^2 为

$$\sigma_i^2 = \mathrm{var}(s_i) = \frac{n_i(n_i - 1)(2n_i + 5)}{18} - \frac{\sum_t t(t - 1)(2t + 5)}{18}$$

(2) 对于 p 月份总体情况。

令 $S = \sum_{i=1}^{p} S_i, m = \sum_{i=1}^{p} m_i$

在假设下, p 月 S 的均值和方差为

均值: $E(s) = \sum_{i=1}^{p} E(s_i) = 0$

方差: $\sigma^2 = \mathrm{var}(s) = \sum_{i=1}^{p} \frac{n_i(n_i - 1)(2n_i + 5)}{18}$

当 n 年水质系列有 t 个数相同时,同样有:

$$\mathrm{var}(s) = \sum_{i=1}^{p} \frac{n_i(n_i - 1)(2n_i + 5)}{18} - \frac{\sum_t t(t - 1)(2t + 5)}{18}$$

肯达尔发现,当 $n \geqslant 10$ 时,S 也服从正态分布,并且标准方差 z 为

$$z = \begin{cases} \dfrac{s-1}{[\,\mathrm{var}(s)\,]^{1/2}}, & \text{当 } s > 0 \\[2mm] 0, & \text{当 } s = 0 \\[2mm] \dfrac{s+1}{[\,\mathrm{var}(s)\,]^{1/2}}, & \text{当 } s < 0 \end{cases}$$

(3)趋势检验。

肯达尔检验统计量 t 定义为:$t = S/m$,由此在双尾趋势检验中,如果 $|z| \leqslant z_{\alpha/2}$,则接受零假设。这里 $FN(z_{\alpha/2}) = \alpha/2$,$FN$ 为标准正态分布函数,即:

$$FN = \frac{1}{\sqrt{2\pi}} \int_{|z|}^{\infty} e^{-\frac{1}{2}t^2} \mathrm{d}t$$

α 为趋势检验的显著水平,α 值为

$$\alpha = \frac{2}{\sqrt{2\pi}} \int_{|z|}^{\infty} e^{-\frac{1}{2}t^2} \mathrm{d}t$$

我们取显著性水平 α 为 0.1 和 0.01,即当 $\alpha \leqslant 0.01$ 时,说明检验具有高度显著性水平;当 $0.01 < \alpha \leqslant 0.1$ 时,说明检验是显著的,当 α 计算结果满足上述二条件情况下,当 t 为正时,则说明具有显著(或高度显著性)上升趋势,当 t 为负时,则说明具有显著(或高度显著性)下降趋势,当 t 为零时,则无趋势。

2.2.2 季节性肯达尔斜率估计

季节性肯达尔斜率是用线性回归的斜率表示,反映趋势大小。定义为:在进行该检验中所有被比较的两数的差值除以两数间相差的年数的商的中值。该斜率估值只说明历年来水质浓度变化的年平均情况。

趋势斜率估值 B 的确定:对所有 $X_{ij}, X_{ik}(i = 1, 2, \cdots, p; j = 1, 2, \cdots, n)$,第 i 月水质序列任意两数的斜率为 d_{ijk}。由于 $d_{ijk} = (X_{ij} - X_{ik})/(j - k)(1 \leqslant k \leqslant j \leqslant n_i)$,$p$ 个月的情况为 $d = \sum_{i=1}^{p} d_{ijk}$,则趋势斜率估值 B 为所有 d_{ijk} 的中值,当 $S > 0$ 时,$B \geqslant 0$;$S < 0$ 时,$B \leqslant 0$。这样 B 不受水质序列中极值(奇异点)的影响,季节性也对 B 无影响。

2.2.3 流量调节浓度检验

流量调节浓度检验即通过残差分析来判断水质趋势是否是由于流量变化引起河流中污染物浓度的变化。

(1)用线性回归分析来寻求最适合的关系,流量调节方程的形式为:

$$\hat{c} = a + b \cdot c(Q)$$

其中:$\hat{c}$ 为估计浓度;Q 为与浓度同步流量;$c(Q)$ 为以流量为变量的函数;a、b 为

系数。

当河流中染污物来源于点源负荷时,是稀释作用,可用下面的方程来描述:

$$c(Q) = \lambda_1 + \lambda_2 \frac{1}{Q} + \varepsilon$$

$$c(Q) = \lambda_1 + \lambda_2 \frac{1}{1 + \lambda_3 Q} + \varepsilon$$

式中:ε 为具有零均值的误差;λ_1、λ_2、λ_3 为系数(λ_1、$\lambda_2 \geq 0$,$\lambda_3 > 0$)

当河流中污染物来源于面源污染时,可用下式来表示浓度流量间的关系:

$$C(Q) = \lambda_1 + \lambda_2 Q + \lambda_3 Q^2 + \varepsilon$$

$$C(Q) = \lambda_1 + \lambda_2 \ln Q + \varepsilon$$

式中的符号意义同前述。

根据浓度和流量系列,分别估计线性回归方程 $\hat{c} = a + b \cdot c(Q)$ 中的 a、b,计算 R^2(反映相关程度的参数)。

从求得 4 个回归方程中,选择 R^2 最大的一个流量调节方程,即拟合最佳的曲线,同时,对所选曲线进行回归检验。

(2)以接受检验的方程,计算流量调节浓度的残差系列 W_{ij}(实测值与估计值望值之差)。

(3)将系列 W_{ij} 运用季节性肯达尔检验求得置信度 a 和斜率 B,即可判断流量调节浓度趋势。

2.3 结果分析

对利津站 8 个主要水质参数 1996 ~ 2005 年的实测水质监测资料,运用 PWQTrend(professional water trend)水质趋势分析软件(基于流量调节的季节性 Kendall 检验方法)进行计算,结果如表 3。

从表 3 可以看出,水质浓度趋势中,硫酸盐、氨氮、高锰酸盐指数、化学需氧量(COD_{Cr})、五日生化需氧(BOD_5)呈高度显著下降趋势或显著下降趋势;石油类呈显著上升趋势;总硬度及氯化物呈无明显升降趋势。说明近 10 年除石油外,黄河口段水体中其余的有机污染或无机污染已有所减轻,治污工作已取得一定成效。

从通量趋势来看,8 种参数全部呈上升趋势或高度显著上升趋势。结合水质浓度趋势分析结果,说明下游流量明显增大,导致输入河口段的污染物总量在增多。

从流量调节趋势分析结果来看,总硬度及石油类呈上升趋势,硫酸盐、高锰酸盐指数、化学需氧量、五日生化需氧量呈显著下降趋势或高度显著下降趋势,氯化物及氨氮无明显升降趋势。结合各种水质参数的流量调节公式类型可以看出,总硬度以面源污染为主,其余各项以点源污染为主。另外,根据下游河道地上河特点,说明河口段的水质污染主要来源于上、中游的排污口,点源治理工作仍是一个重点。最后,需要补充说明的是表中有少数水质参数出现无适当的流量调节公式类型,都是因为水质参数浓度与流量的负相关关系十分复杂,难以找到合适的公式类型,所以都应作点源污染处理。

表3 黄河河口段利津站水质趋势成果

分析项目	水质浓度趋势	通量趋势	流量调节		
			公式类型	$B(mg/(L \cdot a))$	趋势
总硬度	—	↑	$\ln(C) = a + b \times (\ln(Q) + B \times \ln(Q) \times \ln(Q))$	3.56	↑
氯化物	—	↑↑	$C = a + b \times (1/(1 + B \times Q))$	1.23	—
硫酸盐	↓↓	↑↑	$C = a + b \times (1/(1 + B \times Q))$	−3.72	↓
氨氮	↓↓	↑	$C = a + b \times (1/(1 + B \times Q))$	−0.014 3	—
COD_{Mn}	↓	↑↑	无适合公式	−0.067	↓
COD_{Cr}	↓↓	↑	$C = a + b \times (1/(1 + B \times Q))$	−1.91	↓↓
BOD_5	↓	↑↑	无适合公式	0	↓
石油类	↑	↑↑	无适合公式	0	↑

注:(1)"↑"表示显著上升趋势;"↑↑"表示高度显著上升趋势;"↓"表示显著下降趋势;"↓↓"表示高度显著下降趋势;"−"表示无明显升降趋势。

　　(2)COD_{Mn}表示高锰酸盐指数。

3　结语

　　(1)尽管年内仍有少数月份出现水质超标现象,黄河河口段水质状况近年来已有所好转,2005年全年平均水质已达到地表水饮用水要求。

　　(2)近10年水质浓度趋势分析表明,除石油仍呈上升趋势外,其余各项有机和无机污染已呈明显下降趋势或高度显著下降趋势,水污染治理工作已初见成效。

　　(3)通量趋势分析表明,由于近10年下游来水量的增加,导致上、中游河段输入河口的污染物总量增多。

　　(4)流量调节趋势分析表明,河口段的水质污染以点源污染为主,其污染源主要来源于上、中游河段的排污口,因此加强排污口的治理工作仍是今后工作的一个重点。

参 考 文 献

[1]　黄河流域水资源保护局. 黄河流域水资源质量年报(2003~2005).

[2]　吴青,李立阳,等. 近十年黄河流域水质状况及变化趋势分析[M]//第二届黄河国际

论坛论文集. 郑州:黄河水利出版社,2005.

[3] 邢久生. 赣江水系水质污染趋势分析——季节性肯达尔检验法[J]. 江西水利科技.
1996,22(3):163 – 166.

[4] 王志明,吴文强,等. 肯达尔检验在干旱区河流水质趋势分析中的应用[J]. 石河子大
学学报(自然科学版),2005,23(4):510 – 512.

[5] Robert M. Hirsch,James R,Slack,Richard,etc. Techniques of trend analysis for monthly
water quality data [J]. Water resources research,1982,18(1):107 – 171.

[6] Van Belle G,Hughes J P. Nonparametric for trend in water quality[J]. Water resources
research,1984,20(1):127 – 136.

浅谈政府投资项目代建制改革

范清德　张增伟　宋靖林　姬瀚达

（河南黄河河务局）

摘要：通过对"代建制"特点和优势的分析，从黄河下游防洪工程特点及目前建设管理的体制出发，对黄河下游防洪工程建设管理中代建制的推行提出建议。

关键词：政府投资　项目　代建制

1　"代建制"，近期工程建设管理体制改革的亮点

2004 年 7 月 27 日，《央视·经济频道》报道：据采访有关人士分析，加快推行"项目建设管理代建制"，是 2004 年国务院投资制度改革的六大亮点之一。2005 年 4 月 19 日，《中国公路网》以"代建制"试点开花渐入佳境为题报道：北京市从 2004 年起，对新批准的政府投资项目要按照《北京市政府投资建设项目代建制管理办法（试行）》的规定全面实行"代建制"建设管理。近日，《央视·经济频道》又报道：2008 年电磁列车从城里到机场只用一刻钟，投资 50 亿元，推行"代建制"，等等。

"代建制"在各种媒体频频出现，无疑是建筑领域近期一段时间内一个引人关注的亮点。那么，何谓"代建制"呢？

2　什么是代建制

《国务院关于投资体制改革的规定》指出：对非经营性政府投资加快推行"代建制"，即通过招标方式，选择专业化的项目管理单位负责建设实施，严格控制项目投资、质量和工期，竣工验收后移交给使用单位。笔者通过查阅有关资料认为，"代建制"是一种由项目出资人委托有相应资质的项目代建人对项目的可行性研究、勘察设计、监理、施工等全过程进行管理，并按照建设项目工期的设计要求完成建设任务，直至项目验收交付使用人的项目管理模式。"代建制"也可通俗地理解为就是工程建设实施与运行管理分离的交钥匙工程管理模式，即设计—建造总承包合同方式（EPC 方式）。

在美国，项目管理市场化程度很高，项目管理代建制已有近百年历史。代建

方式也随着市场的需求而不断发展演变。据美国设计—建设学 2000 年度报告，设计—建造承包合同方式的比例已达 30%，预计 2005 年将上升到 45%。

在我国，代建制尚处在起步阶段。近年来，国内一些省、市，如上海、重庆等，已完成试点，正在推广。1999 年 4 月，在上海市财政投资项目运用代建制，获得成功。尝到甜头的上海市，很快在 2000 年起试点推行。随后宁波市、重庆市也拟定了代建制暂行办法进行试点，收到了良好效果。2004 年北京市在回龙观医院、市残疾人职业培训和体育训练中心、北京市疾病预防中心项目中实行"代建点"试点经验的基础上，制定代建办法，在政府投资的公益性建设项目中全面实行代建制。2004 年至今，交通部按照国务院颁布《关于投资体制改革的决定》的要求，加快推行了代建制，正式向境内外投资人开放高速公路投资领域，到目前已完成 11 个项目，总投资近 300 亿。日前另悉，2008 年奥运会场馆建设已发布了项目法人招标信息会。代建制已成为我国工程建设管理改革中的一个新跨越。

3 代建制的特征及优势

政府投资建设项目代建制，从工程管理的层次上来讲，是政府将拟定无直接财务收益建设项目的建设单位与使用单位分离，委托具有相应资质的代建人对建设管理的行为。这种管理制度将投资人、代建人和使用人的职责进一步划分，由代建人（法人或组织）按照代建合同约定承担政府投资建设项目的管理实施工作。由此可见，代建人的性质是以企业型为主，自主经营、自负盈亏的企业法人。因此，代建人资质，必须是规范的工程管理公司，这与现行政府投资项目管理相比代建制具有明显的优势。

一是加快了政府职能转变。实行代建后政府对代建项目主要把握产业政策和宏观决策，项目具体实施依靠市场机制管理，从而有助于规范政府投资项目管理行为。

二是有助于遏制腐败。实施代建后，建设方与承包商、供应商的直接接触被压缩到了最低限度，其职务犯罪的几率也就相应降低了。代建人在权限范围内，应根据法律、法规和执业规范的要求，按照自身管理制度和经验独立完成工程管理工作，而不是一味迁就投资人，亦步亦趋。虽然代建人实施具体管理，面对众多承包商和供应商，却受建设方监督制约，受代理权限的限制。另外，一些重要权力，如资金拨付、工程决算、审计等也要受到建设方的严格监督。

三是可以提高投资效益。由于实行代建制，节约有奖，建设者将对资金精打细算。如 2004 年青岛市已经竣工并通过验收的太原路垃圾场排水暗渠发行项目，批准投资 1 900 万元，代建单位提报财务决算值 1 689 万元，比项目概算节约

211万元,节支率为11.1%。根据有关规定,财政部门按代建单位节支额的30%给予奖励,共奖励63万元。

四是能够抑制"三超"(超投资、超规模、超标准)痼疾。过去由于一些项目是由政府自己管理的,投资者、使用者、建设者、管理者集于一身,一些不必要的功能纷纷上马,贪大求全,预算不断追加、扩大。实行代建制后,再追加财政预算就不大可能。因此建设者必须考虑好如何在现有预算内保证建设质量。

五是能够有效克制拖欠工程款现象发生。政府投资项目工程款的拖欠,很大程度上来自于工程超预算。通过代建制改革,这种情况将得以避免,为防止工程款拖欠打下良好基础。

4 黄河下游防洪工程建设管理特点及代建制推行的几点建议

4.1 黄河下游防洪工程特点

黄河下游防洪工程包括堤防加高加固、险工及防护坝加高加固、防洪工程措施项目及通信工程、工程管理设施等防洪非工程项目,这些工程具有以下共同的特点:①项目均为中央政府投资的防洪工程。②工程属续建性质,工程内容及施工方式简单,且主要为土方、石方工程,施工时集中在非汛期。③工程虽然划分为多个子项目,但在区域环境、工程内容、施工方法方面具有很多的共性。

4.2 建设管理体制现状

在管理体制方面,1998年"三江大洪水"以来,黄河下游防洪工程全面实行了以项目法人责任制为前提,以合同制为核心的"四项制度"的建设管理体制,明确了建设的主体及其权利、责任和义务,提高了建设项目的管理水平,发挥了良好的投资效益。在这个体制下,黄委及河南、山东两河务局分别作为建设主管单位及河段二级主管单位,两局所属市、县(区)局分别作为建设管理和建后运行管理单位,行使各自的权利、责任、义务。建设单位以工程建设招标的方式择优选择设计、施工和监理等参建单位,并以签订的合同条款为准则来保障、约束建设行为。从运行的情况来看,总的是好的。但与目前国务院颁发的投资改革的决定中提出的对非经营性政府项目加快推行代建制改革的要求还有不相适宜的地方。

在此,笔者试图从黄河下游防洪工程特点及目前建设管理的体制出发提出如下建议:

(1)机遇与挑战并存,有为者胜。建议抓紧组织人员加强代建制政策研究,并提出具体的实施意见。2005年水利部确定的"水利建设与管理工作要点中"指出,要对代建制进行开展专题研究,尽快制定并下发具体的建设管理体制意见,进一步加强水利工程管理,规范建设行为,确保工程质量和提高效益。黄河下游防洪工程属于政府投资非经营项目范畴,推行代建制大势所趋。

因此,建议一是黄委及山东、河南河务局要尽快成立代建制试点领导小组,组织规划部门建设与管理,财务和经济管理等部门开展政策研究工作,提出适应黄河工程建设情况具体可行的实施意见。提出出资人、代建人、使用人组成原则,明确其职责、权利和义务。二是由经济管理局负责,尽快组织系统内工程设计、施工,建设监理等专业公司进行专题研究,提出组建代建人公司(工程总承包公司),以提高承包建设项目市场竞争能力。据笔者了解,目前黄河内部系统虽有黄委、河南、山东局三个水利工程甲级设计院、几家建设监理公司以及为数不少的一、二级施工企业,并且随着近几年黄河治理投资规模的大幅度增加,其业绩还不错,但由于多是单兵作战,专业面狭窄,还没有一个完全符合代建法人资质要求的注册企业。水利工程建设实行代建制,将是一个新的挑战。整合资源,组建代建制公司迫在眉睫,其意义重大。三是举办代建制改革专题培训班,提高系统内职工对代建制改革态势的认识和适应能力。

(2)他山之石,可以攻玉。建议借鉴北京市政府投资代建制管理模式进行试点,摸索经验,以利推广。

①全过程代建模式——用于投资规模较小或专业性强的项目,如险工加高改建、河道整治、适生林等。其程序为由黄委或河南、山东局作为投资人委托招标代理机构通过招标选择代建人,签订投资人、代建人、使用人三方合同,明确责权利,代建人承担项目设计、建设工期、质量和投资的风险,并以初步设计联合体文件为准,节奖超罚。

②两阶段代建模式——用于投资规模较大的项目,如堤防加固、滚河防护工程、挖河固堤等。第一阶段为前期管理代理,第二阶段为项目实施代建。第一阶段由黄委或河南、山东局作为投资人采用委托或招标形式选择前期管理代建人(相当于 CM 公司),在使用人(市、县局)经完成立项工作后,招标选择设计单位,完成项目方案设计,初步设计通过审核,进行施工图设计工作,取得规划许可证和协助使用人完成土地征用、拆迁等前期工作。第二阶段,按照初步设计所确定的建设标准和内容、投资概算,由黄委或河南、山东局委托代理机构通过公开招标选择工程建设实施代建人,并签订出资人、代建人、使用人三方合同,授权代建项目手续,取得施工许可证;工程代建人承担项目建设工期、质量和投资的风险,节奖超罚。由工程代建人通过招标选择施工单位(包括工程分包单位),组织管理协调工程的施工建设,或者直接参加施工;履行工程如期竣工和交付使用的职责,负责保障工程项目在保修期内的正常使用。

③联合代建模式——适用于有一定收益的以及综合性较强的政府投资项目,如供水工程黄河景区开发等生产生活基础设施建设。由黄委或河南、山东局

在项目可行性报告通过论证，基本确定了建设项目的建设规模、投资水平和规划后，通过公开招标选择代建人，该代建人的投资必须提供和达到初步设计阶段图纸文件的深度，中标的代建人签订投资人、代建人、使用人三方合同，明确代建人承担项目建设工期、质量和投资的风险，节奖超罚。同时，投资人通过公开招标选择建设技术管理代理人（相当于指定分包人），并由中标的技术管理代理人与代建人签订合同，负责建设全过程技术咨询和监督控制工作。

政府投资项目代建制的实施，是中国建设管理制度上的重大改革，为了顺利地推行代建制度，避免实施过程中不必要的反复，代理制度的建立要从实施代建制度的背景，理论可行性和实施模式、步骤，以及政府控制手段等方面做系统性的研究。可先由黄委制定一个试行办法，选择工程管理咨询类或工程总包类等多方面具有专业性资质的机构进行试点，总结经验，逐步规范推广。

黄河下游洪水冲淤特性及高效输沙研究

李小平　　曲少军　　申冠卿

（黄河水利科学研究院）

摘要：以黄河下游历史实测资料为基础，分析黄河下游洪水的输沙效果与洪水水、沙及其搭配的关系，回归出下游河道场次洪水排沙比的估算公式。综合分析输沙水量和排沙比大小，找出 20 场高效输沙洪水并分析其特点。按照高效输沙洪水的平均情况，建议利用小浪底水库调节出平均流量为 3 200 m³/s 左右、平均含沙量在 65 kg/m³ 左右的高效输沙洪水过程，实现对下游河道的减淤作用，并节省紧缺的水资源。

关键词：黄河下游　排沙比　高效输沙洪水　减淤

1　概述

黄河是一条驰名中外的多沙河流。黄河含沙量极大，东汉张戎就曾指出"河水重浊，号为一石水而六斗沙"，意为沙多于水。黄河不仅沙多，而且水少，水沙搭配不平衡。进入黄河下游的泥沙主要集中在汛期的几场洪水过程中，泥沙的输送和河道淤积也主要集中在汛期的洪水过程中。近年来，黄河干支流许多大中型水库的修建，拦蓄洪水、调节径流过程，使进入黄河下游的水沙过程发生显著改变，洪水量级和出现频率减小，特别是大洪水出现的几率显著减小。因此，洪水淤积一般在主槽内，使得河道排洪能力降低，而未来出现大洪水的几率仍然存在，这对黄河下游的防洪非常不利。随着经济的发展，工农业用水量持续增加，黄河水资源短缺矛盾日益突出。

研究黄河下游洪水的冲淤特性，找出有利于输沙的理想水沙搭配过程，使进入下游河道的泥沙被更多地排泄入海，减少在下游河道中的淤积。也就是说，找出一个既要多排沙、又要少淤积的水沙搭配，即高效输沙洪水。利用小浪底水库调节出这种有利于输送更多泥沙的高效输沙洪水，把"调"和"排"有机地结合起来，提高洪水的输沙能力，不仅可以减少下游河道淤积，还有利于节省紧缺的水资源。因此，研究黄河下游的高效输沙过程是目前治理黄河的一项重要任务。

2　洪水冲淤特性分析

由于黄河下游泥沙来源分布的不均匀性和黄河洪水的陡涨陡落特点，洪水期黄河下游河道的输沙能力与一般河流有所不同。同样的来水条件可产生不同的来沙条件,来自粗泥沙来源区的洪水,下游沿程各站悬移质中的床沙质含沙量都高,而来自少沙区的洪水,沿程床沙质含沙量低,经过几百千米的河道仍然存在。在同一水流强度、河床组成条件下,水流的粗颗粒床沙质挟沙力因细颗粒浓度的变化而呈多值函数。洪水的冲淤情况主要取决于洪水流量、含沙量大小及其搭配。

2.1 排沙比与来沙系数的关系

为了分析黄河下游洪水的排沙比与来沙系数(S/Q)的关系,挑选了黄河下游1950年至2005年发生在汛期的平均流量大于2 000 m³/s的243场洪水,统计出各场洪水进入下游河道的平均流量、平均含沙量、下游各水文站的水沙量、河道冲淤量、淤积比等洪水特征要素。

点绘不同流量级和不同含沙量级洪水的排沙比与来沙系数关系(见图1和图2)可以看出,排沙比随着来沙系数增大而减小。当洪水来沙系数小于0.01时排沙比大于100%,来沙系数越小排沙比越大,下游河道发生显著冲刷;当来沙系数大于0.01,排沙比基本都小于100%。

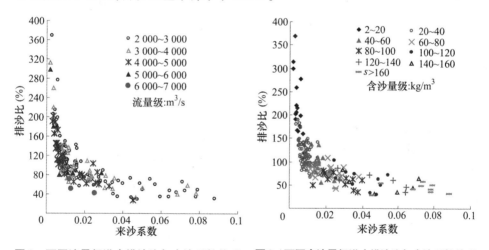

图1 不同流量级洪水排沙比与来沙系数关系 图2 不同含沙量级洪水排沙比与来沙系数关系

图1中,相同流量级洪水的排沙比的变幅很大,流量级越小排沙比的变幅越大。在大流量级时,洪水的排沙比不高,主要是该量级的洪水在下游发生漫滩,虽然存在淤滩刷槽作用,但全断面是发生淤积的。图2显示,来沙系数大小与含沙量的大小关系非常密切,含沙量级越小,其来沙系数越小,排沙比越高,反之亦然。来沙系数大的主要是平均含沙量大于80 kg/m³的洪水。

2.2 排沙比与流量和含沙量的关系

进一步分析洪水流量和含沙量与排沙比的关系(见图3、图4)。可以看出,按照含沙量级的不同而分带分布,自上而下洪水的含沙量级逐渐增大,同流量的排沙比逐渐减小。对于相同流量级的洪水,含沙量越大排沙比越小;对于相同含沙量级的洪水,排沙比随着平均流量的增大也增大,当流量大于 4 000 m³/s 后,不再明显增大,甚至略有减小。这主要是由于,从平均情况来讲,平均流量大于 4 000 m³/s 的洪水,在下游河道中常发生漫滩,滩地上发生淤积,使得大流量级洪水的排沙比反而降低。另外,对于同一含沙量级的洪水,在平均流量小于 2 000 m³/s时排沙比小且变幅大,平均流量大于 2 000 m³/s 的排沙比大且相对集中。

由于洪水平均流量一般在 1 000 ~ 6 000 m³/s,变幅只有6倍左右,而洪水的平均含沙量一般在 1 ~ 300 kg/m³,变幅可以达到几十倍,甚至上百倍。可见,由于洪水平均含沙量的变化幅度远大于平均流量的变化幅度,洪水排沙比随着洪水平均含沙量变化而表现出的变化比随着平均流量的变化更为敏感。

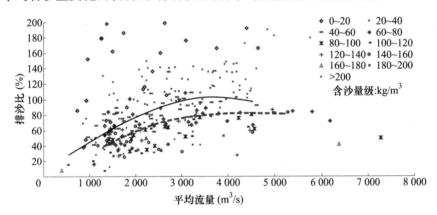

图3　不同含沙量洪水的排沙比与平均流量关系

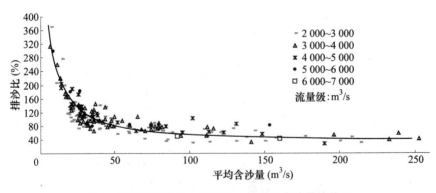

图4　不同流量级洪水的排沙比与平均含沙量的关系

图 4 为不同流量级洪水的排沙比与洪水平均含沙量的关系。可以看出,排沙比随着含沙量的增大而减小,减小的幅度由大变小,在平均含沙量小于 40 kg/m³ 时随着含沙量的增大显著降低,当平均含沙量大于 40 kg/m³ 后随着含沙量的增大缓慢减小。从平均角度来讲,平均含沙量小于 40 kg/m³ 的洪水的排沙比大于 100%,平均含沙量大于 40 kg/m³ 的洪水的排沙比小于 100%,即从平均角度讲,洪水的平均含沙量大于 40 kg/m³ 后,下游河道将会发生淤积。

综合分析,场次洪水的排沙比与洪水平均来沙系数(S/Q)关系密切,进一步分析平均流量(Q)和平均含沙量(S)关系发现,当洪水平均流量大于 2 000 m³/s 后,排沙比的大小主要取决于洪水平均含沙量的大小。

2.3 排沙比的估算

根据上述分析,我们可以用洪水的平均含沙量大小来估算平均流量大于 2 000 m³/s 的洪水的排沙比。从图 4 可以看出,洪水排沙比与平均含沙量成反比关系,根据图 4 回归出用含沙量来估算的公式为

$$P_s = \left(\frac{25}{S} + 0.32 \right) \times 100\% \qquad (1)$$

式中:P_s 表示场次洪水的排沙比;S 为场次洪水的平均含沙量。

图 5 为用上式计算出的排沙比与黄河下游实测平均流量大于 2 000 m³/s 洪水排沙比的对比图。可见,利用公式计算出的洪水的排沙比与实测值比较接近,具有较好的代表性。根据公式计算排沙比为 100% 时对应的含沙量为 36.8 kg/m³,与前面分析得出的 40 kg/m³ 比较接近。

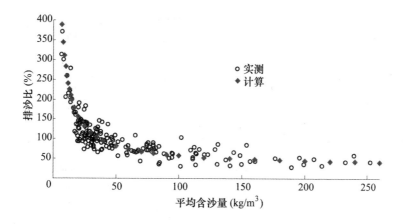

图 5　洪水排沙比的实测值和计算值与含沙量关系的对比

3 高效输沙洪水

3.1 洪水输沙水量和排沙比分析

由于在洪水达到一定量级后,其输沙效果主要取决于洪水的平均含沙量,因此本节重点分析洪水输沙水量和排沙比与含沙量的关系。

分析发现,输沙水量与排沙比的关系根据含沙量大小的不同而分带分布(见图6),即同一含沙量级的洪水的输沙水量与排沙比之间存在着很好的关系。同一含沙量级洪水的输沙水量随着排沙比的增大而减小,当排沙比达到一定的程度,随着排沙比的增大输沙水量不再减小。若排沙比相同,含沙量越大的洪水的输沙水量越小。

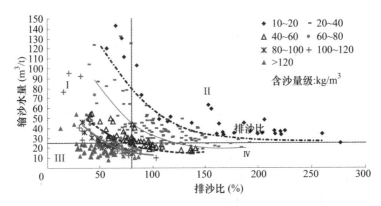

图6 不同含沙量级洪水的输沙水量与排沙比的关系

利用排沙比等于80%和输沙水量等于25 m^3/s的两条线,可以把图6划分为4个区域。区域Ⅰ为低效区,落在该区域内的洪水不仅排沙比不高,且输沙水量大;区域Ⅱ为高排沙区,落在该区域内的洪水具有很高的排沙比,但输沙水量也很大;区域Ⅲ为低耗水区,落在该区域内的洪水的输沙水量较小,但是排沙比也较小;区域Ⅳ为高效输沙区,落在该区域内的洪水不仅具有较高的排沙比,同时输沙水量也较小,满足高效输沙的特点。因此,落在区域Ⅳ内的洪水正是我们所要寻找的高效输沙洪水。

高效输沙洪水指输沙效率高的洪水,主要表现在两个方面:一是排沙比较高,二是输沙水量较小。本文把黄河下游洪水过程中,排沙比大于80%、输沙水量小于25 m^3/t的洪水定义为高效输沙洪水。

3.2 高效输沙洪水特点

黄河下游高效输沙洪水特征值见表1。

表1 黄河下游高效输沙洪水特征值

洪峰时间 (年·月·日)	三黑小			利津		排沙比 (%)	输沙水量 (m³/t)
	平均流量 (m³/s)	平均含沙量 (kg/m³)	来沙系数	平均流量 (m³/s)	平均含沙量 (kg/m³)		
1952. 7. 30 ~ 8. 7	3 054	43.5	0.014	3 333	39.9	100	23
1954. 7. 13 ~ 7. 23	3 513	79.7	0.023	3 485	71.4	89	14
1954. 7. 31 ~ 8. 24	5 379	60.4	0.011	5 758	47.6	84	20
1955. 8. 26 ~ 9. 2	3 458	60.0	0.017	3 430	49.4	82	20
1956. 8. 26 ~ 9. 6	3 405	47.9	0.014	3 473	44.9	96	22
1958. 8. 10 ~ 8. 17	5 804	79.9	0.014	6 114	59.9	84	16
1966. 7. 27 ~ 8. 8	4 155	102.1	0.025	4 523	93.4	103	10
1967. 8. 2 ~ 8. 17	4 265	74.7	0.018	4 208	60.8	83	17
1967. 8. 27 ~ 9. 6	4 495	84.6	0.019	4 393	68.6	80	15
1969. 8. 16 ~ 8. 30	1 407	62.5	0.044	1 596	41.2	83	21
1970. 8. 20 ~ 8. 24	1 404	44.6	0.032	1 294	54.8	140	20
1970. 9. 9 ~ 9. 15	2 343	43.0	0.018	2 357	43.0	108	23
1973. 9. 6 ~ 9. 22	2 734	43.8	0.016	2 599	59.2	135	18
1975. 9. 1 ~ 9. 9	2 949	47.5	0.016	2 711	45.7	99	24
1978. 8. 28 ~ 9. 12	2 559	76.1	0.030	2 275	66.1	89	17
1978. 8. 28 ~ 10. 3	3 208	49.7	0.015	2 783	55.1	109	21
1981. 8. 16 ~ 8. 29	3 323	74.6	0.022	2 994	62.7	86	18
1992. 8. 28 ~ 9. 5	1 951	75.5	0.039	1 800	57.1	81	19
1995. 8. 15 ~ 8. 27	1 508	42.5	0.028	1 454	54.1	136	19
1995. 8. 28 ~ 9. 22	1 879	65.6	0.035	1 769	61.1	101	17

进一步分析图6中高效输沙区(区域Ⅳ)中的洪水特点发现,落在该区域的洪水主要是含沙量量级为40~60 kg/m³和60~80 kg/m³的洪水。表1为满足高效输沙洪水条件的20场高效输沙洪水的特征值表。由于沿程引水和加水对洪水的冲淤有较大影响,因此在挑选高效输沙洪水时,剔除了沿程流量变化大(利津平均流量与三黑小平均流量的比值小于等于0.8和大于等于1.2)的洪水。

这些洪水的来水(三黑小)平均流量的最小值和最大值分别为1 404 m³/s和5 291 m³/s,平均含沙量的最小值和最大值分别为42.5 kg/m³和102.1 kg/m³。所有高效输沙洪水的总来沙量为50.114亿t,利津输出沙量为44.134亿t,沿程引沙量共2.743亿t,全下游淤积3.237亿t,平均排沙比为93.5%,平均输沙水量为17.6 m³/t。平均来讲,所有洪水的平均流量为3 192 m³/s,平均含沙量为64.7 kg/m³,平均来沙系数为0.020。

在这20场高效输沙洪水中,平均含沙量均大于40 kg/m³,其中含沙量在

$40 \sim 60$ kg/m³的有8场,占总数的40%;含沙量在$60 \sim 80$ kg/m³的有10场,占总数的50%,含沙量大于80 kg/m³的仅有两场。可见,90%的高效输沙洪水的含沙量在$40 \sim 80$ kg/m³范围内,这个范围正是今后调水调沙需要调节的。另外,这20场高效输沙洪水的平均流量在$1\,400 \sim 6\,000$ m³/s之间较均匀分布,$2\,000$ m³/s以下有5场,平均流量在$2\,000 \sim 3\,000$ m³/s、$3\,000 \sim 4\,000$ m³/s、$4\,000 \sim 5\,000$ m³/s、$5\,000 \sim 6\,000$ m³/s的分别为4、6、3和2场,流量大于$5\,000$ m³/s的两场洪水为漫滩洪水。

综合来看,高效输沙洪水的流量级相对分散,而含沙量级则比较集中,进一步说明含沙量是影响洪水输沙效果的主要因子。

4 主要认识和建议

4.1 主要认识

(1)洪水达到一定量级后,初步认为平均流量大于$2\,000$ m³/s后,排沙比的大小主要取决于洪水平均含沙量的大小。洪水排沙比随着含沙量的增大而减小,减小的幅度由大变小,在平均含沙量小于40 kg/m³时随着含沙量的增大显著降低,当平均含沙量大于40 kg/m³后随着含沙量的增大缓慢减小。

(2)根据实测资料回归得出排沙比(P_s)的估算公式:$P_s = \left(\dfrac{25}{S} + 0.32\right) \times 100\%$,公式计算出的洪水排沙比与实测值比较接近,估算公式具有较好的代表性。

(3)输沙水量与排沙比的关系因含沙量大小的不同而分带分布,同一含沙量级洪水的输沙水量随着排沙比的增大而减小,当排沙比达到一定的程度,随着排沙比的增大输沙水量减小不再明显。

(4)高效输沙洪水的流量级相对分散,而含沙量级则比较集中,90%的高效输沙洪水的含沙量在$40 \sim 80$ kg/m³范围内。可以用高效输沙洪水的平均情况来代表高效输沙洪水过程,即平均流量为$3\,200$ m³/s,平均含沙量为64.7 kg/m³的水沙搭配。

4.2 建议

由于高效输沙洪水具有排沙比高、输沙水量低的特点,建议小浪底水库利用水库调节功能,优化进入下游的洪水过程,使得洪水平均流量在$3\,200$ m³/s左右,平均含沙量在65 kg/m³左右,实现小浪底水库对下游河道的减淤作用,同时节约有限的水资源。

参 考 文 献

[1] 钱宁,张仁,周志德. 河床演变学[M]. 北京:科学出版社,1987:209.

[2] Li W X, Wang H R, Su Y Q, etc. Flood and Flool Control of the Yellow River [J]. International Journal of Sediment Research. 2002, Vol. 17, No. 4:275~285.

[3] 倪晋仁. 黄河下游洪水输沙效率及其调控[J]. 中国科学 E 辑技术科学,2004, 34(增刊 I).

[4] 麦乔威,赵业安,潘贤娣,等. 黄河下游来水来沙特性及河道冲淤规律的研究[C]∥麦乔威论文集编辑委员会主编. 麦乔威论文集. 郑州:黄河水利出版社,1995.

[5] 严军. 小浪底水库修建后黄河下游河道高效输沙水量研究[D]∥中国水利水电科学研究院博士论文,2003(11).

[6] 许炯心. 黄河下游洪水的泥沙输移特征[J]. 水科学进展,2002,13(5).

[7] 岳德军,侯素珍,等. 黄河下游输沙水量研究[J]. 人民黄河,1995(8).

亚行社会保障政策评估与
中国自身政策异同之探析

刘新芳　解新芳　黄　鹏　杜秋萍　赵　鑫

（黄河勘测规划设计有限公司）

摘要：概述中国移民安置的基本政策，通过对黄河下游防洪工程建设征地情况的分析，从移民的基本政策、准备社会影响评价中移民安置计划如何满足亚行其他相关要求给借款人及项目单位带来的交易成本、亚行在发现和解决相关保障问题方面发挥的积极作用、在项目完工报告中对移民安置计划情况做出评价等四个方面，对中国移民政策与亚洲银行移民社会保障政策进行了对比分析，找出之区别，以便更好地与国际接轨。

关键词：移民　中国　亚洲银行　政策　分析

1 亚行的保障政策与世行等国际开发机构和中国自身政策之间存在哪些异同，有何优势和不足之处

1.1 中国移民安置的基本政策

中国移民安置的基本政策主要包括：①节约建设用地，切实保护耕地；②工程建设要依法用地；③工程建设用地要兼顾国家、集体和移民三者利益；④移民安置实行国家补偿与移民自力更生相结合；⑤移民安置以农业安置为主；⑥国家提倡和支持开发性移民，采取前期补偿、补助与后期生产扶持相结合的办法；⑦妥善做好移民生产生活安置，做到不降低移民正常实际经济收入水平，并逐步有所改善。

1.2 亚洲银行的移民安置政策

亚洲银行的移民安置政策的目标是保证因工程发生的移民能从工程中受益。具体政策主要包括：①在可行的范围内尽可能避免非自愿移民或使之减少到最低限度；②在移民不可避免时，必须要制定移民安置规划。亚洲银行的政策目标是帮助移民努力改善或至少恢复至他们以前的生活水平；③移民应得到财产损失的补偿，给予分享项目利益的机会，并在搬迁过程中和在安置区的过渡时期内应获得帮助；④在提高或至少恢复他们以前的生活标准、收入能力和生产水平方面得到扶持；⑤应特别注意脆弱群体移民的特殊需求；⑥在规划和实施移民

安置过程中鼓励公众参与;⑦移民应在社会上和经济上与安置区居民融为一体;⑧应向受工程影响的农民提供土地、房屋、基础设施和其他补偿。

比较而言,中国和亚洲银行的移民政策在尽量减少移民数量、妥善安置好移民的生产生活、使移民的生产和生活水平不致低于原有的水平并有所提高上是一致的。中国的移民政策提倡开发性移民,并强调移民安置采取国家补偿和移民自力更生的政策。亚洲银行在移民安置方面特别强调公众参与及对易受伤害群体的特殊照顾。

1.3 亚洲银行对一些类型的损失要求

亚洲银行对一些类型的损失要求不是简单地用金钱方式估价或补偿的,譬如:获得公共社会服务的途径、接近消费者和借贷者途径的生产方式等,必须开辟一种新的途径,使移民能够获得与这些损失等价的并且在文化上可以接受的各种就业的机会。另外,亚洲银行移民补偿政策对具有特殊风险的脆弱群体和少数民族居民给予照顾。

1.4 亚洲银行特别强调移民工作中的公众参与

亚洲银行特别强调移民工作中的公众参与,要求在整个项目的准备、实施过程及搬迁以后的生产恢复、生活复建阶段,都需要公众参与,获得安置区居民和移民的合作、参与及反馈意见;在制定移民安置规划时就要向移民介绍他们所拥用的权利和可以选择的方案。亚洲银行认为,成功的移民安置应及时将移民责任从安置机构转交给移民本身。

中国工程移民工作中也十分重视公众参与,在占压淹没实物指标调查时,都是由设计人员与当地的土地管理部门和基层干部组成小组逐村、逐户进行调查核实,调查结果都要得到户主的签字认可。在编制移民安置规划时,一般由设计院和地方有关部门以及受影响的村、村民小组干部、移民代表共同确定安置地点、补偿标准和劳动力的安置量等。在移民安置补偿政策方案决定之后,一个很重要的步骤是项目单位同有关的部门签订补偿安置协议。在许多工程项目的移民工作中,都设立了移民户补偿登记卡制度,把损失的详细数字、补偿标准、金额以及分几次支付、支付时间都在卡中一一注明。在移民工作实施过程中,移民直接参与安置点的建设和生产、基础设施的恢复,为移民创造就业机会,使他们直接从移民项目的实施中受益。移民搬迁安置完毕,地方政府和项目单位还对移民生产生活给予扶持,使移民尽快恢复原有生产生活水平。

通过中国工程移民的实践,可以发现中国工程移民工作中公众参与是做得比较好的,有成功的经验。但在国内规划报告中一般不体现公众参与的内容。而亚洲银行要求将移民参与的活动、时间、形式记录下来,编制成表,在规划报告中反映出来,同时还要求对移民申诉渠道的安排、形式作详细的交待。

总之：①中国的工程移民政策和亚洲银行的移民政策在诸多方面是一致的，而且中国的移民政策可操作性强。②在编制移民安置计划方面，亚洲银行的要求要比中国可行性设计阶段高。在编制亚洲银行贷款项目移民计划时，首先需要的是领会亚洲银行移民政策的内涵，将亚洲银行移民计划要求的内容反映在报告里，诸如公众参与、移民补偿信息公开、移民机构、法律内容、财务管理等。这些内容在中国工程移民规划的实践中是必须考虑的，只不过中国所要求的可行性阶段规划报告习惯上不需要这方面的内容而已，而在移民安置去向、移民生产出路、移民生活体系恢复等方面，目前中国可行性阶段的规划内容已加深，可满足亚洲银行对移民安置行动计划的要求。

2 准备社会影响评价、移民安置计划满足亚行其他相关要求给借款人和项目单位带来的交易成本

例如，表1为黄河防洪项目移民计划及监理监测费用。

3 有无必要在项目完工报告中对移民安置计划的实施情况做出评价

有必要在项目完工报告中对移民安置计划和少数民族发展计划的实施情况做出评价，评价包括意见和建议。

建设征地补偿及移民安置评价，首先检查征地拆迁能否满足建设进度要求，有无违反政策情况，批准征地拆迁与实际征地拆迁有无差别，有关征地手续办理情况，征地拆迁费用的使用和管理等。征地拆迁群众的生产生活安置情况，征地拆迁费用的审计结论。列出设计与实际完成的主要实物指标。

建设征地补偿及移民安置由地方政府负责实施，按照批复的补偿概算投资，进行建设征地补偿及移民安置专项验收。建设征地补偿及移民安置费用总投资或所占总概算比例较少的，经竣工验收主持单位同意，可不进行建设征地补偿及移民安置专项验收，但应由地方政府向竣工验收委员会提交建设征地补偿及移民安置专项报告。工程建设征地和移民安置等问题已基本完成。建设征地补偿及移民安置专项验收：由工程所在地的市政府或其委托单位组织验收，并向竣工验收委员会提交建设征地补偿及移民安置验收工作报告。

4 亚行在发现和解决相关保障问题方面发挥的积极作用

4.1 经济水平是建立农村社会保障制度的基本条件

解决农村社会保障制度，实施农村社会保障工作，经济是基础，是开展一切工作的条件，是社会经济发展的源泉与动力。要建立农村社会保障制度，首先要看农村经济的发展水平和农民的收入状况，要看农民的消费水平和储蓄倾向，要

表1 黄河防洪项目（贷款号：1835）移民计划及监理监测费用

一、堤防工程 ／ 二、河道整治

项目	合计	小计	开封核心子	兰考(152)	原阳	濮阳	兰考(135)	东明	牡丹	鄄城	小计	老宅庄	河道整治
合计	2 320.7	969.0	70.0	40.0	252.0	97.0	28.0	358.0	88.0	36.0	201.4	13.6	35.5
规划设计科研费	1 528.1	690.0	47.0	29.0	180.0	69.0	20.0	256.0	63.0	26.0	29.4	9.7	19.7
监理监测费	640.4	279.0	23.0	11.0	72.0	28.0	8.0	102.0	25.0	10.0	19.7	3.9	15.8

三、滩区安全建设

项目	合计	长核	平滩	长滩	兰滩	范滩	东滩
合计	1 036.0	10.0	245.0	140.0	101.0	259.0	281.0
规划设计科研费	728.0	7.0	163.0	100.0	72.0	185.0	201.0
监理监测费	308.0	3.0	82.0	40.0	29.0	74.0	80.0

四、东平湖

项目	小计	东平湖核	东平湖1	东平湖2
合计	38.6	3.4	5.2	30.0
规划设计科研费	27.6	2.5	3.7	21.4
监理监测费	11.0	1.0	1.5	8.6

五、险工

项目	小计	刘庄	邱金局	东坝头	黑岗口	中牟局	聊城	东明	添口
合计	75.8	9.2	7.0	1.3	1.3	8.0	7.0	39.0	3.0
规划设计科研费	53.1	5.1	5.0	1.0	1.0	6.0	5.0	28.0	2.0
监理监测费	22.7	4.1	2.0	0.3	0.3	2.0	2.0	11.0	1.0

看农民的剩余产品的多少和再生产的规模。剩余产品是发展生产和实施社会保障的先决条件。剩余产品的多少即结余收入的高低,决定着农村经济发展的规模和社会保障的水平。

在分析影响建立农村社会保障制度的经济条件,主要有两大指标。

(1)农民人均收入。农民收入是反映农村经济发展水平和农民生活水平的核心指标,是建立农村社会保障制度的重要经济指标。分析这一指标,可以了解农民的最低消费需求,可以把握实施社会保障的有条件群体。通过对项目区样本户收入资料的计算,项目区总体收入水平不高,2003 年人均收入 1 160 元。其中,农业人均收入 430 元,占总收入的 37.07%;工副业人均收入 645 元,占总收入的 55.59%,工副业中打工收入又占了极其重要的位置,分别占工副业中收入的 66.87% 和总收入的 37.18%;养殖业和林果业收入在项目区占的比例极低,分别是 5.51% 和 1.83%。

(2)集体经济状况。乡镇经济的发展,乡村集体经济的壮大,县乡政府财力增强,是解决农村社会保障和提高保障水平的重要方面。目前已给农民免税免费,增加农民收入,可以给农村社会保障适当补贴。一般而言,经济发展水平和集体经济状况是建立农村社会保障制度的经济基础,决定农村社会保障发展规模和保障水平。

4.2 政府职能是建立农村社会保障制度的可靠保证

社会保障工作是建立社会主义市场经济的重要环节,是政治体制改革和经济体制改革的重要内容,是政府的一项社会政策行为。社会保障工作的行为主体是政府,政府是开展社会保障工作的领导者、组织者、协调者和监督者。政府应该在社会保障工作中充分发挥自己的职能作用,担负起行为主体的责任。

(1)政治责任。我国宪法第 45 条规定:"中华人民共和国公民在年老、疾病或者丧失劳动能力的情况下,有从国家和社会获得物质帮助的权利。国家发展为公民享受这些权利所需要的社会保险、社会救济和医疗卫生事业。"政府是社会保障工作的组织者,具有社会管理的职能,应该根据中国的国情,制定具有中国特色的社会保障的法律、法规,制定社会保障工作的长远发展规划,并依法组织实施。履行政府的社会管理职能,加强社会保障工作的管理监督,从稳定压倒一切的政治高度,抓好这项功在当代、惠及子孙的社会保障工作。

(2)经济责任。中国的农民是最朴实而勤劳的人民,政府有责任建立农村社会保障制度,解决农民的养老、医疗保险,实行政府调节经济职能,调整财政支出结构,加大财政对农村社会保障的转移支付,兼顾社会效率与公平,让农民像城镇职工一样共享社会主义建设的成果,体现全民资产全民所有。当然,我国还处在社会主义初级阶段,国民经济还不够富裕,全民资产有限,目前国家尚不可能把农民的养老、医疗保险承揽下来,只能采取各级财政给予适当补助和国家确保基金保值增值的办法,实行政府补一点、集体出一点、个人缴一点、社会助一点的农村社会保障制度。在制度设计上,以人均收入为缴费基数,缴费比例实行分级负担。有条件的省市可以给予困难群体和温饱型群体适当补助。有条件的县、镇、村可以根据各地的经济状况,对全体参保对象补助 5% ~ 8%,农民个人缴纳 5% ~ 8%。按平均缴费年限 20 年测算,到达养老年龄的投保农民可以按月领取 100 元左右的养老金,可以解决投保农民的基本生活保障。

4.3 法制建设是建立农村社会保障制度的根本依据

农村社会保障工作是一个覆盖九亿农民的大社会保障,面广量大,业务复杂,是一项社会系统工程,必须加强法制建设,依法办事,规范运作,科学管理。法制建设是建立农村社会保障制度的根本依据。

(1)明确保障对象。中央提出有条件的地方,建立农村社会保障制度。从保障对象分析,"有条件"包括有条件地方和有条件的群体,关键是有条件的群体。从社会现实来看,有条件的地方也有无条件的群体,无条件地方也有有条件的群体。从社会保障的要求来看,农村社会保障应该覆盖全社会所有有条件的群体,并随经济的发展,不断扩大社会保障范围,最终达到农村社会保障的全覆盖和社会的全面小康。

(2)规定缴费标准。保费标准必须以农民的收入为依据,以经济发展的水平和基本生活保障的要求而调整,以集体补助、政府补贴、财政支持为后盾。实行低标准、低门槛准入,低保障、多层次、广覆盖。对困难型弱势群体,实行农村最低生活保障线,由政府负担、社会捐助。对温饱型大众群体,实行低标准、低保障、低享受,缴费标准和保障水平的确定,以"能缴"和"能养"为标准和目的。对小康型富裕群体,包括乡镇企业职工,个体工商户,进城务工的农民工,按照农村经济发展水平,以省规定缴费基数和缴费比例,依法征收。对首富型特殊群体,实行高标准、高保障缴纳,政府规定的缴费上限,允许税前列支,鼓励他们社会资助和奉献。

(3)建立组织机构。工作开展需要组织,事业发展在于人。农村社会保障工作的发展需要有一个强有力的组织指挥系统,需要有一个精明强干的业务经办机构,需要建设一支高素质的农村社会保障干部队伍,需要建立一个管理科学的约束机制和高效运行的激励机制。组织是保证,领导是关键,人员是力量,机制是活力。

(4)健全规章制度。农村社会保障工作要设立一个好制度,必须将农村社会保障工作以前的成功经验和做法以法律形式固定下来,不断完善农村社会保障的法律、规章、制度和工作规程,按章按法办事,科学管理,规范运行,使农村社会保障工作始终纳入制度化、规范化、科学化、法制化管理的轨道健康发展。

浅议生态恢复

孙　娟　杨一松　程献国　景　明

（黄河水利科学研究院）

摘要：在生态环境保护的发展中产生了生态恢复的概念，生态恢复是改善生态环境的比较重要的措施，涉及生物物种保护、植被恢复、土地改良等。通过对黄河三角洲与黄土高原的生态恢复的比较，分析了黄土高原与黄河三角洲生态恢复措施的各自特点和相互关系，指出了生态恢复发展中要注意的问题。

关键词：黄土高原　三角洲　生态恢复

生态恢复并不是自然的生态系统次生演替，而是人们有目的地对生态系统进行改建；并不是物种的简单恢复，而是对生态系统的结构、功能、生物多样性和持续性进行全面的恢复。生态恢复主要分为两个部分，即恢复方法和恢复目标。目前在我国进行的生态恢复比较多，比较典型的是在黄土高原地区、西北荒漠化地区以及一些大的河流流域实行的生态恢复工程等，黄河三角洲生态恢复就是其中之一。黄河三角洲生态恢复是一个复杂的问题，牵扯到很多因素。黄河三角洲生态恶化与黄河来水量和来水水质有密切的关系。黄土高原进行的生态恢复对黄河下游水沙变化有极大的影响，三角洲生态恢复与黄土高原生态恢复有一定的联系。

1 黄土高原与黄河三角洲自然条件的差异

黄土高原位于黄河中上游地区，东起太行山，西至日月山，南界秦岭，北抵鄂尔多斯高原，总面积 $62.38 \times 10^4 \text{ km}^2$，总人口约占全国的 8%。包括河北西部、山西大部、陕西中北部、甘肃中东部、宁夏南部及青海东部等地。根据地貌的形成过程和自然特征的差异，可分为四部分：陇中盆地，陇东、陕北高原，渭河平原，山西高原。黄土高原属于温带大陆性半湿润半干旱气候，年降水量一般在 300～600 mm 之间，有些地区年降水量可达 800～1 000 mm。雨量集中在 7、8 两月，雨量较少，雨季短促；冬春季节多大风，蒸发普遍比较强烈，冬干、春旱现象也相应表现得比较明显。

黄河三角洲地区气候资源较优越，属北温带半湿润大陆性季风气候。年平均气温为 11.7 ~ 12.6 ℃ ,年均降水量 530 ~ 630 mm。黄河三角洲属于新生陆地,是一个冲积扇,地理构造和黄土高原有明显的差别。由于黄河每年从上中游挟带大量的泥沙入海,黄河三角洲的面积在不断变化。根据黄河在各个历史时期的入海方位和冲淤范围不同,黄河三角洲又分为古代黄河三角洲、近代黄河三角洲、现代黄河三角洲。该区域土地资源丰富,人均占地 0.43 hm^2 ,是山东省人均占地面积的 2.5 倍,且黄河每年还新淤地 0.2 × 10^4 hm^2。区域内河流纵横,其中黄河年均过流 366 × 10^8 m^3。湿地资源丰富,湿地面积达 75 × 10^4 hm^2。由于湿地的存在,生物多样性非常明显,呈现出与黄土高原不同的生物种类和特征。在进行生态恢复的过程中,恢复方法与恢复目标与黄土高原有差别。

2 黄土高原与黄河三角洲生态恢复差异

黄土高原是一个独特的地貌单元,是我国水土流失最严重的地区。千百年来人为的开垦和破坏,致使森林植物的生存条件恶化,黄土高原植被覆盖差,而且黄土高原地区降雨集中,黄土土质松软,很容易造成水土流失。据统计,全区水土流失面积达 3.4 × 10^5 km^2 ,其中土壤侵蚀强度大于 1 000 t/(km^2·a)的面积约为 2.9 × 10^5 km^2 ,大于 5 000 t/(km^2·a)的面积约为 1.66 × 10^5 km^2 ,有些地方甚至超过 20 000 t/(km^2·a)。严重的水土流失,导致了黄土高原地区生态系统功能的严重退化,表现为土地瘠薄、肥力衰减、生态系统的产出水平下降。由于黄土高原地区的人口持续增长和悠久的垦耕,原始植被已被破坏殆尽,次生和人工植被覆盖率不足 20% ,人口密度已远超出国际公认的半干旱地区人口承载的上限。迫于人口增加对于粮食旺盛需求的压力,长期以来,当地单一经营,广种薄收,形成"越垦越贫,越贫越垦"的恶性循环,使原本不稳定的生态系统变得更加脆弱。

黄土高原区域面积广阔,在区域内存在着明显的地域性差异,水文气候非常复杂。黄土高原地理构造与黄河三角洲有本质的差别,地貌完全不同,植被相应地也不同。在地球自然演变的过程中,因为自然气候条件的恶化,黄土高原的原生植被早已不复存在,取而代之的是天然次生植被与人工植被,现有植被在某种程度上已不能客观地反映出植被地带性实质。根据中国科学院黄土高原考察队的研究结果,黄土高原划分成以下植被带,即森林地带、森林草原地带、典型草原地带和荒漠草原地带。黄土高原地区的生态恢复是一个复杂的系统工程,既要考虑土壤、水分、植被等自然因子的历史变迁、现存状况和发展趋势,也要考虑其作为一个自然和社会复合单元所能承受的干扰程度。

地理状况决定了黄河三角洲自然植被主要以湿地植被类型为主,兼有人工植被。盐生草甸、灌丛是黄河三角洲的主要湿地植被类型。海滨滩地常受海潮浸渍,或受高盐度地下水影响,高度耐盐的盐地碱蓬、獐茅、柽柳群落首先侵入,由定居到竞争。开始群落密度、盖度小,以后逐渐发展到郁闭群落。随着群落的发展、土壤盐分的减少、土壤有机质的增加,之后为中度耐盐和轻度耐盐的植物群落所代替。当土壤含盐量降至0.1% ~0.3%时,则可能分别生长以白茅、拂子茅、野大豆为主的群落,成为盐生草甸、灌丛演替相对稳定的群落,最后向顶级群落落叶阔叶林发展。由此可以看出,黄河三角洲植被群落演替与土壤含盐量的变化有很大的关系。除此之外,自然或人为活动的干扰,如风暴潮、黄河改道、洪水泛滥、不合理开垦、过度放牧等,也会导致生态系统发生跳跃或逆转演替。因此,黄河三角洲植被群落具有不稳定的特点,极易被外界变化左右。

3 植被恢复措施差异

黄土高原与黄河三角洲生态环境存在明显的地域性差异,生态恢复的重点和措施也有所区别。

3.1 黄土高原生态恢复重点和措施

黄土高原生态恢复重点是植被的恢复与重建。黄土高原植被恢复受到水资源的极大限制。黄土是库容巨大的土壤水库,但是,土壤水库并不是取之不尽、用之不竭的,如果降水补给不充分,地面蒸发耗水强烈,或者人工植被使用不当引起过度蒸散,都会造成土壤水库的库容亏缺,出现土壤干层。

目前根据黄土高原几十年的水土保持效果分析,使人们认识到完全采用人工种植乔木、灌木和草,不顾水分条件差异和植物生物学特征,并不能达到恢复的目的。黄土高原目前理想的生态恢复模式是自然恢复及人工与自然结合的方法。根据区域内地域差异,对不同的地域加以选择、保护、恢复、重建和改造,对自然资源和地带性生态系统进行保护和恢复;对于水分条件较好的区域,推行人工干预和自然恢复相结合的策略;有些极度退化的景观,如干旱荒漠草原带,失去了人工重建的生态条件和经济意义,维持现状是最好的选择。植被恢复重建应依据植被地带性分布规律和资源的承载力,研究乔、灌、草植被建设的适宜类型、适宜规模与合理布局,并做到宜乔则乔、宜灌则灌、宜草则草,乔灌草结合,还林后实行封山管护,还草后实行围栏封育,农林牧相结合。科学地确定乔、灌、草比例,要坚持营造生态林为主,对生态林和经济林的比例做出科学的规定。

具体恢复措施要因地制宜,基本遵循选择恢复类型—水分动态研究—物种的选择与配置这样的步骤。黄土高原的气候条件与地质条件的独特性决定了该地区水分的稀缺性。因此,抗旱物种的选择是植被恢复和生态系统稳定的前提与基础。乔、灌、草的配置是以自然环境条件和生物学特性为原则在一个小流域中所营造的配置形式,其物种配置应是物种之间有规律的共处,彼此之间具有相互影响、相互制约、相互依存的关系,应避开竞争水分和其他生态条件。实验结果表明,多种植物的组合比单一物种的水土保持效益要显著。水分是黄土高原植被恢复生长的主导因子。解决了水分问题,可以提高植物的存活率,促进生物产量及经济产量的形成;同时,还可以扩大植物的分布范围。黄土高原水土流失及风蚀地区的植被恢复重建过程,存在或经历着"自然型"、"灌溉型"、"集流型"变化历程。3种过程类型中,"集流型"应为目前植被恢复重建工作的主体。如何把集水措施与具体的地形地貌条件结合好是生态恢复中很重要的方面。

进行生态恢复后的黄土高原生态系统应当是一个开放型系统,只有通过与其他系统建立物质流、能量流、信息流、价值流和人口流,才能成为可持续发展的系统。黄土高原的生态恢复是一个复杂的系统工程,一定要符合自然规律,重视脆弱的生境条件对植被恢复重建的影响和约束,对生态和经济恢复过程要切合实际,建立渐进的恢复目标,实现生态环境改善和社会经济的可持续发展。

3.2　黄河三角洲生态恢复

黄河三角洲物产资源丰富,油田等的开采对当地环境造成一定的破坏,加之20世纪70年代以来,黄河频繁断流,黄河三角洲水量得不到及时补充,整个黄河三角洲湿地面积大量萎缩,植被退化消失,生态平衡被破坏,引起了生态环境的极度恶化。湿地面积的减少、湿地水质的改变、湿地生物多样性的降低已成为湿地退化的主要过程。黄河三角洲属于新生陆地,植被演变处于不断变化中。湿地植被是主要的植被群落。黄河三角洲生态恢复的重点是维持、保护原有的湿地环境不被破坏,并对新生湿地予以保护。考虑到黄河三角洲生态系统的脆弱性,单纯地依靠自然恢复不能保持生态系统的持久稳定性,因此黄河三角洲生态恢复应采用自然与人工相结合,在生态安全演变的基础上促进生态系统的良性恢复。

首先,补充足量的淡水资源。经过黄河水量调度以及调水调沙,黄河断流现象得到了控制,保证了有一定的水量入海,改善了黄河三角洲地区生态环境,逐步修复了人与自然的和谐关系。

其次,恢复植被结构,保护生物多样性。黄河三角洲湿地主要的功能是净化水质、降解内陆河流污染物质,提高环境质量,蓄滞洪水等。存在的环境问题是分布不均,水分补给差,土壤盐碱化,植被稀少,逆向演替。进行生态修复应当因地制宜,保障水源补给,保护原生植被,并进行人工辅助繁育更新,引种和选育耐盐植物,增加植被种类,提高植被覆盖率。同时,统一水量调度为三角洲湿地恢复提供了水量条件,减缓了三角洲湿地面积急剧萎缩的势头,湿地植被质量得到提高,生物量、物种多样性明显增加,生态系统更加稳定,河口地区生态环境显著改善,河口湿地生态得到有效保护。

第三,加强对新生湿地的保护。近年来,在 15.3 万 hm² 的黄河三角洲上,又有 1.3 万 hm² 湿地得以再生。湿地面积的不断增加,黄河口生态系统的改善,都极大地促进了黄河三角洲整体生态环境的提高。这些新生湿地的景观发育处在初级阶段,其结构和变化表现出明显的原始性,景观和生态系统在时间和空间上都是年轻化的,生态系统的演替从原生演替开始,演替过程明显、完整,这些因素使得黄河三角洲新生湿地与原有的湿地一样,表现出明显的生态系统不稳定、生态承受力微弱的缺点。因此,加强对新生湿地的保护就显得尤为重要。

4 生态恢复中要注意的问题

目前生态恢复集中在植被的恢复,涉及植物物种的选择、植被结构配置和植物种植技术等方面。不管是黄土高原这种半干旱半湿润地区还是黄河三角洲半湿润地区,如何合理配置生态恢复中的物种都是一个极为重要的问题。

首先,需要考虑当地水分及水环境问题,慎重选择植物物种。黄土高原与黄河三角洲都有许多乡土植物种,能适应当地退化的生境,并形成了不同生物气候区适宜的植物类型,应当加以利用。大量盲目地引入外来种,不考虑地带性植被是多年植物与气候等生境相互作用的结果,或多或少会对原有系统造成影响。植被重建应该在查明水分承载力与容量本底值的基础上,选择适宜的草、灌和乔木种,确定合理的配置结构、适宜密度、栽植方法及管理措施,控制水量平衡,根据水分承载力和雨水资源化水平调整植被结构。

其次,注意物种间的交互作用,重视生态系统的异质性。物种间的相互作用相当复杂,生态系统内生物与环境间、生物与生物间形成了复杂的关系网。在恢复时,必须考虑到生物间的相互关系,采取适当的方法促进建立一个良好的生态关系。一个健康的生态系统必须具备物种组成、空间结构、年龄结构和资源配置等方面的异质性。这些异质性为多样性的动物和植物等生存提供了多种机会与条件。如果在进行生态恢复的时候,能考虑到这些关系,配置不同年龄结构、不同物种、高低搭配错落的林带,将避免出现种类和结构单一的人工纯林,不会出现导致林内地表植被覆盖差、保水能力差、生物多样性水平低、营养循环过程不畅、土壤营养日渐匮乏、抗病虫等生态稳定性低下等缺陷。

第三,采取多种恢复模式。生态恢复目前仍然在不断完善,以前的治理措施的配置比较单一,生物与工程措施的进展不平衡,不同条件下的优化配置比例不明确。要恢复、创建和连接各种类型生态系统,考虑景观结构之间和物种之间的相互作用,形成生态系统良好的水分和养分循环,改善景观生态系统功能。

5 结语

黄土高原处于黄河中游,严重的水土流失对黄河下游乃至黄河河口都具有极大的影响。进行生态恢复建设,减少进入黄河下游的泥沙,减少黄河下游冲沙的用水量,增加黄河干流的常用水量,都对增加黄河下游的水资源有利。黄河三角洲的产生来源于黄河,黄河三角洲的兴废离不开黄河。随着人们对生态环境和合理利用黄河水资源认识的提高,黄河三角洲的生态恢复日益受到重视。随着人们对生态恢复重要性的认可和生态恢复力度的加大,黄土高原与黄河三角洲的生态环境都将会有极大的改善。

参 考 文 献

[1] 贾文泽,田家怡,潘怀剑. 黄河三角洲生物多样性保护与可持续利用的研究[J]. 环境科学研究,2002(4).

[2] 惠泱河. 黄土高原地区的可持续发展问题[J]. 西北大学学报(自然科学版),2000,30(4).

[3] 王小平,李弘毅. 黄土高原生态恢复与重建研究[J]. 中国水土保持(SWCC),2006(6).

[4] 胡建忠,朱金兆. 黄土高原退化生态系统的恢复重建方略[J]. 北京林业大学学报(社会科学版),2005(1).

基于 AHP 的代建单位评选方法研究

尹红莲[1,2]　曹广占[2]　梁秋生[2]

（1.河海大学水利水电学院；2.山东水利职业学院）

摘要:本文根据代建制招标的特点,建立了代建单位评选的指标体系及层次分析法(AHP)模型,运用定性与定量分析相结合的方法选择最佳代建单位,能够较好地避免评选过程的主观随意性,具有一定的科学性。

关键词:层次分析法(AHP)　代建制　评选指标

代建制是国际上广泛应用的一种建设项目管理模式,1999 年,中国在上海市推行试点市政项目的代建制,标志着代建制在中国的起步。国务院 2004 年 7 月 16 日出台的《国务院关于投资体制改革的决定》(国发「2004」20 号文,以下简称《决定》)的第二部分,就政府投资项目明确提出:“对非经营性政府投资项目加快推行代建制……”。在《决定》的推动下,上海、北京、重庆、厦门、深圳等城市相继试点推行,应用领域逐渐扩大,在水利工程中也得到了应用,并将在各地逐渐推广。

《决定》第三部分明确指出:“政府(投资主体)通过招标方式,选择具有相应资质、社会专业化的项目管理单位作为代建人……”但中国目前,对代建单位的评选尚没有一套科学、适用的方法,不能像工程勘察设计、施工等采用经评审的最低报价法或工程量清单法来进行评标,在以往的评选中常采用综合打分评审法,主观随意性很大,容易造成评价结果失真。本文利用层次分析法原理,根据代建制招标的特点,建立了代建单位评选的综合评价指标体系,并建立了一个AHP 模型,为运用层次分析法进行代建单位评选奠定基础,使定性与定量相结合,达到合理优选代建单位的目的。

1　层次分析法(AHP)

层次分析法(Analytic Hierarchy Process,AHP)是美国著名运筹学家、匹兹堡大学教授 T. L. Saaty,于 20 世纪 70 年代中期,首先提出的定性与定量相结合的一种系统的分析方法。它把复杂问题分解为若干有序层次,根据对客观事物的判断,就每一层次的相对重要性予以定量表示,并用数学方法确定每一层的全部元素相对重要性次序的数值,通过对各层次的分析,导出对整个问题的分析。目前该法在计划制定、资源分配、方案排序、人才选优及决策预报等相当广泛的领域得到了运用。该法用于代建单位评选,道理简单,操作方便,而且通过完善递阶层次结构,可以实现科学、合理及评选标准和方法的统一。

2 AHP 代建单位评选模型的建立

根据代建制招标的特点,AHP 评选模型可分为 3 个基本层次:目标层 A、准则层 B 和方案层 C。其模型如图 1 所示。

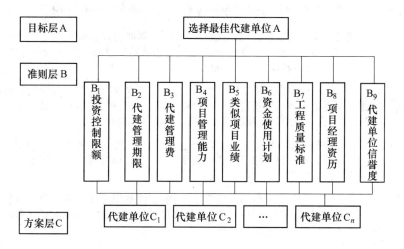

图 1 代建单位评选层次结构模型

2.1 目标层 A

评选的目的是要确定哪个代建单位最优,因此目标应定为选择最佳代建单位(用 A 表示)。

2.2 准则层 B

准则层,是衡量目标能否实现的标准,具体到代建单位的评选,就是用评选的标准综合考察各代建单位。代建单位的评选,不同于工程施工或勘察设计等项目的招标评标,应主要注重代建单位管理能力的考察,不能只注重代建取费报价的高低。所选代建单位,应当具有丰富的项目管理经验和较强的项目管理能力,特别是,能够对项目的资金使用进行合理的控制与管理。模型中各指标含义如表 1 所示。

表 1　代建单位评选指标

评选指标	含　义
B_1 投资控制限额	委托代建合同中标明的,由代建单位按照自身管理水平和项目实施的内外条件制定的项目投资控制目标。该指标作为代建合同中的一项报价,具有特别重要的地位
B_2 代建管理期限	委托代建合同中约定的,代建单位对项目实施管理的天数。该期限从代建单位对项目前期的策划、项目的实施管理、竣工验收至试运行后成功交付使用单位,到完成整个代建合同为止
B_3 代建管理费	代建单位为提供代建服务而索取的报酬,类似一般意义上的承包商报价,但在评选中并不是最重要的因素,中国目前尚没有统一的取费标准,试点中通常是代建管理费≤原基建财务制度中的建设单位管理费,一般不超过建设单位管理费的 70% ,根据各代建单位的实际能力和报价策略有所不同
B_4 项目管理能力	代建单位对项目造价、工期、质量、风险控制能力以及安全等方面的综合能力。就代建项目的实施阶段来讲,就是要求代建单位具有较强的项目策划、设计、施工以及材料设备供应的能力
B_5 类似项目业绩	主要指代建单位最近 2 年内参与的,类似代建项目或总承包管理项目的业绩。可通过了解该类项目的质量合格率、优良率、相关奖项、质量安全事故等因素,结合业主的满意程度综合评选
B_6 资金使用计划	代建单位根据实际工作进度和资金需求,对政府投资资金的合理安排。资金使用计划经项目使用单位和监理单位认可后,作为政府投资主管部门安排建设资金的依据
B_7 工程质量标准	使用单位对代建项目的质量要求,更重要的是作为代建单位对项目整体质量的控制目标,能具体地体现代建单位质量管理的能力,是从价值工程的角度保证优质优价的一项重要措施
B_8 项目经理资历	主要指代建单位派驻该项目负责人的能力,具体体现为该负责人对项目管理机构的设置、人力资源的配备、职员分工以及项目经理自身的业务素质、协调能力和上级单位的授权程度
B_9 代建单位信誉度	主要指代建单位的资金和信用,反映了代建单位的经济实力和财务风险防范能力。银行一般将企业的信用度由高至低划分为 AAA,AA,A,B,C,D 6 个级别,代建单位评选时可按以上的信誉等级择优

2.3　方案层 C

方案层是各代建单位的项目代建方案(或建设大纲)(以代建单位表示)。

3　模型的运用

3.1　构造判断矩阵

实际招标时,由评标专家组用 1 ~ 9 个比例标度作出各层次的判断矩阵,即针对上一层次某因素而言,本层次与之有关的各因素之间的相对重要性。相对重要程度如表 2 所示。

表 2　i 因素与 j 因素的相对重要程度

重要性程度	定义
1	i 因素与 j 因素同等重要
3	i 因素比 j 因素略重要
5	i 因素比 j 因素重要
7	i 因素比 j 重要得多
9	i 因素比 j 因素绝对重要
2,4,6,8	介于以上两种判断之间的状态的标度

各专家所给的重要程度取加权平均值。设判断矩阵为 [a]，则有如下关系：

$$[a] = \begin{pmatrix} a_{11} & a_{12} & \cdots & a_{1n} \\ a_{21} & a_{22} & \cdots & a_{2n} \\ \vdots & \vdots & & \vdots \\ a_{n1} & a_{n2} & \cdots & a_{nn} \end{pmatrix} = \begin{pmatrix} a_1/a_1 & a_1/a_2 & \cdots & a_1/a_n \\ a_2/a_1 & a_2/a_2 & \cdots & a_2/a_n \\ \vdots & \vdots & & \vdots \\ a_n/a_1 & a_n/a_2 & \cdots & a_n/a_n \end{pmatrix}$$

3.2　层次单排序与判断矩阵的一致性检验

将每层判断矩阵的两边同时乘以特征向量 $[W]^T$，$[W] = \{\omega_1, \omega_2, \cdots, \omega_n\}$ 便有：$[a][W]^T = \lambda_{max}[W]$，则有关系式：$[a]\lambda_{max}[I] = 0$，利用幂法、和积法、方根法，人工或 AHP 软件计算判断矩阵的特征向量和最大特征根 λ_{max}，求得同层间单权重系数。

计算随机一致性比例 CR，判断矩阵的一致性。

$$CR = CI/RI \tag{1}$$

式中，CI 为一致性指标，$CI = (\lambda_{max} - n)/(n-1)$；RI 为同阶平均随机一致性指标，其取值如表 3 所示。当 $CR \leqslant 0.10$ 时，即认为判断矩阵具有满意的一致性，否则，就需要调整判断矩阵，直到取得满意的一致性为止。

表 3　1~9 阶矩阵的 RI 值[2]

阶数	1	2	3	4	5	6	7	8	9
RI	0.00	0.00	0.58	0.90	1.12	1.24	1.32	1.41	1.45

3.3　层次总排序及其一致性检验

利用同一层次中所有层次单排序的结果，计算针对上一层次而言，本层次所有因素重要性的权值。层次总排序由上而下即由最高层到最低层逐层进行，对于高层下面的第二层，其层次单排序即为总排序。上一层次所有因素 A_1，$A_2, \cdots, A_m$ 的总排序完成后，得到的权值分别为 $a_1, a_2, \cdots, a_m$，与 a_i 对应的本层次因素 $B_1, B_2, \cdots, B_n$，单排序的结果为 $b_1^i, b_2^i, \cdots, b_n^i$，当 B_j 与 A_i 无关时，$b_g^i = 0$，则层次总排序如表 4 所示。

表4 层次总排序

层次 A	A_1	A_2	$\cdots$	A_m	层次 B 的总排序
	a_1	a_2	$\cdots$	a_m	
B_1	b_1^i	b_1^2	$\cdots$	b_1^m	$\sum\limits_i^m a_i b_1^i$
B_2	b_2^i	b_2^2	$\cdots$	b_2^m	$\sum\limits_i^m a_i b_2^i$
$\vdots$	$\vdots$	$\vdots$		$\vdots$	$\vdots$
B_n	b_n^i	b_n^2	$\cdots$	b_n^m	$\sum\limits_i^m a_i b_n^i$

层次总排序的一致性检验与单排序类似,此时,

$$CR = \sum_i^m a_i CI_i / \sum_i^m a_i RI_i \tag{2}$$

式中,CR 为层次总排序随机一致性比例;CI_i 为与 a_i 对应的 B 层次中判断矩阵的一致性指标;RI_i 为与 a_i 对应的 B 层次中判断矩阵的平均随机一致性指标。同样,当 $CR \leqslant 0.10$ 时,层次总排序的计算结果具有满意的一致性。一致性检验也是从高到低进行。最底层的总排序中数值由大到小的顺序即为评标确定的最佳代建单位候选顺序。

4 结语

代建制作为政府公益性投资项目的一种管理模式,有着广阔的应用前景。如何确定代建单位评选指标和方法,选择优秀的代建单位,是当前政府主管部门急需解决的问题之一。本文利用层次分析法原理,根据各指标的相对重要性,经过计算得出权重值,运用定性与定量相结合的方法确定最佳代建单位,能够较好地避免评选过程中的主观随意性,具有一定的科学性、合理性。

参 考 文 献

[1] 李红岩,王建声. 关于完善项目代建模式的几点思考[J]. 科技与管理,2006,36(2):62 –65.

[2] 赵杰. 管理系统工程[M]. 北京:科学出版社,2006,170 – 181.

[3] 李彪,柴红锋. 基于改进模糊优选模型的代建单位评选方法研究[J]. 河海大学学报(自然科学),2006,34(2):231 – 234.

[4] 孔晓. 关于代建制的思考(下)[J]. 中国工程咨询,2006.66(2):16 – 19.

河道洪水流量过程线变化因素分析

翟 媛

（清华大学水利系）

摘要：本文通过理论分析和实例说明，强调影响河道洪水传播时间和洪峰流量衰减的因素，既有河道边界条件等外部因素，也有洪水过程自身的内部因素。建议在注重河道的外部影响因素之外，一定要重视洪水自身的内部因素。对于可以进行调控的洪水，要加强水库的优化调度，根据试验目标对进入下游河道的洪水过程进行塑造和优化。

关键词：洪峰衰减　洪水传播　塑造洪水　优化调度

1 问题的提出

在进行河道洪水预报时，经常是根据上站的洪峰流量预报下站的洪峰流量，其中，下站的洪峰流量大小和峰现时间是两个最受关注的指标，这两个参数的精度高低对做好下游河段的防洪减灾工作至关重要。但是发现，有不少人经常把一些河段各类洪水的传播时间和洪峰衰减率罗列在一起，不加分析进行比较，实在不合理。其实，下站洪峰流量和洪峰的传播时间的大小除了与河道边界条件、上站洪峰流量、洪水的泥沙有关系外，主要还与上站的洪水流量过程有关。为了有助于人们加强对洪水过程的认识，并运用其规律于生产，撰写此文，以供参考。

2 理论分析

2.1 洪峰流量的衰减变化

根据马斯京根法流量演算公式，

$$O_2 = C_0 I_2 + C_1 I_1 + C_2 O_1 \qquad (1)$$

式中

$$C_0 = (0.5\Delta t - kx)/(k - kx + 0.5\Delta t)$$
$$C_1 = (0.5\Delta t + kx)/(k - kx + 0.5\Delta t)$$
$$C_2 = (k - kx - 0.5\Delta t)/(k - kx + 0.5\Delta t)$$

且

$$C_0 + C_1 + C_2 = 1$$

可以得出

$$O_3 = C_0 I_3 + C_1 I_2 + C_2 O_2$$
$$= C_0 I_3 + C_1 I_2 + C_2 (C_0 I_2 + C_1 I_1 + C_2 O_1)$$
$$= C_0 I_3 + (C_1 + C_0 C_2) I_2 + C_1 C_2 I_1 + C_2 C_2 O_1$$
$$O_4 = C_0 I_4 + C_1 I_3 + C_2 O_3$$
$$= C_0 I_4 + C_1 I_3 + C_2 [C_0 I_3 + (C_1 + C_0 C_2) I_2 + C_1 C_2 I_1 + C_2 C_2 O_1]$$
$$= C_0 I_4 + (C_1 + C_0 C_2) I_3 + (C_1 C_2 + C_0 C_2 C_2) I_2 + C_1 C_2 C_2 I_1 + C_2 C_2 C_2 O_1$$
$$\vdots$$

由以上可以看出,下断面某时刻的出流量,与上断面相应时刻及其以前时段的入流量有关,至于上断面各个时刻流量的影响权重大小,与系数有关。这些系数与河道边界条件有关。

2.2 洪峰流量的传播时间

洪水传播时间的计算方法主要有两种,一种是根据非恒定流连续方程推求洪水的波速,然后根据河段长度计算洪水传播时间;另一种是认为洪水波的传播速度近似等于断面平均流速,然后根据上下两个断面的平均流速和河段长度计算洪水传播时间。根据非恒定流连续方程可以导出:

$$\omega = V + A \times dV/dA \tag{2}$$

式中,ω 为波速;A 为过水断面面积;V 为断面平均流速。

一般情况下,波速大于流速。对于复式河道,当洪水发生漫滩时,断面面积增大,流速减小,则波速小于流速。若洪水漫滩后河宽不再增加,随着流量增大,过水断面面积和流速同时增加时,波速又大于流速。

根据谢才公式:

$$V = C(RJ)^{1/2} \tag{3}$$

式中,C 为谢才系数;R 为水力半径;J 为水面纵比降。

将曼宁公式 $C = n^{-1} R^{1/6}$ 代入公式(3),并用平均水深 h 代替水力半径 R,可得:

$$V = n^{-1} h^{2/3} J^{1/2} \tag{4}$$

可以看出,洪水传播时间与河床糙率、过水断面面积、平均水深、河道水面比降等因素有关。影响洪水传播时间的因素较为复杂,但概括起来可分为两种,即外部因素和内部因素。外部因素主要是河道边界条件的变化;内部因素主要包括入流的洪水过程以及洪水含沙量的大小等。

3 实例分析

3.1 外部因素的影响

对于大部分河流,随着社会经济的不断发展和人口的不断增长,人类活动范围增大,人与河争地现象严重。尤其是北方河流,由于常年小流量或干涸,河道被挤占,过水断面减小,河床糙率增大,致使河道变形严重,洪峰流量衰减比例增大。洪水流速减小,传播时间增长。

黄河下游花园口至高村河段,河道长 189 km,属于"地上悬河",区间基本无水加入。该河段滩大人多,河道宽浅,人为活动影响逐年增大,致使洪峰流量衰减率不断增大,洪水的传播时间逐渐加长。根据每年的最大洪峰流量统计分析,20 世纪 60 年代洪峰流量衰减率平均为 4%,洪峰传播时间平均为 28 h;70、80 年代洪峰流量衰减率平均为 16%,洪峰传播时间平均为 38 h;90 年代洪峰流量衰减率平均为 26%,洪峰传播时间平均为 42 h,最长传播时间达 103.5 h。当然,造成同一河道洪峰流量衰减率逐渐加大,传播时间逐渐变长的原因,正如前面所述,因素较多,既有内部因素,也有外部因素,但总体上来讲,河道边界条件这一外部因素的变化起到了重要作用。

3.2 内部因素的影响

所谓洪水内部因素,主要是指洪水的流量级和洪水过程,以及洪水所含的泥沙。洪水流量级的大小主要是影响过水断面面积和水深,从而改变了对水流影响的外部条件。洪水含沙量及其颗粒级配不同主要是影响了水流自身的密度,本文暂不考虑。这里主要分析在相同外部边界条件下,不同的上游入流洪水过程对下游断面形成的洪水过程的影响,包括洪峰流量的衰减和传播时间。对于同一河段,河床纵比降相对稳定,由于不同的入流过程,产生的洪水附加比降的差别,使得洪水的水面比降不同,造成洪水向下游演进过程中发生不同的洪水坦化和变形。

为了便于分析,这里采用同样的洪峰流量、同样的水量,而采用不同的入流过程,取同一套河道流量演进参数(即假定河道边界条件相同),进行河道洪水演进计算。假定采用约 7 亿 m³ 的水量,形成最大流量为 4 000 m³/s,而洪水过程不同。方案一:矩形过程 2 天;方案二:洪水涨水段逐渐增加和落水段逐渐减小;方案三:涨水段逐渐增加,落水突减;方案四:涨水突增,落水段逐渐减小;各种方案的入流过程均假定基流等于 0,所有方案的时段步长为 6 h,马斯京根分段参数 $k = \Delta t$,分段数 $n = 4$,每段的 $x = 0.2$,各个方案的洪水河道演进结果见表 1,特征值见表 2。相应的过程线见图 1 ~ 图 4。

表1　不同入流方案的洪水演进计算

时段	方案一		方案二		方案三		方案四	
	入流	出流	入流	出流	入流	出流	入流	出流
1	0	0	0	0	0	0	0	0
2	4 000	11	500	1	500	1	4 000	11
3	4 000	128	1 000	17	1 000	17	4 000	128
4	4 000	602	1 500	93	1 500	93	4 000	602
5	4 000	1 580	2 000	290	2 000	290	4 000	1 580
6	4 000	2 673	2 500	624	2 000	623	3 500	2 671
7	4 000	3 392	3 000	1 048	2 500	1 032	3 000	3 375
8	4 000	3 754	3 500	1 517	3 000	1 442	2 500	3 661
9	4 000	3 908	4 000	2 006	3 500	1 808	2 000	3 618
10	0	3 957	3 500	2 499	4 000	2 168	2 000	3 345
11		3 862	3 000	2 966	4 000	2 575	1 500	2 957
12		3 395	2 500	3 315	4 000	3 014	1 000	2 554
13		2 419	2 000	3 420	4 000	3 419	500	2 190
14		1 327	1 500	3 252	0	3 703	0	1 832
15		608	1 000	2 904		3 749		1 425
16		246	500	2 465		3 350		986
17		92	0	1 988		2 403		581
18		32		1 497		1 322		286
19		11		1 016		606		123
20		3		592		246		48
21		0		290		91		17
22				124		32		6
23				48		11		3
24				17		3		1
25				6		2		0
26				3		0		
27				2				
28				0				

表2　不同入流方案的出流过程特征值统计表

项目	方案一	方案二	方案三	方案四
洪峰传播时间（h）	48	24	30	36
洪峰流量（m³/s）	3 957	3 420	3 749	3 661
洪峰衰减（%）	1.1	14.5	6.3	8.5

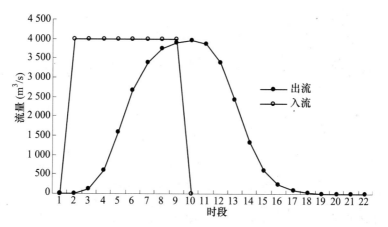

图1 方案一 出流流量过程线

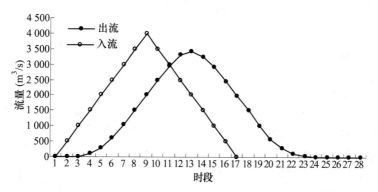

图2 方案二 出流流量过程线

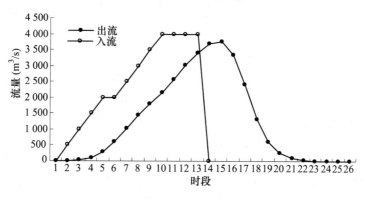

图3 方案三 出流流量过程线

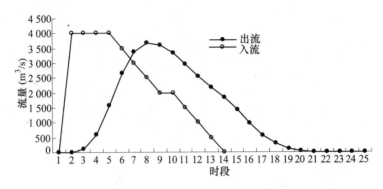

图 4　方案四　出流流量过程线

由上表可以看出,对于同样的洪峰流量、水量,相同的河道演进参数,拟定的 4 个不同的入流过程。演进到下游的出流洪水、洪峰的传播时间最长为 48 h,最短为 24 h;衰减率最大为 14.5%,最小为 1.1%,洪峰的传播时间与衰减坦化差别非常大。

4　结论与建议

4.1　结论

影响洪水的传播时间与衰减率的因素非常复杂,不仅受河道边界条件等外界因素的影响,也与入流的洪水过程有着十分密切的关系。一是在比较洪水的传播时间和衰减变化时,切不可不分情况,一概而论。应当具体问题具体分析,找出影响洪水的主要因素,找出问题的共性和特性。二是要合理优化入流的洪水过程。由于进入河道的洪水过程不同,则洪水沿程变化差别较大,水位表现、洪水比降、洪水对河床冲刷效果、河势变化也不一样。因此,对于可调控的洪水,应当根据不同的试验目标和要求,对入流洪水的过程进行优化和调控。

4.2　建议

4.2.1　做好河道清障,维持河道行洪畅通

若河道被开垦缩窄,种植高秆作物,河床糙率就越大,断面平均流速越小,同流量的水位越高,洪水高水位持续时间越长,防洪压力越大。为了使洪水尽快排泄入海,减轻防洪压力和洪水灾害,必须按照《中华人民共和国防洪法》、《中华人民共和国河道管理条理》的要求,"禁止在河道、湖泊管理范围内建设妨碍行洪的建筑物、构筑物","禁止在行洪河道内种植阻碍行洪的林木和高秆作物"。加强河道防护和管理,定时检查与清障,保证河道行洪畅通。

4.2.2　调控和优化进入下游河道的洪水过程

当前,不少河道上都建有大型水利枢纽,对进入下游河道的洪水具有较大的控制性作用。对于同一洪峰流量级的洪水,由于入流洪水过程不同,洪水在向下

游演进的过程中坦化与变形就不一样,其沿程作用也不相同。因此,对于具有可控制性的洪水,水库的调度,不仅要调控进入下游河道的洪峰流量,还应对进入下游河道的洪水过程进行优化和塑造,以更好地利用洪水实现其调度目标。

参 考 文 献

[1]　赵人俊．水文预报文集．北京:水利电力出版社,1994.
[2]　王光谦,刘家宏．数字流域模型．北京:科学出版社,2005.
[3]　李家星,赵振兴．水力学．南京:河海大学出版社,2001.
[4]　翟家瑞．常用水文预报算法和计算程序．郑州:黄河水利出版社,1995.

黄河山东段水环境质量现状评价及
污染趋势分析

王贞珍　　陈冬伶　　李兰涛　　孙世雷

（黄河水利委员会水文局）

摘要:本文通过对黄河山东段近年来的水环境现状的研究,选取具有代表性的水质断面,采用单因子评价法对水环境现状及污染趋势进行科学评价及分析,总结出黄河山东段水环境质量主要影响因素是上游入境污染及山东河段有机物污染,并针对主要污染因素提出了相应治理措施。

关键词:黄河山东段　水环境现状　单因子评价法　污染趋势　治理措施

黄河由东明县流入山东省境内,流经菏泽、济宁、泰安、聊城、德州、济南、淄博、东营9个城市的25个县市区,在山东省垦利县注入渤海,全长628 km,流域面积1.83万 km^2。黄河是山东省唯一的客水资源,年均引黄水量约为80亿 m^3,是山东经济和社会发展的重要资源。近年来,随着山东沿黄地区经济的发展及城乡人口的增加,工业废水和生活污水大量排入河道,使黄河山东段水体受到不同程度的污染。"十五"以后,由于上、中游水库的应用及沿黄治污力度的加强,黄河山东段的污染日趋改善。

本文所用评价数据,以2000~2005年黄河山东段水质监测资料为基础,采用了资料连续且具有代表性的4个干流断面,即:高村—黄河进入山东境内水质控制断面;艾山—东平湖入黄后水质控制断面;泺口—济南市郊水质控制断面;利津—黄河入海口水质控制断面。

1　水质综合评价分析

1.1　评价项目、标准及方法

根据水质监测资料,选用的评价项目为 pH、溶解氧、高锰酸盐指数、化学需氧量、五日生化需氧量、氨氮、挥发酚、氰化物、总砷、六价铬、汞、铜、锌、铅、镉、氟化物共16项。黄河汛期水、沙量大,水温高,污染物入河后易于稀释降解;非汛期水、沙量小,河流水质主要受城镇污水影响;枯水期主要是农灌季节,引水及农灌退水量大。评价中将黄河流域山东段水质年内变化分丰水期、平水期、枯水期进行评价。

评价标准为 GB3838—2002《地表水环境质量标准》,采用单因子评价法(最差的项目赋全权)确定监测断面水质的类别。

1.2　现状评价结果

由表 1 可知,2000~2001 年水质类别主要为Ⅲ~Ⅴ类,其中高村断面氨氮、化学需氧量的最大超标倍数分别为 0.50、0.90;艾山断面氨氮、化学需氧量的最大超标倍数分别为 0.45、0.97;泺口断面氨氮、化学需氧量的最大超标倍数分别为 1.05、1.09;利津断面氨氮、化学需氧量的最大超标倍数分别为 0.53、0.77。2002 年评价河段水质持续恶化,污染严重,4 个评价断面的水质均达到Ⅴ~劣Ⅴ类。其中高村断面氨氮、化学需氧量的最大超标倍数分别为 0.56、1.66;艾山断面氨氮、化学需氧量的最大超标倍数分别为 0.5、2.08;泺口断面氨氮、化学需氧量的最大超标倍数分别为 0.88、0.88;利津断面氨氮、化学需氧量的最大超标倍数分别为 1.37、0.88。这是由于 2002 年黄河流域降水量偏少,黄河干、支流水量出现了近 20 年来的严重偏枯现象,其中 7~10 月份来水量与历年同期相比减少 50% 以上。2003 年秋汛以来,黄河水量较为丰富,河段水质状况评价有所好转,年均值为Ⅲ~Ⅳ类,并且丰水期和平水期水质基本能达到Ⅲ类水质标准。

表 1　2000~2005 年黄河山东段水质评价结果

年份	高村				艾山				泺口				利津			
	年平均	丰	平	枯	年平均	丰	平	枯	年平均	丰	平	枯	年平均	丰	平	枯
2000	Ⅳ	Ⅳ	Ⅳ	Ⅴ	Ⅳ	Ⅴ	Ⅳ	Ⅳ	Ⅳ	Ⅲ	Ⅳ	Ⅳ	Ⅳ	Ⅳ	Ⅳ	Ⅳ
2001	Ⅳ	Ⅴ	Ⅳ	Ⅳ	Ⅲ	Ⅲ	Ⅱ	Ⅳ	Ⅲ	Ⅲ	Ⅱ	Ⅱ	Ⅴ	Ⅴ	Ⅳ	Ⅴ
2002	劣Ⅴ	劣Ⅴ	Ⅴ	Ⅴ	劣Ⅴ	劣Ⅴ	Ⅴ	劣Ⅴ	Ⅴ	Ⅳ	Ⅴ	Ⅴ	Ⅳ	Ⅳ	Ⅴ	Ⅴ
2003	Ⅳ	Ⅳ	Ⅲ	Ⅴ	Ⅳ	Ⅳ	Ⅲ	Ⅴ	Ⅳ	Ⅳ	Ⅱ	Ⅴ	Ⅳ	Ⅱ	Ⅲ	Ⅴ
2004	Ⅲ	Ⅲ	Ⅲ	Ⅲ	Ⅲ	Ⅲ	Ⅲ	Ⅲ	Ⅲ	Ⅲ	Ⅲ	Ⅳ	Ⅲ	Ⅲ	Ⅲ	Ⅲ
2005	Ⅲ	Ⅲ	Ⅱ	Ⅳ	Ⅲ	Ⅲ	Ⅱ	Ⅲ	Ⅲ	Ⅲ	Ⅲ	Ⅲ	Ⅲ	Ⅱ	Ⅲ	Ⅲ

2　污染趋势分析

2.1　5 项因素超标率变化趋势分析

以高村、艾山 2 断面为例分析山东河段超标因子的变化趋势。从表 2、表 3 中可以看出,COD_{Cr} 和 NH_3-N,6 年来各年度的超标率均超过其他 3 项指标,说明影响河道水质的主要超标因子为 COD_{Cr} 和 NH_3-N,这与面广量大的非点源污染有关。如沿河两岸的农田有机肥、化肥、农药的实施量,城市生活用水污染和工业用水污染的排放量都有着密切的联系。

从表2、表3可以看出,5项指标超标率中以COD_{Cr}和NH_3-N变化较大,高村断面2004年COD_{Cr}、NH_3-N的最低超标率比2000年的最高超标率分别下降了91.7%和83.4%。利津断面2004年COD_{Cr}的最低超标率比2000年的最高超标率下降了100.0%,2004年NH_3-N的最低超标率比2001年的最高超标率下降了100.0%。

表2　高村断面5项参数超Ⅲ类水超标率统计

年份	DO		COD_{Cr}		BOD_5		NH_3-N		高锰酸盐指数	
	出现次数	超标率(%)	出现次数	超标率(%)	出现次数	超标率(%)	出现次数	超标率(%)	出现次数	超标率(%)
2000			12	100.0	5	41.7	6	50.0		
2001			6	50.0	5	41.7	4	33.3		
2002	2	16.7	11	91.7	5	41.7	3	25.0	2	16.7
2003	2	16.7	6	50.0	5	41.7	4	33.3	3	25.0
2004	1	8.3	1	8.3	2	16.7	1	8.3		
2005	1	8.3	3	25.0			4	33.3		

表3　利津断面5项参数超Ⅲ类水超标率统计

年份	DO		COD_{Cr}		BOD_5		NH_3-N		高锰酸盐指数	
	出现次数	超标率(%)	出现次数	超标率(%)	出现次数	超标率(%)	出现次数	超标率(%)	出现次数	超标率(%)
2000			11	91.7	3	25.0	2	16.7		
2001			6	50.0	3	25.0	3	25.0		
2002	1	8.3	3	25.0	5	41.7	3	25.0	1	8.3
2003	1	8.3	4	33.3	2	16.7	3	25.0	1	8.3
2004										
2005	1	8.3	3	25.0			1	8.3		

2.2　主要污染因子变化趋势分析

现将黄河山东段监测断面的COD_{Cr}和NH_3-N 6年来各月平均值点绘过程线,见图1。

从图1可以看出,2项主要污染因子基本呈同步发展趋势,各种污染物质汇入河道,导致耗氧物质增加,这也是河水污染的主要原因。COD_{Cr}和NH_3-N总体呈消减趋势,在2002年、2003年出现最高值,2003年后趋于平稳。

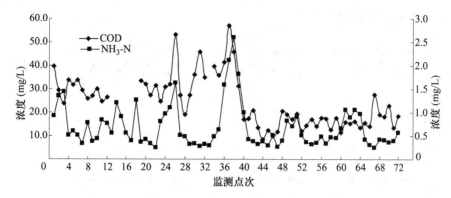

图1 COD_{Cr}和NH_3-N变化趋势图

3 允许纳污量或削减量分析

黄河山东段监测断面从高村始至利津止,选取 COD_{Cr} 和 NH_3-N 2 个污染指数,以水量水质结合方式分别计算代表断面 2 个重要污染指数的允许纳污量或削减量,见表4。

表4 化学需氧量及氨氮污染物允许纳污量或削减量

年份	高村				利津			
	COD(万 t)		氨氮(万 t)		COD(万 t)		氨氮(万 t)	
	纳污量	削减量	纳污量	削减量	纳污量	削减量	纳污量	削减量
2000		11.98	0.09			3.1	0.17	
2001		8.53	0.27			5.22	0.17	
2002		25.54	0.48			4.37	0.14	
2003		5.88	0.14			1.17	0.59	
2004	7.39		0.79		7.65		1.14	
2005	8.08		0.87		5.79		1.04	

由表4可以看出,山东段水环境质量主要取决于上游来水的水质,利津断面的允许纳污量和削减量主要根据高村断面的水质变化。但由于自净的能力相对较低,上游断面超标严重的项目,在下游断面也有超标;而超标较轻的项目,经过一段流程的自净后,在下游断面表现为不超标。对污染物的削减量有所减少,纳污能力增强。

4 年径流量对山东段水质的影响

利津是黄河入海的最后一个控制断面,而且其周围没有大的污染源,其水质状况主要决定于上游来水。图2、图3是利津断面2000~2005年年径流量与

COD_{Cr} 和 NH_3-N 平均值的关系。

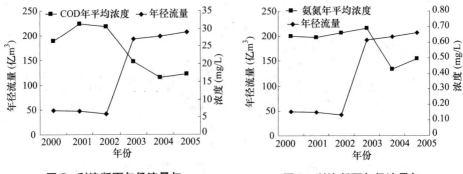

图2　利津断面年径流量与　　　　　图3　利津断面年径流量与
　　 COD 年均值关系图　　　　　　　　　 NH_3-N 年均值关系图

由上图可以看出,随着年径流量的增大,水中污染物的含量逐渐减少。从 2000 年到 2003 年污染物含量都维持一个比较高的水平,2004 年、2005 年污染物含量下降,趋于相对稳定的阶段。

5　结语

黄河山东段水质污染状况总体有所好转,但有机物污染形势依然严峻。2000~2003 年水质污染严重。2003 年秋汛以来,由于黄河来水量的增加及水库调度,污染状况有所好转,基本能达到Ⅲ类水质标准。主要是有机物污染,尤以氨氮、化学需氧量最为突出。有机物污染主要是由于工、农业排污和城市污水的排放引起的。

加强对沿黄下游地区工业污染源的治理,对河道两岸的印染、化工、造纸等存在的工业废水处理设备无故停运、超排、偷排、不能稳定达标等现象应该严查,必须严格控制工业废水不经处理直接排入河道;加强对农业污染基础数据的普查,研究污染机理及发展趋势。要对农村生活污水、灌溉回归水、畜禽粪便加以管理。在沿河两岸建立无公害绿色生产基地,降低化肥、农药的施用量,加快与城市污水排放相配套的污水处理工程建设。

黄河山东段地处黄河最下游,黄河水质污染受双重因素影响。一是来水污染的影响,二是山东河段纳污的影响。从分析结果看,入境水污染严重是造成山东河段水质下降的主要原因。加强对上游河段的治理能改善黄河山东测区的水质状况。

黄河山东河段的水质状况受来水水量的影响较大,加强对上、中游水库的管理,合理地调配水量,增加黄河径流调蓄能力,可以有效地改善黄河山东段的水质状况。

参 考 文 献

[1] 彭文启.现代水环境质量评价理论与方法[M].北京:化学工业出版社,2005
[2] 杨诗君.洞庭湖水环境质量评价及水环境容量分析[J].水文,2006(5)
[3] 晏桂娥.江南运河(苏州段)水质监测分析[J].水资源保护,2002(9)

利用安全监测设施预报黄河防洪工程
运行状况的研究

吕军奇　孟　冰　苏秋捧　张　伟

（河南黄河河务局）

摘要：目前，黄河工程运行安全监测主要依靠人工，已不能适应新形势下工程运行管理的需要。根据"数字黄河"总体规划要求，黄河工程管理单位要建立防洪工程安全监测系统，以便能够及时、准确地了解防洪工程的实时运行状况，预报工程出险及安全指标，对工程运行状况进行实时在线分析，为防汛抢险和水资源统一调度提供决策支持。未来防洪工程管理基本实现自动化、信息化和高效化。

关键词：安全检测　黄河堤防安全　监测预报　处理措施

1　问题的提出

1.1　管理科技含量低，管理手段相对滞后

目前，黄河工程管理单位，特别是地（市）级以下管理单位的管理手段和管理技术还处于相当低的水平。工程统计报表、工程普查、河势查看和建设管理等信息的统计、收集、传输还主要依靠人工，不但效率低、时效性差，而且还容易出错和丢失。已有历史资料不能实现快速、准确地查询；工程管理维护重要决策支持信息（如堤防隐患、位移变形、河道整治、工程，根石走失、工情险情、涵闸沉降与渗流等资料）的采集，也都是依靠原始的工程拉网普查、人工观测或探测来获得；工程维护决策主要依靠人为定性判断；维修养护摆脱不了人工劳动等。这些都制约了工程管理水平的提高。

1.2　安全监测设施落后、破旧、损坏多

安全监测是工程管理的千里眼、顺风耳。人民治黄以来，国家在对防洪工程建设的同时，也配备了部分安全监测观测设施，但随着时间的推移，大部分已超期服役，设备老化陈旧，加上保护管理不善，损坏较多，而且以往所安装的监测观测设施标准不一，难以实现与黄委工程管理中心的连接。随着科学技术的发展，原有安全监测设施也显得较为落后，满足不了工程管理现代化的需要。

1.3 堤防基础差,险点隐患多

黄河堤防是在民埝基础上修筑而成的,堤身隐患多,堤基情况复杂,历史口门多,堤脚地面以下 7~8 m 处多为沙质土,存在渗透变形、液化、不均匀沉陷等多种隐患。虽经过多次加高培厚和除险加固,仍有部分工程标准偏低,许多险点险段亟待处理,近几年新修的险工和控导工程,大都没有经过洪水考验,基础浅、根石不足,遇水流顶冲或边溜淘刷极易出险。这些都是威胁黄河防洪安全的不利因素。在这种情况下,要发挥工程应有的防洪能力,确保防洪安全,必须加强工程除险加固投入,加大工程维修养护力度,同时,也加重了工程管理的负担。

2 国内外安全监测发展状况

我国已建大坝在 8 万座以上,大江大河的堤防(高于 5 m)长度亦在 25 万 km以上。为监测大坝、堤防安全运行,于以上工程中设置大量的观测仪器设备,并采集大量的实测数据。随着现代电子技术(传感器)、微机、通讯技术和土石监测技术的发展、完善,国内外土石坝工程、边坡工程、堤防等均设置了较完善的监测系统。在欧洲,长 500 km 以上的堤防均设置完善的监测系统,我国近年来新加固的长江堤防,水利部、长江委要求,在设计中必须有监测设计,并按《土石坝监测技术规范》要求列专项费用,其费用不得低于工程总投资的 1%~3%,否则不予审批。千里长江堤防,整体安全监测规划设计也在进行中。同时,长江委还在武汉长江大堤谌家矶堤段建、立试验基地进行全面系统试验研究。

(1)长期稳定性、可靠性提高。由于水利、水电等岩土工程所处恶劣环境条件,加之大多属一次性建设,不可更换,要求监测仪器设备具有长期可靠的稳定性。实践证明,国外著名厂家生产的监测仪器,长期稳定性较好。如德国迈哈克(Maihak)公司生产的渗压计已有 60 多年埋设实测成果。三门峡大坝内 1958 年埋设安装的瑞士胡根堡仪器设备至今大多数仍可运用,而国内由于材料和工艺方面存在较大差距,长期稳定性远所不及。

(2)向大量程、高精度方向发展。美国 Sinco 生产的伺服加速度倾斜计,测位移精度达 0.01 mm/(500 mm),美国 Geokon 公司生产的精密渗压计,最小分辨率达 0.02 mmH_2O,精度达 1.5~2.0 m 以上。

(3)向连续分布式仪器发展。传统的监测仪器多为点式,而且是一点(仪器)一线制,需要众多的电缆随仪器埋设引伸,国外(国内也在开发)采用分布式光纤传感器,集感应、传输于一体,能在数公里至数十公里的一根光纤上连续获得分布数十个、数百个应力、应变、变形、温度、渗流等参数。

(4)视频(动感图像)技术用于大坝(堤)安全监测。随着微机和宽带通讯技术的发展,20 世纪 90 年代中期,加拿大等国家将多媒体视频技术用于大坝(堤)的安全监测,以补充监测仪器的不足,并可部分替代人工巡视检查,实现远程直观大坝(堤)的安全运行状况。

3 监测类型及信息的选定

目前,黄河防洪工程安全监测信息主要是靠人工采集。可植入工程现场自动采集数据的传感器,由于受复杂环境条件的影响,实际运用有一定困难。同时,由于对监测仪器设备的精度、长期稳定性以及所需测量参数的苛刻要求,目前仍有诸多关键技术有待开发。此外,目前的监测传感器基本上是点式,只能读取工程某点被测参数,理想的连续分布式传感器尚需试验,这些因素将给防洪工程安全监测系统运行自动化带来困难。

3.1 堤防工程安全监测(含淤临淤背区)信息

堤防工程需要采集的信息内容为:

(1)渗流监测信息:包括堤身渗流(浸润线)、堤基渗流及渗流量,优先考虑采用连续分布监测设施。

(2)堤防临河水位信息。

(3)堤身及基础变形监测信息:包括垂直变形(沉陷、塌陷)、水平变形(堤身滑动,包括沿软弱夹层滑动)。如有裂缝,还有裂缝监测。

(4)堤身隐患探测信息(包括洞穴、裂缝、松弱夹层)。

(5)穿堤建筑物对堤身影响监测信息。

(6)重点堤段外部可视化监视信息。

3.2 河道整治工程安全监测信息

黄委管属的河道整治工程主要包括险工和控导护滩工程。需采集的信息如下:

(1)根石松动、变形(走失)监测信息;

(2)坝垛变形监测信息(分裹护段和非裹护段);

(3)坝前水位、流速、流向监测信息;

(4)重点坝垛外部可视化监视信息(含备方石动态)。

3.3 水闸工程安全监测信息

黄河下游水闸包括引黄涵闸和分泄洪闸,其安全监测信息有:

(1)水闸与大堤结合部渗流监测信息;

(2)水闸与大堤结合部开合、错动变形监测信息;

(3)上下游水位监测信息;

(4)闸基扬压力监测信息;

(5)水闸建筑物变形(包括垂直、水平变形)监测信息;

(6)闸体裂缝监测信息;

（7）重点部位可视化监视信息；

（8）大洪水期间其他常规安全监测信息，如大型漂浮物撞击等。

3.4　水利枢纽工程的安全监测信息

水利枢纽工程需采集的安全监测信息有：

（1）坝体及基础变形监测信息，包括垂直、水平变形；

（2）坝体、坝基渗流监测信息，包括坝体渗流（浸润线）、扬压力、绕坝渗流、渗流量监测；

（3）坝体、坝基应力应变监测信息；

（4）库水位、下游水位监测信息；

（5）环境量监测信息；

（6）库区、下游冲淤监测信息；

（7）震动反映监测信息；

（8）水力学监测信息；

（9）机组运行状况监测信息。

3.5　其他工程管理项目监测信息

含滩区、蓄滞洪区安全设施、河道河势、防汛道路等情况监测信息。

4　监测方案的选择及信道传输

监测的关键在于能够及时、全面地对工程的运行状况进行正确的评估和分析，并能将工程安全监测数据、模型运算成果直观显示和输出计算机系统。结合黄河工程分布的实际情况，安全监测系统总体框架结构按管理级别应分为黄委黄河工程管理中心、省级黄河工程管理中心、地（市）局工程管理分中心、县黄河工程管理站。

4.1　系统功能

4.1.1　县级工程管理站功能

县级黄河工程管理站主要负责所辖河段防洪工程监测系统的运行和管理。其主要功能是：数据采集，利用数据采集软件采集所辖区内传感器的数据信息，包括定时、实时、随机采集；输入人工或半自动化采集数据信息，包括人工巡视检查信息、物探、测量等信息；校核、验证所采集的数据信息；数据初步处理和存储，作短期档案；预警报警，当实时监测数据量及变化速度超越监控指标或出现其他异常时，发出不同级别的预警报警信号；工程管理信息查询并显示；工程管理信息上传下达；工程安全简单评估；工程维护简单方案生成。

4.1.2　省市级工程管理分中心功能

省市级黄河工程管理分中心主要负责，所辖县局黄河工程管理站的数据汇总、校对、入库等工作。其主要功能如下：数据处理和存储。建立历史、实时数据库,存储所辖堤段的数据信息,为防洪工程的安全状况评判、预报提供依据;分布式数据库管理维护,保证数据库的安全运行;工程管理信息查询并显示。工程管理信息要利用3S等先进技术,能够基于GIS,分别以音像、文本、图表和三维虚拟现实动画方式显示,随时查询辖区县级站和上级的指令信息,能实现与省级中心进行声音、数据、实时图像信息双向交流的功能;预警报警,当实时监测数据量及变化速度超越监控指标或出现其他异常时,发出不同级别的预警报警信号;工程安全一般评估,根据上级工程管理中心所提供的预报模型和安全评判标准,对所辖堤段防洪工程安全状况做出评判,对发展状况做出预报,并为防洪调度、工程除险加固、维修养护提供决策依据;定期编制辖区防洪工程安全状况评估报告。

4.1.3 黄委黄河工程管理中心功能

黄河工程管理中心作为流域工程管理主管部门,负责指导全流域的工程管理工作。它集数据采集、管理、分析计算、安全评估、预报、决策于一体,是黄河防洪工程管理信息采集、安全评估、除险加固、维修养护决策及目标考评的中枢。其主要功能如下:汇集防洪工程各类数据信息,为防洪工程的安全状况评判、预报提供依据;建立大型数据信息库,包括数据库、图形库、图像库,对数据进行全面的管理和分析处理;建立各种工程管理模型,并对下级模型进行率定;工程管理信息查询并显示,工程管理信息要利用3S等先进技术,能够基于GIS,分别以音像、文本、图表和三维虚拟现实动画方式显示,随时查询辖区县级站和上级的指令信息,能实现与下级中心进行声音、数据、实时图像信息交流的功能;进行防洪工程安全度风险分析,提出各级安全报警指标;级别工程安全评估;大型工程维护方案生成;定期或依据需要发布防洪工程安全状况评估报告。

4.2 信道传输

目前黄河防洪工程管理体制设黄委、省局、市局、县局四级管理。因此,数据传输主要是这四级之间传输和四级与现场之间传输。黄河防洪工程建设地点,在规划以前是不确定的,工程建设期相对较短,对于单个工程项目来说,工程建设管理也是短期行为,为了保证各工程施工现场数据传输的需要,满足参建各方的数据传输,应考虑无线网络传输。传输内容包括数字、静止图片、动态图像和语音。根据现有技术情况采用微波通讯方式传输。

工程管理信息和安全监测信息的人工采集部分,由于信息输入点在县局工程管理站,能够直接输入并传输。现场语音信息可通过无线方式,人工转换成文字输入数据库。工程安全监测信息靠传感器采集部分,可通过有线方式汇集进入模数转换器,由模数转换器输出数字信息并通过有线方式进入附近工程管理段或闸管所(信息汇集点),再入大通信网。

5 实施效果分析与展望

5.1 实施效果

系统投入运用后,将给我们的工作理念、工程管理手段带来革命性的变化,真正实现黄河工程管理现代化。通过现代化的信息采集、传输和处理技术,不但提高了信息的时效性,而且大大提高了信息的处理能力,从而为工程建设与管理赢得了宝贵的时间,为工程的建设管理、安全评估、工程运行和维护管理提供大量信息,提高了决策的科学性。

(1)信息技术的开发与利用。为管理工作插上了腾飞的翅膀,原来传统的管理模式被打破,人们每天做的工作就是信息的接受、处理、决策与反馈,工作效率将大大提高。

(2)工程管理的社会效益巨大。黄河两岸的人们会感觉现代管理给社会带来的巨大利益,他们会感觉比以前更加有安全感,黄河将给两岸人民带来更多的利益而不是危害。

(3)系统的建设也将为推动黄河经济产业的发展起到巨大作用。现代化管理必将带来经济的大发展。系统的建成将节省人们大量的时间去从事黄河相关经济产业的开发。如淤背区的开发、林木种植等。

5.2 展望

未来的社会是信息化的社会,黄河工程建设与管理,也必将随着时代的发展逐步走向数字化管理为标志的现代化管理轨道。到2010年,"数字黄河"工程管理部分将逐步建立起以现代信息技术为支撑的工程建设管理、工程运行管理、工程安全监测、工程安全评估及工程维修养护的五大应用系统,基本实现工程管理从传统管理模式向现代化管理模式的跨越。随着系统的进一步完善和发展,黄河工程建设与管理的科技含量将大大提高。工程建设质量管理,将采用先进的监测系统,确保工程施工期的建设质量。建设的程序更加规范科学。黄河堤防管理会在人的"监视"之下安全运行。移动实验室和移动监测站的建立,使得在工程建设期间和突发情况下,质量控制、险情、工情、堤防隐患及根石走失等情况的监测与探测更加便捷和快速,为建设、堤防管理决策与防汛,提供高效的信息服务。涵闸工程将全部实现工程的自动化监测、观测及自动化计量。枢纽工程的自动化和现代化管理水平也会大大提高。大坝的监测手段更加完善和先进,机组的稳定性会进一步提高,机械故障率大大降低,枢纽的管理基本上实现自动化、信息化和高效化。到那时,工程建设与管理的工作效率将大幅度提高,而管理人员的工作强度会进一步降低。管理人员的素质也会显著提高,掌握了先进技术的管理者将通过网络信息,随时掌握工程的运行动态。

参 考 文 献

[1]　崔家骏.黄河防洪决策支持系统研究与开发[M].郑州:黄河水利出版社,1999.

[2]　陈效国.堤防工程新技术[M].郑州:黄河水利出版社,2000.

小浪底水库调水调沙以来黄河口河段冲淤效果分析

任汝信[1] 杨 俊[1] 张志超[1] 杜 娟[2]

(1. 山东黄河河务局防汛办公室；2. 山东黄河信息中心)

摘要：通过5次黄河调水调沙，山东省河道普遍得到冲刷，但各河段冲刷强度不同，利津以下河段冲刷效果最弱。本文对利津以下河段的冲刷情况与其他河段进行了对比分析，对如何扩大利津以下河段的排洪能力，稳定其入海流路提出了建议。

关键词：来水来沙　河道冲淤　分析　黄河口

1 黄河口河段基本情况

黄河难以治理，河口尤以为最。历史上黄河尾闾自然摆动，均衡铺沙，实行无为而治。自1855年铜瓦厢决口夺大清河至新中国成立前黄河形成现代流路格局以来，在以宁海为顶点，北起套尔河口，南至淄脉沟口6 000 km²的扇形地域，尾闾摆动达10次之多，平均10年左右摆动改道一次。新中国成立初期，对河口的治理是以防洪、确保安全为目的，随着河口淤积延伸，治理措施以修堤打坝为主，辅以人工改道，改变了河口尾闾自然摆动的状况。1953年7月裁弯改道走神仙沟流路；1964年1月改道走刁口河流路；1976年5月改道走现行清水沟流路。1996年汛前，在清水沟流路清8断面以上950 m处，实施人工出汊，利用黄河泥沙造陆采油工程，对入海口门实施了调整，流路缩短了约9 km。目前，西河口以下河长约58 km，比改汊当年汛末延长2 km。

渔洼至入海口为河口河段，堤距5.4~11.5 km，主河槽宽0.7~5.3 km，处在现代扇形三角洲上，由于不断淤积、延伸、摆动，导致入海流路不稳定。近几年，河口河段十八户控导工程以上因工程较多，河势控制较好；而十八户控导工程以下，因工程较少，河势变化较大，特别是汊3断面以下左岸出现一汊河，分流入海。

2 小浪底水库调水调沙以来进入河口的水沙情况

2002年7月，小浪底水库首次进行了调水调沙试验，小浪底自7月4日8时开始下泄，至18日8时结束，历时14天。小浪底库水位由236.54 m降至

222.01 m,蓄水量减少 18.1 亿 m³。进入河口利津站的洪峰流量为 2 500 m³/s,洪水总量为 23.2 亿 m³,输沙总量为 0.504 亿 t,平均含沙量为 21.7 kg/m³,最大含沙量为 30.2 kg/m³。2002 年利津站全年水量为 41.9 亿 m³,输沙量为 0.543 亿 t,其中汛期水量为 29.5 亿 m³,输沙量为 0.524 亿 t。

2003 年汛期,黄河流域降雨多,黄河流域泾渭河、伊洛河、沁河出现较大洪水,从 8 月至 11 月小浪底水库与陆浑、故县、三门峡水库长时间联合调度,进行削峰调洪运用,大大减轻了黄河下游防洪压力,避免了大范围漫滩,最大限度地降低了滩区人民群众的损失。小浪底水库防洪控泄运用期间,最高库水位为265.58 m(10 月 15 日 14 时),相应蓄量 95.20 亿 m³,最大下泄流量 2 540 m³/s,共下泄水量 106 亿 m³,输沙量 1.2 亿 t。黄河下游洪水过程长达 83 天,利津站洪峰流量为 2 890 m³/s,洪水总量为 149.7 亿 m³,输沙总量为 3.33 亿 t,平均含沙量为 22.24 kg/m³,最大含沙量为 85.4 kg/m³。2003 年利津站全年水量为193 亿 m³,输沙量为 3.70 亿 t,其中汛期水量为 123 亿 m³,输沙量为 2.93 亿 t。

2004 年小浪底水库调水调沙自 6 月 19 日 9 时开闸放水,至 7 月 18 日尾水全部入海,历时 29 天。小浪底库水位自 249.06 m 下降到 225.00 m,水位下降24.06 m,蓄水量减少 33.0 亿 m³,最大下泄流量为 2 940 m³/s。利津站的洪峰流量为 2 950 m³/s,洪水总量为 47.25 亿 m³,输沙总量为 0.707 亿 t,平均含沙量为15.0 kg/m³,最大含沙量为 23.8 kg/m³。2004 年利津站全年水量为 199 亿 m³,输沙量为 2.58 亿 t,其中汛期水量为 108 亿 m³,沙量为 1.98 亿 t。

小浪底水库自 2005 年转入生产运行,防洪预泄自 6 月 9 日开始,调水调沙尾水于 7 月 6 日全部入海,两个阶段共历时 28 天。库水位自 252.17 m 降至224.81 m,蓄水量减少 39.40 亿 m³,最大下泄流量 3 996 m³/s。利津站洪峰流量为 2 950 m³/s,洪水总量为 41.83 亿 m³,输沙总量为 0.599 亿 t,平均含沙量为14.3 kg/m³,最大含沙量为 24.6 kg/m³。2005 年利津站全年水量为 207 亿 m³,输沙量为 1.91 亿 t,其中汛期水量为 113 亿 m³,输沙量为 1.25 亿 t。

2006 年小浪底水库调水调沙自 6 月 10 日 9 时开始防洪预泄,7 月 3 日 8 时调水调沙尾水全部入海,历时 23 天。小浪底库水位自 254.05 m 下降到224.51 m,水位下降 29.54 m,蓄水量减少 42.71 亿 m³,最大下泄流量为 4 200m³/s。利津站洪峰流量为 3 750 m³/s,洪水总量为 48.8 亿 m³,输沙总量为0.680 亿 t,平均含沙量为 13.9 kg/m³,最大含沙量为 22.5 kg/m³。

3 河口河段冲淤变化情况

3.1 主槽冲淤变化

据 2002～2006 年汛前河道统计测资料分析,该时段河道冲淤主要发生在主槽,高村至汊 2 河段主槽平均刷深 0.51 m,冲刷体积 25 443 万 m³,其中高村—孙口河段冲刷厚度 0.51 m,冲刷体积 7 236 万 m³;孙口—艾山河段冲刷厚度 0.48 m,冲刷体积 2 564 万 m³;艾山—泺口河段冲刷厚度 0.76 m,冲刷体积 5 021 万 m³;泺口—利津河段冲刷厚度 0.68 m,冲刷体积 7 426 万 m³;利津—汊 2 河段冲刷厚度 0.28 m,冲刷体积 3 158 万 m³(详见表 1、表 2)。高村至汊 2 河段仅清 7—汊 2 河段发生淤积,淤积量为 82 万 m³,具体冲淤变化如下:

2002 年 5 月~2003 年 5 月,高村至汊 2 河段主槽共冲刷 5 069 万 m³,其中高村—利津冲刷 4 094 万 m³,占冲刷量的 80.8%,冲刷强度约为 10.7 万 m³/km;利津—汊 2 冲刷 975 万 m³,冲刷强度约为 7.50 万 m³/km,仅一号坝—CS₇ 河段淤积 129 万 m³。

2003 年 5 月~2004 年 5 月,高村至汊 2 河段主槽共冲刷 9 578 万 m³,其中高村—利津冲刷 7 922 万 m³,占冲刷量的 82.7%,冲刷强度约为 20.7 万 m³/km;利津—汊 2 冲刷 1 656 万 m³,冲刷强度约为 12.7 万 m³/km,清 7—汊 2 河段仅冲刷 13 万 m³。

2004 年 5 月~2005 年 5 月,高村至汊 2 河段主槽共冲刷 5 057 万 m³,其中高村—利津冲刷 5 076 万 m³,大于整个河段冲刷量,冲刷强度约为 13.3 万 m³/km;利津—汊 2 河段淤积了 19 万 m³,利津——号坝冲刷了 221 万 m³,一号坝—汊 2 河段均出现淤积,淤积量为 240 万 m³。

2005 年 5 月~2006 年 4 月,高村至汊 2 河段主槽共冲刷 5 699 万 m³,其中高村—利津冲刷 5 155 万 m³,占冲刷量的 89.7%,冲刷强度约为 13.5 万 m³/km;利津—汊 2 冲刷 544 万 m³,冲刷强度约为 4.18 万 m³/km,一号坝—CS₇ 河段淤积 21 万 m³。2002~2006 年汛前各河段主槽冲淤厚度见表 1。主槽冲淤体积见表 2。

表 1　2002~2006 年汛前各河段主槽冲淤厚度统计　　(单位:m)

河段名称	主槽面积(km²)	2002.5~2002.10	2002.10~2003.5	2003.5~2003.11	2003.11~2004.5	2004.5~2004.10	2004.10~2005.5	2005.5~2005.10	2005.10~2006.4	2002.5~2006.4
高村(四)—孙口	160.09	-0.11	-0.04	-0.11	0.01	-0.06	-0.07	-0.11	-0.02	-0.51
孙口—艾山(二)	53.43	-0.05	0.00	-0.19	-0.03	-0.07	0.00	-0.23	0.08	-0.48
艾山—泺口(三)	62.25	-0.12	0.03	-0.36	0.02	-0.2	-0.01	-0.28	0.16	-0.76
泺口(三)—利津(三)	106.76	-0.13	0.06	-0.35	0.06	-0.2	0.04	-0.17	0.01	-0.68
利津(三)——号坝	21.64	0.00	0.01	-0.38	0.02	-0.15	0.02	-0.14	0.04	-0.58
一号坝—CS₇	24.03	0.00	0.05	-0.25	-0.04	-0.01	0.01	0.00	0.01	-0.23
CS₇—清 7	65.82	-0.16	0.01	-0.10	0.08	-0.13	0.12	-0.35	0.22	-0.31
清 7—汊 2	18.61	-0.13	-0.01	0.01	-0.01	0.19	-0.02	-0.12	0.09	0.00
利津—汊 2	130.1	-0.09	0.02	-0.16	0.03	-0.05	0.05	-0.18	0.11	-0.28
高村—汊 2	512.63	-0.105	0.01	-0.21	0.02	-0.10	0.00	-0.18	0.05	-0.51

表2　2002～2006年汛前各河段主槽冲淤体积统计　　（单位：万 m³）

河段名称	间距（km）	2002.5～2003.5	2003.5～2004.5	2004.5～2005.5	2005.5～2006.4	2002.5～2006.4
高村（四）—孙口	160.09	-2 400	-1 545	-1 571	-1 720	-7 236
孙口—艾山（二）	53.43	-268	-1 160	-373	-763	-2 564
艾山—泺口（三）	62.25	-611	-2 157	-1 442	-811	-5 021
泺口（三）—利津（三）	106.76	-815	-3 060	-1 690	-1 861	-7 426
利津（三）——号坝	21.64	-65	-772	-221	-168	-1 226
—号坝—CS₇	24.03	129	-686	0	21	-536
CS₇—清7	65.82	-978	-185	53	-366	-1 476
清7—汊2	18.61	-61	-13	187	-31	82
高村（四）—利津（三）	382.53	-4 094	-7 922	-5 076	-5 155	-22 247
利津—汊2	130.1	-975	-1 656	19	-544	-3 156
高村—汊2	512.63	-5 069	-9 578	-5 057	-5 699	-25 403

从以上分析可知，2002年小浪底水库调水调沙以来，河口河段总体呈冲刷的趋势，但冲刷效果与上游河段相比，明显偏弱。2002～2006年渔洼、汊1断面变化情况分别见图1、图2。

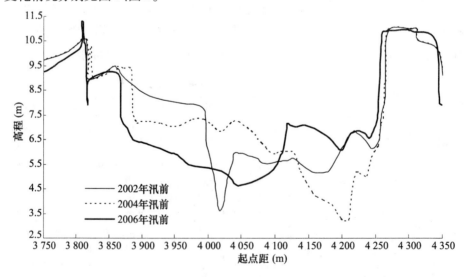

图1　2002～2006年汛前渔洼断面河道主槽冲淤情况比较图

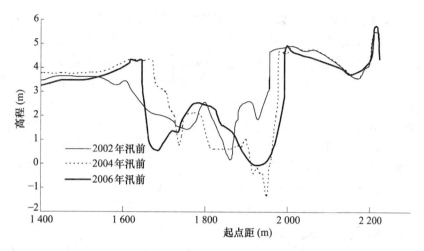

图2 2002～2006年汛前汊1断面河道主槽冲淤情况比较

3.2 同流量水位比较

根据黄河下游5个水文站水位流量关系分析,相应3 000 m³/s流量的水位相比,今年调水调沙落水期比2002年汛末平均降低0.88 m,其中高村水文站降低最大,降低了1.26 m,利津水文站降低最少,降低了0.64 m。利津水文站下游的一号坝和西河口水位站3 000 m³/s流量相应水位,在今年调水调沙落水期的水位比2002年汛末水位分别降低了0.69 m和0.48 m,均低于5个水文站降低的平均值。详见表3。

表3 各主要站3 000 m³/s流量相应水位比较

站名	2002年汛末 ①	2003年汛末 ②	2005年汛末 ③	2006年落水期 ④	差值 ④-①	差值 ④-②	差值 ④-③
高村	63.7	63.11	62.50	62.44	-1.26	-0.67	-0.06
孙口	49.08	48.78	48.58	48.35	-0.73	-0.43	-0.23
艾山	42.06	41.46	41.04	41.14	-0.92	-0.32	0.10
泺口	31.34	30.93	30.42	30.50	-0.84	-0.43	0.08
利津	14.12	13.62	13.26	13.48	-0.64	-0.14	0.22
一号坝	11.52	10.93	10.56	10.83	-0.69	-0.10	0.27
西河口	9.20	8.68	8.56	8.72	-0.48	0.04	0.16

注:表中数据采用大沽基准面,单位为m。

4 问题及建议

从以上的分析可以看出,通过5次调水调沙,山东省河道普遍冲刷。但冲刷的强度大小不同,利津水文站以下河段的冲刷效果较弱,一号坝附近河段为临界点。为此,提出以下建议:

4.1 小浪底水库调水调沙以来,河口河段冲刷较弱,应采取泥沙扰动措施

从近几年调水调沙冲淤效果来看,一号坝以下由于处于尾闾河段,调水调沙洪水冲刷效果与其他河段相比不明显,应采用人工扰动、河口疏浚等方式,增大水流的冲刷效果,降低河口侵蚀基准面。河口相对于其上游河道而言,泥沙粒径细、容易起动悬浮、向海输沙的距离短,更有利于向海输沙。在小浪底水库调水调沙或流量较大时在河口进行泥沙扰动,输沙入海,将大大提高河口河道水流输沙能力和河道行洪条件。河口河道淤积的泥沙主要淤积在一号坝以下的河口河段,因此建议扰动河段选在一号坝以下河段。当该段河道流量达到 2 500 m^3/s 以上时,一般流速在 2 m/s 以上。扰沙时采取泥沙扰动船分组接力,往复行进扰动输沙,将大大增强泥沙向海输移的效果。

4.2 加大实施挖河固堤减淤工程的力度

通过河口挖沙,使河口保持通畅,并有效降低侵蚀基面,使其在一定的水沙条件下发生较长距离的溯源冲刷,是实现黄河下游河床不抬高的一条有效途径。1998 年以来在河口实施了三次挖河固堤工程,共疏竣河道 53 km,开挖泥沙 1 057万 m^3。从近几年河口河道过流情况来看,目前河口河段河槽单一归顺,排洪通畅,据分析,挖河固堤工程起到了疏浚河槽、增大主槽排洪能力的作用。在黄河来水明显减少的条件下,无论小浪底水库初期运用,还是正常运用,河口河道主槽仍处于淤积萎缩的状态,只有通过不断的挖河疏浚,才能维持主槽一定的排洪能力,满足大洪水的泄洪排沙需求。建议继续加大河口段挖河疏浚的投入,以达到降低侵蚀基面、固堤、稳定河势的效果,改善河口地区的防洪形势。

4.3 尽快实施河口拦门沙疏浚

世界上大小河流的河口都有拦门沙,惯用的方法都是疏浚。密西西比河河口从 1836 年就开始疏浚,至今在河口及重点河段仍靠疏浚来维持航深。黄河拦门沙的形成是河流挟沙到达河口后,受涨潮顶托,流速降低,泥沙沉落,在咸淡水混合后泥沙絮凝和团聚,加大了沉速,随着拦门沙逐步发育,河床纵比降变缓、溯源淤积加重。据分析,2000 ~ 2005 年,利津站年均输沙量约 1.53 亿 t,虽然来沙量不大,但河口流路延伸速度仍然较快,清 8 汊河沙嘴向海中淤进了约 6 km,已严重影响洪水入海能力,也是口门摆动、流路不稳的重要因素。建议尽快对拦门沙采取疏浚措施,改善入海河床边界条件,减缓拦门沙的形成过程,降低侵蚀基准面,保证水沙入海通畅。

4.4 加快黄河口防洪工程建设,稳定入海流路

从 2006 年汛前河势查勘情况来看,河口河段出现了滩地坍塌、河势变化等新情况。

(1)十八户控导工程上首滩地坍塌严重,在工程上首形成一个大河湾,工程

有被抄后路的可能。目前,河道水边线距大堤不足 200 m,如继续发展,将对堤防工程安全构成威胁。

(2)河口清 8 断面是人工改道的起点,河道在此形成一个死弯,由于没有修建控导工程,水流经过该处后出溜方向摆动不定,对稳定入海流路极为不利。

(3)汊 3 断面下游左岸出现新的汊河,形成两股水流入海,原有流路入海流量减小,加大了泥沙淤积速度。一旦出现较大洪水,有淤堵原流路形成小改道的可能,对油田的开发建设非常不利。为此建议:为防止大水期间工程被抄后路,上延十八户控导工程;在清 8 断面处新建一处控导工程,稳定河势;对汊 3 下游新出现的汊河,进行截支强干,稳定入海流路。

可靠度理论在黄河大堤安全评价中的应用研究

赵寿刚[1] 常向前[1] 杨小平[1] 袁 华[2]

(1. 黄河水利科学研究院；2. 黄河水利委员会水文局)

摘要：对堤防工程进行安全评价分析，最基本的是要进行渗流及边坡稳定分析，而渗流及边坡稳定分析的结果是否合理与选择的土体参数具有极大的关系；由于黄河大堤工程地质条件复杂，土体参数具有极大的变异性，利用确定性方法很难得出符合实际情况的结果。将可靠度理论应用于黄河大堤安全评价，可以充分考虑土体参数的变异特性，将使分析结果更加符合工程实际。本文对可靠度理论的基本方法进行了分析，对其在黄河大堤安全评价分析中的具体实施方法进行了研究，该方法具有极大的应用价值和创新性。

关键词：可靠度理论 渗流 边坡 安全评价 蒙特卡罗法

1 概述

黄河下游是举世闻名的"地上悬河"，特别是近些年来，来水量持续偏枯，水少沙多，水沙关系不协调，而且黄河下游的游荡性河段还没有得到很好的控制，汛期会发生顺堤行洪的现象，甚至发生"横河"、"斜河"的情况，严重威胁黄河大堤的安全；而且黄河下游大堤情况复杂，每段大堤的地质条件以及河势等具有不同特点，因此每段堤防的安全性如何，如何对堤防的防洪安全作出客观的符合实际情况的评价等一直是人们所关心的问题。对堤防工程进行安全评价分析，最基本的是要进行渗流及边坡稳定分析，而渗流及边坡稳定分析结果的是否合理与选择的土体参数具有极大的关系，由于黄河堤防工程地质条件复杂，大堤堤身经多次加高培厚，土质均一性差，即使同一种土，其物理力学指标也相差很大。针对某一断面进行渗流及边坡稳定安全评价时，仅凭少量地质勘探资料进行计算分析，将很难符合实际情况。在很多情况下，甚至分析不出问题。可靠度理论可以解决上述问题，它是建立在概率统计的基础上，可以充分考虑土体参数的变异特性，使分析结果更加符合工程实际。可靠度理论的基本点是将影响工程安全的因素视为随机变量，建立功能函数，求解失效概率或可靠度，以此来评价工程的安全性。不言而喻，利用这一理论首先要积累大量的试验资料，并据此研究影响工程安全的各种因素的概率分布规律,其次需要进行大量的计算。目前黄河大堤经多次勘探已积累了数量可观的有关资料数据,大容量高速度计算机也已普遍使用。因此,利用可靠度理论研究黄河大堤安全评价问题的条件已经具备。

2 可靠度分析方法简介

2.1 可靠度分析基本方法

目前常用的可靠度分析方法主要有一次二阶矩法、随机有限元法、概率矩点估计法(又称 Rosenblueth 法)、蒙特卡罗随机法等。

2.1.1 一次二阶矩法

一次二阶矩法是采用只有均值和标准差的数学模型去求解结构可靠度的方法,具体地说,就是将工程结构功能函数按 Taylor 级数展开,忽略高阶项,仅保留线性项,再利用基本随机变量 $x_i(i=1,2,\cdots,n)$ 的一阶矩、二阶矩求取均值 μ_z 和标准差 σ_z,从而确定工程结构的可靠指标。由于这一方法是将非线性的功能函数作了线性化处理,所以是一种近似计算可靠指标的方法,但由于其简便明了,又具有很强的适用性,因而在工程实际中得到了较广泛的应用。基于一次二阶矩的方法主要有中心点法、验算点法(JC)、映射变换法及实用分析法等 4 种。

2.1.2 随机有限元法

由于工程各方面的实际问题受大量随机因素的影响,土体的变化关系具有很强的非线性和统计参数的变异性,许多学者致力于随机有限元理论在工程中应用的研究。随机有限元,简单地说,就是应用限元法分析随机结构的问题,根据推导随机有限元控制方程的方法不同,随机有限元可分为 Taylor 级数展开法随机有限元、摄动法随机有限元以及 Neuman 级数展开 Monte – Carlo 法随机有限元。这几种方法都是围绕随机算子和随机矩阵的求递问题展开的。

2.1.3 概率矩点估计法

墨西哥人 Rosenblueth 于 1975 年提出通过点估计的方式来计算岩土工程中的可靠指标 β,1981 年他又对这一方法进行了完善和理论化,所以概率矩点估计法通常又称为 Rosenblueth 法。它主要是根据输入随机变量的前三阶矩(均值、方差、偏态系数)来近似地描述极限状态函数的概率矩,不必预先知道输入随机变量的精确分布。Rosenblueth 法要求在某几个点上估计功能函数的值,这些点根据一定的原则由随机变量的均值以及标准差生成,根据点估计的功能函数值即可通过计算公式确定可靠指标。

2.1.4 蒙特卡罗法

蒙特卡罗法的基本原理就是首先对各随机变量进行大量抽样,然后代入计算模型功能函数中,计算结构失效次数占总抽样次数的百分数即为其失效概率,进而求出可靠指标。

2.2 可靠度方法比选分析

基于对几种可靠度理论基本分析方法的分析研究,分别对每种方法的特点进行扼要介绍。①一次二阶矩法是近似计算可靠指标最简单的方法,但其利用泰勒级数展开式,忽略了高次项,因此是一种近似的计算方法,而且还有一些应用的限制条件,如中心点法仅适用于基本变量服从正态或对数正态分布,且结构可靠指标 = 1~2 的情况。但目前许多学者对本方法进行了改进,因其计算简便,在一些精度要求不高的工程中得到了广泛应用。②随机有限元法是采用有限元与概率统计相结合的方法,由于有限元法本身全离散的特性,问题求解的未知数大大增加,因而无论是基于摄动解或一次二阶矩的随机有限元,还是基于统计方法的随机有限元,都不可避免地存在着计算量过大和精度不易控制的问题,虽然近年一些学者如吴世伟、刘宁、龚晓南等对随机有限元法进行了深入的研究,但实际应用中具有复杂性。③概率矩点估计法具有不必预先知道输入随机变量的精确分布,应用方便的特点,但其精度和实用性还有待进一步深入研究。④目前,蒙特卡罗法在可靠度分析中得到了广泛而深入的应用,其优点是回避了结构可靠度分析中的数学难题,不需考虑功能函数的非线性和极限状态曲面的复杂性,为解决许多难以用传统的数学方法进行处理的复杂问题提供了一条有效而又可行的途径。与其他可靠度分析方法相比,具有相对精确的特点,只要模拟的次数足够多就可以得到一个比较精确的失效概率和可靠指标;同时,蒙特卡罗法分析可靠度问题,受问题条件限制的影响较小,其收敛性与极限状态方程的非线性、变量分布的非正态性无关,适应性强,而且由于思路简单,易于编制计算程序。缺点是计算工作量大,效率较低,但随着抽样技术的改进和计算机硬件水平的提高,这一缺点正在大大弱化,该方法的应用将越来越广泛。

根据以上分析,利用蒙特卡罗方法进行黄河大堤渗流及边坡稳定问题的分析具有一定的优越性,因此选用蒙特卡罗方法进行黄河大堤安全评价问题的分析研究。

3 可靠度理论在黄河大堤安全评价中的实施方法

3.1 边坡稳定可靠度分析

3.1.1 边坡稳定可靠度分析原理简介

在工程结构可靠度分析中,结构的极限状态方程通常用功能函数来描述,当有 N 个随机变量 $(x_i, x_2, x_3, \cdots, x_n)$ 影响结构的可靠度时,功能函数可用下式表示:

$$Z = g(x_1, x_2, x_3, \cdots, x_n) \tag{1}$$

当 $Z > 0$ 时,结构处于可靠状态;当 $Z = 0$ 时,结构处于极限状态;当 $Z < 0$ 时,结构处于失效状态。

结构失效概率表示为:

$$P_f = P(Z < 0) = \int_{-\infty}^{0} \frac{1}{\sqrt{2\pi}\sigma_Z} \exp\left[-\frac{1}{2}\left(\frac{z - \mu_Z}{\sigma_Z}\right)^2\right] \mathrm{d}Z = \phi\left(-\frac{\mu_Z}{\sigma_Z}\right) = \phi(-\beta)$$

(2)

式中: P_f 为失效概率; μ_z 为均值; σ_z 为标准差; β 为可靠指标; ϕ 为标准正态函数。

在边坡稳定分析中,其功能函数通常表示如下:

$$Z(x) = \frac{R(x)}{S(x)} - 1.0 = F(x) - 1.0$$

(3)

式中: $R(x)$ 为抗滑力矩; $S(x)$ 为滑动力矩; $F(x)$ 为安全系数。

边坡可靠指标表示如下:

$$\beta = \frac{\mu_Z}{\sigma_Z} = \frac{\mu_F - 1.0}{\sigma_F}$$

(4)

式中: μ_F、σ_F 分别表示安全系数的均值和标准差。

3.1.2 边坡稳定蒙特卡罗法计算程序编制

由上可知,蒙特卡罗法与其他方法相比具有编程简便、结果精确度高等更多优点,且其计算工作量大的缺点在今天计算机性能大幅度提高的情况下已基本得到解决,所以我们选用了蒙特卡罗法进行边坡可靠度分析的计算,同时边坡稳定分析模型应用经典的极限平衡理论,采用了毕肖普法和瑞典法。编程步骤如下:

(1)输入各随机变量统计特征和分布类型。

(2)采用协方差矩阵将相关变量空间转换为不相关变量。

(3)随机产生一组均匀数并生成服从变量分布规律的一组参数。

(4)通过逆变换生成初始变量互不相关的一组参数。

(5)分别代入毕肖普和瑞典法功能函数、重复次、统计失效次数,并计算失效概率。

(6)检查失效概率的稳定性,必要时增加抽样次数,重复计算。

(7)按失效概率计算可靠指标。

3.2 渗流稳定可靠度分析

3.2.1 渗流控制设计适用原则和随机变量的确定

按照水工结构极限状态设计原则,水工结构应按承载能力极限状态和正常使用极限状态进行设计。相关标准规定当土石结构或地基产生渗透失稳时,为超过了承载能力极限状态情形之一。因此,对黄河大堤渗流稳定性分析时对应于承载能力极限状态,并应符合有关标准的要求。

当利用可靠性理论研究渗流稳定性时,原则上是将荷载效应或称作用效应以及材料特性及结构的几何尺寸等视为随机变量。鉴于黄河大堤的复杂性和不确定性主要在于堤身与堤基土壤材料特性,为使问题不过于复杂,同时又抓住问题的本质,因此仅将土壤渗透系数和密度视为随机变量,而将大堤上下游水位及其断面尺寸视为确定值,来研究黄河大堤渗流稳定性。

3.2.2 渗流稳定性功能函数与渗透破坏概率

当采用有限单元法分析渗流稳定性时,研究的对象是可能破坏区域内的每个土体单元。由于黄河大堤土壤基本上属于非管涌土,因此按下式判断背河堤脚以外区域单元土体的渗透稳定性:

$$Z = R - S \tag{5}$$

式中:R 为作用于被研究单元底面上的有效土重;S 为作用于被研究单元底面上的渗透压力。

由于土壤密度的随机性,因此 R 是一随机变量;同样当大堤上下游水位和断面尺寸被确定后,S 仅由大堤堤身和堤基的渗透性所确定,当土壤渗透性参数为随机变量时,S 也为一随机变量,虽然 S 与土壤渗透性参数的函数关系不能用显式写出。

实际上式(5)即为研究大堤渗流稳定性的功能函数。

当 $Z = R - S > 0$ 时,土体单元处于渗流稳定状态;当 $Z = R - S = 0$ 时,土体单元处于渗流极限状态,此式即土体渗流极限状态方程;当 $Z = R - S < 0$ 时,土体单元处于渗流失效状态。由于土壤渗透失稳时称为渗透破坏,故本文称为渗透破坏状态。

如果能求出 R、S 的概率分布函数(概率密度函数),则土壤渗透破坏概率可由下式求出:

$$P_f = 1 - P_r = 1 - \int_{-\infty}^{\infty} f_S(S) \left[\int_{S}^{\infty} f_R(r) \mathrm{d}r \right] \mathrm{d}S \tag{6}$$

式中:f_S 为 S 的概率分布函数;f_R 为 R 的概率分布函数;P_f 为土壤渗透破坏概率;P_r 为土壤渗透稳定可靠度。

可见,$P_f + P_r = 1$。

3.2.3 破坏概率与安全系数的关系

当 R、S 为两个随机变量,其均值分别用 m_R、m_S 表示,标准差分别用 σ_R、σ_S 表示,则功能函数 Z 的均值与标准差分别为:

$$m_Z = m_R - m_S \tag{7}$$

$$\sigma_Z = \sqrt{\sigma_R^2 + \sigma_S^2} \tag{8}$$

当 R、S 均为正态分布随机变量时,功能函数 Z 亦为正态分布随机变量,$Z < 0$ 的概率,即破坏概率为:

$$P_f = P(Z < 0) = \int_{-\infty}^{0} \frac{1}{\sqrt{2\pi}\,\sigma_Z} \exp\Big[-\frac{1}{2}\Big(\frac{z - m_Z}{\sigma_Z}\Big)^2 \Big] \mathrm{d}Z \tag{9}$$

式(9)可变为:

$$P_f = \int_{\infty}^{-m_Z/\sigma_Z} \frac{1}{\sqrt{2\pi}} \mathrm{e}^{-t^2/2} \mathrm{d}t \quad (\text{其中 } t = \frac{Z - m_Z}{\sigma_Z}) \tag{10}$$

由式(10)可见,t 是标准随机变量,P_f 仅为积分上限的函数。

因此可记为 $P_f = \phi\Big(-\dfrac{m_Z}{\sigma_Z} \Big)$,引入可靠指标

$$\beta = \frac{m_Z}{\sigma_Z} \tag{11}$$

则 $P_f = \phi(-\beta)$。

可以导出可靠指标与可靠度 P_r 的关系:

$$P_r = 1 - P_f = 1 - \phi(-\beta) = \phi(\beta) \tag{12}$$

由式(7)、式(8)代入式(11)得:

$$\beta = \frac{m_Z}{\sigma_Z} = \frac{m_r - m_s}{\sqrt{\sigma_R^2 + \sigma_S^2}} \tag{13}$$

以下讨论可靠指标与安全系数的关系,由安全系的定义:

$$K = \frac{m_R}{m_S} \tag{14}$$

对式(12)进行变换:

$$\beta = \frac{m_R - m_s}{\sqrt{\sigma_R^2 + \sigma_S^2}} = \frac{\dfrac{m_R}{m_S} - 1}{\sqrt{\Big(\dfrac{\sigma_R}{m_S}\Big)^2 + \Big(\dfrac{\sigma_S}{m_S}\Big)^2}} \tag{15}$$

由于:

$$\frac{\sigma_S}{m_S} = V_S, \frac{\sigma_R}{m_R} = \frac{\sigma_R}{m_R} \cdot \frac{m_R}{m_S} = V_R \cdot K, \tag{16}$$

其中 V_R、V_S 为随机变量 R、S 的变异系数。

因此式(13)变为:

$$\beta = \frac{K-1}{\sqrt{K^2 V_R^2 + V_S^2}} \tag{17}$$

可见,可靠指标不仅与安全系数有关,而且与随机变量的变异系数有关,也即安全系数确定后,工程结构的可靠度或破坏概率与随机变量的分布规律有关,并不是一个常量。因此,从统计学观点看,传统的安全系数存在两个问题:一是没有考虑影响工程结构安全因素的随机性质,而靠经验或工程判断方法取值,带有主观因素;二是安全系数只与 R 和 S 的均值有关,这种表达方式不能反映工程结构实际破坏情况。

应当指出,上述结论是在 R、S 为正态分布随机变量条件下得到的,如果 R 或 S 为非正态分布随机变量,则结论仍会有一定的近似。对于渗透稳定分析,单元渗透压力取决于各土层的渗透系数,它是渗透系数的复杂函数,而渗透系数为对数正态分布。作为这些随机变量函数的总渗透压力不一定是正态分布。因此,在以下的研究中直接用破坏概率来表达黄河大堤渗流稳定性。

3.2.4 渗流有限元计算的蒙特卡罗法

由概率定义知,某事件的概率可用大量试验中该事件发生的频率来计算。因此,可以先对影响渗流稳定可靠性的随机变量进行大量随机取样,然后用这些抽样值一组一组地进行渗流有限元计算,得出被研究单元总渗透压力 S,再与该单元底部的有效土壤重 R 比较,确定是否发生渗透破坏,从而计算出渗透破坏频率,即得到该土体单元的破坏概率。

设抽样数为 N,每组抽样值的功能函数值为 Z_i,若 $Z_i \leq 0$ 的次数为 L,则渗透破坏概率为:

$$P_f = L/N \tag{18}$$

因此在蒙特卡罗法中的破坏概率等于破坏频率。为使式(18)达到一定的精度,N 就必须取得足够大,根据文献[2]:

$$N \geq 100/P_f \tag{19}$$

参考文献中取 $P_f = 10^{-3}$,因此 $N = 10^5$。也即每完成一个断面的渗流稳定可靠性分析须进行 10 万次渗流计算。

用蒙特卡罗法计算可靠度问题的关键是求已知分布随机变量的随机数。一般须分两步进行。首先在开区间 $(0,1)$ 上产生均匀分布随机数,然后在此基础上变换为给定分布变量的随机数。作如下变换即得到正态分布的随机数。

设随机数 u_n 和 u_{n+1} 是 $(0,1)$ 上两个均匀随机数,则:

$$\left.\begin{array}{l} x_n^* = (-2\ln u_n)^{1/2}\cos(2\pi u_{n+1}) \\ x_{n+1}^* = (-2\ln u_n)^{1/2}\sin(2\pi u_{n+1}) \end{array}\right\} \tag{20}$$

x_n^* 和 x_{n+1}^* 是标准正态分布 $N(0,1)$ 上的两个随机数。

如果随机变量 x 是一般正态分布 $N(m_x, \sigma_x)$，则

$$\left.\begin{array}{l} x_n = x_n^* \sigma_x + m_x \\ x_{n+1} = x_{n+1}^* \sigma_x + m_x \end{array}\right\} \tag{21}$$

因而 x_n, x_{n+1} 是两个符合 $N(m_x, \sigma_x)$ 分布的随机数。

对于对数正态分布的随机变量，则利用随机变量取自然对数后的均值和标准差，再利用公式求得对数值。然后取反对数，即得对数正态分布随机数。

为实现蒙特卡罗法渗流有限元计算，利用原有渗流计算程序研制了该法计算程序。

4 结语

(1)可靠度理论是建立在概率统计分析的基础上，充分考虑了功能函数中计算参数的随机变异性及其相关性，比安全系数法更能反映工程实际，在对堤防工程的安全评估方面，具有极其重要的推广应用价值。

(2)黄河大堤的安全问题一直是人们非常关心的，但用经典的确定性分析方法往往难以模拟。采用可靠度理论成功揭示了堤防在渗流及边坡稳定方面存在的问题，与实际出险情况较为吻合，为堤防除险加固设计提供了理论依据。

(3)把可靠度理论应用到黄河大堤安全评价渗流及边坡稳定计算分析中进行了研究工作，给出了具体的实施方法，该方法具有可行性、创新性。

(4)由于可靠度理论本身的复杂性，以及堤防工程安全评价方法还没有形成完整的体系，可靠度理论用于堤防工程安全评价方面的研究仍还处于初级阶段，今后可引入随机场理论，有望得出更为合理成果，因此需要进一步对可靠度理论在堤防工程安全评价中的应用进行系统而深入的研究。

参 考 文 献

[1] 李青云,张建民,等.长江堤防工程安全评价的理论和方法研究[C]//全国水利水电工程安全评价及病害治理技术交流会,2004.
[2] 陈祖煜.土质边坡稳定分析——原理·方法·程序[M].北京:中国水利水电出版社,2003.
[3] 毛昶熙.堤防渗流与防冲[M].北京:中国水利水电出版社,2003.
[4] 赵寿刚,杨小平,等.黄河堤防边坡稳定性的可靠度分析[J].建筑科学,2006(3).
[5] 赵寿刚,常向前,等.黄河标准化堤防渗流稳定可靠性分析[J].岩土工程学报,2007(5).

浅谈水管体制改革后黄河水利工程管理与维修养护存在问题与对策

白　烨　李小娥　霍军海

（陕西黄河河务局）

摘要：陕西黄河河务局水管体制改革全面实施后，管养分离水管体制运行框架初步形成。但在新机制的运行中存在着许多问题，就工作中存在的实际问题进行了分析，并提出了解决对策。

关键词：改革　维修养护　问题　对策

1　概况

按照《水利工程管理体制改革实施意见》（国务院体改办）、《黄河水利工程管理体制改革指导意见》（黄办[2006]12号）等文件精神以及批复方案，2005年6月份，陕西大荔黄河河务局作为黄委25家水管体制改革试点单位之一，率先开展了水管体制改革工作，2006年5月陕西河务局韩城、合阳、潼关三个水管单位相继开展水管体制改革工作，6月15日，完成了改革的各项任务，完全实现了"机构、人员、财物"的分离，即形成了水管单位、维修养护单位并驾齐驱的新格局。

2　改革后机构人员情况

2.1　机构设置情况

在改革过程中，严格按照《黄河水利工程管理体制改革指导意见》（黄办[2006]12号）和批复方案执行。

（1）陕西河务局机关严格按照"三定"方案的要求，设置了办公室、工务科、水政科、财务科、人事劳动教育科五个科室，下设机关服务中心。

（2）2005年5月15日，依据《关于开展水利工程管理体制改革试点工作的通知》（黄办[2005]12号）要求，陕西大荔河务局进行试点改革，机构设置办公室、工程管理科、水政水资源科、财务科，运行观测科；同时成立陕西黄河水利工程维修养护有限公司。

（3）根据黄委《黄河水利工程管理体制改革指导意见》（黄办〔2006〕12号），在我局改革领导小组的领导下，人劳等相关业务部门进行认真调研，采取开会研讨、职工座谈等多种形式，结合我局实际情况，制订了《陕西河务局水管体制改革实施方案》，黄委以黄办〔2006〕15号文件得到批复。我局根据《黄河水利工程管理体制改革指导意见》中批复的机关内设置了办公室、工程管理科、水政水资源科、运行观测科。

2.2　人员编制

根据水利部、财政部《水利工程管理单位定岗标准（试点）》（水办〔2004〕307号）的有关规定核对的水利工程管理岗位数为人员编制数，严格遵守组织人事纪律，将具有公务员身份的人员调整到公务员岗位，事业单位副科级及以下的事业编制人员实行公开竞聘，上岗人数在定编人数之内。

3　维修养护单位的组建

按照黄委水管体制改革工作安排，2005年实行了组建市一级维修养护公司的方案，组建陕西黄河水利工程维修养护有限公司，2005年6月23日通过了国家工商部门登记注册。公司性质为有限责任公司，组建方为陕西河务局、陕西河务局机关服务中心，公司注册地址渭南市，首次注册资金200万元人民币。经营范围以维修养护为主，实行独立核算、自负盈亏的经营模式。2006年随着水管单位体制改革工作全面推行后，非试点的三个县局划出资产并入陕西黄河水利工程维修养护有限公司，扩大了公司资本，截至目前养护公司资本积累达到450万元。

维修养护公司机构设置如下：董事会负责公司的经营决策活动；总经理负责日常工作；公司下设财务部、综合部、工程部，各水管单位分别设立维修养护项目部，从事工程日常维修养护任务。

4　存在的问题

（1）维修养护资金下达滞后，直接影响到水利工程的维修养护工作的开展。水利工程维修养护不等同于水利工程基本建设，是一项经常性的维修养护工作，水利工程维修养护经费下达较晚，影响了工程维修养护的进展。

（2）维修养护经费计划数和下达数额不确定，影响计划的安排，限制了工程专项及其他项目的安排。

（3）维修养护施工合同范本中，没有涉及工程监理方面的条款。按照黄委印发的九项规定，工程维修养护必须实行监理制，但在维修养护施工合同的内容中无法体现监理的职责和监理内容,无法从施工合同方面显示出监理方的法定作用,给维修养护合同的签订工作带来了一些困难,因此应探讨是否应在维修养护施工合同范本中增加监理方面的相关条款。

(4)维修养护合同签订过程中所发生的费用没有明确规定应由哪项资金支付。维修养护合同的编制和签订,需要有一定费用的支出,如前期勘查、测量费、合同的制作费、中期的阶段检查验收费、竣工后的验收费用等,这些是保证维修养护工作顺利开展、按合同条款完成任务的先决条件,但在改革后的文件中,没有明确指出这部分经费是由维修养护经费支出还是由其他经费支出。

(5)监理费用偏低,给引入工程维修养护监理制造成了一定的困难。按黄委文件规定,工程维修养护监理费按1%提取。但在实际中,监理方承担的任务相当繁杂,项目多,时间长,而且工程维修养护监理是一个新生事物,需要有大量的前期投入,经2005年承担我局监理任务的监理单位反映,监理费用偏低。对今后监理工作的顺利开展有一定的影响。

(6)经费测算与实际使用不对应。主要有:①连坝顶面为硬化路面,测算中按照未硬化对待,造成财务上测算与结算内容不符;②部门预算中没有列入上坝路养护费用;③部分项目如备防石整理、草皮养护等测算定额较低,造成合同签订时预算量不能完成情况。

5 解决问题的对策

(1)建议上级主管部门尽快下达水利工程维修养护经费,保证水利工程日常维护养护。

(2)由于每年我们对维修养护项目、经费进行测算,对专项工程和单项、日常性工程项目分别进行现场勘查、测量、设计,对项目进行了核算,维修养护项目计划数和下达数额不确定,这样影响计划的安排,限制了工程专项及其他项目的安排。建议力求维修养护项目计划数和下达数额尽量一致,否则影响维修养护工作的顺利开展。

(3)进一步规范完善维修养护施工合同范本,探讨是否应在维修养护施工合同范本中增加监理方面的相关条款。

(4)维修养护合同的编制和签订,需要有一定费用的支出,如前期勘查、测量费、合同的制作费、中期的阶段检查验收费、竣工后的验收费用等,维修养护合同签订过程中所发生的费用明确规定应由哪项资金支付。

(5)按黄委文件规定,工程维修养护监理费按1%提取。但在实际中,监理方承担的任务相当繁杂,项目多,时间长,而且工程维修养护监理是一个新生事物,需要有大量的前期投入,所以可适当调整监理费用,提高维修养护工程工作质量和效率。

（6）如果定额中有缺项或测算定额偏低的项目，我们可根据实际情况，应该加以考虑，根据具体情况，项目费用均可适当调整，便于操作。

6　结语

水利工程管理体制改革是我国水利工程管理上的一个重要里程碑，标志着水利改革和发展迈出了新的重大步伐。2006年，黄委的水管体制改革工作全面推开，工程管理面貌一新，管理水平不断提升。但是改革中暴露的问题越来明显，只有不断解决问题，黄河水利工程管理事业才会更加美好。

山西黄河水利工程维修养护
工作存在问题及其对策

范永强　潘东撑　刘　旭

（黄河小北干流山西河务局）

摘要：水管体制改革结束后，由于水利工程维修养护资金下达迟缓、人员素质不高、维修养护项目存在部分缺漏项等问题，为解决维修养护中存在的问题，作者结合自身在维修养护工作中的实践，提出了维修养护工作一些有益的建议，供同行参考。

关键词：维修养护　问题　对策

1　基本情况

1.1　黄河小北干流治理情况

黄河小北干流治理工作自 20 世纪六七十年代开始，截至目前，小北干流左侧已修建防洪工程 23 处，全长 80.706 km，其中：黄委管理工程 19 处，全长 67.976 km，地方管理工程 4 处 5 段，长度 12.73 km。

1.2　工程效益

经过 30 余年的治理，黄河小北干流防洪体系初具规模，初步理顺了该河段河势，扼止了沿河高崖继续坍塌后退，基本保障了沿河滩涂开发利用成果，彻底改变了过去黄河冲滩塌岸，村镇被迫搬迁的局面，为沿黄 8 处大中型电灌站的引水创造了有利条件，保护了沿河重要的文物古迹、交通道路和生产生活设施的安全，为当地的经济发展和社会稳定提供了保障，社会效益和防洪效益十分显著。

1.3　工程管理情况

小北干流左岸防洪工程管理主要经历了三个阶段：第一阶段为 1968～1985 年，小北干流防洪工程主要由沿河治黄指挥部管理，普遍存在"重建轻管"思想，由于没有专门的管理经费，工程面貌较差，工程标准低，管理跟不上。第二阶段为 1985～2004 年，小北干流防洪工程统一交给黄委管理，管理单位"修、防、管、营"一体，工程管理经费有了一定保障，山西河务局作为工程管理的主管单位，下辖河津、万荣、临猗、永济、芮城五个水管单位，每年工程岁修费大多维持在 80 万～120 万元左右，为提高工程管理水平，山西河务局实施了责任坝段管理和实物量化管理相结合的办法，调动了一线管理人员的积极性和能动性，工程面貌有了较大改善。第三阶段为 2004 年至今，各水管单位根据黄委统一安排部署，实施了水管体制改革，人员经费和工程维修养护经费有了保障，实现了"管养分离"，建立了新的管理体制和运行机制。

2 水管体制改革背景

水利工程是国民经济和社会发展的重要基础设施。但是，长期以来，我国水利工程管理体制不顺，管理单位运行机制不活，水利工程运行管理和维修养护经费不足，导致了大量水利工程得不到正常的维修养护，效益严重衰减，给国民经济和人民生命财产安全带来极大的隐患。在长期的计划经济体制下，形成了集"修、防、管、营"四位一体的管理体制。在工程管理方面，既是管理者又是维修养护者，工程管理和维修养护职能交织在一起，既是监督者又是执行者，外部缺乏竞争压力，内部难以形成监督、激励机制，管理缺乏活力，已不适应市场经济的要求，严重制约了治黄事业的发展。

3 水管体制改革实施情况

为积极稳妥进行水管体制改革，2004 年，山西河务局以永济黄河河务局为水管改革试点单位，开始进行试点。成立了维修养护有限责任公司，对永济局有关科室进行了调整，对各科室人员实行了竞聘上岗。实现了"管养分离"，建立了新的运行机制和管理模式。

2006 年，山西河务局按照上级水管体制改革精神，在全局范围内开展了水管体制改革工作，为加强对水管体制工作的领导，山西局成立了水管体制改革领导组，组长由局长担任，副组长由班子成员组成。在改革前，结合自身实际情况，认真制定了《山西局水管体制改革实施方案》；在改革过程中，认真做好职工的思想工作，深刻领会改革的精神和实质，积极稳妥开展各项工作，由于改革各项准备工作做的充分细致，水管体制改革工作平稳开展，实现了职工思想不散、工作不断、程序不乱的工作目标。改革后，山西局没有一名职工下岗，每名职工都找到了适合自己的新的工作岗位，人心稳定，水管体制改革各项程序按照计划圆满完成，达到预期目标。各水管单位与维修养护公司及时进行了人员、设备、资产和业务交接，实现了"管养分离"，标志着以"修、防、管、营"四位一体的管理体制的终结。

4 维修养护工作开展情况

4.1 建立健全各项规章制度

为建立健全各项规章制度，确保各项工作有章可依、有规可循，山西局结合工作实际情况,认真制定了《山西局黄河工程维修养护管理办法》、《山西局维修养护资金管理办法》、《山西局维修养护根石加固项目管理办法》、《山西局维修养护项目验收管理办法》和《山西局维修养护实施细则》等一系列规章制度。

4.2 组织编制了维修养护计划和专项设计

各水管单位结合工程的实际情况,在现场勘测的基础上,根据《水利工程维修养护定额标准》,组织工程技术人员认真编制了维修养护计划,委托有资质的单位完成了维修养护专项设计编制工作,并及时上报主管单位审批。为维修养护工作开展完成了大量前期准备工作。

4.3 及时签订维修养护合同

维修养护计划下达后,各水管单位及时与维修养护公司签订维修养护合同,与黄河工程咨询有限责任公司签订了监理合同,到黄河小北干流及三门峡质量监督站办理了质量监督手续。建立健全了各项质量保障体系。在维修养护工作开展过程中,严格按照合同管理,各有关单位认真履行各自的职责,由于职责明确、任务具体,能够在维修养护工作中投入较大的人力和物力,从而保证了维修养护项目的质量。

4.4 加强现场管理,及时组织验收

维修养护工程与基本建设项目相比较,存在较大差异,工程项目较为零碎,现场不易管理,工程量不易准确统计。为切实保证工程质量,保证维修养护资金安全,各水管单位运行观测科人员加强现场管理,按照工务科每月下达的维修养护项目,对小的维修养护采取了总量承包、事后验收的方式,对较大的维修养护专项,实行项目管理,现场管理人员采取跟班作业。维修养护项目完成后,组织工务科、财务科、运行观测科、监理单位和维修养护公司有关人员,对完成的项目共同验收,工程合格,办理结算手续。从而保证了维修养护项目能够高标准、高质量、足额完成。

5 维修养护工作中存在的主要问题

目前,水管体制改革处于初级阶段,许多工作仍需进一步完善,在运行过程中,存在以下几个方面问题。

5.1 维修养护资金下达迟缓

目前,每年维修养护资金需经全国人大审议通过后,才能下达各有关单位,致使维修养护资金下达到各水管单位时间较晚。由于养护经费不到位,造成各水管单位无法与维修养护公司签订维修养护合同,及时办理维修养护结算手续,维修养护公司无法及时支付施工款,存在拖欠工程款现象,同时给维修养护工作的正常开展造成了一定影响。

5.2 维修养护项目中存在部分缺漏项

为合理安排测算维修养护项目,保证全国水利工程维修养护工作健康有序开展,由财政部、水利部联合制定了《水利工程维修养护定额标准》,为科学编制和核定水利工程维修养护预算、保障资金到位提供了政策依据。在执行过程中,发现部分维修养护项目在定额中没有全部包含,存在部分缺漏项,如坝面硬化、路沿石整修、行道林补植等项目,实际工作中存在,而维修养护定额中没有该几个项目,造成实际工作操作困难。

5.3 维修养护工作程序需进一步理顺

维修养护实行合同化管理,以实支付。每月由各水管单位下达维修养护任务单,维修养护公司根据下达的任务完成维修养护工作。存在主要问题,一是维修养护公司工作被动,每月完成的维修养护项目受到水管单位任务单的限制,无法积极主动完成所承担维修养护工作;二是运行观测科人员分布较散,每处工程运行观测人员较少,观测任务重,每场雨后,工程出现的雨毁统计需花费较大精力进行详细统计、核实,上报时间滞后,旧的水毁未修复,新的水毁又会出现,影响了维修养护水毁项目及时修复。

5.4 维修养护内业资料需进一步规范完善

维修养护工作由于刚刚起步,各项工作正在逐步规范完善中。在实际工作中,受人员整体素质限制,加之参与维修养护工作的人员对各项新颁布的规章制度学习不够,水管体制改革精神实质领会不到位,致使维修养护内业资料记录不规范或不完善,记录过于简单,内容不全面、不翔实,专业用语不规范等一系列问题。无法全面真实地反映维修养护工作开展全过程。

5.5 参与维修养护的运行观测人员数量较少,整体素质偏低

水管体制改革后,各水管单位对人员进行了优化组合,对机关各科室进行了调整,为保证一线维修养护工作的开展,下设一个机关二级机构运行观测科,机构改革后,事业编制的人员全部归到运行观测科,各局防洪工程战线较长,较为分散,每个管护基地运行观测科人员大多为 2~3 人,人员数量较少,运行观测任务较重,每人平均管理工程长度为 2~3 km,同时还需承担防汛值班、水行政管理、河道巡查等任务,加之运行观测科人员大多为工人出身,文化层次较低,整体素质偏低,无法圆满完成所承担一线维修养护工作的现场管理和监督检查工作。

6 维修养护工作的建议及对策

6.1 实事求是编制维修养护计划

维修养护计划是维修养护工作开展的基础,是各水管单位与维修养护公司签订合同的重要依据,在编制维修养护计划时,应充分体现实事求是的原则,事

前开展工程普查,查清存在的主要隐患,严格按照《水利工程维修养护定额标准》对维修养护项目单价进行测算,依据上级主管单位核定的维修养护投资总额,按轻重缓急的原则安排每年的维修养护项目,在保证工程日常维修养护费用前提下,有计划开展除险加固工作,消除工程隐患,真正做到保证工程完整,逐步改善工程面貌,提高工程抗洪能力,提高工程管理水平。

6.2　加强人员学习培训,提高整体素质

维修养护是一项新的工作,为规范维修养护行为,上级主管单位结合维修养护工作制定了大量的规章制度和管理办法,对维修养护工作的正常开展提供了依据。针对维修养护工作中出现的新问题和新情况,下一阶段,各水管单位应加强运行观测科和维修养护人员业务培训,提高有关人员的整体素质和业务水平,组织工务科、运行观测科和维修养护人员分别进行有关法规学习,结合各自工作的实际情况,带着管理工作中出现的问题,采取走出去、请进来的办法,一是组织有关人员到维修养护工作开展较好的兄弟单位进行实地学习,学习兄弟单位好经验、好的做法,促进各项工作的开展;二是聘请有关专家进行授课,讲解维修养护有关规章制度和政策,提高有关人员把握政策的能力;三是明确维修养护工作岗位职责,做到职责明确、任务具体,不断提高人员业务水平和工作效率。

6.3　加强维修养护项目管理

由于维修养护项目较为零碎,各项目较为分散,难以实现有效的现场管理和控制,为保证维修养护项目质量,保证维修养护项目足额完成,各水管单位应加强一线现场管理,对较大的项目或能实现跟班作业的,坚决实行跟班作业,加强项目管理和验收工作,严格按照实际发生的工作量以实支付,认真履行项目法人的职责,严把工程质量关,不断改善工程面貌,提高工程管理水平。

6.4　充分发挥维修养护投资效益

维修养护资金的投入,为维修养护项目的开展提供了强有力保障,有效地改善了工程面貌,消除了工程隐患,提高了工程防御洪水的能力,保证了国民经济的健康发展,为当地社会稳定做出了贡献。在实际工作中,为保证维修养护资金的合理、安全使用,各水管单位要加强维修养护资金管理,严把维修养护资金结算关,在验收前,组织工务科、财务科有关人员对维修养护项目完成情况进行严格核实,认真开展维修养护资金的审计工作。努力实现"工程安全、资金安全、干部安全"目标,充分发挥维修养护投资的整体效益。

7　结语

目前,以"管养分离"为核心的水管体制改革刚刚起步,初步建立了新的运行机制和管理模式,显现出新的生机与活力,正逐步向健康良性方向发展。在实

际工作中,要不断探索和完善新的管理体制和运行机制,加强现场管理,充分发挥维修养护投资效益,逐步改善工程面貌,提高工程管理水平,为当地经济发展和社会稳定做出贡献。

黑河下游地区现状年天然生态
需水量计算

付新峰　何宏谋　蒋晓辉　罗玉丽　姜丙洲

（黄河水利科学研究院）

摘要：由于黑河流域上、中游用水量的增加,进入下游的水量减少,导致下游生态与环境呈恶化的趋势。为保证黑河下游生态的恢复与改善,其天然生态需水务必要得到保证。作者利用1998年遥感影像解译出黑河下游地区的天然生态面积,对黑河下游地区天然生态需水定额进行分析,在确定天然生态需水量计算方法的情况下,计算出黑河下游天然生态需水量。最后用地下水变动蓄水量法、阿维里扬诺夫公式法与实测水量法等方法对比分析,得出黑河下游现状年天然生态需水量在 3.91 亿～4.05 亿 m^3。

关键词：天然生态需水量　黑河下游地区　天然植被　遥感

1　引言

　　黑河是我国西北地区第二大内陆河,发源于青海省祁连山北麓,流经青海、甘肃、内蒙古三个省(区),干流全长 821 km。黑河下游地区是指黑河流域正义峡以下,包括甘肃金塔县部分地区和内蒙古自治区额济纳旗,流域面积 8.04 万 km^2,区内不仅有以蒙古民族土尔扈特部落的后裔为主体的蒙古族聚居牧业区和拥有长达 507 km 边境线的边境旗,同时还有我国重要的国防科研基地,战略地位十分重要。

　　黑河下游地区地处阿拉善高平原,多年平均降水量不足 50 mm,而水面蒸发量却高达 2 500 mm,气候极度干旱,生态环境脆弱,区内绝大部分为戈壁荒漠,绿洲断续分布。历史上,依靠黑河来水,下游绿洲得以生存维系,并在黑河末端一度曾出现了面积达 1 200 km^2 的古居延泽。但随着经济社会的发展和人类活动的加强,黑河来水逐渐减少,下游绿洲,尤其是狼心山以下额济纳绿洲的生态环境也随之恶化,绿洲面积减小,植被退化,黑河尾闾湖消失,土地沙化加剧。自20世纪 60 年代以来,黑河尾闾湖西、东居延海相继干涸,特别是 80 年代中期以后,黑河来水进一步减少,黑河下游额济纳河也由常年性河流演变成了季节性河流,导致额济纳绿洲区地下水位持续下降,生态环境进一步恶化,进而影响黑河下游绿洲的生存,制约黑河下游社会经济的发展,危及下游的生态安全与国防安全。

通过近 3 年的黑河近期治理和近 6 年的黑河干流水量统一调度工作,自 2000 年以来已连续 6 年完成了水量调度任务,将黑河水送入了额济纳绿洲腹地。黑河调水与治理有效缓解了下游绿洲进一步恶化的趋势,实现了国务院提出的第一步分水目标。针对黑河流域生态最为脆弱、植被退化最为严重而对实现全流域生态治理目标又极为关键的下游地区,客观评述天然植被类型,分析不同植被生态需水定额,计算其天然生态需水量,对于保证黑河治理目标的顺利实现具有重要意义。

2 黑河下游地区天然生态需水量计算

2.1 基于遥感分类的黑河下游地区天然生态需水量计算

黑河下游地区天然生态系统消耗的水量是指扣除降水补给后所需消耗的地下水量,主要由天然降水和地下水补给。黑河下游地区天然生态系统主要由天然绿洲植被和过渡带植被、水域及荒漠区组成,地下水的消耗包括天然绿洲植被和过渡带植被生长耗水、天然水域水面蒸发以及潜水蒸发三部分。

随着黑河上中游用水量的日益增加,进入下游的水量越来越少,下游湖泊水域面积逐渐萎缩。西居延海在 1960 年尚有水面 213 km²,1961 年秋全部干涸,之后持续干涸 43 年之久,已成龟裂盐壳地和砾漠覆盖区,一直到 2003 年黑河调水才有水量进入。东居延海在 1958 年时有水域 35.5 km²,到 1982 时水域面积缩减为 23.6 km²,1992 年干涸,直到黑河实行水量调动后于 2002 年才有水量进入。考虑到以 2000 年为现状年,因此现状年研究区的水域面积为零,水域生态需水量为零。因此,黑河下游地区天然生态需水量的计算只考虑植被区与荒漠区两种地表状况。

2.1.1 天然生态需水量计算方法

1)天然林草

黑河下游地区天然植被主要由林地与草地构成,可用天然林草取代下游地区天然植被。其生态需水量计算方法如下:

$$W_{i天然林草} = A_{ij} \times m_{ij} \tag{1}$$

$$m_{ij} = ET_{ij} - p_0 \tag{2}$$

式中:$W_{i天然林草}$为第 i 类植被的需水量;A_{ij} 为第 i 类植被第 j 种覆盖度的面积;m_{ij} 为第 i 类植被第 j 种覆盖度的需水定额;ET_{ij} 为第 i 类植被第 j 种覆盖度的腾发量值;p_0 为有效降雨量。

2)荒漠区

荒漠区主要指没有植被或植被很少的区域。文中是指植被覆盖度小于 5%

和无植物生长的绿洲斑块间的区域。对于这部分区域,其需水量主要是潜水蒸发消耗的地下水量,与区域地下水埋深有关,故可用荒漠区在某一地下水埋深条件下的潜水蒸发强度乘以相应的荒区面积来推算其生态环境需水量,计算公式如下:

$$W_荒 = A_荒 \times E_g \tag{3}$$

式中:$W_荒$ 为荒漠区需水量;$A_荒$ 为荒漠区面积;E_g 为潜水蒸发强度。

2.1.2 生态需水定额的确定

1)天然林草

黑河下游地区降雨稀少,且次降雨量很小,供给植物消耗的有效降雨量可忽略不计,因此天然林草消耗的地下水量就是植物群落的生态需水量。天然林草的耗水由植株生长本身所需的蒸腾消耗和株间的潜水蒸发两部分组成,因而天然林草的生态需水量包括植物蒸腾耗水量和潜水蒸发量两部分,其中潜水蒸发量又分为株间的潜水蒸发量和植被覆盖区植物非生长期的潜水蒸发量。

天然林草的生态需水定额是植物生长所需的蒸腾量、株间的潜水蒸发量和植被覆盖区植物非生长期的潜水蒸发量之和,如表 1 所示。植被的生态需水定额计算公式如下:

$$m = W + E \tag{4}$$

$$W = ET \times p \tag{5}$$

$$E = E_1 + E_2 \tag{6}$$

$$E_1 = \sum_{i=1}^{n} E_i \times (1 - p) \times k \tag{7}$$

$$E_2 = \sum_{i=1}^{n} E' \times p \times k \tag{8}$$

式中:W 为植物生长蒸腾需水量;E 为植物群落的潜水蒸发量;ET 为植物生长蒸腾强度;E_1 为株间的潜水蒸发量;E_2 为植被覆盖区植物非生长期的潜水蒸发量;E_i 为不同埋深条件下的潜水蒸发强度;E' 为不同埋深条件下植被覆盖区非生长期的潜水蒸发强度;p 为植被群落的盖度;k 为植被群落在不同地下水埋深条件下的分布比例。

表 1　黑河下游地区天然林草生态需水定额

植物种类	胡杨			灌木			草地		
盖度(%)	>75	75～25	25～5	>75	75～25	25～5	>75	75～25	25～5
生态需水定额 (万 m³/km²)	77.82	52.66	16.89	4.31	4.87	3.64	4.31	4.33	4.71

2）荒漠区

荒漠区的生态需水定额就是当地不同地下水埋深条件下的潜水蒸发强度。黑河下游地区不同地下水埋深的潜水蒸发强度见表 2。

表 2 不同地下水埋深区间年潜水蒸发量

地下水埋深区间(m)	0~1	1~2	2~3	3~4	4~5	5~6	6~7	7~8
年潜水蒸发量(mm)	621.5	209.5	70.7	23.8	8.0	2.7	0.9	0.3

2.1.3 研究区现状年生态需水量

以 1998 年代表现状年计算黑河下游地区天然生态需水量,通过对 1998 年 8 月 25 日的遥感影像数据进行信息提取,得出黑河下游地区生态分类见表 3。

表 3 黑河下游地区天然生态分类

天然生态地物类型	1998 年面积(km²)
其他林地	9.9
高覆盖度草地	46.32
中覆盖度草地	424.54
低覆盖度草地	893.83
河渠	137.82
湖泊	2.58
水库、坑塘	17.07
滩涂	272.57
滩地	10.96
沙地	3 686.85
戈壁	16 331.33
盐碱地	1 078.96
裸土地	1.72
裸岩石砾地	37 727.63
高覆盖度胡杨林	144.98
中覆盖度胡杨林	133.68
低覆盖度胡杨林	98.02
高覆盖度灌木林	249.27
中覆盖度灌木林	490.94
低覆盖度灌木林	936.87
合计	62 695.84

一般而言,遥感影像所解译的生态分类主要可分为水域、天然林草、荒漠区三大类。如果设定裸岩石砾地不需要水分来维系其存在,同时,黑河下游水域面积为零,黑河下游地区现状天然生态需水量计算可由天然林草(高覆盖度胡杨林、中覆盖度胡杨林、低覆盖度胡杨林、高覆盖度灌木林、中覆盖度灌木林、低覆

盖度灌木林、高覆盖度草地、中覆盖度草地、低覆盖度草地与其他林地)与荒漠(滩涂、滩地、沙地、戈壁、盐碱地、裸土地)两部分组成。

1)天然林草

据遥感资料分析,黑河下游地区现状天然生态林草面积为 3 428.35 km²,其中胡杨 376.68 km²(高盖度 144.98 km²、中盖度 133.68 km²、低盖度 98.02 km²),灌木 1 677.08 km²(高盖度 249.27 km²、中盖度 490.94 km²、低盖度 936.87 km²),草地 1 364.69 km²(高盖度 46.32 km²、中盖度 424.54 km²、低盖度 893.83 km²)。根据前面分析的生态需水定额及天然生态需水量计算方法,计算出黑河下游地区现状年天然林草的生态需水量为 3.39 亿 m³,见表 4。

表 4　黑河下游地区天然林草生态需水量

植被生态地物类型	面积(km²)	生态需水定额(万 m³/km²)	生态需水量(万 m³)
其他林地	9.9	77.82	770.418
高覆盖度草地	46.32	4.31	199.64
中覆盖度草地	424.54	4.33	1 838.26
低覆盖度草地	893.83	4.71	4 209.94
高覆盖度胡杨林	144.98	77.82	11 282.34
中覆盖度胡杨林	133.68	52.66	7 039.59
低覆盖度胡杨林	98.02	16.89	1 655.56
高覆盖度灌木林	249.27	4.31	1 074.35
中覆盖度灌木林	490.94	4.87	2 390.88
低覆盖度灌木林	936.87	3.64	3 410.2
合计	3 428.35		33 871.18

2)荒漠区

经遥感解译黑河下游地区荒漠区面积为 5 051.06 km²,据有关地下水埋深资料统计分析,荒漠区地下水埋深在 3.5~5.5 m 之间。经计算,荒漠区天然生态需水量为 0.563 5 亿 m³,如表 5 所示。

表 5　黑河下游地区荒漠现状生态需水量

荒漠区地物类型	面积(km²)	生态需水定额(万 m³/km²)	生态需水量(万 m³)
滩涂	272.57	12.3	1 520.9
滩地	10.96	23.8	260.8
沙地	3 686.85	0.8	2 949.5
盐碱地	1 078.96	0.8	863.2
裸土地	1.72	23.8	40.9
总面积	5 051.06		5 635.3

因此,黑河下游地区现状年天然生态需水量约为 3.95 亿 m³。

2.2 地下水变动蓄水量法

根据绿洲地下水位年内变动规律分析,在天然绿洲区,天然植被的生存,主要依靠地下水的水分补给,地下水的消耗途径主要是通过天然植被的蒸发蒸腾。因此,可以认为地下水位变动范围的水分为天然植被生育期的需水量,则天然植被的需水量可表示如下:

$$W_i = \mu F \Delta H \tag{9}$$

式中:W 为维护一定植被面积生态需耗水量;F 为天然植被面积;ΔH 为天然植被地下水年内变动幅度;μ 为地下水的给水度;i 为天然植被的种类。

额济纳绿洲的地下水位年内动态变化过程,与黑河的来水和植被蒸腾蒸发耗水密切相关。一般年份受黑河河流来水的影响,额济纳绿洲的地下水年内有两次上升过程,一次为春季,一般发生在 4 月中旬,受河流春季来水量补给,地下水达到峰值;另一次为夏季,一般发生在 8 ~ 9 月,正值夏季蒸发蒸腾强烈时期,由上游洪水进入下游,地下水位又出现一次峰值。其他时间,尤其是植被生长期,由于河道断流、地下水得不到补给,加之植被蒸腾蒸发量增大,地下水位逐渐下降。在距河道较近、与黑河来水关系密切的地区,地下水的年内变动幅度为 1.2 ~ 1.5 m。而距河两侧较远地区,受黑河来水补给较弱的地区年内地下水位变动仅 0.20 ~ 0.30 m。绿洲区的天然植被耗水量将直接影响到地下水的下降幅度,由于不同种类植被生长所需耗水量不同,因此不同种类植被生长区域的地下水位差异较大,需要区分不同植被进行计算。根据对额济纳绿洲不同植被区地下水年内动态变化过程分析,以胡杨为代表性植被区域,地下水变动幅度为 1.4 m,以沙枣、草地为代表性植被区域,地下水变动幅度为 1.1 ~ 1.2 m;以红柳为代表性植被区域,地下水变动幅度为 0.8 ~ 0.9 m;中戈壁草地地下水变动幅度为 0.5 m 左右,荒漠戈壁草地为 0.2 ~ 0.3 m。根据黑河下游《区域水文地质普查报告》研究,额济纳绿洲地下水的给水度为 0.15 ~ 0.2。据此估算维持现状黑河下游绿洲规模的天然生态需水量为 4.00 亿 m³,见表 6。

2.3 阿维里扬诺夫公式法

沿黑河两岸天然植被的生长主要依靠地下水供给其蒸腾和蒸发。而影响植物生长的土壤水分状况取决于潜水蒸发量大小,当土壤处于稳定蒸发时,不仅地表的蒸发强度保持稳定,土壤含水量也不随时间而变化,即潜水蒸发强度、土壤水分通量和土壤蒸散强度三者相等。所以,干旱区依靠潜水生长的天然植被的实际蒸散发量近似等于潜水蒸发量,因此天然植被的需水可通过潜水蒸发来估算。

表6 地下水变动蓄水量法计算天然生态需水量

类别		胡杨	沙枣、草地	柽柳	中戈壁草地	荒漠草地	合计
地下水变幅		1.4	1.1~1.2	0.8~0.9	0.5	0.2~0.3	
面积 (km²)	鼎新		62.31	1.62		3.31	67.24
	东风场区	10.53	8.74	26.51		17.47	63.25
	额济纳绿洲	381.26	269.81	1 648.95	141.86	886.19	3 328.07
	合计	391.79	340.86	1 677.08	141.86	906.97	3 458.56
生态需水量 (万 m³)	鼎新	0	1 433	21	0	12	1 466
	东风场区	221	201	338	0	66	826
	额济纳绿洲	8 006	6 206	19 787	1 064	2 659	37 722
	合计	8 228	7 840	20 146	1 064	2 736	40 014

潜水蒸发与气象因素、土壤质地、土壤水分储量和地下水位埋深密切相关。利用阿维里扬诺夫公式计算地下水潜水蒸发量,公式如下:

$$W = 1.174(1 - H/H_{\max})^{3.63} \times E_0 \tag{10}$$

式中:E 为潜水蒸发强度;E_0 为常规气象蒸发值;H 为地下水埋深;$H_{\max}$ 为地下水蒸发极限埋深。

天然植被需水总量用天然植被面积与单位面积植物蒸散耗水(近似等于潜水蒸发量)的乘积表示,即:

$$E_{Wt} = S_v \cdot E \tag{11}$$

式中:E_{Wt} 为维护一定植被面积生态总需耗水量;S_v 为天然植被面积;E 为天然植被下潜水蒸发强度。

据遥感资料,黑河下游地区天然植被面积为 5 738 km²,其中植被良好的面积为 1 490 km²、植被稀疏衰败面积 4 249 km²。经对典型植被调查分析,潜水埋深年均在 2.5 m 左右的区域植被生长良好,潜水埋深年均在 4.0 m 左右的区域植被生长稀疏衰败,故以潜水埋深年平均 2.5 m 的蒸发量作为良好植被蒸腾蒸发量,以潜水埋深年平均 4.0 m 的蒸发量作为稀疏衰败植被蒸腾蒸发量。

潜水不同埋深时植被蒸腾对潜水影响系数如表7所示。根据式(10)、式(11)及表7计算不同地下水埋深的潜水蒸发量如表8所示。

表7 不同潜水埋深的植被影响系数

潜水埋深(m)	1.0	1.5	2.0	2.5	3.0	3.5	4.0
植被影响系数	1.98	1.63	1.56	1.45	1.38	1.29	1.00

表 8   不同地下水埋深的潜水蒸发量

地下水埋深(m)			1.0	1.5	2.0	2.5	3.0	3.5	4.0
潜水蒸发量(mm)	鼎新片	裸地	1 342	767	396	176	62	14	1
		有植被	2 658	1 250	617	255	86	18	1
	东风场区	裸地	1 342	767	396	176	62	14	1
		有植被	2 658	1 250	617	255	86	18	1
	额济纳绿洲	裸地	1 607	919	474	211	74	17	1
		有植被	3 182	1 497	739	306	102	22	1

利用阿维里扬诺夫公式计算黑河下游地区天然植被蒸腾蒸发量为 4.05 亿 m^3,见表 9。

表 9   利用阿维里扬诺夫公式生态需水量计算

项目	分区	良好	稀疏衰败	合计
面积(km²)	鼎新	62.91	4.33	67.24
	东风场区	29.48	33.77	63.25
	额济纳绿洲	1 237.46	2 090.62	3 328.08
	合计	1 329.85	2 128.72	3 458.57
需水量(万 m³)	鼎新	1 606	0	1 606
	东风场区	753	4	756
	额济纳绿洲	37 824	288	38 112
	合计	40 183	292	40 475

2.4   实测水量法

实测水量法是以不同时期进入区域的来水量作为维持区域不同时期绿洲规模的天然生态需水量进行需水量的估算。由于黑河下游绿洲区降雨稀少,黑河来水是该区域唯一供给水源。可以将正义峡断面泄水量扣除生态需水以外的耗水量,推算黑河下游绿洲的生态需水量。正义峡以下,除鼎新灌区和东风场区的工业、农业用水和区间生活耗水外,同时还有部分地下水消耗于向东侧古日乃湖方向的补给。据统计,1995 ~ 1999 年正义峡平均下泄水量为 8.14 亿 m^3,相对于遏制黑河下游生态退化趋势所需水量来说,正义峡平均下泄水量需达到 8.31 亿 m^3,2000 ~ 2005 年正义峡实测下泄水量。据对大墩门—狼心山区间的鼎新盆地、东风场区河段、额济纳旗的耗水分析,区间工业、农业用水和生活耗水量为 3.71 亿 m^3。通过水量平衡分析,正义峡断面的来水量为 4.6 亿 m^3。去除河道输水损失 15% 计算,余下作为生态用水量 3.91 亿 m^3。故而,实测水量法推算出黑河下游地区生态需水量约为 3.91 亿 m^3。

3　结语

基于遥感分类的生态需水量计算结果为 3.95 亿 m³,而常规方法计算的黑河下游地区生态需水量分别为地下水变动蓄水量法 4.0 亿 m³、阿维里扬诺夫公式法 4.05 亿 m³、实测水量法 3.91 亿 m³。这几种算法的结果基本一致。同时,根据 6 年调水和 3 年治理的效果来看,对黑河下游地区天然生态配水的量在 4 亿 m³ 左右的情况下已经使黑河下游生态恶化的趋势得以遏制,这表明维持黑河下游天然生态现状所需水量在 3.91 亿~4.05 亿 m³ 具有一定的实际意义。

参 考 文 献

[1]　王根绪,程国栋. 干旱内陆流域生态需水量及其估算——以黑河流域为例[J]. 中国沙漠,2002(2):129 - 134.

[2]　杨国宪,何宏谋,杨丽丰. 黑河下游地下水变化规律及其生态影响[J]. 水利水电技术,2003(34):27 - 29.

[3]　赵文智. 黑河流域生态需水和生态地下水位研究[D]. 兰州:中国科学院寒区旱区环境与工程研究所. 2002(10).

[4]　张丽,董增川,张琴. 黑河流域下游天然植被生态需水预测[J]. 沈阳农业大学学报,2005(36):80 - 82.

[5]　何志斌,赵文智,方静. 黑河中游地区植被生态需水量估算[J]. 生态学报,2005(5):705 - 710.

[6]　赵文智,常学礼,何志斌,等. 额济纳荒漠绿洲植被生态需水量研究[J]. 中国科学(D辑),2006(36):559 - 566.

[7]　王立明,张秋良,殷继艳. 额济纳胡杨林生长规律及生物生长力的研究[J]. 干旱区资源与环境,2003(2):94 - 99.

[8]　郑红星,刘昌明,丰华丽. 生态需水的理论内涵探讨[J]. 水科学进展,2004(5):626 - 633.

[9]　刘蕾,夏军,丰华丽. 陆地系统生态需水量计算方法初探[J]. 中国农村水利水电,2005(2):32 - 34.

[10]　司建华,龚家栋,张勃. 干旱地区生态需水量的初步估算——以张掖地区为例[J]. 干旱区资源与环境,2004(18):49 - 53.

[11]　张丽,董增川,赵斌. 干旱区天然植被生态需水量计算方法[J]. 水科学进展,2003(6):745 - 748.

[12]　卞戈亚,周明耀,朱春龙. 生态需水量计算方法研究现状及展望[J]. 水资源保护,2003(6):46 - 49.

[13]　张远,杨志峰. 林地生态需水量计算方法与应用[J]. 应用生态学报,2002(12):1566 - 1570.

大型机械在黄河防洪抢险中的应用研究

高兴利[1]　赵雨森[1]　刘　筠[2]

(1.河南黄河河务局;2.河南黄河勘测设计研究院)

摘要:针对黄河下游河道游荡多变、容易突发重大险情的特性,以及传统抢险方法投入劳力多、劳动强度大、速度慢的状况,从抢险辅助设备研制、机械化抢险技术、机械化进占筑坝技术三个方面开展机械化抢险技术研究,取得了突破性进展,形成了一套行之有效的成功经验。实践证明,该项研究实现了传统抢险向现代抢险的重大突破,对今后黄河防洪抢险技术提高具有重要意义。

关键词:大型机械　抗洪抢险　黄河

1　综述

黄河下游河道上宽下窄,由游荡性河道逐步过渡为弯曲性河道,游荡性河道历史上"善淤、善决、善徙",易发生重大险情。黄河历次大抢险如1982年黑岗口、1983年北围堤、1985年温孟堤、1993年高朱庄等险情均投入大量的人力、物力才化险为夷。过去的防洪抢险主要依靠专业抢险队和沿河民众手工操作和人海战术,往往出现抢险人员调配、料物运输紧急忙乱,以及长时间艰难抢护的被动局面。于2000年开始河南河务局组织研制了软料叉车、六角钢网编织机、铅丝笼封口机等抢险新机具,创造性地实践了大型机械装抛大体积铅丝笼技术,柳石混杂、层柳层石等机械化埽工抢险技术,以及厢枕和柳石搂厢机械化进占技术,研制出一整套机械化抢险和筑坝技术,在发展抢险劳动生产力上取得重大突破,该技术获得了"2006年度水利部大禹三等奖"。

1.1　黄河防洪工程的险情特性

河道冲淤变化大,河势游荡易在平工段发生重大险情。黄河下游水少沙多,常在不同河段或同一河段的不同位置有较大的冲淤,导致流路变化,河势游荡,尤其是花园口—东坝头河段,易于形成"横河"、"斜河"等畸形险恶河势,伴随这一河势经常发生重大险情。

大部分河道整治工程基础很浅,经过抢险加固才能趋于稳定。黄河下游河道整治工程按照规划在旱地修筑的坝垛,修建基础一般为2~3 m,新修坝垛只有在靠河后,受大溜顶冲,才能形成冲刷坑,使基础在抢险中不断加深,一般坝垛基础深度要达到 12 m 才能稳定。因此,没经过抢险的新修河道整治工程,坝的基础仅有 2～3 m,一遇洪水冲刷,极易出现重大险情。

坝基土质分布复杂,黄河下游河床土质是由于洪水挟沙带来,大部分来自中游地区,且分粗沙和细沙区,因而造成下游河道淤积多半是层沙层淤,极易形成"猛墩猛蛰"重大险情。该险情又最难抢护,历史上黄河河道整治工程跑坝大多是该类险情所造成的。

"二级悬河"抢险要求高,出险后果严重。近30年来,黄河下游河道"槽高、滩低、堤根洼"的"二级悬河"形势不断发展,一旦发生较大洪水,滩区过流量将会明显增加,极易在滩区串沟和堤河低洼地带形成集中过流,造成顺堤行洪,甚至造成黄河大堤的冲决,严重威胁下游滩区群众生命财产和堤防的安全。2002年濮阳万寨、2003年兰考蔡集的险情就是因此形成的。

1.2 机械化抢险技术研究的必要性

传统抢险已不能适应当今经济社会发展的需要。抢护堤防滑坡、坍塌和河道整治工程坝垛根石走失、坦石下蛰、坝体墩蛰等险情,一直沿用抛散石、抛铅丝笼、推枕、搂厢等传统的抢险技术。这些抢险方法传统抢险方式就是需要人员多,抢护慢。一般险情需要上百名抢险队员,重大险情则需要成千上万人;险情抢险时间一般为 10～15 天,有的可长达 1～2 个月,甚至更长。以 1983 年武陟北围堤抢险为例,动员军民 6 000 余人,抢险历时 53 天。

大型机械设备配置为机械化抢险技术应用研究提供了基础。从 1997 年开始,黄河下游各机动抢险队运用国家专项资金陆续配备了国内外较为先进的大型抢险设备:装载机、挖掘机、自卸车和推土机等。为适应黄河抢险特点,以现有的机械设备为基础,继承成功的传统抢险技术,研究和开发新的成套的机械化作业方式。

为适应黄河防洪形势发展,急需研究机械化抢险技术。黄河下游修建了大量河道整治工程,工程增加抢险任务就会增大;小浪底水库清水下泄时期,下游河道漫滩几率降低,局部河段河道易出现"横河"、"斜河",重大险情出现几率相对增加,同时,改革开放和市场经济情况下沿黄乡村青壮年劳力普遍外出打工,能够直接参加抢险的人力资源相当匮乏。因此,研究应用机械化抢险技术是适应黄河防洪形势发展的客观需要。

2 机械化抢险技术研究成果及应用效果

2.1 抢险辅助设备研制

2.1.1 软料叉车改装

软料叉车的研制经过三代,第一代叉车是直接在铲斗上打孔,安装叉齿,成为简易软料运输设备;第二代叉车是将装载机铲斗卸下,改进成为适合防汛抢险进埽用的叉具;第三代叉车是在第二代叉车的基础上,增大叉具各个部位强度。

第一代叉车　　　　　　第二代叉车　　　　　　第三代叉车

三代软料叉车的改装是通过实践不断加以改进,使软料机械运输效能一步一步得到提高,为黄河抢险的传统柳石结构施工速度大大提高,在实际应用中发挥很大作用,如:续建神堤控导工程24、27坝和28坝,新建坝头控导工程11坝,以及顺河街控导工程13坝等,采用软料叉车,省去了大量人力,效益非常显著。

2.1.2　六角钢网编织机

根据大型机械抢险需要,2005年6月,将编织窄幅、低强度网片的编织机改进为能够编织8#、12#铅丝以及4.3 m宽幅以下的任何幅宽网片,即宽幅、高强度网片编织机。

宽幅高强度网片编织机　　　　　　编织的宽幅高强度网片

自该网片编织机投产以后,运转正常,日编织能力达到1 500 m²,三个月的编织量即可满足黄河河南河段全年抢险所运用的各类网片需要。

2.1.3　铅丝笼封口机

在实现铅丝石笼的机械化装、抛之后,为解决人工封口速度慢明显影响了装抛速度的问题,先后研发了三代铅丝笼封口机。第一代封口机是"对拧式封口机";第二代封口机是QLFK型铅丝笼封口机,又叫"L"型封口机,具有质量轻、体积小、结构合理,便于随身携带,维修方便,封口速度快等特点;第三代封口机是对第二代封口机进行改进研制而成,具有低转速、大扭矩,封口效果更佳的优点。

 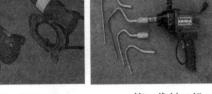 

第一代封口机　　　　　第二代封口机　　　　　第三代封口机

自 2004 年 6 月第一代封口机研制成功以后,不断在实践应用中加以改进,第三代封口机的改进技术及应用已非常完善,并且通过培训和竞赛的形式已经在黄河河南河段全面推广,在实际成产中广泛运用,彻底改变了过去铅丝笼靠人工封口方式,尤其是对于机械装抛的铅丝笼的铅丝强度增大,人工力量封口已经难以适应的情况,铅丝笼封口速度和封口质量得到全面提高。

2.2　机械装抛铅丝笼抢险技术

在开展机械装抛铅丝笼抢险技术研究之前,挖掘机、装载机、自卸车等大型抢险机械采用抛散石的方法可以大大提高抢险速度,但由于黄河河道工程险情的复杂特性,单靠抛散石,不仅极易形成根石冲失外,有时还抢不胜抢,人工推笼的方法也很慢,远不能满足险情发展需要。为此,研究了在不同的抢险现场条件下的不同机械配合形式的铅丝笼机械装抛技术。

在石料距离抢险现场较远(> 100 m)的情况下,在自卸车上铺大型专用网片,采用挖掘机或装载机装笼,封口机封口,运至抢险现场抛投,即挖掘机或装载机与自卸车配合装抛铅丝笼。

在现场石料不足,且较近位置(< 100 m)有石料,而又不足以运用自卸车调运的条件下,采用装载机装抛铅丝笼技术,即在装载机铲斗内铺上专用网片,装载机启动后推向石垛,石料入网,封口机封口,至工程出险位置抛投。

在现场石料充足的情况下,采用挖掘机装抛铅丝笼,即将网片铺在地面上,挖掘机装笼,封口机封口,挖掘机在抛投至出险位置。

2.3　机械化埽工抢险技术

黄河埽工一直是河道工程建设、抢险、堵口等主要的抢护方法。在保持"黄河埽工"主要工艺的基础上,我们结合多处工程施工、抢险实践,与现代大型机械相结合,提出人机配合"机械化做埽"这一抢险新技术。

2.3.1　柳石混杂

柳石混杂机械化埽工筑坝过程:在占体前端叉车铺放散柳类软料,用自卸车卸放散石盖压,叉车再运散柳盖压散石,自卸车再卸放散石盖压散柳,一车软料一车散石相互叠压堆放施筑,用推土机自柳石混合体半高处逐步前推,使混合体上半部柳石得到较好掺交,推土机向前推滚,就此往返作业。

自卸车抛大铅丝笼　　　　装载机装抛铅丝笼　　　　挖掘机装抛铅丝笼

叉车铺放软料　　　　装载机压石　　　　推土机掺交使柳石混杂

柳石混杂技术是省去大量桩绳,运用机械使柳石掺交,而快速制作柳石结构体的抢险技术。该技术在 2005 年 6 月的原阳马庄工程潜坝出险段下首抢险时运用,短时间内抢险 5 000 m³,快速稳定了险情。

2.3.2　层柳层石

层柳层石机械筑埽进占抢险过程:在出险位置的坝体后端挖坑,坑内设骑马桩出搂底绳生根,在占体前设置护埽船,搂底绳前端拴系在护埽船上,叉车运送大量软料置于搂底绳上,挖掘机或装载机前推、摊拨软料,自卸汽车卸石在软料后部坝体,装载机前推、铲放石料或挖掘机挖抛、推拨石料压沉软料入水,随着软料的压沉入水松放搂底绳,然后再进行第二坯、第三坯……,此占完成后,新开一占,整体向前进展。

层柳层石筑埽进占是省去部分桩绳环节的柳石搂厢机械进占技术。该技术在 2005 年 6 月的原阳马庄工程潜坝出险段上首抢险时运用,短时间内抢险 5 440 m³,快速稳定了险情。

2.4　大型机械抢修筑坝新技术

2.4.1　柳石搂厢机械化进占

柳石搂厢机械化进占,是保留并简化传统柳石搂厢进占的打桩、布绳原理,保持传统埽工结构不变的一种进占方式。主要过程:叉车运送柳秸料至占体位置;挖掘机打理埽面;自卸车、挖掘机、装载机埽内填石,即自卸车运石至埽根,挖掘机勾填,装载机运石填埽;挖掘机打桩;人工布绳;挖掘机、自卸车、推土机、装载机完成埽面压土,进占完成。

埽体后端生根 护埽船护埽进占

叉车运送软料 挖掘机打理埽面 装载机运石压埽

挖掘机打桩 推土机推土进埽 挖掘机整平

该进占方式解决了传统柳石搂厢靠人海战术,且进占速度慢的问题,尤其是对于险情紧急的情况下,需在大河主溜顶冲位置应急抢修坝垛时,能够起到速度快、效果好的作用。2005年汛前,王庵工程上首抢修抢修5个垛,采用柳石搂厢机械化进占工艺,10天内完成了在过去至少50天完成的抢修工作量,抢修速度数倍提高。

2.4.2 厢枕机械化进占技术

厢枕机械化进占是在比较开阔、石料和软料充足的场地,运用少量人工与软料叉车、挖掘机配合,在自卸车内混装柳石,加工大厢枕(在自卸车内柳石混装的埽体),运送至抢险现场将其抛投、进占。这种进占方式不但扩大了作业场面,而且可以实现机械化流水作业。

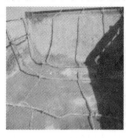

自卸车内铺绳　　　　　挖掘机装软料　　　　　捆扎厢枕

自卸车抛投厢枕进占　　　　　　　　厢枕入水

该技术在 2005 年 6 月开封王庵工程上延 25～27 垛进占中应用,达到快速进占目的,该技术为今后筑坝、抢险堵口开辟了第二战场,不仅可以快速抢险,而且也可减少人民群众送柳秸料的距离。

3　经济效益指标

大型机械抢险技术的研发成功大大减少人工的投入和减轻抢险人员的劳动强度,使实际抢险效率大大提高,能够迅速控制险情,为确保防洪工程安全发挥了重要作用。根据现场实测数据,测算出本项目所研究的各个子项的经济效益指标。

3.1　抢险辅助设备

(1)软料叉车。利用 1 台软料叉车运送软料,在运送距离 250 m 左右情况下,速度是 200 名人工运送软料速度的 3 倍以上,而消耗投资约为人工的 1/3。

(2)六角钢网编织机。能够用 8# 铅丝机械化编织最大宽幅达 4.3 m 的网片,编织速度 150 m²/h。

(3)铅丝笼封口机。铅丝笼封口机每打一个结需 3～5 秒,其效率是人工封口的 10 倍。

3.2　利用机械装抛铅丝笼

其装抛铅丝笼速度是人工装抛铅丝笼速度的 50 倍以上,投资仅为人工装抛笼的 1/1.2～1/3(不计材料费)。

3.3 柳石混杂抢险机械化

1 台叉车、1 台装载机与 3 台自卸车、1 台挖掘机配合做柳石混杂,每小时可抢筑埽体体积 180 m³,其效率是 200 名人工做埽效率的 3 倍以上,投资为其 1/3 ~ 1/4(不计材料费),同时,同时节约大量桩绳。

3.4 层柳层石抢险机械化

1 台叉车、1 台装载机与 3 台自卸车、1 台挖掘机、1 艘民船、10 名人工配合做层柳层石埽体,每小时可抢筑埽体体积 210 m³,效率是 300 名人工做埽的 1.2 倍以上,投资为其 1/2 ~ 1/3(不计材料费),同时,同时节约大量桩绳。

3.5 柳石搂厢机械化进占

埽体每占进占长度 7 ~ 8 m。15 名人工与 3 台自卸车、1 台挖掘机、1 台推土机、1 台叉车做埽效率是 300 名人工做埽速度的 2 ~ 3 倍,投资为其 1/3 ~ 1/4(不计材料费)。

3.6 机械化厢枕进占

15 名人工与 3 台自卸车、1 台挖掘机配合、1 台叉车,做埽效率是 300 名人工做埽效率的 2 倍以上,投资为其 1/4 ~ 1/5(不计材料费)。

4 结语

机械化抢险技术继承了黄河传统抢险技术,采取机械化作业方式,达到快速抢险的目的,减轻抢险队员的大量重体力劳动,解放了生产力,并通过培训和竞赛等形式在黄河河南河段范围内进行全面推广,而且在多次重大抢险实践中发挥出重要作用。该项目的研究成果达到国内领先水平。

本项研究成果突破了传统抢险中依靠人们重体力劳动的操作方式,黄河重大险情抢护与水中筑坝实现了以机械操作为主的新格局,解决了目前沿河民工出外打工,参加抢险的青壮年明显减少,用工困难、效率低下的问题,同时较好地将高速、高效、高能力的现代大型机械与传统抢险和水中筑坝工艺相结合,既保留了传统工艺特有的精髓,又利用大型机械作业技术推进了黄河埽工的发展。本项目的研究为当前防汛抢险、应急工程水中进占施工提供了成套的新工艺和技术措施,为未来防汛抢险、施工和堵口技术的开发展现了广阔的前景。

参 考 文 献

[1] 罗庆君.防汛抢险技术[M].郑州:黄河水利出版社,2000.
[2] 水利电力部黄河水利委员会.黄河埽工[M].北京:中国工业出版社,1963.
[3] 水利部黄河水利委员会.黄河首次调水调沙试验[M].郑州:黄河水利出版社,2003.
[4] 水利工程土工合成材料应用技术[M].郑州:黄河水利出版社,2000.

桥梁对河道流场影响的可视化方法研究

霍凤霖[1]　贾艾晨[2]　兰华林[1]　谢志刚[1]

（1. 黄河水利科学研究院防汛所；2. 大连理工大学土木水利学院）

摘要：为实现河道流场洪水显示，本文运用 DEM（数字化高程模型）数据，利用 OpenGL 提供的光照、材质、纹理映射、反走样等技术实现河道地形的三维可视化。采用二维流场计算模型计算相关流场数据，利用 VC＋＋及 OpenGL 中的平移、旋转、缩放等功能，实现河道流场三维显示的效果。本文在读取相关洪水数据的情况下，实现了流场可视化及河道堤坝防洪预警等相关查询功能，为防洪决策提供了相关的参考。

关键词：DEM　OpenGL　河道地形　可视化

1　引言

近年来，地形三维可视化技术越来越广泛地运用于 GIS、数字流域仿真、防洪决策系统、虚拟环境仿真等领域。随着科学技术的发展，可视化技术逐渐成为当前对河道、湖泊和港口码头等进行防洪预测、河床演变分析及泥沙冲淤研究的前沿及主要手段，同时也是快速、及时再现地形三维信息及分析的有效手段。本文在开发河道流场可视化系统工作中，借助于 OpenGL 三维图形函数库，利用规则网格构建三角形网格来显示河道三维地形，在读取多种工况洪水数据后，实现了河道流场可视化及其堤坝警戒水位预警等相关功能。

2　河道地形三维模型

河道地形的真实感显示是流场模拟及其防洪预警的基础，数字化高程模型（DEM）是当前地形三维可视化的主要形式。数字化高程模型（DEM）大体上分为三种：等高线模型、TIN（不规则三角网）模型、Grid（正方形格网）模型。由于等高线模型自身存在着真实感不强、包含信息量小等缺点，应用相对比较少。后两种是当前应用最为广泛的连续表面数字表示的高程模型。

2.1　三角网格及 Grid 模型

在所有可能的三角网中，狄洛尼（Delaunay）三角网在地形构造拟合方面表现最为出色，因此常被用于 TIN 的生成。TIN 具有许多明显的优点和缺点，其最主要的优点就是可变分辨率，当表面粗糙或变化剧烈时，TIN 能包含大量的特征数据点,能真实地反映地形的起伏变化;其缺点是 TIN 具有考虑重要表面数据点的能力,这就导致了基于 TIN 的数据存储与操作非常复杂。

Grid 数据结构为典型的栅格数据结构,每个格网点与其他相邻格网点之间的拓扑关系都已经隐藏在阵列的行列号中,节点为高程值。Grid 的优点在于其数据结构简单、数据存储量很小、操作方便,非常适合于大规模的使用和管理。其缺点就是对于复杂地形地貌,难以确定合适的网格大小,在地形简单地区容易产生大量的冗余数据,在地形起伏比较复杂的地区难以表示微起伏特征。

2.2 河道地形数据

为实现河道地形的三维可视化,首先要对 DEM 的数据进行组织,由于采用的 DEM 数据量大及网格间距大的特点,本文使用了现有图数字化法,利用插值计算方法,得到了河道地形的 Grid 数据。由于三角形具有准确确定其平面法线的特征,解决了平面法向量二义性的问题,提高了显示效率。结合两种数据格式的特点,本文在基于河道地形整体起伏不大、局部有落差的情况下,利用了将 Grid 数据分解为三角网格的方法,构造了三角网格结构。本文采用了直接将规则网格分解为三角形的方法构建了河道地形三角形网格。

DEM 数据的读取有两种方法:建立数据库读取和直接调用相关函数读取。本文考虑到建立数据库缺乏移植性的特点,采用了直接调用相关函数读取的方法,根据本文采用 DEM 的数据格式,调用函数 Import( )读取数据并且过滤掉冗余信息。循环读到用于存放相关数据的二维数组中,由于数据量大,为减少内存使用空间,本文使用了动态分配内存空间的方法,节省了系统相关开销,大大提高效率。

3 河道三维地形可视化

OpenGL 作为一种三维图形工具软件包,具有开放性并且独立于窗口系统和操作系统,在交互式三维图形建模能力和编程方面具有无可比拟的优越性。OpenGL 由大量功能强大的图形函数组成,它集成了相关复杂的计算机图形学算法。以 OpenGL 为基础开发的应用程序可以十分方便地在各种操作平台间移植。目前 OpenGL 已成为国际上通用的开放式三维图形标准。

在利用 OpenGL 绘制河道三维地形模型之前,需要设置相关的景观参数。首先对图形描述表(RC)及像素格式进行创建和设置;其次要对光源性质、光源方位、明暗处理方式、颜色模式及纹理映射方式等进行正确的设置;同时也要设定好视点位置及视点方向。OpenGL 提供了相关参数可以对这些参数进行设置。

视口是计算机屏幕中用来绘图的一个矩形区域,在缺省情况下和窗口一样大,用窗口坐标来度量,反映了屏幕上的像素位置,视口原点相对于窗口的左下角。视口变换就是将视景体内的三维空间坐标映射为屏幕上的二维平面坐标。视口变换通过调用函数 glViewport$(0,0,cx,cy)$ 实现,在默认情况下视口高宽比等于视景体内的高宽比,否则显示在屏幕上的图形将会发生变形。OpenGL 处理的基本几何对象都是围绕顶点来建立,glVertex$*()$ 提供了相应的顶点坐标信息。本文采用的以三角形面片为基本模型构造单元。

由于河道无桥地形与有桥地形的网格不同,为便于整体构造三角网格,在绘制堤坝时,河道两岸堤坝数据的生成也要相应做一定的变化,本文有桥地形网格在桥址进行了加密处理。本文在分析相关地形数据的基础上,编写了一个通用地形数据接口程序,能实现各类基于文本类型的地形数据快速显示,大大提高系统开发的效率。在基于对话框读取相关地形及流场数据中,利用程序参数化读取相关数据库文件,不必把每个数据文件同时读到内存中,从而节约了系统内存开销,提高了显示运行速度。本文在显示河道地形的同时考虑到河道地形的真实感显示,对河道高程进行加高处理,取得了很好的显示效果,如图 1 所示。

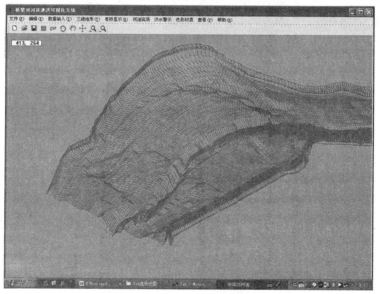

图 1　河道地形网格局部显示

网格地形显示以后,必须正确的设置法向量。OpenGL 本身并未提供计算法向量的相关函数,计算法向量的工作必须自己完成。三维视图中,每个面都有两个方向,计算三角形法向量时必须按照相同的顺序从三角形取两条有向边,计算叉积,得到三角形的法向量。顶点的法向量可以通过计算顶点周边六个三角形的法向量的平均值即可,OpenGL 默认的可见面就是以逆时针方向绘制的图形为可见面,通过调整 OpenGL 的相关参数设定不同的可见面(前可见、后可见、前后可见)。OpenGL 利用其深度检测技术实现了这一功能,调用 glEnable(GL_DEPTH_TEST)达到这一目的,大大提高了图形显示的运行速度和显示效果。

为使显示的河道地形有立体的效果,设置一定的光照是至关重要的。光照射到物体的表面时,一部分被物体吸收,而另一部分被物体表面反射,对于透明物体还有一部分光穿过透明体,形成透射光,进入人眼产生视觉效果的光只有反射光和透射光。光强决定了物体的显示的亮度,而光的波长则决定了物体表面的颜色。通过函数 glLightfv( )来设置光源,光源设置完以后调用 glEnable(GL_LIGHTING)来启动光源。合理的设置光照和正确的计算三角形法向量是立体感显示必不可少的。

为实现交互式图形控制,本文建立了旋转类、平移类及放缩类,添加相关鼠标控制功能,利用鼠标左键实现平移,滚轴实现河道地形的放大与缩小,右键实现了河道地形的平移,在 OnMouseMove(UINT nFlags, CPoint point)函数中判断左右键点击,以实现相关的鼠标操作,其源代码如下:

```
void CTzhView∶∶OnMouseMove(UINT nFlags, CPoint point)
{
    if(m_bLeftMouse)
    {
      Invalidate(TRUE);
      MouseDownPoint = point;
    };
    if(m_bRightMouse)
    {
      Invalidate(TRUE);
      MouseDownPoint = point;
    };
    CView∶∶OnMouseMove(nFlags, point);
}
```

本系统同时能使用键盘按键进行相关平移、放缩、旋转等交互式功能的操作,为精确实现相关交互式控制功能,本文添加了相应的对话框控制函数,能精确地实现河道地形的缩放、平移及旋转等功能,便于更好地查询相关信息。

4　河道流场防洪预警

4.1　河道流场显示

地形三维可视化的一个重要应用方面就是在防洪预测及河道演变中的运

用。本文在实现河道地形的三维可视化后,通过导入河流水面高程数据实现了河道流场可视化。本文洪水数据分为四个部分:50年洪水、100年洪水、50年有桥洪水、100年有桥洪水。由于桥墩影响了河道相关过流断面的面积,造成桥墩上游壅水,所以后两个洪水数据高程值较大,对于堤坝防洪具有很大影响。其数据结构采用的是与地形数据相同的数据结构,构造三角网格。利用OpenGL提供的深度检测技术很好地实现了河道地形与洪水的叠加,形成了一个基于DEM的三维流场可视化系统,定义一个高程颜色映射表,相关的高程对应于定义的颜色,能较为直观地分析相关洪水影响,并且取得了很好的显示效果。两种工况下洪水流场流速矢量图显示效果如图2所示。

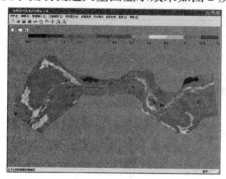 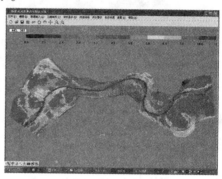

(a)50年一遇水深流速矢量图　　　(b)100年一遇水深流速矢量图

图2　两种工况下洪水流场流速矢量图显示效果

河道桥梁的建造缩小了河道过流断面,造成了上游壅水,桥墩的绘制本文采用了OpenGL提供的图形函数库的圆柱体绘制函数gluCylinder(quadObj, base, top, height, slices, stacks)。从CAD地形文件里提取相关桥梁数据,精确定位。圆柱体绘制函数默认在OpenGL坐标系里的坐标原点绘制圆柱体的底面,即圆柱体的底面中心在(0,0,0)处,由于在显示地形的时候把高程加倍,因此桥墩高程也要加倍,这就会造成桥墩看上去过长。在CAD原图上获取数据,桥梁横断面上由四根桥墩组成,每跨都是相等的距离,通过OpenGL提供相关平移函数有效地实现了圆柱体的平移,做到了精确定位桥墩位置图形显示,利用循环嵌套实现了所有的桥墩显示。桥梁顶部作了简化处理,利用多个长方体实现。二维流场水面高程云图显示如图3所示。

4.2　河道防洪预警

本文对于河道堤坝警戒水位预警进行了相关研究,通过调用相关函数后,将流场数据与对应堤坝相关高程进行对比,由于是同一数据文件的数据对比,要使用双向循环条件的语句以便流场数据与河道堤坝数据能够正确比较。本文在洪水数据高程大于河道堤坝的警戒水位高程处,利用红色动态线段来标注,达到预

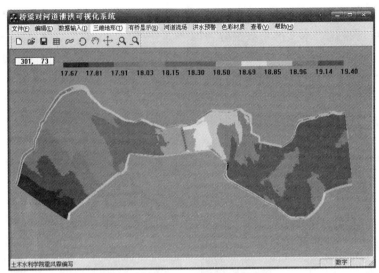

图3 二维流场水面高程云图显示

警功能;利用 OpenGL 提供的双缓存技术来实现边界红线动画,增强警报效果,合理设置 SetTimer( )函数的时间值,按一定的要求绘制边界红色警戒线段,得到较为流畅的显示效果。实现了超警戒水位的洪水信息提取,通过保存后的超警戒水位洪水信息,能精确了解到可能发生危险的相关堤坝位置、流场流速大小及方向,为防洪决策提供参考依据。

5 结语

本文以 VC ++ 为开发平台,采用面向对象的程序设计方法,结合使用OpenGL 所提供的用于图形编程的图形函数库,实现了基于 DEM(数字高程模型)数据的不同工况下的二维流场数据的可视化。本文添加了利用鼠标控制平移、旋转、放缩等交互式观察功能。本文所研究的可视化方法在防洪预测评估等方面具有一定的应用价值,为相关河道警戒水位预警提供了较为直观的分析。

参 考 文 献

[1] [美] Dave Shreiner. OpenGL 参考手册[M].北京:机械工业出版社,2001.

[2] 李志林,朱庆. 数字高程模型[M].武汉:武汉大学出版社,2003.

[3] 郑邦民,槐文信,齐鄂荣.洪水水力学[M].武汉:湖北科学技术出版社,2000:112 - 126.

[4] 向世明.OpenGL 编程与实例[M].北京:电子工业出版社,1999.

[5] 黄尔,曹叔尤,刘兴年.复式河道的桥梁壅水计算[J].泥沙研究,2000(4):26 ~ 29.

黄土高原小流域坝系建设管理机制
改革的实践和思考

蒋得江　石　勇　于隆华

（黄河上中游管理局）

摘要：流域机构作为建设单位，开展黄土高原小流域坝系建设是一个全新的尝试，涉及传统理念的更新，已有体制的变革。对此，黄河水土保持工程建设局应运而生，就黄土高原小流域坝系建设管理开展了研究与探索。从"法人责任制"的实现形式、创建与地方合作共赢的机制、招标投标机制的实施方法、资金运转程序、有效的监督约束机制等方面探索出一些新的做法，并针对工作中存在的问题提出了积极的建议。

关键词：水土保持　小流域坝系　建设管理　机制改革　黄土高原

随着社会主义市场经济的建立和完善，建筑市场日臻规范，项目管理的理念在各行各业越来越得到强化。黄土高原水土保持小流域坝系建设如何结合实际，引入项目管理的新理念，严格推行基本建设三项制度，以适应机构和财政体制改革的需要，从而理顺管理程序，实现规范化管理，确保建设质量，发挥工程效益，已经成为急需研究解决的重大课题。黄河水土保持工程建设局（以下简称建设局）组建以来，紧紧围绕着这一课题，特别是在如何落实项目法人责任制和招标投标制方面，作了一些有益的探索。开展了小流域坝系部分项目的建设组织实施工作，以适应深化黄土高原小流域坝系建设管理机制改革和实践的需要。

1 建设管理关键环节上的深刻启示

近年来，在黄土高原水土保持小流域坝系建设中，逐步推行了项目法人责任制和招标投标制，从整体上看，按照项目法人责任制和招标投标制的严格要求来讲，目前还不同程度地存在一些不足。特别是流域机构组建项目法人和组织招标投标尚属首次尝试，既无成功的经验，又面临着多种阻力。这些问题的存在，除了体制上和观念上的阻力外，还存在诸如配套资金、淹没搬迁、施工环境、工程移交及管护落实等协调问题。在当前的管理体制下，这些问题往往都是依地方行政干预使其得到处理，而流域机构的行政职能在弱化。通过调研，借鉴黄土高原水土保持世行贷款项目建设管理和南水北调工程落实项目法人责任制的做法,结合小流域坝系建设实际。我们进行了建设管理方面的尝试。在整个建设过程中,遵循四个工作原则,即大胆探索、勇于实践、积极创新的思想原则,程序规范、确保工程质量的基本原则,改善生态环境,维护黄河健康生命的目标原则,与当地政府和群众协作共建原则,从而使黄土高原水土保持小流域坝系建设管理改革迈出了可喜的一步。

1.1 积极实践,探索"法人责任制"的实现形式

制定了淤地坝坝系项目建设管理办法(试行),规定了建设局作为建设单位的职责,明确了与参建各方的关系。同时针对黄土高原小流域坝系建设点多、面广、分散的特点,制定了代建制管理办法,试图在建设单位组建上,实行适合小流域坝系建设实际的建设单位资格制和委托代建制,从而在项目法人和建设单位组建上理顺政事企的关系,明晰法人责任主体、建设责任主体和管护责任主体。流域机构和地方共同组建项目法人,分别对中央资金和地方配套资金负主要责任。项目法人对建设单位实行资格认证和合同管理,做到建设单位法人明确,财务、技术、建设管理规范,管护责任落实到位。确保整个项目建设管理过程权责清晰、事项分工合理、责任追究合法。

1.2 和谐共建,充分发挥各方能动性和积极性

针对黄土高原小流域坝系建设具有行政区域的特点,项目立项前可研阶段,由县政府对项目实施中土地占用、配套资金、淹没搬迁、(交通、供电、通讯)线路改造及建后移交管护等问题作出书面承诺。项目立项后,督促县政府成立由政府各部门、乡政府主要负责人为成员的建设领导小组,办公室设在县水利水保局,负责议定和落实有关制度办法和协调解决方案,为建设施工提供良好的环境。建设局与县水利水保局签订《工程建设与建后运行管理协议》,并向现场派驻甲方代表,与县水利水保队(站)共同组建现场建设施工所(项目部),为规范其职责和行为,制定了《建设局驻施工现场人员管理办法》,从而规范派驻现场人员行为,切实做好对施工现场参建各方的监督、协调和技术把关,确保工程建设质量和进度。

按照"谁受益,谁管护"的基本原则,在工程设计阶段,根据工程位置、规模和效益情况,落实管护方式和管护责任人,督促县水利水保局按照政府承诺,与工程所在乡(镇)、村委会签订《工程管护合同》。在建设施工阶段就有管护责任人参与。

1.3 严格程序,摸索切合实际的招标投标机制

按照局招标投标管理规定,在备案报告、委托代理、总结报告、签订施工合同等全过程中严格运作,并接受上级主管单位建设管理和纪检监察部门的全程监督。在委托代理上,选择水利行业有资质中介机构。在标段划分上,以支沟和骨

干坝子坝系为单元划分。在招标方式上,对库容100万 m³ 以上且用碾压法施工的骨干坝采用公开招标;对库容100万 m³ 以下的和用水坠法施工的骨干坝采用邀请招标。在施工单位资质条件上,参加公开招标的须水利水电工程总承包或水工大坝工程专业承包三级以上;参加邀请招标的结合实际资质适当放宽。在施工合同类型上,主要考虑到工程规模小和管理的需要,采用了单价合同。由于坚持"公平、公开、公正、择优"的原则,比较成功地组织了元坪等三条坝系中十六座骨干坝的招标,初步掌握了水土保持淤地坝工程招标投标特点,熟悉了水土保持淤地坝工程建筑市场环境,为进一步规范黄土高原水土保持小流域坝系建筑市场、确保工程建设质量打下了坚实的基础。

1.4　减少资金运转环节,确保资金安全和效益发挥

财务管理实行建设局和县水利水保局两级管理;资金统一专户,中央资金分项目在两级设专户管理,地方配套资金全部在县水利水保局专户管理,并实行申请报账和支付拨款两条线。从而减少了资金运转环节,较之常规提前一年完成了建设任务。

与此同时,我们试图在规范建设单位会计核算的基础上,探索建设单位固定资产交付使用会计事项,解决长期以来存在的某些工程对竣工决算重视不够,会计核算中建设单位与施工单位不分、基建完成全部列待核销科目、财务管理没有划转交付形成固定资产等问题。

1.5　充分利用行政依法监督约束机制,构建工程建设安全屏障

引入行政依法效能监察,从工程建设开始招标阶段,到工程建设和竣工验收阶段,全过程主动配合接受上级纪检监察部门的行政依法效能跟踪监察。在工程施工开始前,征得上级建设管理部门的同意,及时签订了质量监督委托协议,施工全过程接受当地市水利局质量监督站的行政依法质量监督;在竣工决算完成后,正式上报主管单位,申请审计部门的行政依法审计监督。以上充分利用有效的行政监督机制,规范了建设管理行为。使我们深刻体会到充分依靠行政职能建立有效的行政依法监督约束机制的功效,也进一步认识到了作为相互独立的政事企单位分别在项目建设管理中的作用、分工和相互关系。

2　存在的问题及建议

2.1　要着力完善推行项目法人责任制的政策法规体系

目前,黄土高原水土保持小流域坝系建设项目法人(建设单位)是在可行性研究报告批复文件中明确的,似乎法人组建责任主体是可研批复单位;法人职责实现形式有县(旗)水利水保局、县(旗)水利水保局下属的水利水保队(站)以及流域机构下属的建设单位等。随着国家体制和机构改革的深化和完善,包括

流域机构在内的各级管理单位,都成立了独立法人事业单位(如水利水保队等),所以从目前组织实施的情况来看,尽管存在诸如法人组建方式不统一、法人职责实现形式政事不分等不尽规范的问题,但是从改革后的组织机构设置上,形成了全面推行项目法人责任制的条件。建议尽快制定或完善适合小流域坝系建设实际的,切实落实基本建设"三项制度"的项目管理办法,从而进一步明确项目法人组建责任主体、项目法人(建设单位)职责实现形式。在处理好与现行管理体制有机衔接的基础上,从制度上规范各级管理职责,特别是建设单位管理职责和行为,实现由行政管理向项目管理的转变,由行政依附关系向独立平等责任主体的转变。彻底理顺和规范管理程序。

2.2 结合实际规范招标投标管理

目前,在施工招标投标组织上,有省(区)、市(盟)、县(旗)水利水保管理部门组织的,也有建设单位组织的;在招标投标方式上,有委托有资质的社会中介机构采用公开或邀请招标方式的,也有找几家施工单位进行协商确定,缺乏严格程序的"议标"方式的;在标段划分上,有以单个骨干坝为一个标段的,也有骨干坝和配套中小型坝捆绑为一个标段的;由于配套资金不到位,有按中央投资编制标底的,也有将土方工程招标,石方等辅助工程交由乡村组织劳力施工的。在施工企业资质要求上,由于概算定额、工程规模、施工环境、技术含量等条件的限制,大型施工企业无法进入,本行业的小型施工企业由于没有资质,加之对没有资质的施工企业的准入标准,如经济实力、机械设备、技术力量、施工业绩的评价等方面,没有制定满足施工需要的统一标准,因此进入建筑市场不符合规定,借用资质问题比较普遍。以上问题的存在,直接影响到招标投标的规范化,建议建设管理部门要高度重视这一问题,指派专人或成立机构,通过组织全面深入的调研总结,制定符合小流域坝系建设实际的招标投标管理办法及实施细则,对施工单位准入资格、标段划分原则等实际问题作出明确规定,建立招标投标监管机制,规范招标投标程序,有效监管建筑市场。

2.3 要重视工程造价管理工作

基本建设"三项制度"在黄土高原水土保持小流域坝系工程建设中的全面推行,以及建设项目技术规范和质量标准的进一步科学统一,对概算编制中包括取费项目和取费标准,都提出了新要求,实施中出现了新问题,如有的取费项目缺项、有的取费标准偏低等。这些新要求和新问题已经制约到工程建设与管理的健康发展。因此建议:对小流域坝系中担当防汛安全和工程效益双重重任的主要工程骨干坝,采用水利防汛工程概预算定额标准;有关部门应安排专人或委托有关技术咨询公司,通过系统全面的调研工作、深入细致的专业统计工作以及切合实际的大量分析工作,提出合理建议方案。加快目前执行的定额及规定由推荐性向适用性改进的进程。

2.4 健全质量监督体系

目前黄土高原水土保持小流域坝系建设的质量监督管理工作面临两种情况:一是建设项目面广点散,质量监督站实施责任到人的行政依法质量监督确有困难,往往以行政例行质量检查代替行政依法质量监督。二是地方各级水保主管部门没有质量监督站,大部分市(盟)级以上水利主管部门才设有质量监督站,但对水保工程(淤地坝)的质量监督业务没有开展过。往往出现被忽视或套用水利工程质量监督的现象,造成对工程建设质量监督不力。这就需要建设管理部门和质量监督站认真调查研究,在此基础上,建立流域机构质量监督站与地方水利主管部门质量监督站相结合的,小流域坝系建设质量监督体系,以完善工程建设行政依法质量监督机制,确保黄土高原水土保持小流域坝系建设健康有序发展。

2.5 落实地方配套资金,解决建设资金不足问题

目前实施的淤地坝建设项目,骨干坝国家投资比例占总投资的65%,中型坝国家投资比例占总投资的50%,小型坝国家投资比例占总投资的30%,其余部分由地方和群众自筹解决。据调查统计,由于淤地坝建设各县(区)大多为贫困县(区),地方财政困难,地方配套资金到位率仅15%。因配套资金不落实造成工程建设资金严重不足,带来了一系列的问题,一是工程质量无法保证;二是施工安全得不到保障;三是有的按中央投资进行工程招投标,同时个别还出现不合理招标节余的问题;四是竣工决算中将地方配套部分虚列在总投资中,使施工单位的竣工结算与建设单位的竣工决算不符等。这些问题,一方面影响到淤地坝建筑市场的规范运作;另一方面给工程建设的施工、监理、质量控制,以及财务管理等带来诸多潜在的棘手问题。因此,呼吁国家进一步提高淤地坝建设项目中央投资的比例,特别对骨干坝实行中央全额投资,适应黄土高原地区地方财政配套能力。同时,应加大地方配套资金监督检查力度,建立激励机制和约束机制,促进地方配套资金货币化。对各地的一些措施、经验和做法,应及时总结、宣传和推广。如山西省汾西县从最大限度地发挥淤地坝效益的目的出发,以小流域配套以工代赈资金,重点配套建设淤地坝下游的生产坝、沟坝地、排水设施、机耕路等,以减少小流域坝系建设淤地坝附助工程建设任务,既"整合资金,项目配套"的做法;如延安市政府把淤地坝建设列入重要议事日程,把落实地方配套资金作为保证工程顺利实施的大事来抓,市财政按地方配套资金的40%纳入年度财政预算,其余资金由县财政予以解决,既"政府重视,各级分担"的做法。都是因地制宜地解决地方配套资金的好做法。很值得激励和推广。

2.6 充分发挥地方政府的行政协调职能,妥善处理好淹没搬迁问题,营造好的施工环境

水利部颁发的淤地坝管理办法明确规定:"淤地坝建设引起的土地占用、搬迁及淹没损失,其补偿赔偿由工程所在县级人民政府负责解决。"但目前的普遍情况是,由县水利局牵头与乡村协商,施工单位出资的办法解决。在落实投劳投工承诺制方面力度不够,没有很好地利用淤地坝的淤地、蓄水、坝路结合等效益,用行政手段调动收益村干部、群众参与坝系建设的积极性。如有个县 2006 年拟开工建设的 4 座骨干坝和 3 座中型坝要缴纳林地占用补偿费用 99 万元,而 7 座坝的投资仅 361 万元,因无力办理占地手续,相关部门及工程所在地的村民多次阻拦,致使 7 座淤地坝开工推迟尽半年,诸如此类情况比比皆是,严重影响了淤地坝工程建设进度。据此,我们建议:一是考虑到随着市场经济的发展与完善,支农惠农政策的落实,依靠政府承诺解决淤地坝建设引起的土地占用、搬迁及淹没损失等补偿赔偿问题难度越来越大,需要通过调整概(估)算来解决;二是县以下各级地方政府千方百计做好协调工作。山西省为了督促工程所在县政府妥善解决淤地坝建设引起的土地占用、搬迁及淹没损失,真正为施工单位营造良好的施工环境,要求各地在项目可行性研究阶段,县政府必须在和工程所在乡政府、村委会协商解决问题的基础上,在项目立项前作出明确承诺,同时针对每座工程制定详细的实施方案,作为项目立项的必备条件之一。这一做法实质上进一步完善和加强了小流域坝系建设项目的前期工作,也比较理性地解决了这一问题,值得总结和推广。

《黄河工程管理数据库表结构及数据字典》编制与应用

兰华林[1] 卢杜田[2] 赵 乐[3] 谢志刚[1] 邓 宇[1] 岳瑜素[1]

(1.黄河水利科学研究院;2.黄河水利委员会建设与管理局;
3.黄河水利委员会信息中心)

摘要:《黄河工程管理数据库表结构及数据字典》以国家现行技术标准为依据,结合黄河防洪工程管理特点,是对黄河防洪工程管理中的大量基础信息进行分析、整理、汇编的成果。通过规范工程管理数据库建设,可实现流域工程管理信息共享及分布式存储。按照信息功能将黄河防洪工程管理信息划分为工程管理基本信息、工程运行管理信息和防洪工程安全监测信息三类,并对数据类型及精度等进行了系统分析,同时对技术术语作了详细定义。应用表明,可实现有关工程基础信息的快速查询,实时掌握工程的运行状态,为快速、准确、科学制定防洪工程管理、运行、维护方案提供决策支持。

关键词:工程管理 数据字典 编制技术 黄河

1 编制目的

黄河防洪工程设防标准高、规模大,主要包括干支流控制性水利枢纽、堤防、治河工程以及涵闸等工程。"数字黄河"工程具有数据采集、实时传输、存储管理和在线分析处理等功能,能够实现对防洪工程有效管理。《黄河工程管理数据库表结构及数据字典》(以下简称《数据字典》)的编制,是规范工程管理数据库建设,实现流域工程管理信息共享及分布式存储的重要措施。

2 编制依据

编制《数据字典》,依据的现行国家和行业技术标准有:

(1)《水利技术标准编写规定》(SL1—2002);

(2)《防洪标准》(GB50201—94);

(3)《堤防工程管理设计规范》(SL171—96);

(4)《水库工程管理设计规范》(SL 106—96);

(5)《水闸工程管理设计规范》(SL170—96);

（6）《混凝土大坝安全监测技术规范》（SDJ336—89）；

（7）《水利水电技术术语标准》（S26—92）。

同时,依据"数字黄河"的标准有：

（1）《黄河水利工程基础信息代码编制规定》（SZHH07—2003）；

（2）《黄河工程建设与管理信息代码编制规定》（SZHH10—2003）。

3 编制内容

黄河水利委员会是水利部在黄河流域的派出机构,代表水利部行使所在流域内的水行政主管职责。黄河水利委员会的主要职能之一是黄河防洪工程管理,负责授权范围内的河段、河道、堤防、岸线及重要水工程的管理、保护和河道管理范围内建设项目的审查许可,指导流域内水利设施的安全监管。

根据黄河防洪工程管理的特点和实际情况,对黄河防洪工程在长期管理、运行中产生的大量基础信息,经过分析、整理和汇总,将黄河防洪工程管理信息分为工程管理基本信息、工程运行管理信息和防洪工程安全监测信息三大类。

3.1 工程管理基本信息

黄河防洪工程管理基本信息是指黄河防洪工程基本情况的原始数据,包括对工程位置、基本形态(形状)以及结构工艺等的说明。工程管理基本信息按工程类别又分为堤防、治河工程、水闸、穿堤建筑物、跨河工程、险点险段、水库、机电排灌站等工程基本信息和共有的具有一定特殊性的生物防护工程、附属设施、防汛道路等工程的一般信息、基本信息及专项信息,同时还包括工程管理单位信息和工程养护队伍基本信息。

3.2 工程运行管理信息

黄河防洪工程运行管理信息是对黄河防洪工程进行养护和维修,维持、恢复或局部改善原有工程面貌的活动中产生的信息,包括工程日常维护管理信息、隐患探测信息、工程普查信息,同时还包括生物防护工程维护管理信息和附属设施维护管理信息等。

3.3 防洪工程安全监测信息

防洪工程安全监测信息是通过在堤防、险工控导、水闸等防洪工程内外部传感器或无损探测等先进技术以及人工巡视检查采集到的信息。防洪工程安全监测项目类型分为渗压渗流、变形、应力、应变、震动等。监测信息包括工程安全监测基本信息、测点信息、监测仪器参数信息、测点测值信息和测点报警信息等。

4 编制方法

编制《数据字典》,需要定义数据类型、取值范围、数据精度,给出标识符编码方法,规定数据库中各表的表结构,编制数据字典,定义技术术语等。

4.1 数据类型

在数据表结构中使用的数据类型共有四种,即字符型、数值型、时间型、文本型。

4.1.1 字符型数据

字符数据类型主要用来描述非数值型的数据,它所描述的数据不能进行一般意义上的数学计算,只有描述意义,如测站编码、名称以及注释性的描述等。

字符型数据的描述格式见式(1)。

$$C(d) \quad \text{或} \quad VC(d) \tag{1}$$

式中:C(Character 的缩写)为类型标识,固定用来描述字符类型;VC(Variable - length Character 的缩写)为类型标识,固定用来描述可变长字符类型;( ),即括号,作为描述数据长度的固定符号;d 为十进制数,用来描述字段最大可能的字符串长度,不应小于1。

4.1.2 数值型数据

数值数据类型用来描述两种数据,一种是带小数的浮点数;另一种是整数。所有描述的数据长度都是十进制数的数据位数。

数值型数据类型描述格式如式(2)。

$$N \quad (D[\,,d\,]) \tag{2}$$

式中:N 为类型标识符,固定用来描述数值类型;( ),即括号,作为描述数据长度的固定符号;[ ]为描述浮点数小数位的标志;D 为描述数值型数据的总位数(不包括小数点);d 为描述数值型数据的小数位数。

4.1.3 时间型数据

时间数据类型用来描述与时间有关的数据字段。所有时间数据类型采用的标准为公元纪年的北京时间,如1999 年10 月1 日14:20。对于只需描述年月日的时间统一采用公元纪年北京时间上午八点。时间数据类型的描述用"DATE"表示。

4.1.4 文本型数据

文本型数据与字符型数据性质相同,都是用来描述非数值型的信息,只是文本数据容量更大,文本数据类型的描述用"TEXT"。

4.1.5 取值范围

表结构中每个字段的取值范围有两种描述方式,一种为可以采用抽象的连续数字描述的,字段描述中将给出它的取值范围;另一种为离散或特殊的描述,采用枚举的方法描述取值范围,如果属于代码的还要给出每个代码的具体解释。

4.1.6 数据精度

黄河防洪工程管理涉及内容广泛,日常观测、监测数据较多,不同的专业有不同的精度要求。因此,字段描述中难以对每个项目的数据精度作出界定,所以在使用该数据库表结构时,应根据实际情况选取合适的数据精度。

4.2 标识符编写规则

标识符是数据库标识系统的重要组成部分,是由表标识符和字段标识符组成。原则上采用英文缩写,特殊名称采用汉语拼音。

表标识符格式如下:

XX_YY……YY

表标识符由两位字符(XX)前缀和若干个后缀(YY……YY)组成。

根据不同的工程建设与管理信息,XX 取值见表1。数据库表名的后部标识与字段名的标识符设计方法类同,均采用英文缩写。

表1　数据库表名前缀对照

类别名称	XX 取值	备注
堤防工程	DK	dyke 的缩写
治河工程	RP	river project 的缩写
水闸工程	WG	water gate 的缩写
穿堤建筑物	TS	through structure 的缩写
跨河跨堤工程	SP	stride project 的缩写
险点险段	DS	danger spot 的缩写
水库	RE	reservoir 的缩写
机电排灌站	MI	machine irrigate 的缩写
生物防护工程	BP	biology protection 的缩写
附属设施	PE	pertain establishment 的缩写
工程安全监测	SM	safety monitor 的缩写

4.3 表结构

表结构由中文表名、表标识、表编号、表体组成。中文表名是每个表结构的中文名称,它使用简明扼要的文字,表达该表所描述的内容。表标识是中文表名英译的缩写,在进行数据库建设时,用做数据库的表名。表编号是对每一个表给定的唯一的一个代码。表体以表格的形式列出表中的每个字段及其中文名称、标识符、数据类型及长度,有无空值、计量单位,是否主键和在主索引中的次序号等。例如,堤防(段)一般信息表结构见表2。

表2 堤防(段)一般信息表结构

字段名	标识符	类型及长度	计量单位	主键	有无空值	索引序号
堤防(段)工程代码	dknmcd	C(11)		yes	no	1
管理单位代码	aduncd	C(6)		yes	no	2
资料更新日期	inupdt	DATE		yes	no	3
资料更新责任人	inudperson	C(8)			no	
河流代码	rivercd	C(8)			no	
堤防(段)级别	bncl	C(1)				
地震基本烈度	erbsin	N(2)	级			
抗震设计烈度	erdsin	N(2)	级			
堤防完整度	dkbnig	N(6,2)				
工程坐标零点位置	coordzeropl	C(40)				
水准基面	baselv	C(10)				
情况介绍	inin	TEXT				

4.4 数据字典

数据字典用来描述黄河防洪工程管理数据库中字段名和标识符之间的对应关系以及字段的意义。每个字段的意义描述只给出在表结构中描述的章节号。数据字典按字段名汉语拼音排序。例如,数据字典部分内容见表3。

表3 数据字典

字段名	标识符	类型及长度	计量单位	字段描述章节
坝体裂缝条数	mntntype	N(5)	条	B.5.9
测点编码	mspicd	VC(18)		C.2.5
堤防(段)长度	bnscln	N(7,3)	千米	A.2.18
防洪库容	flcap	N(6,2)	亿立方米	A.25.22
水闸类型	clgttp	C(10)		A.14.12
治河工程类型	classify	C(32)		A.12.12

4.5 技术术语

《数据字典》内容广泛,涉及专业较多。《数据字典》中出现的技术术语,《水利水电技术术语标准》(S26—92)有的,原则上采用,没有的按行业约定解释。对每条信息进行了详细的注解和说明,增加了录入数据时的可操作性。

5 系统应用

黄河防洪工程管理数据库已于2003年完成库结构建设,先在郑州黄河河务局试运行。该数据库是按照"数字黄河"统一标准(ORACLE 9I,ARC/INFO 等)建设的新型数据库。目前,数据库的录入已在多处河务部门开展。

5.1 信息采集

黄河防洪工程管理数据库信息采集方式有两种:第一种是在线实时采集,如现场传感器采集数据,可实现实时监测、定时监测和自动入库;第二种是非在线非实时采集,包括工程历史档案信息、人工新采集的数据信息。

5.2 信息录入

黄河防洪工程管理信息由县级工程管理部门采集,地(市)级工程管理部门校对入库。对数据录入人员,实行安全认证。

5.3 系统管理权限

黄河防洪工程管理机构分为四级,按使用功能和用户需求,可设定不同的管理权限。

(1)县级管理部门是基础网站,负责数据录入工作,对数据录入人员,实行安全认证。有权调用与本县有关的信息,访问上级公共平台。

(2)市级工程管理部门管理所属县级工程管理部门,负责对数据的把关和入库工作,对数据的把关和入库人员,实行安全认证。有权调用辖区所有县级工程管理站的数据资料,能访问上级公共平台。

(3)省级工程管理部门管理所属市级工程管理分部门,有权调用辖区所有市级、县级工程管理部门数据资料,能访问上级公共平台。

(4)黄委工程管理部门管理所属省级工程管理部门和直属工程管理部门,有权调用所属部门的数据资料。

6 结语

目前,《数据字典》已批准为"数字黄河"工程标准,标准号为 SZHH16—2004,自 2004 年 12 月 30 日起实施。这对规范黄河流域工程管理数据库建设,实现流域工程管理信息共享及分布式存储,具有重要指导意义。《数据字典》的推广应用,大大加快了实现黄河防洪工程管理"信息采集自动化、信息传输网络化、安全监测实时化、业务处理智能化"的步伐。

淤地坝泄水建筑物结合部位渗漏问题
处理方法探讨
——以韭园沟骨干坝为例

李　尧　尚国梅　马　剑　王彩琴

（黄河水土保持绥德治理监督局）

摘要:有关资料分析表明,淤地坝产生险情现象90%是由于结合部位的渗漏引起。解决好泄水建筑与地基、坝体回填土之间结合问题对黄土高原坝系工程建设、安全运行和效益可持续发挥具有重要的意义。因此,我们对土石结合部位的处理提出了多种解决的对策。主要有人工夯实回填法、水坠法、水坠与人工夯实回填相结合等方法。

关键词:结合部位　渗漏　处理方法　淤地坝　韭园沟

淤地坝以其独有的拦沙淤地、蓄滞洪水、增地增产功效在水土流失地区受到农民群众的广泛好评。可是,不少淤地坝因种种原因其结合部位渗漏问题成为困扰水保工程施工人员的一大难题,漏了补、补了又漏,险象环生,使得淤地坝在生产运行时病、险情况增多,在一定程度上制约和影响了淤地坝效益的发挥。正确分析问题根源,利用合理处理方法是解决这些问题的有效途径。

1　渗漏产生的原因及危害

1.1　浆砌石与回填土之间结合不紧密

砌石尾部高低不平、参差不齐,使得土方回填的难度加大,再加上施工过程中回填土一般进行人工夯实,密实度只能控制在 $1.3 \sim 1.4 \ g/cm^3$ 之间,很难达到要求,无法真正做到砌石体与回填土之间的紧密结合,容易形成渗漏、流泥、管涌,从而有可能引发滑坡等险情。

1.2　浆砌石部分工程质量低

受地域条件限制,砌石所用部分石料的硬度达不到规范所要求的 $400^{\#}$ 以上,在施工过程中石料受挤压等外力影响碎裂形成的缝隙,以及人为因素造成的坐浆不饱满产生的缝隙是渗水新的出水点,也是造成渗漏、流泥的主要原因。

1.3 泄水建筑物的土基隐患没有进行合理的处理

在施工过程中暴露出来的泄水建筑物地基上出现的土石混合地基、湿陷性地基、山体裂缝、鼠洞、墓穴等没有得到合理的处理,容易造成泄水建筑物砌体裂缝、塌陷,形成渗漏。

1.4 土基开挖尺寸及坡度达不到设计要求

泄水建筑物基础的边坡开挖,按照规范要求土坡坡度应大于等于1:1.5,石坡坡度应大于1:0.75。如果在施工过程中开挖土坡坡度小于1:1.5,石坡坡度小于1:0.75,就造成回填土与旧土体之间结合不好,在新旧土之间就会产生裂缝,如遇到降雨,就可能形成渗漏。

1.5 施工过程存在的偷工减料现象

施工中承建单位受利益的驱使,在一些隐蔽工程(截水环、齿墙等部位)施工中把设计尺寸大幅度缩水甚至不建,所用的材料是宁滥勿好,调配砂浆时不按设计要求的配合比例宁小不大,给工程留下了可能引发险情的重大隐患。

由于上述原因造成的渗漏,如果不及时处理,在遇到较大强度的降雨时坝内水面升高,易在渗漏处形成集中渗流,可能导致在下游坝坡泄水建筑物与坝体结合处发生管涌、滑坡甚至垮坝等危及淤地坝工程安全的严重后果。

2 处理方法

解决好泄水建筑与地基、坝体回填土之间结合问题对黄土高原坝系工程建设、安全运行和效益可持续发挥具有重要的意义,因此我们对土石结合部位及补修坝的防渗处理提出了多种解决的对策。主要有人工夯实回填法、水坠法、水坠与人工(机械)夯实回填相结合等方法。

人工夯实回填法是应用较为广泛的一种处理方法,但缺点是夯实土与原坝体土密实度不均匀,很难紧密结合,安全系数较低。

水坠法处理后密实度较容易达到标准,但是单一的水坠法处理可能形成多个方向的龟裂,可能成为再次渗漏的隐患。

水坠与人工(机械)回填相结合是在长期的工作实践中总结出来行之有效的一种处理方法,特点是密实度能够达到较高要求,也不会产生新的裂缝形成对坝体新的威胁。

3 实例说明

本文以陕西省绥德县韭园沟流域若干座淤地坝为例,说明各种处理方法的实施效果。

吴家畔柳树沟骨干坝和折家硷梁家沟骨干坝先后出现从消力池顶部渗漏导

致坝坡大面积裂缝、塌陷,事后从渗漏痕迹判断是消力池顶部的土石结合部分回填质量不高,积水从卧管消力池顶沿结合部分渗至下游距卧管消力池 10 m 处,再从拱圈顶的石缝处流入泄水涵洞。处理时首先将出现裂缝和塌陷的坝坡全部挖开,将漏水的部位用水泥砂浆补好,在消力池处修筑临时围堰,利用岸坡土体用水坠和人工夯实结合法分层处理。先将需要回填部分全部按规范削成不大于 1∶1.5 的坡度,进行水坠处理,每层的高度控制在 20~30 cm,并随时观察泥浆的脱水程度,一般将泥浆含水率降至 25% 左右,进行人工挤压式的夯实回填(类似于水中填土),对于人工回填后形成的小裂缝,采用黏性较强的黏土泥浆进行反复灌浆处理,直至裂缝基本消除,再进行下一层的处理。据处理完后一年多的观察,没有发现新的裂缝和渗漏。

蒲家洼大坝泄水建筑由于受吴(堡)—子(洲)高速公路影响由右岸移至左岸新建,涵洞地基两侧坡按规范要求的 1∶1.5 挖开原坝顶长 30 多 m,除每隔 10 m 所设的截水环外,还在轴线及上、下游开挖三道结合槽以增加防渗能力。泄水涵洞在砌筑完毕后回填时在坝坡上、下游各修一道边堰,以三道结合槽分为两个单元,进行分层水坠处理。截水环以下在水坠部分基本脱水固结后人工进行夯实处理,截水环以上在水坠体脱水后用机械碾压代替了人工夯实回填。不论是人工还是机械回填,水坠部分与回填部分都产生了细小裂缝。随后,反复用浓度适中的黏土浆进行处理,直到裂缝基本消除。回填结束后对开挖地基时破坏的上、下游坝坡的植被进行了恢复,起到了很好的保护作用。事后经过对挖开部分查验,发现用装载机碾压后,包括在涵洞边墙两侧的水坠部分在机械振动和挤压的作用下已经与参差不齐的石料紧密地结合在一起,说明用机械代替人工回填既可以加快进度,又可以提高回填质量。

4 结语

在很多流域的淤地坝发生渗漏问题就是头痛医头、脚痛医脚,漏了补、补了又漏,在施工过程中没有找到发生问题的本质原因及合理的解决办法。其实关键在于不论出现什么问题都要科学合理地分析,根据实际情况有针对性地制定处理方法,这样才能使淤地坝的效益更加充分地发挥。

参 考 文 献

[1] 王小平,穆天亮,范瑞瑜.治沟骨干工程土坝坝体裂缝、渗漏处理与常遇险情抢护[J].中国水土保持,2005(2).

[2] 李靖,张金柱,王晓.20 世纪 70 年代淤地坝水毁灾害原因分析[J].中国水利,2003(9A).

水库大坝垂直位移监测系统设计与应用

李　珏　吴创福　高　丽　李伊明

（珠江水利委员会珠江水利科学研究院）

摘要：根据水库大坝垂直位移观测的需要，设计了一套水库大坝垂直位移监测系统，详细介绍了该系统的结构及系统中仪器设备的选配和原理，并通过在广东省大水桥水库的实际运用，证明了系统的设计是合理的，运行效果令人满意。

关键词：大坝　垂直位移　静力水准仪　可编程控制器　工业组态软件

1　引言

我国的水电资源非常丰富，为实现能源的可持续发展，近几年逐渐加快了水库、水电站的建设，这些水库承担着水利发电、防洪蓄水、水利灌溉等多项任务，直接关系着国家电力设施、人民生命财产安全，因此对水库大坝进行安全监测具有重要的意义。大坝安全监测包括很多内容，如渗压、渗流、水平位移、垂直位移等，这里我们就大坝安全中的垂直位移观测进行一个观测，为水库大坝的安全评估提供基础数据，这些数据是新建大坝安全设计和原有大坝除险加固的最有价值的资料。

2　水库大坝垂直位移监测系统功能

由于大坝垂直位移具有不可预知性，因此要求水库大坝垂直位移监测系统能连续不间断地监测。由于水库大坝一般都建在比较偏远的地区，与监控中心有一定的距离，就要求该系统稳定、可靠，实现完全无人值守、断电后可自动启动备用电源工作。

从结构测试与分析角度考虑，水库大坝垂直位移监测系统应有以下功能：

（1）位移数据记录：当位移发生时，水库大坝垂直位移监测系统能够形成有效的位移记录，并及时、自动地将数据记录传送到大坝监测中心，为大坝安全管理和大坝结构分析提供基础数据。

（2）要求位移采集仪器有相当高的灵敏度和足够的动态范围。

（3）为适应分层分布式系统设计，将大坝位移观测作为子系统纳入水库安全监控与管理系统,并将静力水准仪采集的信号接入现地控制单元。

(4)静力水准仪与现地控制单元的通信方式为 RS485,采用自由口通信方式。现地控制单元通过以太网模块经光缆接入监控中心,实现数据共享。

(5)监控中心实时地显示数据,并可发送指令到现地控制单元,数据分析软件可从监控中心获取数据,存入数据库中,并利用这些数据进行计算分析,为大坝安全提供数据理论支持。

3　水库大坝垂直位移监测系统组成

该系统主要由静力水准仪、现地控制单元、计算机系统和通信线路组成(图1)。

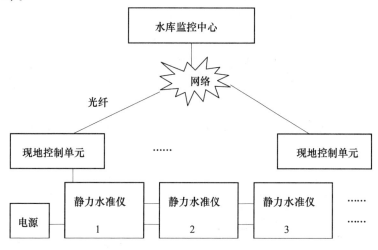

图1　水库大坝垂直位移监测系统框图

3.1　静力水准仪

位移数据采集仪器选用了静力水准仪,它应用地球重力面作基准面的连通管技术方案,根据连通管(钵体)内的液体介质在重力作用下保持液面水平的连通管原理,采用对称设计,各测点与相对不动点取差值的测量方法。

静力水准仪采用中心对称的双层螺线函数片簧作浮子单元的导轨,浮子跟踪液位,通过接杆将被测参考点的微小高差变化转换为标志杆的垂直位移。同时选择光电图像传感方法,采用由电荷耦合型固体摄像器件(CCD)等组成的光电一体化位移传感器检测微量位移,CCD 内集成了数千个精密排列的光电传感单元。在驱动、控制脉冲的作用下,窗口上的光学图像即可转换成可传送的视频扫描信号并以量化数据形式输出,实现了宽测量范围、高分辨率、高精度、无电学漂移等优良的技术指标。CCD 外围电路配置单片机系统,数据以光隔 RS485 串行通信方式传输给现场数据采集器,实现数据的永久记录和数据存储。图2为CCD外围电路原理框图。

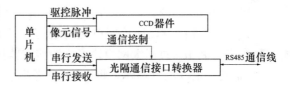

图2 CCD外围电路原理框图

3.1.1 数学模型

静力水准仪的数学模型如下:

如图3所示,设共布设有 n 个测点,1号点为相对基准点,初始状态时各测点安装高程相对于(基准)参考高程面 ΔH_0 间的距离为 $y_1, y_2, \cdots, y_i, \cdots, y_n$($i$ 为测点代号);各测点安装高程与液面间的距离则为 $h_1, h_2, \cdots, h_i, \cdots, h_n$,则有:

$$y_1 + h_1 = y_2 + h_2 = \cdots = y_i + h_i = \cdots = y_n + h_n$$
$$y_i - y_1 = -(h_i - h_1) \tag{1}$$

当发生不均匀沉降后,设各测点安装高程相对于基准参考高程面 ΔH_0 的变化量为:$\Delta h_1, \Delta h_2, \cdots, \Delta h_i, \Delta h_n$,各测点容器内液面相对于安装高程的距离为:$h_1'$、$h_2', \cdots, h_i', \cdots, h_n'$。由图3可得:

$$y_1 + \Delta h_1 + h_1' = \cdots = y_i + \Delta h_i + h_i' = \cdots = y_n + \Delta h_n + h_n' \tag{2}$$

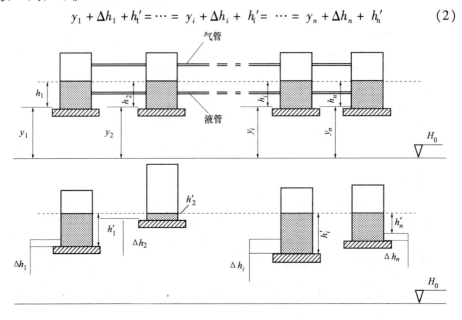

图3 静力水准仪工作原理示意图

则测量 i 点相对于基准点1的相对沉降量 ΔH_{i1} 为

$$\Delta H_{i1} = \Delta h_1 - \Delta h_i = (h_i' - h_1') - (h_i - h_1) = (h_i' - h_i) - (h_1' - h_1) \tag{3}$$

当 ΔH_{i1} 为正值时为下沉。

3.1.2　主要技术指标

静力水准仪主要技术指标

(1)测量范围:0~50 mm。

(2)最小分辨率:0.01 mm。

(3)精度:0.1 mm。

(4)电学漂移:无。

(5)环境条件允许温度:-10~40 ℃。

(6)环境条件相对湿度:100% RH。

(7)遥测接口:RS485。

3.1.3　静力水准仪性能特点

静力水准仪有以下性能特点:

(1)智能型数字化自动测量仪器,具有目标自动判断识别功能、故障自动诊断功能。

(2)应用以 CCD 器件为基础的光电一体化智能型位移传感器作位移检测单元,无电学漂移问题,可靠性强。

(3)真正的非接触式测量。

(4)具有 RS485 遥测接口。

(5)以数字信号输出为主,开放协议,便于接入各类分布式工程安全监测系统。

(6)采取对称设计,各测点与相对不动点取差值的测量方法,可有效地去除共模因素对仪器测值的影响。

(7)采用中心对称的双层螺线函数片簧导轨,保证浮子在垂直方向有足够的线形活动范围,同时限制浮子产生偏离轴线方向的倾斜或横向位移。

(8)具有多重防潮措施,可在 100% 相对湿度环境下长期连续工作。

3.2　现地控制单元

现地控制单元是水库大坝垂直位移监测系统中的数据采集器和记录器,同时具备必要的数据分析、处理功能,采用德国西门子可编程控制器(PLC),通过通信口的方式与静力水准仪交换数据。

PLC 具有如下特点:

(1)高可靠性。采用了微电子技术,所选用的电子器件一般是工业级,平均无故障时间很长,可以说,到目前为止,还没有任何一种工业控制设备可以达到PLC 这样高的可靠性。PLC 具有完善的自诊断功能,能及时诊断出 PLC 系统的软、硬件故障,并能保护故障现场。

（2）环境适应性强。可应用于十分恶劣的工业现场,在电源瞬间断电的情况下,仍可正常工作,具有很强的抗空间电磁干扰的能力,具有良好的抗振和抗冲击能力,即使在温度 -20 ~65 ℃、相对湿度为35% ~85%时仍可正常工作。

（3）灵活通用。PLC 的硬件采用模块式,能够根据不同的需要搭建硬件结构,PLC 利用应用程序实现控制,即使是相同的硬件结构也能通过不同的软件实现不同的控制任务,在被控对象的控制逻辑需要改变时,可以很方便地实现新的控制要求。

（4）使用方便、维护简单。所有模块都具有即插即卸功能。提供标准通信接口,可以方便地构成 PLC - PLC 网络或计算机 - PLC 网络。

3.3 系统通信方式

现地控制单元提供多种通信接口,分别为 RS485 串口和网络端口。根据不同情况,可选用其中一种通信方式,也可以同时使用多种通信方式。

由于静力水准仪的内部为 SDI - 12 协议,SDI - 12 是一种基于微处理器的传感器接口的数据记录仪的标准。SDI - 12 标准为:数据串接口提供的波特率为 1 200 比特。电池电源操作需最低的电流消耗,低系统花费,多传感器单数据记录仪,传感器与数据记录仪之间距离最大可达 200 英尺（1 英尺 = 0.304 8 m）。SDI - 12 是公开的通信协议,采用 PLC 的自由口通信方式,编制自由口通信程序,解读 SDI - 12 协议,从而得到静力水准仪采集的数据。

3.4 监控中心

监控中心设在水库管理处,主要作用是远程管理静力水准仪和现地控制单元,接收和处理发送来的监测数据。监控中心的主要设备是计算机,计算机上需安装管理软件,采用工业组态软件技术编写该管理软件。

组态软件的特点:

（1）采用通用工业组态软件开发的应用工程项目,当现场（包括硬件设备或系统结构）或用户需求发生改变时,不需做很多修改即可实现软件的更新和升级。

（2）能运行于 Windows XP/NT/2000 等多种操作系统。

（3）集动画显示、流程控制、数据采集、设备控制与输出、网络数据传输、工程报表、数据与曲线等功能于一身。

（4）支持国内外众多的数据采集与输出设备,具有很强的兼容性。

（5）可方便地构造适应不同需求的数据采集系统。

（6）在任何需要的时候将现场的实时数据信息传送到控制室,保证信息在全系统范围内的畅通。

（7）具有网络功能,可和其他部门建立联系。

4 水库大坝垂直位移监测系统在大水桥水库安全监控工程中的应用

广东省大水桥水库位于雷州半岛南部,广东省徐闻县城东大水桥河中下游,建于1958年,几经扩建,现总库容为14 680万 m³,灌溉面积1万 hm²,是一宗以灌溉为主,兼有防洪、城市供水、发电和养殖等综合效益的大(2)型水库。为了监测运行期主坝内部变形情况,在主坝的4个断面3+850、3+900、3+950、3+992各安装了一台静力水准仪,以3+992断面处的静力水准采集值为相对基准点,监测主坝的垂直沉降。图4、图5分别是垂直位移监测系统人机观测界面及人工测量与自动测量系统采集数据变化曲线图。

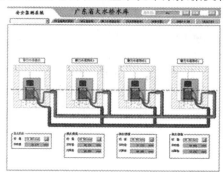 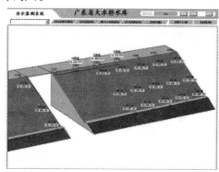

图4 垂直位移监测系统人机观测界面

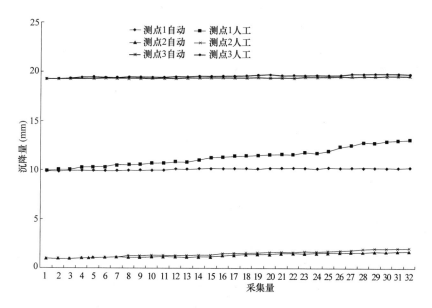

图5 人工测量与自动测量系统采集数据变化图

从图 5 可以看出,人工测量与自动测量系统采集数据变化趋势基本一致,而自动测量数据曲线更光滑,更接近实际,测量精度比较高。

5 结语

该水库大坝垂直位移监测系统中采用了非接触式智能型数字化静力水准仪、工业级的 PLC 组成的现地采集控制单元和基于工业组态软件的管理软件,自动化程度较高,操作便利,采集精度完全满足实际需要。

参 考 文 献

[1] 崔坚.西门子工业网络通信指南[M].北京:机械工业出版社,2005.
[2] 龚运新,方立友.工业组态软件实用技术[M].北京:清华大学出版社,2005.
[3] 殷洪义.可编程控制器选择设计与维护[M].北京:机械工业出版社,2003.
[4] 赵卫,杨定华.工程安全测控技术 2006[M].北京:中国水利水电出版社,2006.

黄河下游堤基老口门渗透稳定性综述

吕军奇　孟　冰　程　鹏　苏秋捧

（河南黄河河务局）

摘要：黄河下游现行河道长约800 km，两岸临黄大堤长1 371 km。埋藏在大堤下的隐患——老口门的稳定性及堤基的渗透稳定性，都属于堤基的重大地质问题，也是黄河下游堤防管理、堤防规划，加固勘测设计的重大问题。为此，很有必要对历史决口老口门、历次大洪水时堤基渗水及渗透变形等资料进行进一步的分析和研究。

关键词：黄河下游　老口门　隐患　渗透变形　控制措施

1　引言

黄河下游大堤地基分布着许多历史决口老口门，部分口门由于堵复填料的工程地质特性不良则成为防洪的隐患。决口时间久远的老口门，多无详细记载，即使有些记载，也有不少是位置不详，而且资料有时互相矛盾。在黄河决口时有的村庄被冲走，后来又建不同名称的村子，即使村不改名，村庄的位置也可能有变动，因此历史决口的准确地点很难确定，特别是对大堤的桩号资料很少。

2　黄河大堤老口门的概况

历史上黄河在下游决口频繁，自西汉（公元前206年）至1949年决口达1 500次，主要决溢有413次，其中有些决口不在现行河道上，有的在同一处堤段决溢多次。如河南封丘县荆隆宫堤段历史决口达5次以上，口门宽度经钻探查明为1 250 m。以上决溢的口门多发生在伏秋大汛时期（7、8、9月），其次为凌汛（1、2月），桃汛及其他时期决口，决口的类型一般有漫决、冲决、溃决及扒决4种。

黄河大堤决口的原因，除去堤身填筑质量、坝基的地层结构及水文、气象因素、人为因素外，还和地质构造因素有关。例如，黄河东坝头—东明河段，为强烈下降区，该段河床泥沙淤积严重，河道宽浅、水流散乱，溜势变化剧烈，因此该河段决口较多。又如鲁西中隆起地段，由于泰山山地自第四纪，特别是全新世以来，一直处于缓慢上升的状态，对其北侧的黄河有北掀的作用，所以使黄河左岸陶城铺—齐河以东的大堤要承受北滚的压力,事实上该段的左岸大堤的险点及决口老口门也比较多。

3 大堤老口门地基的稳定性评价

洪水时大堤被洪水冲断,堤基也被洪水冲成宽窄不同、深浅不一的沟槽—口门。如九堡堤段的口门宽 1 438 m,深 36 m。荆隆宫堤段的口门宽 1 250 m,深 23 m。较深的口门内常常沉积有粉细砂及中砂,有时也有静水沉积的淤泥质土。堵口时,填筑在口门里的料物各种各样:一般较小的口门,在洪水消落后成为干口的,多用一般的土料进行填筑,即素填土;对于有流水的大口门,堵口的料物非常复杂,有秸料、芦苇、树枝、木桩、木排、麻袋、铅丝笼、块石、土料等。苏泗庄堵口时,还使用了沉船。秸料有高粱秆、玉米秆、谷草、麦秸等,根据东明高村等地钻探时对秸料观察资料可知,在地下水以上,呈腐烂状态,地下水位以下呈半腐烂状态,对重大的决溢口门进行堵口时,要使用很多的秸料,如 1820 年武陟马营口门在堵复时,投入口门内的秸料达 2 万余垛。由此可以确定大堤口门的稳定性和口门填料的物质组成有关。

(1)口门较小,洪水对地基冲刷不深,用土料进行干堵的口门,经过多年在大堤堤身土及堵口土料的自重压实下已经固结,其稳定性是较好的。

(2)口门较大,洪水冲刷堤基较深,沟槽内新沉积的粉细、中砂层及填充的块石、秸料等透水性较大,容易在背河产生渗水及渗透变形。根据统计资料,口门存在渗水及严重渗水的约占口门总数的 40%。

(3)堵口时在水中填充的砂土,砂壤土及轻、中壤土的密度均较小,如中牟九堡口门填土的干密度,有的只有 1.21 g/cm^3。在浸水时易产生不均匀沉降,使大堤产生裂缝及下蛰,遇强震时,容易产生液化现象。

(4)口门较大,秸料层很厚,秸料腐烂后形成空洞。例如鄄城苏泗庄,在大堤有秸料的口门处进行锥探灌浆时,1 个孔灌入了 30 m^3 的土,另一个孔灌入了 50 m^3 的土。1987 年在封丘荆隆宫,中牟九堡及东明高村堤段钻探时,在钻入秸料层时,均发生了严重的漏浆现象。

4 堤基的渗透稳定性问题

4.1 渗透变形的类型

黄河下游土的渗透变形均发生于近代冲积层中,属机械渗透变形。其渗透变形可分以下几类:

(1)管涌:是指土体在渗流作用下,细颗粒通过粗颗粒间的孔隙发生流失的现象。

（2）流土：是指土体在渗流作用下，局部表面产生隆起或者土颗粒集体浮动流失的现象。

（3）接触冲刷：是指土体在渗流作用下，渗透水流沿着两种渗透系数不同地层的接触面或建筑物基础与地基接触面流动时，沿接触面带走细颗粒的现象。

（4）接触流土：是指渗流垂直作用于渗透系数相差悬殊的两个土体，渗流从下向上将渗透系数小的一层中的细颗粒，带到渗透系数较大的一层孔隙中的现象。

判别管涌与流土的类型，主要根据不均匀系数。当不均匀系数大于 5 时为管涌，否则为流土。黄河下游冲积砂土的颗粒级配比较均匀，不均匀系数多在 1.5~4 之间，而且越向下游砂土的颗粒级配越均匀。黄河下游自孟津到海口，由冲积扇平原到冲积平原再到河口三角洲平原，各平原区砂土的平均不均匀系数由 3 到 1.7 再到 2.3，均小于 5。所以黄河下游大堤背河发生的渗透变形类型，主要是流土，个别的可能有接触冲刷。由于流土不像管涌那样有粗颗粒作骨架，发生渗透变形时，只流失细颗粒，而流土发生时，全体颗粒同时移动，具有突发性，因此，流土较管涌更具危险性。

4.2　渗透变形的形态分类

土体由于颗粒组成不同，上覆黏性土的软硬程度、状态及地层结构不同，土体发生渗透变形时的形态也各不相同。目前，对于渗透变形的形态分类、命名以及描述尚没有统一的标准。根据黄河下游所出现的渗透变形情况，参考有关资料，现将黄河下游出现的渗透变形，按其形态特征归纳为以下几类。

（1）泉涌：俗称管涌、泡泉或地泉，形似喷泉，管口呈漏斗状，出水口直径多为 3~10 cm，最大则达 50 cm，孔门喷水，有时翻砂，砂粒在孔口翻动。发生于斜坡的泉涌砂粒，常被流水冲走；发生在平地处的泉涌喷出的砂粒常沉积在孔口，形成砂环。砂环直径可达 0.5~1 m。泉涌常发生在大堤背河或土坝下游距坡脚 10~20 m 以内，远的有 50 m。常发生在水沟、坑塘、稻田的近堤边坡处，或土体薄弱的地点。

（2）砂沸：又称沸涌。出水口的直径多小于 2 cm，常成群出现，冒水翻砂的小群孔所堆积的小砂环，外形似蜂巢、蚁窝。多发生在粉细砂及砂壤土的地层中，出现在大堤背河堤脚和坑塘水沟的临堤附近。

（3）鼓包：俗称牛皮包，常发生在表层土和草皮联结较好的地区，由于渗流顶托使表层土隆起形成鼓包，但土层尚未被顶穿发生破裂。

（4）冒水裂缝：渗流顶破较硬的黏土时，而冒水翻砂。

（5）翻泥：流塑状的淤泥被渗流顶托翻起形成稀泥堆的现象。

对泉涌和砂沸等要及时进行抢险处理，否则可引起堤基被掏空，堤身坍塌甚至决口等重大险情。

4.3　堤基渗水及渗透变形的分布规律

（1）发生渗水及渗透变形地基的地层结构多为单层结构砂性土地层，双层结构上部为薄层黏性土，下为砂性土的地层。其次为多层结构砂性土较多的地层，而且临背河的砂层相互贯通，只有这样才能具备传递渗透压力，在渗透压力加大到超过土的允许坡降时，才能产生渗透变形。

（2）渗透变形多发生在堤基有古河道或老口门分布的地段。出现渗流问题的临黄堤段，据不完全统计，有37%堤基内分布有老口门。兰考南北庄的堤基，渗水严重，就是因为有黄河故道通过。东平湖水库蓄水期间发生渗透变形的围坝段，多数有厚砂层分布，多是汶河古河道通过之处。

（3）渗透变形多发生在河流凸岸及支流与黄河交汇处。因该处地下水接受地表水多向补给，成辐射流使背河形成集中渗流的不利条件。如武陟县的白马泉及济南的常棋屯等地都属这种类型。在洪水期都出现过严重渗水及渗透变形问题。

（4）渗透变形发生的地点，一般在临黄堤背河距堤脚 10～20 m 以内的取土坑、水潭、塘坑、稻田沟及水沟迎水面。

5　堤基渗流的控制措施

为了防止渗流对大堤所造成的危害，在黄河下游曾采用多种控制措施控制渗流，对大堤进行加固处理。按照在大堤临河截渗、背河导渗的原则，在临河采用抽槽换土、黏土斜墙、黏土铺盖和前戗；在背河采用后戗、填塘固基、砂石反滤、减压井和放淤固堤等处理措施。

（1）抽槽换土是在临河挖一底宽 2～2.5 m，深度和背河齐平或稍沟槽，内填黏土。黏土斜墙是大堤坡面修厚度为 1～2 m 的黏土墙。这种处理措施简便易行，但只能适用于堤身及堤基上部有薄砂层渗水。对于有厚砂层的地基则无效。

（2）黏土铺盖、修筑前戗及后戗 3 种处理措施，可起到一定延长渗径的作用，但仍解决不了砂基的严重渗水问题。

（3）截渗墙，可深入堤基，切断砂层中的渗流，是控制渗流的最好措施。

（4）在大堤背河控制渗流的措施，对于砂土及砂壤土的地基，采用砂土反滤盖重可有效的降低浸润线，防止渗流对堤脚的破坏。例如齐河水牛赵险工，历年背河渗水严重，1954 年洪水期背河渗水严重，发生泉涌，大堤脱坡达 90 m。1955年在背河作了长 375 km 的砂石反滤工程，使渗透变形得到了控制。对于上部为黏性土、下部为厚砂层的双层结构的地层，设减压井可有效地降低承压水水头，防止渗流破坏。这种措施由于施工复杂、造价高、不易维护，使其应用受到很大的限制。

（5）对于广大堤段，目前多采用简便易行的放淤固堤的措施。在背河放淤宽 30～50 m，最宽 100 m，从而加宽了大堤，淤平了潭坑及低洼地，缩小了临背河高差，增强了堤身的稳定性，但据黄河水利科学研究院的研究结果及实际观察，淤背后堤身浸润线有不同程度的抬高，所以对用淤背的方法解决控制渗流问题时，还应对放淤的长度及厚度，结合地层结构的类型进行研究。

内蒙古伊金霍洛旗生态修复项目
监测结果初步分析

王　煜[1]　王　晓[1]　石英禄[2]　张建国[3]

(1. 黄河水土保持绥德治理监督局;2. 伊金霍洛旗水土保持局;
3. 鄂尔多斯市水土保持局)

摘要:生态修复是恢复植被,减少水土流失,改善生态环境的主要措施之一。通过对伊金霍洛旗实施的生态修复项目观测,表明:①生态修复对调节和改善小气候作用较大,观测期内平均大风日数、沙尘暴日数分别比全旗多年平均值减少了 39.9% 和 57.1%;②项目区乔木、灌木、天然草平均生长量较对照区分别提高 30.0%、22.0%、81.0%;③监测站控制区域平均径流模数 17 260 m³/km²、产沙模数 1 135 t/km²,分别比项目区多年平均值降低 33% 和 41%;④生态修复促使土地利用结构、农村产业结构的调整,扩大了林草面积,提升林牧业产值。

关键词:监测　分析　生态修复　伊金霍洛旗

伊金霍洛旗位于内蒙古自治区西南部,从伊金霍洛旗的人口密度、降水条件、侵蚀程度、植被覆盖度、植物群落分布等条件看,比较适宜生态的自我修复。因此,水利部于 2001 年在该旗设立生态修复工程试点,旨在探索生态修复的环境、效果及修复潜力,为大面积开展生态修复工程和建立科学的生态修复监测与评价体系提供依据。

1　项目区概况

伊金霍洛旗水土保持生态修复项目介于北纬 39°32′~39°45′,东经 109°33′~109°44′,东西长 16 km,南北宽 21 km,行政范围涉及合同庙乡、哈巴格希乡、阿腾席热镇的 11 个行政村,总面积 116.86 km²。项目区地处窟野河上游的乌兰木仑河,属典型的沙质丘陵沟壑区,梁峁起伏,地形不完整,表层多被沙土覆盖,部分已形成新月形沙丘。项目区植被类型多样,植物资源比较丰富,多年生草本植物占多数,其次是一、二年生草本、半灌木和中灌木分布较广,乔木和灌木的种类不多,天然草场的特点一是以沙蒿为主要建群的类型多,二是灌丛化草场面积大,三是草场草群低矮、稀疏。

2 监测点布设及监测内容

2.1 气候监测

在项目区内建立小气候观测站一处,观测内容包括降雨量、蒸发量、气温、风速风向等,并与伊金霍洛旗气象局提供的气象资料进行对比。

2.2 林草植被监测

根据有关技术规范,在项目区内外分别选择坡度、坡向、坡长、土壤等接近的监测区和对照区,对乔木林、灌木林和天然草地布设样方,样方尺寸分别为乔木林 20 m×20 m、灌木林 5 m×5 m、天然草地 1 m×1 m,各样方周边设明显标志。一年分 3 次观测其生长量等指标。

2.3 水沙监测

利用项目区内现有的 3 座骨干坝,建立观测断面,计算控制范围内的径流泥沙,进而推算项目区内的水沙变化情况。

2.4 社会经济监测

主要监测开展生态修复工程前后,土地利用结构、退耕还林还草情况、农林牧副各业产值的变化情况等,并选择 18 个典型农户进行监测。

3 监测结果及初步分析

3.1 气候监测

据 2002～2003 年观测资料,次降雨量、年降雨量项目区内外变化不明显;各月及年蒸发量、气温与全旗多年平均值接近;2002 年、2003 年大风日数为 22 天和 11 天,比 1959～1999 年的平均值 25.8 天分别减少了 14.7%和 57.4%,沙尘暴日亦相应降低了 42.8%和 71.4%,详见表 1。

表 1　项目区大风日、沙尘暴日观测记录

	月	1	2	3	4	5	6	7	8	9	10	11	12	合计
大风日数	2002 年	1	2	6	5	5		1				1	1	22
	2003 年	1	1	3	3				1			2		11
	1959～1999 年全旗平均	1.7	1.7	2.5	4.4	4.1	3.0	1.8	0.6	0.8	1.3	2.2	1.7	25.8
沙尘暴日数	2002 年			1	5	4								10
	2003 年			1	2	1						1		5
	1959～1999 年全旗平均	1.4	1.5	2.4	3.7	3	1.5	0.9	0.1	0.3	0.5	1	1.2	17.5

3.2 林草植被监测情况

3.2.1 乔木林监测

在项目区和对照区选择标准样方,对杨树生长情况进行监测,监测结果见表2。从表中可以看出,项目区平均树高年净增0.63 m,对照区平均树高年净增0.42 m,项目区增幅30%,春季到夏季生长量显著;项目区杨树平均胸径年净增0.30 cm,与对照区年平均净增值比较,增幅不明显。

表2 2003年标准样方区乔木监测情况

编号	区域	样方面积(m²)	春监 树高(m)	春监 胸径(cm)	夏监 树高(m)	夏监 胸径(cm)	秋监 树高(m)	秋监 胸径(cm)	净增量 树高(m)	净增量 胸径(cm)
1			4.05	4.00	4.45	4.00	4.70	4.40	0.65	0.4
2			5.13	5.20	5.45	5.30	5.90	6.00	0.77	0.8
3	项目区	20×20	3.15	3.80	3.48	3.90	4.10	4.40	0.95	0.6
4			1.27	0.50	1.51	0.50	1.79	0.80	0.52	0.3
5			1.25	0.70	1.59	0.70	1.85	1.00	0.6	0.3
平均			3.04	2.80	3.31	2.90	3.67	3.30	0.63	0.5
1			2.02	2.00	2.32	2.00	2.50	2.50	0.48	0.5
2			2.23	3.00	2.54	3.00	2.85	3.90	0.62	0.9
3	CK	20×20	1.38	0.40	1.61	0.40	1.75	0.50	0.37	0.1
4			1.18	0.30	1.33	0.30	1.50	0.40	0.32	0.1
5			1.07	0.30	1.27	0.30	1.40	0.30	0.33	0
平均			1.58	1.20	1.81	1.20	2.00	1.50	0.42	0.3

3.2.2 灌木林监测

在项目区和对照区选择标准样方,对小柠条生长情况进行监测,主要对柠条的最大树高、地径在不同季节的生长变化进行观测记录,分析2003年监测结果可知,项目区平均树高年净增0.23 m,对照区平均树高年净增0.18 m,项目区增幅22%,春季到夏季生长量显著;项目区小柠条平均地径年净增0.30 cm,与对照区年平均净增值比较,增幅不明显,监测结果详见表3。

3.2.3 草地监测

在项目区和对照区选择标准样方,对天然草(沙蒿)地进行监测,从2003年各对比区生长情况看,项目区1～4号样方平均草高61 cm,当年平均净生长46 cm,平均株产鲜草0.225 kg,折合产干草0.135 kg;对照区1～4号样方平均草高37.5 cm,当年平均净生长23.5 cm,平均株产鲜草0.06 kg,折合干草0.036 kg。项目区当年平均净增长高度、株产鲜草、株产干草较对照区都有大幅度提高,监测结果详见表4。

表3 2003年标准样方区灌木监测情况

编号	区域	样方面积(m²)	春监 树高(m)	春监 地径(cm)	夏监 树高(m)	夏监 地径(cm)	秋监 树高(m)	秋监 地径(cm)	净增量 树高(m)	净增量 地径(cm)
1	项目区	5×5	1.32	1.90	1.48	1.90	1.58	2.00	0.26	0.1
2			0.62	1.20	0.74	1.20	0.85	1.30	0.23	0.1
3			0.61	1.10	0.73	1.10	0.82	1.20	0.21	0.1
4			1.27	1.40	1.41	1.40	1.52	1.50	0.25	0.1
5			0.68	1.20	0.84	1.20	0.90	1.30	0.22	0.1
平均			0.9	1.36	1.04	1.36	1.13	1.46	0.23	0.1
1	CK	5×5	0.43	0.70	0.54	0.70	0.64	0.80	0.21	0.1
2			0.28	0.60	0.41	0.60	0.50	0.70	0.22	0.1
3			0.21	0.50	0.27	0.50	0.33	0.60	0.12	0.1
4			0.72	1.00	0.85	1.00	0.96	1.20	0.24	0.2
5			0.24	0.60	0.32	0.60	0.39	0.60	0.15	0
平均			0.38	0.68	0.49	0.68	0.56	0.78	0.18	0.1

表4 2003年标准样方区天然草监测情况

编号	区域	样方面积(m²)	春监 草高(cm)	夏监 草高(cm)	秋监 草高(cm)	净增量 草高(cm)	产草量 鲜重(kg)	产草量 干重(kg)
1	封育区	1×1	17	61	76	59	0.225	0.135
2			12	39	50	38		
3			16	48	67	51		
4			13	42	49	36		
平均			15	48	61	46		
1	CK	1×1	18	33	44	26	0.06	0.036
2			9	20	35	26		
3			14	34	54	40		
4			8	11	16	8		
平均			12	25	37.3	25.3		

3.3 水沙监测

分别以项目区阿格图、柳沟水头沟、马王庙骨干坝为水沙监测点,以各坝的控制集水面积为径流小区。实施观测前对基准(现状)淤地面积、淤积高度、淤积断面、淤积库容进行测量,在放水建筑物(卧管)上设立水尺。其工作原理是:①雨后观测水尺变化,测定水位,在坝高—库容曲线上查出对应库容,减去淤积库容,即得本次洪水总量;②待库内泥沙沉淀后,打开放水孔塞,放走清水,测定淤积厚度,在坝高—淤地面积曲线上查出对应的淤地面积,减去已淤面积,再乘以平均淤积厚度,即得本次洪水泥沙总量。亦可用坝内已建立的 3 个观测断面实测淤积量;③计算控制范围内的径流泥沙,推算项目区内的水沙变化情况,与非项目区、全旗平均值对比,进而分析生态修复工程对水沙的控制作用。

表 5 是 3 个监测点 2003 年观测记录情况,从中可以看出,本年度只产流 1 次,即"2003.07.29"洪水,在降雨量相近、历时差别不大且集水面积接近的情况下,径流量悬殊较大,说明各坝的坡度、植被等下垫面条件有很大差异。控制区域平均径流模数 17 260 m³/km²,产沙模数 1 135 t/km²,分别低于项目区多年平均值 33% 和 41%。

表 5 项目区 2003 年水沙观测记录表

站点名称	控制面积（km²）	监测日期 月	监测日期 日	降雨量（mm）	降雨历时（时:分）	径流量（m³）	径流模数（m³/km²）	产沙量（t）	产沙模数（t/km²）
马王庙	3.1	7	29	53.7	01:00	152 300	49 129	9 450	3 048
阿格图	3.27	7	29	40.0	02:30	3 013	806	405	109
水头沟	3.5	7	29	39	00:40	15 050	4 357	1 350	386
平均							17 260		1 135

注:本年度项目区共产流 1 次,即 7 月 29 日。

3.4 社会经济情况监测

项目从 2001 年实施以来就对土地利用结构、农村产业结构逐步进行调整。到 2003 年底共退耕还林还草 132 hm²,坡耕地面积减少,增加了基本农田面积,基本达到了减地而不减产,改变了过去广种薄收的生产模式。同时,扩大林草面积,提升林牧业产值。

据监测结果(见表 6)分析,农村总产值由项目实施前的 830 万元增长到 2003

表 6 项目区 2003 年社会经济情况监测表

监测内容		变化情况	
		2001 年(基数)	2003 年
土地利用结构（hm²）	土地总面积	11 689	11 689
	耕地	646	514
	林地	1 670	2 102
	牧草地	3 670	4 120
	荒地	5 345	4 595
	其他	358	358
产业经济结构（万元）	农村总产值	830	887.8
	农业	76	71
	林业	525	524.7
	牧业	196	255
	副业	33	37

年的 887.7 万元,增幅 6.95% ,在农村各业产值中牧业的增长最快,增幅达到 30.1% ,说明退耕还林还草、实施封育后,大力发展舍饲养殖的效果较为明显。另外通过对 18 户典型农户的监测,项目实施以后,人均粮食产量、农业收入、非农业收入、经济纯收入、可支配消费支出等方面都有不同程度的提高。

4 结语

4.1 结论

根据以上监测结果看出:①实施生态修复工程对调节和改善小气候环境的作用较大,减少了大风、沙尘暴日数,降低了风力;②项目区的乔木林、灌木林、天然草生长情况明显优于对照区,说明通过封禁减少了人为活动,为植物生长创造了条件;③通过封禁,提高了林草植被的覆盖度,有效地拦蓄了地表径流,使洪水径流模数、产沙模数均低于项目区平均值;④生态修复项目的实施,进一步促进了土地利用结构的调整,农林牧各业用地配置比例为1:4:8,较符合该区域的实际。从各业产值情况分析,林牧业所占比重较大,且有一定的上升空间。

4.2 存在问题

由于目前尚未有关于水土保持生态修复的监测规范,本项目的监测点布设和观测内容是参照《水土保持试验规范》进行的。从 2 年来的观测情况看,还不能满足生态修复急需研究和解决的技术问题,有待进一步改进和完善。

本文只对项目区阶段性观测成果进行整理分析,因资料系列不足,对水土保持生态工程的修复效果、修复机理、修复潜力及环境效应等不能系统分析。

用黄河泥沙吹填沿黄煤矿采空区
确保黄河防洪安全

王殿杰　　侯　涛　　张晓青

（济南黄河河务局）

摘要：黄河下游沿黄地区新上马了一些煤矿，煤矿采空后易造成地表沉陷，会影响黄河河道和堤防的安全。本文从煤矿采空区产生地质灾害的严重性、吸泥船采掘黄河河道泥沙的成功经验、煤矿采空区吹填泥沙的可行性及单价分析和吹填效益五个方面进行了分析论证。取黄河泥沙吹填煤矿采空区，用黄河泥沙代替煤柱，把大量做支撑的煤开采出来，不仅提高了煤的开采率，减少了煤资源的浪费，而且消除了因煤矿开采而形成的矿区地表沉陷，消除了人为的地质灾害对黄河河道和堤防的影响，确保了黄河防洪和矿区地质安全。

关键词：黄河　煤矿采空区　地表沉陷　吹填泥沙　防洪安全

近期，黄河下游沿黄地区新上马了一些煤矿，例如邱集、赵官、新阳等。矿井井口距黄河大堤都不超过 6 km，有的只有 3 km，矿床可采区延伸到黄河河道之下。尽管行政许可批文要求在工程保护区内不能采掘，但由于煤层埋深 300 ~ 600 m，就是按要求开采，煤矿采空后形成的沉陷区，仍可能会影响黄河河道和堤防的安全。为确保黄河防洪安全，这就需要我们用现代的施工技术去处理当今出现的新问题。本文认为用吸泥船吸取河道内的泥沙，用管道输入井下吹填煤矿采空区，用黄河泥沙代替煤柱，甚至将采空区全部填满，这样既提高了煤矿的开采率，又消除了煤矿采空后造成的地质灾害，确保了黄河防洪安全，是非常必要的。

1　煤矿采空区产生地质灾害的严重性

煤矿采空后带来一系列地质灾害的例子是举不胜举的。仅山西省煤矿采空区面积约有 5 000 km²，其中 2 940 km² 引起了严重的地质灾害，每年新增塌陷约 94 km²。大批村庄因采空需要搬迁，某些地方甚至已经到了无处可迁的地步；鸡西市现有煤矿采空区面积 114 km²，已形成地表采煤沉陷区的约有 193 km²。煤矿采空塌陷是人为引发的地质灾害，在全国各地的煤矿区地表塌陷现象已到处可见。

煤矿采空区地表塌陷对环境破坏也非常严重,导致了大面积的地表开裂和塌陷,房屋被拉垮,公路、铁路、桥梁被拉断,粮田变废地,河流变枯竭,给矿区群众生活和生命财产带来了极大的不便和巨大的损失,也影响了国民经济的持续发展。

如果在黄河下游沿黄地区开发煤矿,更应引起各级领导的高度重视,靠近黄河河道和堤防的地方,是绝对不能出现煤矿采空塌陷等人为引发的地质灾害的,否则会危害到黄河防洪安全,后果不堪设想。因此,对此必须引起高度重视,要有充分的防预对策。

2 吸泥船采挖黄河河道泥沙的可行性

黄河因含沙量高而闻名世界,泥沙是黄河难以治理的要害,淤积水库及下游河道,使水库库容减小、河床抬高。解放前由于生产力的落后,形成三年两决口,百年一改道的悲惨局面。解放后随着生产力的发展,黄河泥沙的利用逐渐被人们所认识。早在 20 世纪 50 年代,沿黄地区就开始利用涵闸、虹吸放淤造田(当时叫淤改),黄河治理也开始了自流淤背固堤,到 1976 年山东淤背固堤 459 km,沉沙 10 531 万 m^3。20 世纪 60 年代,黄河职工根据黄河泥沙多的特点,自行研制了简易冲吸式吸泥船,利用高压水枪将河床土体破坏,形成泥浆,用吸泥船大泵将泥浆通过管道输送到需要加固的地段,通过沉淀将黄河大堤加宽加固 50～100 m。20 世纪 90 年代,开始了机械化挖河固堤、淤筑房台、修筑路基、烧砖建房等。黄河泥沙开始变废为宝,造福于人类。

用吸泥船加固黄河大堤,整个机淤过程包括造浆、泥浆输送和沉放。开始泥浆的含沙量较低,输沙距离只有 500 m 左右,通过在生产过程中,不断技术革新,探索高产低耗、安全使用的途径,使吸泥船的各项性能有了显著提高,泥浆的含沙量可达 600 kg/m^3,单泵输送泥浆距离达 3 000 m 左右,此项技术在 1978 年就获国家科技奖。

40 多年来,仅山东黄河利用吸泥船进行大堤淤背约 800 多 km,淤筑宽度均达 50～100 m,完成机械淤背土方约 7 亿 m^3。近几年,还成功研制了挖塘机和汇流泥浆泵组合输沙,渣浆泵组合输沙等施工新技术。目前,一条吸泥船(10 PNK 泵型)日生产土方 3 000 多 m^3,输沙距离达 10 km 以上。实践证明,用吸泥船采挖黄河河道泥沙是完全可行的,施工技术非常可靠。

3 煤矿采空区吹填泥沙的可行性

回填采空区已不是新鲜防沉陷措施。早在上百年前,矿主为了少占地表土地,减少开支,就把一些不能卖掉的矿渣和煤矸石再回填到采空区,既减少了土地的占压又减少了矿区的沉陷。用矿渣和煤矸石回填采空区的施工技术早已成熟,用矿渣和煤矸石再回填的矿井也不在少数。在 20 世纪 80 年代,山东临沂矿务局为了不影响沂河地区的安全,在五四庄煤矿、朱北庄煤矿对采空区进行了吹填河沙。他们取沂河河道内的河沙,用皮带机将河沙输送到矿井井口附近,用沙浆拌和机把河沙拌成可流动的沙浆,通过沙浆泵和管道把沙浆输送到了需要吹填的部位。通过吹填河沙,达到了加固采空区的目的,消除了地质灾害,保障了沂河地区的安全。

4 煤矿采空区吹填泥沙的单价分析

4.1 施工方法

根据黄河下游 40 多年的取沙经验,采用 10 PNK 简易吸泥船采沙,船位选择在险工工程上、下首,也可选择在凸岸的嫩滩上。吸泥船输沙距超过 2 500 m 后设接力泵站,接力泵站的距离仍以 2 500 m 左右为最佳。输沙管道采用直径 300 mm 的钢管,接力泵站采用 136 kW 泵。将输沙管道从井口穿入接至采空区,从采空区的最里端开始吹填,并设置尾水集水沟,用水泵将水抽至井上。

4.2 单价分析

单价计算依据水利部(水总[2002]116 号)和黄委会(黄建管[2005]55 号),柴油 5 500 元/吨;输沙距分别按 5 000 m 和 8 000 m 考虑,进行单价分析,具体见下表 1 和表 2。

表 1 吹填工程单价分析

定额编号:黄河预算定额[82344]输沙距 5 000 m　　　　　　定额单位:10 000 m³
施工方法:136 kW 冲洗式挖泥船,136 kW　接力泵

编号	名称及规格	单位	数量	单价(元)	合计(元)
一	直接工程费				97 277.10
1	直接费				90 913.18
(1)	人工费		326.3		800.31
	工长	工时	8.0	4.91	39.28
	中级工	工时	50.8	3.87	196.6
	初级工	工时	267.5	2.11	564.43
(2)	零星材料费		3%		2 647.96
(3)	机械使用费				87 464.91
	冲洗式挖泥船 136 kW	台时	78.81	194.31	15 313.57
	浮筒 300×5 000 mm	台时	1 576.20	0.77	1 213.67
	排泥管 300×4 000 mm	台时	96 542.25	0.49	47 305.70
	泥浆泵 136 kW	台时	157.62	149.93	23 631.97

续表1

编号	名称及规格	单位	数量	单价(元)	合计(元)
2	其他直接费		2.00%		1 818.26
3	现场经费		5.00%		4 545.66
二	间接费		5.00%		4 863.86
三	企业利润		7.00%		7 149.87
四	三税税金		3.22%		3 519.16
	合计				112 809.99
	材料差价				
	(柴油)	kg	7 053.50	2.06	14 530.21
	合价				127 340.20

柴油预算价格 5.5 元/kg,以 3.5 元/kg 进单价取费,其余找差价。

表2 吹填工程单价分析

定额编号:黄河预算定额[82374] 输沙距 8 000 m　　　　　　定额单位:10 000 m³

施工方法:136 kW 冲洗式挖泥船,136 kW　接力泵

编号	名称及规格	单位	数量	单价(元)	合计(元)
一	直接工程费				143 102.48
1	直接费				133 740.64
(1)	人工费		356.30		890.01
	工长	工时	8.0	4.91	39.28
	中级工	工时	65.8	3.87	254.65
	初级工	工时	282.5	2.11	596.08
(2)	零星材料费		3%		3 895.36
(3)	机械使用费				128 955.27
	冲洗式挖泥船 136 kW	台时	87.29	194.31	16 961.32
	浮筒 300×5 000 mm	台时	1 745.80	0.77	1 344.27
	排泥管 300×4 000 mm	台时	172 397.75	0.49	84 474.90
	泥浆泵 136 kW	台时	174.58	149.93	26 174.78
2	其他直接费		2.00%		2 674.81
3	现场经费		5.00%		6 687.03
二	间接费		5.00%		7 155.12
三	企业利润		7.00%		10 518.03
四	三税税金		3.22%		5 176.98
	合计				165 952.61
	材料差价				
	(柴油)	kg	7 812.46	2.06	16 093.67
	合价				182 046.28

泥沙干密度按 1.45 t/m³,经测算每 t 沙由黄河河道采运到井下 5 000 m 距离需投入资金 8.78 元,8 000 m 距离需投入资金 12.55 元。超过 8 000 m 时每 km 每 t 增加 1.26 元的费用。考虑在井下沉沙后,需要将尾水提到井上,每吨沙的提水费用按 3 元计算,如果输沙距离在 5 000 ~ 8 000 m 之内,这样吹填 1 t 河沙需人民币 12 ~ 16 元。

5 黄河泥沙吹填煤矿采空区的效益分析

沿黄地区煤矿的开采制约因素很多。首先是要考虑黄河的安全,黄河工程保护用地以外要留一定的保护区,保护区以下是禁采的。其次是村庄、公路、铁路、高压线路、输油管、输气管、引黄灌区之下都是禁采的,要预留一定的煤柱,防止地表沉陷。因此,需要预留大量的煤做支撑,使十分紧张的煤矿资源出现大量的浪费,开采率大大降低。在竖井投资一定的情况下,开采率低,煤的成本就高。如果让村庄搬迁、公路、铁路及管线改道,一是工作量大,二是搬迁工作难,三是赔偿费用高,只能采取预留大量煤做支撑的办法来开采,把大量煤矿资源抛弃在井下。如果取黄河泥沙吹填采空区,用黄河泥沙代替煤柱,用 16 元的吹填河沙就可以换回 200 多元商品煤。由此可见,用黄河泥沙吹填煤矿采空区,经济效益是非常客观的。同时,消除了煤矿采空区带来的地质灾害,社会效益也是巨大的。

6 结语

用吸泥船采挖黄河泥沙吹填煤矿采空区,各项技术是成熟的、完全可行的。用黄河泥沙代替煤柱,吹填煤矿采空区,把大量做支撑的煤开采上来,此举好处甚多:一是采矿企业用廉价的河沙换回了高价的煤,经济效益好;二是提高了煤矿资源的开采率,减少了煤矿资源的浪费;三是消除了因煤矿开采形成的矿区地表沉陷和对黄河防洪安全的影响。因此,取黄河泥沙吹填沿黄煤矿采空区,能确保黄河防洪安全,是一件利国利民的大好事。

采用干扰动荷降低拦门沙坎
顶高度的初步设想

魏茂杰　范沛军　廖展强　贾　丽

（山东黄河勘测设计研究院）

摘要: 本文从分析拦门沙颗粒组成入手,对拦门沙动力特性作了较为详细的分析,得出了动荷作用下拦门沙容易丧失强度,进而产生液化,根据这一特点,提出了利用人工干预施加动荷,使拦门沙坎顶高度降低的初步设想。

关键词: 拦门沙坎　动力特性　动荷　强度

1　概述

由于黄河是多泥沙河流,大量的泥沙被挟带至河口,并在口门区域形成拦门沙,造成水位壅高、泥沙沉积、河床不断抬高,产生溯源淤积,使其影响河段悬河程度加重,对河道泄洪、排沙、排凌等能力影响较大。如何处理拦门沙,尽量减少其对下游河道的反馈影响,维持河口流路的相对稳定是黄河河口治理的一项紧迫而又必须长期坚持的任务。笔者认为拦门沙的有效处理,应先搞清楚它具有什么样的物理力学特性,以便选择合理的处理措施,取得良好的治理效果。

2　拦门沙的静态特性

根据藏启运(1997)资料分析,拦门沙主要由砂和粉砂两部分组成,砂占20% ~80.6%,其中97.6%以上为极细砂(粒径0.125 ~0.063 mm);粉砂占20% ~70.4%,其中96%以上为粗粉砂(粒径0.063 ~0.016 mm),从而认为拦门沙(铁板砂)主要由粉砂质砂和砂质粉砂组成。而曾庆华等(1997)认为拦门沙粒度沿程分布分选良好,基本上是上游粗,下游细,河道内及拦门沙顶粗,陡坡以下较细。拦门沙顶部的粒度都较粗,前缘则具有明显的季节变化,枯季沉积物中值粒径 d_{50} = 0.062 ~0.080 mm,属于砂质粉砂。洪水期粒径变细, d_{50} =0.031 ~0.062 mm,属于砂质粉砂。因此,可以认为拦门沙主要由砂质粉砂组成。黄河口门区域因为河流动力和海洋动力的相互作用,水流速度减慢,由于粒径差异,使得土粒在水中的沉降速度有所不同,正是这种差异的存在,使得拦门沙有比较好的级配,再加上砂土的较好透水性,使得黄河河口的拦门沙具有静态下强度较高,即表现为较"硬"的特点。定性进行分析,静态下的拦门沙应具备以下性质:属弱透水层,正常固结沙土,抗剪强度较高,处于饱和状态。在水头作用下,易产生渗透破坏,渗透破坏的主要形式是流土,挖方极易产生流沙。

3 动荷载下拦门沙的强度特性

3.1 动荷载的基本特征

《岩土工程基本术语标准》(GB/T50279—98)中对动荷载的定义是:大小、位置和方向随时间变化的荷载。在土动力学中常将动荷划分为以下四类进行研究,一类是单一的大脉冲荷载,如爆炸引起的动力作用;二类是多次重复的微幅振动,如机器基础引起的振动;三类是较高振幅的多次重复的振动,如振动器引起的振动;四类是有限次数的无规律的振动,如地震引起的振动。上述四类动荷有相同之处也存在差异,研究计算方法也不尽相同,对土体产生的效应也相差很大,但各种动荷作用的共同特点是它的大小、方向和作用位置都随时间而产生变化。

研究土体动荷作用效果时应注意两种效应,一是速率效应,即荷载在很短的时间内以较高的速率施加到土体上引起的效应;二是循环效应,即多次往复荷载的反复作用产生的土体效应。在前述四类动荷载中一类荷载主要是速率效应,二、三类荷载则主要是循环效应,四类荷载既有速率效应,又有循环效应,谁起主导作用取决于大小和频率。本文以下提到的动荷是指三、四类动荷,也即具有循环往复增减特征,又能对土体结构产生破坏的动荷。

3.2 动荷载作用下砂土强度丧失的机理分析

饱和砂土在动荷作用下往往会丧失其原有的强度,甚至转变为液体状态,即发生振动液化现象,振动液化现象是一种特殊的动强度问题,它以强度的大幅度骤然丧失为特征,《岩土工程基本术语标准》(GB/T50279—98)对砂土液化做了如下定义:饱和松砂的抗剪强度趋于零,由固体状态转化为液体状态过程和现象。

通过大量的实验研究发现,当动荷作用到饱和砂土上时,土骨架会因振动的影响而受到挤压,当这种挤压超过颗粒之间的结合力时,就会破坏土粒之间原来的联结强度与结构状态,使砂粒彼此之间脱离接触,此时,原先由砂粒承担的压力就要孔隙水来承担,引起孔隙水压力的骤然增高。一方面,孔隙水在一定的超孔隙水压力下企图向上排出,另一方面,砂粒在其重力作用下又企图向下沉落,致使在结构破坏的瞬间或一定时间内,土粒的下沉要受到孔隙水上排的阻碍,当这种情况发展到一定程度时,可使土粒局部或者全部处于悬浮的状态,抗剪强度局部或者完全丧失,也即发生了液化。这种现象可以定性地用土的有效应力原理和抗剪强度理论作定性解释。土的抗剪强度的数学表达式为:

$$\tau = (\sigma - u)\tan\varphi' + c' \tag{1}$$

式中:τ 为土的抗剪强度;σ 为土体剪切面上的法向应力;u 为土的孔隙水压力;φ' 为土的有效内摩擦角;c' 为土的有效凝聚力,砂土 $c' \approx 0$,式(1)则变为

$$\tau = (\sigma - u)\tan\varphi' \tag{2}$$

由式(2)可看出,由于振动发生过程中 φ' 相对稳定,σ 不变,孔隙水压力 u 升高时,抗剪强度 τ 将降低,当 $u \approx \sigma$ 时,$\tau \approx 0$,也即土体变成液态,即产生了液化。

3.3 拦门沙动力特征浅析

由前所述,拦门沙主要由砂质粉砂组成,遭受动荷后也应该具备(强度丧失从而产生液化的特性)。工程实践、室内试验和震害调查都发现动荷作用下强度丧失较快的,也可以说对动荷反应敏感的砂土应具有以下特征:饱和、松散、透水性能较低、沉积年代短的砂性土。也就是说这种土最容易在动荷作用下产生液化。

室内试验和震害调查证明,砂土的平均粒径 d_{50} 对抗液化强度有明显影响。1975 年海城地震喷出物平均粒径介于 0.015 ~ 1.08 mm 之间,唐山地震时天津市喷出物的平均粒径介于 0.035 ~ 0.09 mm 之间。室内试验证明平均粒径 d_{50} 在 0.07 mm 附近砂土最易产生液化(刘颖等,1984)。如前所述,拦门沙的平均粒径为 0.031 ~ 0.080 mm,所以在粒径组成方面,拦门沙应属易液化土。

沉积年代越久,越不易液化。比如唐山地震中,天津市的液化土层主要是古河漫滩堆积物,即新近沉积土,沉积年代较老的砂土层却很少液化。相对于地质年代来说,拦门沙都应属于新近沉积的土层,且大部分处于水下,应为饱和状态。

拦门沙属水中悬浮物自然分选沉积,显然处于正常固结状态,不应属密实状态,最多为稍密状态,而且拦门沙是处于最上部的土层,上覆压力很小,再者,既然属于砂质粉砂,其渗透系数应在 10^{-3} ~ 10^{-4} cm/s 之间,透水不畅。

如上所述,从拦门沙的结构、平均粒径、密实度、沉积年限、上覆压力、透水性能综合分析,拦门沙应是对动荷载反应比较敏感的易液化土层。

4 采用干扰动荷降低拦门沙坎顶高度的初步设想

既然拦门沙具有在动荷载作用下较易丧失强度,进而发生液化的特点,设想一下能否利用这一特点去治理拦门沙。利用人工施加动荷载干扰拦门沙坎顶,使其产生液化,向两侧扩散,从而降低坎顶高度,使河水能够顺畅地下泄入海,减

少对下游河道的反馈。如果能选择好干扰时机,如大潮退潮时段、洪水行洪期间、调水调沙期间,则还有可能将液化的泥沙输送到深海。检验这种治理方案是否可行,应进行以下几方面的工作。

(1)在室内对拦门沙进行大量的试验研究,对其动强度、动变形及在各种动荷作用下的液化度的高低,强度降低的速率,产生液化所需施加的荷载的强度、频率、波形、振幅等基本参数要逐一摸清,初步建立起拦门沙的动本构关系。

(2)在室内试验结果的指导下,选取适当的激振设备进行原位振动液化试验,通过试验至少应得到振动持续时间的范围、使沙土发生液化所需激振力的大小、激振设备的选型、单个激振器的液化影响范围、多个激振器的最佳布置形式等参数,并初步选择设备运行状态,解决诸如激振器如何安装,是船载还是架立,是放置在沙坎顶部还是埋入沙坎内等问题。

(3)在原位试验效果较为理想的基础上进行局部生产性试验,以检验效果,并与其他方法进行技术经济综合比较,论证此种方案是否可行。当然,除了激振器可以施加动荷外,还可以选用其他产生干扰动荷的设备,如机械往复扰动、射流扰动、坎顶下小当量多点爆破等都可以达到拦门沙坎顶液化的目的,究竟哪一种更适合黄河河口的情况,只有靠试验和实践才能得出结论。

参 考 文 献

[1] 藏启运.黄河三角洲近岸泥沙[M].北京:海洋出版社,1997.
[2] 曾庆华,等.黄河口演变规律及整治[M].郑州:黄河水利出版社,1997.
[3] 谢定义.土动力学[M].西安:西安交通大学出版社,1987.
[4] 刘颖,等.砂土震动液化[M].北京:地震出版社,1984.

浅析政府对公益性水利工程建设项目的管理模式

张　滨　张淑红　陈焕英

（阳谷黄河河务局）

摘要:随着我国经济的快速发展和西部水利工程的兴(改、扩)建、国家一批大型水利项目的开工建设,且工程防洪标准高、环保性能要求高、现代化水平高,对工程组织管理者的专业化水平和经验要求越来越高,本文通过对国外多年来采用的较成熟的项目管理模式及其优缺点的分析,结合国内公益性水利工程建设项目的主要管理模式,为适应现代水利工程项目管理的特点和要求,水利工程项目管理模式必须创新。

关键词:公益性　水利工程　管理

1　概述

项目管理是指项目的管理者在有限的资源约束下,运用系统的观点、方法和理论,对项目涉及的全部工作进行有效的管理,即从项目的投资决策开始到项目结束的全过程进行计划、组织、指挥、协调、控制和评价,以实现项目的目标。水利工程项目管理适用于投资巨大、关系复杂、时间和资源有限的一次性任务的管理,是按客观经济规律对工程项目建设全过程进行有效地计划、组织、控制、协调的系统管理活动,即从项目建议书、可行性研究设计、工程设计、工程施工到竣工投产全过程的管理。项目管理又是固定资产投资管理的微观基础,其性质属投资管理范畴。

2　我国公益性水利工程建设项目管理现状分析

我国公益性水利工程项目管理在发展过程中已取得一些成绩,但由于体制不完善,管理不规范等原因,也出现了一些质量事故、工期拖延、费用超支等问题,对国家造成了一定的损失,对社会造成一些不良影响。

国内传统的公益性水利工程项目管理大多是业主通过组建一个临时性部门(如基建指挥部、办公室等)对工程项目的设计、采购、施工及试运营进行统一协调管理,对于业主工程管理经验较为丰富,或者技术简单、工程量较小的项目,这种模式发挥了良好的作用。

近年来,随着我国经济的快速发展和西部水利工程的兴(改、扩)建、国家一批大型水利项目的开工建设,且工程防洪标准高、环保性能要求高、现代化水平高,对工程组织管理者的专业化水平和经验要求越来越高,而项目管理对提高建设质量、加快建设进度、提高投资效益的作用也日渐彰显。传统的管理模式由于专业化程度低、经验无法积累和借鉴等弊病,已很难再适应现代项目管理的要求。要建立和完善国家相关政策、法规制度,提高项目管理人员的素质,加强人力资源储备,积极与国际惯例接轨,加快管理项目的信息化和网络化,需要借鉴或引进国外先进的项目管理模式,融合到我国水利工程建设项目中去,积极探讨我国公益性水利项目的管理模式。

我国自20世纪60年代华罗庚教授等数学家在全国推广统筹法开始了项目管理的研究与应用,而真正称得上项目管理的开始应该是利用世界银行贷款的项目——鲁布革水电站。1984年在国内首先采用国际招标,实行项目管理,缩短了工期,降低了造价,取得了明显的经济效益。近年来,一些比较先进的建筑工程公司,为了适应项目建设大型化、一体化,以及项目大规模融资和分散项目风险的需要,推出了一些成熟的项目管理模式,研究这些管理模式对于探索符合我国基本建设客观规律的管理体制,有效地实施建设项目的进度、费用和质量控制,获得最佳的投资效益具有一定的现实意义。但也毋须讳言的是,有些工程项目管理在许多方面都已不适应现实的需要。我国工程项目管理的主要存在以下弊端。

2.1　投资管理体制出现诸多弊端,制约咨询业发展

我国水利工程建设领域的投资主要来源于国家或某些国际货币组织,但各级政府在项目建设中起着决定性的作用。为体现项目的重要性,保证项目实施的顺利进行,项目法人的领导班子大多由各级行政领导和主管部门负责人组成,项目法人责任制实质上还是"经理负责制"加"工程指挥部制",投资体制仍带有浓厚的行政色彩和极强的计划性。这种体制导致工程咨询业显得多余,也易出现"高投资、低效益,高积累、低发展"的现象。

2.2　机构臃肿,层次重叠,管理人员比例失调,影响管理效能和工作效率

本来监理单位能够负责工程的全面监督与管理,而项目法人下面又设立项目经理管理班子,这不仅导致了机构膨胀,而且增加了一笔不少的建设单位管理费,背离了降低成本的要求。此外,在《关于实行建设项目法人责任制的暂行规定》中,由项目法人聘任的建设项目经理具有从初步设计到项目后评价的管理职权,并负责组织工程建设实施和控制工程投资、工期与质量,这与监理方的权

限产生了很大的重复。这些都严重影响了工程管理效能和工作效率。

2.3　职工队伍结构失衡，素质不高，难以适应建筑业发展的需要

目前我国现有的设计单位多为综合性设计单位，包含着建筑、结构、机电等多专业工种，大都组织庞大，少则上百人，多则上千人，这些设计单位远远不能适应目前国际流行的以设计为龙头的总承包体制。小而专、大而强的承包单位和项目管理公司不多。由于管理模式、水平的差距，使得国内工程项目管理市场拱手让给国外公司，如鲁布革水电站、小浪底水电站、大亚湾水电站等大型项目的项目管理基本上是被欧美国家的项目管理公司或项目咨询公司所包揽。

2.4　有法不依，无法可依

目前水利工程建设市场的不规范现象令人担忧，一些建设主体受经济利益的驱使，处处钻空子，严重损害了国家的利益。有关工程项目管理的法规不健全，导致有些项目无法可依，只能靠政府特批，易出现腐败。

3　国外公益性水利工程建设项目管理模式

由于三峡水利枢纽、南水北调东中线的相继开工，我国采用国际竞标的方式，不断有外国公司参与我国的水利工程建设，这就需要对国外的一些项目管理模式有个详细的了解，并加以引用。在欧美等发达国家，一般以项目管理为中心，其组织机构的设置以有利于项目管理和技术水平的提高为出发点，具备项目管理、设计、采购、施工、试运行全部功能，能完成工程建设总承包任务，并能适应各类合同项目管理的需要。

3.1　传统的项目管理模式（DBB 模式）

即设计–招标–建造（Design–Bid–Build）模式。该管理模式在国际上最为通用，世行、亚行贷款项目及以国际咨询工程师联合会（FIDIC）的合同条件为依据的项目均采用这种模式。最突出的特点是强调工程项目的实施必须按照设计–招标–建造的顺序方式进行。只有一个阶段结束后另一个阶段才能开始。

DBB 模式具有通用性强的优点，因而长期而广泛地在世界各地应用，管理方法较为成熟，各方都对有关程序熟悉；可自由选择咨询、设计、监理方；各方均熟悉使用标准的合同文本，有利于合同管理、风险管理和减少投资。缺点：工程项目要经过规划、设计、施工三个环节之后才移交给业主，项目周期长；业主管理费用较高，前期投入大；变更时容易引起较多的索赔。这种方式在国内已经被大部分人所接受，并且已经在实际应用。

3.2　设计—建造方式（DBM 模式）

设计—建造方式（Design–Build Method）就是在项目原则确定后，业主只选定唯一的实体负责项目的设计与施工，设计—建造承包商不但对设计阶段的成

本负责,而且可用竞争性招标的方式选择分包商或使用本公司的专业人员自行完成工程实施,包括设计和施工等。在这种方式下,业主首先选择一家专业咨询机构代替业主研究、拟定拟建项目的基本要求,授权一个具有足够专业知识和管理能力的人作为业主代表,与设计—建造承包商联系。

3.3　建造—运营—移交方式(BOT 模式)

建造—运营—移交方式(Build – Operate – Transfer)简称 BOT 方式。BOT 方式是 20 世纪 80 年代在国外兴起的一种将政府基础设施建设项目依靠私人资本的一种融资、建造的项目管理方式,或者说是基础设施国有项目民营化。政府开放本国基础设施建设和运营市场,授权项目公司负责筹资和组织建设,建成后负责运营及偿还贷款,协议期满后,再无偿移交给政府。BOT 方式优点:不增加东道主国家外债负担,又可解决基础设施不足和建设资金不足的问题。BOT 方式缺点:项目发起人必须具备很强的经济实力(大财团),资格预审及招投标程序复杂。

3.4　项目承包模式(Project Management Contractor)

简称 PMC 模式,即业主聘请专业的项目管理公司,代表业主对工程项目的组织实施进行全过程或若干阶段的管理和服务。由于 PMC 承包商在项目的设计、采购、施工、调试等阶段的参与程度和职责范围不同,因此 PMC 模式具有较大的灵活性。

PMC 模式一般具有以下一些特点:一是把设计管理、投资控制、施工组织与管理、设备管理等承包给 PMC 承包商,把繁重而琐碎的具体管理工作与业主剥离,有利于业主的宏观控制,较好地实现工程建设目标;二是这种模式管理力量相对固定,能积累一整套管理经验,并不断改进和发展,使经验、程序、人员等有继承和积累,形成专业化的管理队伍,同时可大大减少业主的管理人员,有利于项目建成后的人员安置;三是通过工程设计优化降低项目成本。PMC 承包商会根据项目的实际条件,运用自身的技术优势,对整个项目进行全面的技术经济分析与比较,本着功能完善、技术先进、经济合理的原则对整个设计进行优化。

3.5　Partnering 模式

Partnering 模式是指项目参与各方为了取得最大的资源效益,在相互信任、相互尊重、资源共享的基础上达成的一种短期或长期的相互协定。这种协定突破了传统的组织界限,在充分考虑参与各方利益的基础上,通过确定共同的项目目标,建立工作小组,及时地沟通以避免争议和诉讼的发生。培育相互合作的良好工作关系,共同解决项目中的问题,共同分担风险和成本。

3.5.1　Partnering 模式的特点

就是建立了项目的共同目标,它使得项目参与各方以项目整体利益为目标,弱化了项目参与各方的利益冲突。由于目标决定了组织,因此 Partnering 模式的组织既要遵循组织论的原则,又要有它的特色。

Partnering 要求在参与各方之间建立一个合作性的管理小组(TEAM),在相互信任的氛围中直接监督、管理项目工作,实现双赢局面,并通过有效沟通最大程度地避免争议或问题的发生。工作组的工作内容并非直接干预合作方自主的生产管理,而是对工程成绩不断进行评价,解决工程中出现的问题,并对风险进行严格控制,从而实现相互利益的最大化。这种模式的出现通常是在业主和承包商有过一次或多次成功的合作经验后。它是一种长期稳定的合作关系。它除了要考虑特定项目的生命周期,还要考虑企业的后期发展。能够采用这种模式的项目一般来说都是大型或超大型的项目,业主会更注重项目的社会效益及企业声誉。长期的合作不仅能够给各参与方带来经济利益,还能带来更多的声誉。

3.5.2 Partnering 的优缺点

国际项目使用 Partnering 模式使用的经验证明:Partnering 模式是一种有利于工程参与方实现合作的方式。这种模式能够降低工程实施过程中争议和冲突的出现几率,提高工作效率,实现项目的低成本高质量的要求。但是,由于 Partnering 毕竟是一种新的项目管理的模式,在实施过程中仍存在一些不足:

Partnering 模式必须建立在相互信任的基础上,但是我国传统模式所获得的成功经验是建立在对立基础上的,所以,短时间内很难建立起相互信任。

Partnering 模式需要打破一些传统的工作习惯,要求成员多交流。而打破旧的企业文化不是能够一蹴而就的。

Partnering 模式中各参与方容易产生以来心理。如果权责不分,很容易导致责任划分混乱,工作效率反而低下。

合作初期工作任务重,是一种初期高投入的模式。因此,会导致成本的攀升,使得一部分人止步。

4 公益性水利工程建设项目管理的发展方向

按照"机构无重叠、岗位无空白、工作无重复"及"精干管理层、优化劳务层、减少管理跨度、降低管理成本"的新型管理模式要求,结合矩阵式组织结构的特点,对一项工程,由建设方、施工方、咨询机构等选派精兵强将共同组成一个强有力的共同经营、风险共担、利益共享合伙型项目管理集体,全面负责施工生产、质量监控、安全保障、关系协调及经济核算工作,在安全、优质、按时完工的前提下,实现项目经济效益最大化。

(1)减少管理层次,扩大管理幅度,强化统一管理。根据工程的不同情况,选择适当的管理模式,按照总体规划和目标,统一思想,相互配合,充分发挥资源优势。

（2）有利于发挥物资集中采购优势，大幅降低材料采购成本。在工程成本的构成中30%～50%为材料成本，因而有效降低材料成本成为成本控制的关键。可以通过对施工所需主要材料进行招标采购，在保证材料质量前提下，有效降低材料采购成本。

（3）可以有效整合全管段资源，最大限度发挥资源利用效率。合理配置资源是管理的重要手段，项目经理部有权、更有责任充分利用管段内人、财、物等各项资源，做到人尽其才、物尽其用，合理安排时间和空间，有效提高机械、设备使用效率，提高周转材料周转次数，减少不必要的重复购置和闲置。

（4）可以更为有效地推行责任成本核算制度，以完善的责任考核和奖罚分明的激励机制，保证效益目标的实现。

（5）积极创造有利于培养和造就综合性管理人才的氛围。

项目部的管理者直接面对的是施工一线，要对施工现场负责，这就要求其不仅精通专业技能，而且还应具备协调、组织和指挥能力，能够随时根据现场及环境的变化做出反应和调整，通过有效配置资源、充分调动和发挥积极因素，在保质保量完成施工生产任务的同时，确保项目利润目标的实现。

5 结语

目前我国正处于建立社会主义市场经济的初级阶段，应该结合中国的国情，多学习、多总结、多吸取国际上一些成熟的经验，在公益性水利工程项目管理方面逐步与国标接轨，加速我国公益性水利工程建设步伐。

当前使用传统的设计—招标—建造模式，更适合我国转型时期的特点。但有条件的使用设计—建造—交钥匙模式，政府有关部门应大力扶持，并为这种模式的推广提供政策支持。BOT模式虽然我国在目前无法全面实施，但为了更好地迎接WTO的挑战，我们必须尽快做好有关法规的配套工作，为有实力的工程公司增强国际竞争力保驾护航。

Partnering管理模式目前在欧美、澳大利亚、新加坡和中国香港等地被广泛使用，但它在工程界是一种新的管理模式，相信不久将应用于我国的工程建设中。所以，我们在引进这种模式的时候，不能拘泥于上述的模式，必须结合我国建筑业自身的特点和项目的自身特点进行必要的改进，使它更好地服务于我国的公益性水利工程管理领域。

陕西省河道管理范围内建设项目
管理存在问题及对策研究

张东方[1]　熊秋晓[1]　李跃辉[2]

（1. 黄河水利委员会建设与管理局；

2. 黄河水利委员会国际合作与科技局）

摘要：文章简述了陕西省河道管理范围内建设项目管理概况，指出了陕西省在河道内建设项目管理方面存在的管理体制不顺、运行机制不完善、审批程序不规范、行政职能手段弱、监督力度不够及部分河道缺乏整治规划等问题，分析了问题产生的原因，并提出了相应的加强河道管理工作的措施及建议。

关键词：河道　建设项目　管理　对策

1　河道管理范围内建设项目管理现状

1.1　河道基本情况

陕西地处我国内陆腹地，总面积 20.56 万 km^2，辖 10 个市，107 个县（市、区），总人口 3 644 万人。全省流域面积大于 10 km^2 的河流有 4 296 条；大于 100 km^2 的河流有 560 条；大于 1 000 km^2 的河流有 64 条；大于 5 000 km^2 的河流有 14 条；大于 10 000 km^2 的河流有 8 条。全省河流以秦岭为界分为南北两部分，秦岭以北分属渭河、泾河、洛河、无定河、窟野河等水系，是黄河流域的主要组成部分，流域面积 13.33 万 km^2；秦岭以南分属汉江和嘉陵江水系，是长江流域的组成部分，流域面积 7.23 万 km^2。

1.2　河道管理范围内建设项目管理情况

近年来，陕西省在建设项目管理上，积极贯彻执行国家和水利部相关法律法规，规范建设项目审查审批程序，加强建设项目的监督管理，基本保证了河道正常的管理秩序。

首先是制定配套政策，加强法规宣传。水利部和国家计委联合颁发《河道管理范围内建设项目管理的有关规定》后，陕西省水利厅与各级地方水利部门积极制定相应的配套政策，对一些具体问题作了详细的补充规定，管理办法制定后,各级水行政主管部门通过各种形式向沿河群众、建设项目主管部门、建设施工单位进行广泛宣传。

其次是规范了建设项目审查审批程序。要求建设项目在立项前要向有管辖权的水行政主管部门提出申请,负责审查的水行政主管部门进行技术审查,并明确规定,对于大中型建设项目的审查,必须进行现场勘察和技术论证,保证了审查工作的质量。同意建设的,采用统一印制的审查文书发放许可证。近年来,陕西省审查的建设项目有大中型水库、大中型桥梁,以及输气、输油、供水管道等300多个项目。

最后是成立河道专管机构,加强水政执法队伍建设,注意对建设项目的施工监督。实行项目开工前签订清障协议、预交现场清理保证金等制度,基本保证了建设项目按照批准的方案修建;省水行政主管部门多次组织对辖区内重点河道(如黄河干流、渭河、泾河等)的建设项目进行大检查,依法查处违章建设,先后依法查处了西(安)阎(良)高速公路渭河大桥河道设障等,维护了河道管理的正常秩序和河道防洪的安全。

2 存在问题及其原因

近年来,陕西省各级河道管理机关依据相关法律法规,采取多种有效措施加强了河道内建设项目的监督管理,基本维护了正常的河道管理秩序。但仍然存在一些问题,需要引起高度重视,并研究采取相关措施加以解决。

2.1 管理体制不顺

主要表现在两个方面:一是多头管理,部分河段(主要是城区河段)河道管理脱离了水利部门的行业统一管理。宝鸡市金台区、渭滨区河道内建设项目管理仍归口城建部门。多头管理导致了不经水利部门审批擅自进行建设等违章现象,增加了河道管理的难度。二是水利部门的内部管理体制没有协调统一。表现为在河道管理方面,从水利部、流域机构、省水利厅一直到地、县级水行政主管机关,缺乏一条从上到下相对应的对口管理职能部门。

2.2 正常的河道管理运行机制还没有完全建立起来

一是水行政主管机关的有关职能部门在河道内建设项目审查审批程序中职责不清,项目审批不规范,有时存在以行政许可覆盖或代替技术审查的现象。内部沟通不够,建设项目立项审查由规划计划部门负责,水管部门没有参加,相应的程序被疏忽,工程开工时再补办手续。对于城区段建设项目,由于城建部门既是建设单位,又是河道管理部门,也难以建立正常的河道管理监督机制,也常常出现建设项目审批中忽视河道管理审批程序。二是建设项目管理的政策目前还不够完善。如审查河道内建设项目进行现场勘察、施工期监督等往往需要一定的费用,河管单位的经费非常紧张,向建设单位收取又无明确的政策规定,严重影响到建设项目管理工作的开展。

2.3 部分河道内建设项目审批程序不规范或未经审批擅自开工建设

宝兰铁路复线的多座跨渭河、泾河铁路大桥,宝鸡市城区段的宝商大桥、310国道渭河桥等多座大中型河道内建设项目均未经水利部门审查同意。其原因主要为:①部分建设单位水法规意识淡薄,不认真履行审批程序,不服从河道管理部门的管理。如宝兰铁路复线多座跨河大桥开工后,河道管理部门或反复发函督促,或现场督办,但建设单位均以宝兰复线是国家重点工程和其他理由不予理睬。②国家计划部门审批把关不严,对河道管理范围内建设项目未经水行政部门审查同意就批准立项。③地方行政干预影响河道内建设项目审查工作。由于大多数建设项目均为省、市、县的重点工程,地方行政的干预使得水行政部门无法进行正常的审查工作。

2.4 水行政部门的行政职能手段弱,监督管理乏力、效果差

近年来,随着地方经济快速发展,陕西各地挤占河道之风有所抬头,有的在河道上建市场、盖楼房,有的围河造田、搞娱乐场所等,特别是一些地方政府重点开发项目,地方政府领导往往以权代法、以言代法在河道管理范围内乱修乱建,已经成为河道管理的重大难题。水行政部门对于不主动申报的河道内建设项目,缺乏具有威慑力的制约手段,对违章工程的查处很困难。如宝兰铁路复线跨河桥梁建设,宝鸡市河道主管机关在多次催办无果的情况下,向建设单位下达了责令改正通知书,要求建设单位限期补办项目审批手续,但建设单位迟迟不予履行。

2.5 工作经费不落实,监督管理力度不能满足规范河道管理秩序的要求

随着经济社会的不断发展,河道内建设项目日益增多。当前,河道管理单位大部分属于自收自支或差额补贴事业单位,管理经费无保障。户县 5 个河管单位年平均经费缺额为 20 多万元。由于管理经费无着落,办公条件较差,车辆、通讯设备等执法装备短缺,影响了河道管理的工作。

2.6 部分河道缺乏整治规划

由于没有统一的河道整治规划,河道管理范围难以确定,造成河道管理缺乏依据,工程的建设是否符合河床演变特点、河道行洪是否安全均无法得到保证。

由于上述原因,导致河道内违章施工建设现象仍大量存在。主要表现为不按审批的范围和方式施工,施工现场清理不彻底等。主要反映在城建部门管理的城区河段。

3 加强河道管理工作的措施及建议

3.1 理顺管理体制

加强水利部门与城建部门、地矿部门之间的行业协调,理顺河道管理体制,建议河道内建设项目由水利部门统一管理,以保证城市河段的行洪安全,防止围河造田和无序开发建设。

3.2 建立起正常的管理运行机制

首先加强水管机构建设,其次,统一明确管理部门,规范管理部门内部协调和工作上的配合。建议项目立项审查、审批过程中要完善必要的手续,明确程序。

3.3 修改完善相关管理政策

加强调研,针对河道管理中暴露出的问题,结合新水法、防洪法,进一步修改完善河道管理范围内建设项目管理的相关政策。

3.4 加强河道管理范围内建设项目的日常监管,加大查处违章力度

河道管理范围内建设项目一经完成,清障工作便加大了难度。因此,建议河道管理以经常性巡查管理为重点,对于违章建设项目,早发现早制止;已经建成的,如陇海线咸阳铁路桥碍洪问题,渭河治理规划确定河宽 600 m,而两座铁路桥跨度为 311 m,严重碍洪,一旦发生大水,不仅影响大桥自身安全,也威胁咸阳市的安全,建议与有关部门协商解决。对于不服从管理、我行我素者,要坚决予以依法查究,树立河道管理的权威性。

3.5 研究落实河道管理工作经费

明确河道管理范围内建设项目审查收费标准及建设项目施工期监督管理经费等的解决途径,保障河道管理经费的正常使用。

3.6 加大中小河流治理力度

组织开展重要河流整治规划工作,尽快完成河道治理规划,划定河道管理范围。特别是对于建设开发频繁、纠纷多发河段的防洪规划治导线要尽早确定,为河道内建设项目管理提供可靠的依据。河流治理要综合规划,统筹兼顾,将河道管理范围内工程建设与河道规划、河道整治结合起来。

黄河"调水调沙"对焦作河段防汛的影响及对策研究

张渊龙[1]   李栓才[2]   黄红粉[3]

(1. 河南黄河河务局工程建设管理站;2. 焦作黄河河务局;
3. 河南省濮阳市自来水公司)

摘要:黄河是世界著名的多泥沙河流。小浪底水库的"调水调沙"运用在加大水库下游河道排洪能力的同时,给防洪带来一系列新情况。焦作河段位于黄河中下游结合部,上游距小浪底水库仅32 km,也是受影响最早、最严重的河段。本文通过对焦作河段变化情况的分析,探讨黄河"调水调沙"对防洪工程的影响,以及在防汛中应采取的措施。

关键词:调水调沙 焦作河段 防汛

1 焦作河段概况

焦作所辖黄河河段位于黄河中、下游结合部,西起洛阳黄河公路大桥,东至武陟县下界,河道全长约98 km。上游距小浪底水库仅32 km,为黄河最上游设防河段,也是黄河由山区进入平原的过渡区,河道宽、浅、散、乱,属典型的游荡性河段。河道两岸堤防间距4.7~11 km,河槽宽1~3 km;河道纵比降0.25‰。防洪工程位于黄河左岸,其中,临黄堤长99.5 km(包括温孟滩防护堤39.969 km),相应堤防桩号0+000~90+432;险工5处(黄庄、赵庄、刘村、余会、花坡堤),计坝岸145座;控导工程8处(逯村、开仪、化工、大玉兰、张王庄、驾部、东安、老田庵),护滩工程1处(北围堤)和滚河防护工程3处(白马泉、御坝、秦厂),计有坝岸工程394座。黄河滩区面积广阔,有村庄61个,人口9.20万人,滩区面积达4余万 hm²,耕地2.67万 hm²左右。

2 小浪底水库调水调沙运用后河段的主要表现

2.1 调水调沙期间的水沙结构及特点

2.1.1 基本情况

小浪底水库运用后,下游河道来水主要由其控制下泄。2002年7月4日上午9时,小浪底水库开始第一次调水调沙试验,平均下泄流量为2 740 m³/s(控制黄河花园口站流量不小于 2 600 m³/s),7 月 15 日 9 时小浪底出库流量恢复正常,历时共 11 天,下泄总水量 26.1 亿 m³,出库平均含沙量为 12.2 kg/m³;2003 年调水调沙试验从 9 月 6 日 9 时开始,到 9 月 18 日 18 时 30 分结束,共历时 12.4 天,花园口站调控指标为:平均流量为 2 500 m³/s,平均含沙量为 30 kg/m³。但由于上游出现洪水,从 9 月 18 日至 11 月 26 日,黄河小浪底调洪下泄流量按花园口站 2 500 m³/s 左右洪水控制;2004 年调水调沙从 6 月 19 日 9 时开始,至 7 月 13 日 8 时结束,历时 24 天,扣除 6 月 29 日 0 时至 7 月 3 日 21 时小流量下泄的 5 天,实际历时 19 天,花园口站控制流量 2 600 m³/s,小浪底水库下泄水量 4 526 亿 m³,沙量 0.043 7 亿 t;2005 年调水调沙为 6 月 16 日至 7 月 4 日,历时 20 天,出库流量按 3 000 m³/s 控制。

2.1.2 来水来沙特点

小浪底水库调水调沙过程中水沙表现有以下特点:①水、沙集中下泄。将上游来水集中在一段时间内以较大流量连续下泄,且在该过程中通过人工塑造异重流,将库中大量泥沙利用洪水挟带到下游河道并输送入海。②控制下泄流量在当年平滩流量以下。根据当年汛前河道排洪能力分析,将下泄流量控制在平滩流量以下,既防止洪水漫滩,又使洪水挟带泥沙能力最大化。③洪水流量变幅小。2002～2004 年调水调沙期间花园口站控制流量均在 2 600 m³/s 左右,2005 年为 3 000 m³/s。④同流量级洪水持续时间长。比如 2003 年的调水调沙加之防洪调峰运用,从 9 月 6 日 9 时开始至 11 月 26 日结束,花园口站控制流量 2 500 m³/s 的洪水历时达 80 余天。

2.2 河道冲刷情况

由于小浪底水库下泄洪水历时长、含沙量较小,在调水调沙过程中使得焦作河段河槽出现不同程度的冲刷,平均冲深为 1.38 m,其中最大冲深在黄寨峪东断面为 1.94 m,最小冲深在官庄峪断面为 0.72 m(见表 1)。

表 1 焦作黄河河道 2001 年 10 月～2005 年 10 月河槽冲刷情况

断面名称	冲淤面积 (m²)	标准河槽		现行河槽	
		宽度(m)	平均冲刷深度(m)	宽度(m)	平均冲刷深度(m)
下古街	1 197	4 040	−0.30	1 150	−1.04
花园镇	1 271	2 669	−0.48	800	−1.59
黄寨峪东	3 882	5 800	−0.67	2 000	−1.94
十里铺东	1 725	3 000	−0.60	1 000	−1.73
官庄峪	362	4 700	−0.08	500	−0.72
老田庵	1 669	3 300	−0.51	1 350	−1.24

2.3 河势变化情况

焦作河段的基本河势流路为:铁谢→逯村→花园镇→开仪→赵沟→化工→裴峪→大玉兰→神堤→金沟→西沟,顺邙山行流,过吕布点将台、李村电灌站至孤柏嘴→驾部→枣树沟→东安→桃花峪→老田庵→保合寨。

调水调沙前后焦作黄河河道工程靠河情况见表2。

表2 调水调沙前后焦作黄河河道工程靠河情况对照

工程名称	年份	靠河坝号	靠主溜坝号	靠边溜坝号	漫水坝号
逯村	2002	25~36	25~36		
	2005	22~36	34~36	22~33	
开仪	2002	18~37	22~26	27~37	18~21
	2005	7~37	23~28	17~19、29~37	20~22
化工	2002	3~35	5~35	3~4	
	2005	3~35	16~20	21~35	3~15
大玉兰	2002	14~41	29~41	14~28	
	2005	5~9、14~41	20~41	5~9、14~19	10~13
驾部	2002	3~36	10~16	3~9、17~36	
	2005	3~36	24~36	3~23	
老田庵	2002	10~25	25	18~24	
	2005	18-25		21~25	

从表2可知,由于河道来水来沙条件发生变化,作用于河道边界后使得河道边界条件也发生变化,从而造成该河段河势的上提和下挫,甚至部分河段河势向不利方向发展,特别是伊洛河口以下河道,主流摆动频繁,"横河"、"斜河"出现机会增多。如老田庵控导工程调水调沙前为10、15~25坝靠溜,其中25坝靠主溜,调水调沙后主流南移,工程仅靠边溜,2003年调水调沙期间曾出现25坝背河受到严重淘刷出现大险情况;2004~2005年东安工程上首800~1 200 m处滩岸坍塌坐湾长约3 250 m,平均宽度约200 m,湾顶最大宽度达356 m;更有甚者,2005年由于河势发生变化,使得原来引水条件较好的张菜园闸因此而不能引水,对灌区的工、农业生产造成了较大影响。

2.4 工程出险情况及原因

2.4.1 工程出险加固情况

自调水调沙前的2001年至2005年,焦作所属黄河河道工程共出险895次,抢险加固共用石料15.97万 m³,其中抢险用石10.12万 m³,根石加固(预抢险)5.85万 m³(见表3)。

表3 河道工程抢险及加固情况统计

年份	出险坝次 （次/坝）	抢险用石 （万 m³）	根石加固 （万 m³）	合计 （万 m³）	备注
2001	77/23	0.76	2.95	3.71	统计全年量
2002	154/30	1.65	2.9	4.55	统计全年量
2003	366/86	3.63		3.63	统计全年量
2004	112/50	2.12		2.12	统计全年量
2005	186/51	1.96		1.96	统计全年量
合计	895/240	10.12	5.85	15.97	统计全年量

从表3中可以看出：①黄河调水调沙期间河道工程的出险几率比调水调沙前大幅度提高，且单次出险体积和年累计抢险用石量增大；②河道工程出险几率及抢险用石量与同流量级洪水的历时呈线性相关关系。比如2003年的调水调沙历时达80余天，其出险坝次和抢险用石量明显高于其他三个调水调沙年份。而2002年、2004年和2005年工程的出现坝次和抢险用石量基本相当；③工程出险基本集中在调水调沙期间，约占全年出险量的80%强。④险情数量2002年、2003年较大，2004年和2005年相对较小，原因一是洪水持续时间短；二是前期抢险加固的根石仍起到抗洪稳定作用。

2.4.2 出险原因分析

在黄河调水调沙期间，工程出现险情的原因主要表现在以下几个方面：①在调水调沙过程中，因流量比较恒定，若河道边界条件不发生变化，则造成河势在较长时期内维持恒定，形成工程局部长时间受到强烈冲刷，如遇恶劣河势，将会出现大险、恶险。如2003年老田庵25号坝重大险情和2004年开仪18号坝重大险情；②在调水调沙期间因大河来水含沙量较小，使河槽剧烈冲刷，在坝垛迎流部位其冲刷淘深更为严重，造成河道工程根石走失，从而引起坦石下蛰及坍塌等险情；③由于调水调沙期间来水量较大，使得原来不靠河的部分坝垛靠河靠流，从而引起险情；④因河势发生变化，使原来不靠流的坝垛靠流，引起险情的发生；⑤部分新修坝垛由于基础较浅，在较大洪水冲刷下极易出现险情，甚至会出现较大险情或重大险情。

3 黄河"调水调沙"对防汛工作的影响

3.1 河漕刷深，过洪能力增大，漫滩几率减小

由于在调水调沙期间，小浪底水库将下泄洪水控制在河道平滩流量以下，洪水在主河槽中传播，使河槽出现明显下切，河槽加深，河槽过洪能力加大，改变了黄河河道河槽逐年萎缩现象，河道形态发生有利变化。同时，由于小浪底水库的调节作用，使洪水漫滩几率减小，有力地促进了黄河滩区经济发展。

3.2 工程体系防洪能力相对增强

在黄河调水调沙期间,小浪底水库的下泄清水增大了对河槽的冲刷能力,同时较大的下泄流量提高了洪水的挟沙能力,使下游河道逐年冲刷,河道排洪能力明显增强。就焦作河段而言,平滩流量 2002 年为 3 000 ~ 4 000 m^3/s,2006 年增大到 5 000 ~ 6 000 m^3/s,从而使工程体系的防洪能力相对增强。

3.3 河势出现不利变化

由于小浪底水库下泄洪水与自然洪水的水沙条件差别较大,造成河势向不利方向发展。部分河段主河道摆动频繁,"横河"、"斜河"出现机会增多,甚至可能冲刷堤防,影响堤防安全。如孟州市逯村控导工程河势下挫,水边线距温孟滩防护堤仅 65 ~ 90 m;武陟县老田庵控导工程 2002 年汛前为 10 ~ 25 号坝靠河,调水调沙后河势不断下挫,2003 年至今多次出现下首 25 号坝背河受大流淘刷情况,目前仅 18 ~ 25 号坝靠河,且无靠大溜的坝垛。

3.4 洪水出险强度增大

工程坝垛前水流集中,河槽下切严重,使坝前水深增大;河漕刷深使坝垛的出水高度相对增加 1.5 ~ 2.5 m;加之调水调沙过程中同一流量级洪水持续时间长,造成工程局部长期受大流顶冲或淘刷。这些客观存在的不利因素,使工程出现大险、恶险的几率增大,抢险难度增加。如遇恶劣河势,部分河段可能造成滩岸坍塌坐弯,甚至会出现"横河"、"斜河"等影响堤防安全的重大险情。

3.5 涵闸引水条件变差

在黄河调水调沙过程中,由于部分河段河势发生变化,造成大河水流远离一些涵闸的引水口。同时,随着河床的不断冲刷下切,闸前水位或引渠的渠首水位不断降低,造成涵闸引水保证率明显降低。如武陟县张菜园闸保证引水的大河流量 2002 年约为 200 m^3/s,2005 年增大至 600 m^3/s。

3.6 对沿黄干群的防汛准备工作产生不良影响

受 20 世纪 90 年代以来黄河进入枯水期和小浪底水库发挥作用后所进行的调水调沙影响,首先使地方干群产生"一库定天下"和"高枕无忧"的麻痹思想,从而使其在防汛准备方面大打折扣,为防汛工作埋下隐患;其次,造成沿黄干部和群众普遍缺乏抗大洪、抢大险的实战经验。

4 防汛对策

4.1 工程措施

4.1.1 完善河道工程规划建设

黄河调水调沙后,伊洛河口至老田庵控导工程河段河势逐年恶化。原因除上游来水来沙条件发生变化外,还有该段河道内工程建设不配套。另外伊洛河、沁河在该段汇入黄河,加之西气东输、南水北调等国家重点工程跨河而过,对该河段河势变化也有一定的影响。为此,为保持该段河道河势的相对稳定,应在充分考虑伊洛河、沁河入黄及西气东输、南水北调等穿河建筑物影响的基础上,加快完善河道工程的规划和建设,提高工程对洪水的约束力。尤其是对于南水北调穿黄工程,其建设实施直接导致了工程处河道过流宽度缩窄为 3.5 km,为稳定该河段的河势,确保穿黄工程的安全运行,根据该河段及其上下游的治理规划,加强和完善神堤至驾部之间的张王庄、金沟、孤柏嘴和驾部等控导工程。

4.1.2 控导工程修做根石台并及时加固根石

在调水调沙过程中,由于下泄洪水对河床的剧烈冲刷作用,使河道工程的出水高度相对提高 1.5~2.5 m,从而河道工程的出水高度达到 5~6.5 m,造成工程一次出险的体积相对增大,同时也增大了工程抢险的强度和难度,以及抢险过后工程管理的工作量。为此,应按照黄河调水调沙的控制流量标准所对应的水位,在河道工程的迎水面设置根石台,根石台高程宜超高该水位 0.5 m,并根据河道冲刷情况及时补充加固根石,以提高工程的整体抗洪稳定性。

4.2 非工程措施

4.2.1 加强领导,深刻认识防汛形势的严峻性

小浪底水库建成和运用对黄河下游的防洪并没有起到决定性作用,焦作河段的防汛仍然面临非常严峻的形势,主要表现在以下几个方面:①黄河由山区入平原,洪水突发性强,预见期短;②地上悬河状况没有改变,河道宽、浅、散、乱,主流游荡多变;③黄河花园口各级各类洪水均在焦作河段形成,汇流情况复杂,且伊洛河、沁河大洪水的威胁依然存在;④小浪底水库的调水调沙作用,使河槽剧烈冲刷,造成河道工程出大险的几率明显增大。因此,为做好防汛工作,必须在全面落实行政首长负责制的基础上,增强全社会的防汛意识,使其充分认识到焦作黄河防汛的严峻形势,从而提高防汛的积极性和主动性。

4.2.2 强化行政首长防汛培训,提高决策能力

根据目前各级行政首长变换比较频繁这一现实,要真正全面落实好各级行政首长防汛责任负责制,要强化对行政首长的防汛抢险知识培训。通过培训,首先在提高其对防汛重要性、必要性和严峻性认识的基础上,提高其防汛责任意识,只有这样才能保证各项责任制的真正落实;其次,通过培训提高行政首长的决策能力,以保证其在复杂抢险斗争中现场决策的正确性,这一点可以说是取得抗洪抢险胜利的关键所在。

4.2.3 加快抢险队伍建设步伐,提高快速反应能力

针对焦作河段防汛任务重、防汛形势严峻的实际情况,为确保防洪安全,必须坚持在提高专业化抢险队伍抢险技能和完善抢险设备配置的基础上,充分利

用"市场化"的运作模式,加快群防队伍的建设,并通过抢险技能、组织纪律等方面的培训,提高其快速反应能力和对险情的抢护能力。从而形成以专业抢险队伍为骨干、以群防队伍为基础和以人民解放军为突击力量的防汛抢险网络。

4.2.4 采用新技术、新材料、新工艺抢险

在防汛抢险中大力推广应用新技术、新材料、新工艺,不但能使抢险速度大大加快,抢险效果大大提高,而且在很大程度上减少了抢险人员和料物的投入,节省了抢险费用。但由于受条件限制,目前已研制成功的新机具尚未普遍推广,在防汛抢险过程中还远未发挥其实际的效果。因此,建议在加快各种新技术、新材料、新工艺研究的基础上,加强对防汛抢险的"三新"技术推广应用,使其更快、更好地转化为生产力,为防汛抢险服务。

4.2.5 完善防汛预案,提高其可操作性

根据焦作河段前几年汛期在河势、工情、险情等方面的一些具体表现,以及当年汛前的实际情况,在认真分析研究的基础上,预估当年汛期河道的河势表现,从而估计各类险情的发生情况,并据此预筹出各种险情的抢护方案。抢护方案预筹是否合理,对出险后能否高效率地进行抢护起着至关重要的作用,因此在制定抢险方案时,对有可能出现重大险情的坝垛,要重视其基础资料的收集整理,包括工程兴建及加固情况、运行情况及存在问题、历史上出险情况及抢护方法等,并根据险情预测对抢护方案进行比较,增加抢险预案的可操作性。

4.2.6 强化水行政执法,规范河道内建设项目管理

强化水法规的宣传,努力提高干部群众的法制观念,增强其保护防洪工程完整的自觉性,同时加强水行政执法工作,依法实施对河道内建设项目的管理和监督,避免因故而造成对防洪工程抗洪能力的局部削弱或对河势的不利影响和形成新的险点。

参 考 文 献

[1] 李国英. 黄河调水调沙[J]. 中国水利,2002(11).

[2] 李国英. 黄河第三次调水调沙试验的总体设计与实施效果[J]. 中国水利,2004(22).

黄河水利工程建设质量与
安全监督工作模式探讨

周　莉[1]　李建军[1]　马志远[2]

（1. 黄河水利委员会工程建设管理中心；
2. 黄河水利委员会建设与管理局）

摘要：本文根据黄河水利工程建设质量与安全监督现状，结合自身工作实际，研究探讨如何能够更好地发挥政府质量监督的工作效能，并提出今后的工作思路和构想。

关键词：质量与安全监督　工作模式　构想

1　国家对政府质量监督的要求

1984 年 9 月，国务院发布《关于改革建筑业和基本建设管理若干问题的暂行规定》，明确要建立有权威的工程质量监督机构，根据有关法规和技术标准，对本地区的工程质量进行监督检查，这在我国是第一次提出要开展质量监督工作。1997 年 6 月，水利部发布了《水利工程质量管理规定》和《水利工程质量监督管理规定》，对质量监督的机构、人员、职责和内容等作了原则规定，进一步明确了水利质量监督机构的主要做法和要求。

2000 年 1 月，国务院以第 279 号令发布《建设工程质量管理条例》，第一次以法规的形式规定了政府对建设工程质量实行监督管理制度，明确了政府质量监督在工程建设中的地位和职责。2001 年 6 月，水利部印发《关于进一步整顿和规范水利建筑市场秩序的若干意见》，提出要完善市场监管机构，强化市场监管责任，同时要求各地应结合本地工程建设及整顿和规范水利建筑市场秩序的需要，完善监督机构，包括人员、经费及装备等，明确监督职责，进一步强调了水利工程建设中加强政府监管职能的重要性。

2　我国建设工程质量监督现状

工程建设质量关系到社会公众的利益和公共安全，无论在发达国家还是在发展中国家，政府均对工程质量进行监督管理。我国建设、交通、铁道、水利等建设行政主管部门均按照国家有关规定开展了质量监督工作,并一直把大型项目和政府投资项目作为监督管理的重点。从近年来的工作情况来看,建设系统无论从质量监督机构、人员、经费、规章制度等方面都走在了其他行业的前列,他们在各省、市、县都成立有质量监督专职机构,并配备专职质量监督人员,这些机构作为事业单位独立行使政府质量监督职能,经费来源为收取工程质量监督费自收自支,质量监督工作开展较为规范,已形成了良性的运行机制。

水利行业政府质量监督工作起步于 20 世纪 80 年代,90 年代处于发展阶段,到 90 年代末期进入全面实施阶段,水利部主管全国水利工程质量监督工作。目前水利工程质量监督机构采取了三级设置,即水利部设水利工程质量监督总站(流域机构设质量监督分站,为总站的派出机构),省级水行政主管部门设质量监督中心站,市(地)级水行政主管部门设质量监督站。在设置方式上,挂靠水行政主管部门本体约占总数的 2/3,独立设置事业单位约占总数的 1/3。事业单位的专门质监机构中,又有参照公务员管理、全额拨款、差额补助、自收自支等多种性质,质量监督人员也有专职、兼职或聘用三种形式。

3 黄委质量监督机构发展情况

3.1 2006 年之前质量监督机构发展概况

黄委于 1991 年 2 月成立黄委会基本建设工程质量监督中心站,1998 年更名为水利部水利工程质量监督总站黄河流域分站(以下简称黄委质量监督分站)。黄委质量监督分站挂靠黄委建设行政主管部门,质量监督工作由从事建设管理工作人员兼职负责。黄委质量监督分站下设有山东、河南等质量监督站,其管理模式与黄委相仿,机构和人员全部为兼职。

这种管理模式下的质量监督机构,开展工作较为便利,但由于人员全部为兼职,受本职工作限制,对项目质量监督工作很难做到位。特别是近年来黄河防洪工程建设项目多、投资大、任务重,从事建设管理工作人员本身偏少,在履行自身岗位职责的基础上,工作中难免顾此失彼,对项目质量监督工作的深度和效果难以保证。各质量监督站下属的项目站人员都是从各单位临时抽调的,这些从事质量监督的工作人员长期在外,与原单位联系较少,不仅对其自身发展不利,一些实际困难也很难解决,同时对质量监督站而言也存在着管理不便、人员难以长期固定等问题,这些都影响了质量监督工作的健康发展。部分项目站由其建设单位工务科长兼任副站长,自己监督自己,也不符合国家和水利部的有关规定。

面对以上诸多问题,为加大质量监督工作力度,提高质量监督工作水平,2005 年黄委提出要进一步完善质量监督体系,借鉴国内外政府投资项目中先进的建设管理经验,设立专职质量监督机构,配备专职质量监督人员,独立行使政府质量监督职能。

3.2 2006 年以来质量与安全监督机构工作模式探讨

按照质量监督工作要逐步实现机构独立、人员专职的构想,2005 年 7 月,黄委批准成立了黄委工程建设管理中心,受黄委质量监督分站委托,黄委工程建设管理中心具体负责全河水利工程建设质量监督工作,配备专职人员从事质量监督工作。参照黄委的工作模式,2006 年 5 月,山东、河南也分别成立了山东、河南工程建设管理站,具体负责所辖范围内质量监督工作。

2006 年 3 月,水利部印发《关于水利部水利工程质量监督总站更名等有关事项的通知》(水人教[2006]75 号),将原水利部水利工程质量监督总站更名为水利部水利工程建设质量与安全监督总站,黄委于 2006 年 5 月以黄人劳[2006]15 号文将"水利部水利工程质量监督总站黄河流域分站"更名为"水利部水利工程建设质量与安全监督总站黄河流域分站",并按规定增加了安全监督职能。

目前,黄河水利工程建设质量与安全监督工作实行分级管理制度,黄委质量监督分站下设 4 个质量监督站,即山东黄河水利工程质量与安全监督站、河南黄河水利工程质量与安全监督站、黄河上中游管理局质量与安全监督站、黑河治理工程质量与安全监督站,各质量与安全监督机构按照项目管理权限对所辖水利工程项目进行质量与安全监督,形成了分级管理、机构健全、职责明确、覆盖全河的质量与安全监督网络。根据地域和工程建设情况,各质量与安全监督站可以设立质量与安全监督项目站,具体负责各个建设项目的质量与安全监督工作,现河南质量与安全监督站设立了 4 个项目站,山东质量与安全监督站设立了 3 个项目站。

4 黄河水利工程建设质量与安全监督工作构想

4.1 加强各级质量与安全监督机构的队伍建设

水利工程建设质量与安全监督责任重大,业务工作专业性强,对质量与安全监督人员也提出了很高要求。为规范开展黄河水利工程质量与安全监督工作,推进质量与安全监督工作的健康发展,全河各级质量与安全监督机构应注重队伍建设,按要求配备相应人员,同时加大对从业人员的业务学习和培训力度,逐步建立起一支敬业、专业、高效的质量与安全监督队伍。

4.2 完善和改进质量监督方式

目前质量监督方式以抽查为主,设项目站进行现场监督或巡回监督。随着建设管理体制改革的深入发展,质量监督方式也应进行调整和转变,逐步从设项目站进行现场监督向巡回检查监督转变,从单一机构监督向多方机构联合监督转变,在质量监督的工作重点方面,也应突出对参建单位质量行为和强制性条文规定的标准执行情况进行监管。同时流域分站还应加强流域内质量监督工作的联系,建立流域水利工程质量监督工作协作机制,取长补短,形成整体优势,在质量监督改革中发挥重要作用。

4.3 强化质量检测管理

质量检测是水利工程质量监督的重要手段,工程质量有没有问题最终取决于检测数据。为确保工程建设质量安全,监督机构对在建工程要实行不定期的实体质量抽检,加大检测工作力度,同时继续加强对水利工程质量检测工作的管理和指导,以保证检测数据的真实、可靠,要逐步完善质量检测市场准入制度,进一步强化检测机构的独立地位,积极探索建立第三方检测制度和质量检测回避制度,提高检测成果的科学性、准确性和公正性。

4.4 规范工程施工质量评定行为

在工程建设过程中,质量与安全监督机构按照有关规定,应对参建各方的质量管理体系、质量管理行为进行监督检查,要求有关单位严格按照施工质量评定标准、规范,有序地开展工程施工质量评定工作,逐级落实责任,加强工程建设质量过程控制。在工程竣工验收前,要求项目法人按照有关规定,委托具备相应资质的检测机构对质量与安全监督机构确认的工程部位和项目进行质量抽检,并将检测结果作为核定工程质量等级的重要依据。

4.5 有效预防和减少工程建设质量与安全事故的发生

近年来,黄河下游防洪工程建设和标准化堤防建设任务很重,各级质量与安全监督机构要继续做好安全生产重点抽查和专项督查工作,重点排查在措施、工序、施工方面存在的人的不安全行为、物的不安全状况、环境的不安全条件等,进一步消除工程建设安全隐患,加强依法监督管理,做到制度到位、监管到位。同时不断完善安全生产市场准入许可制度、安全生产考核制度、安全生产联络员联系制度和安全生产事故报告制度,从源头上防止和减少安全生产事故,全面杜绝重大安全事故的发生。

5 结语

黄河水利工程建设质量关系到工程项目的投资效益、社会效益和环境效益,高度重视、严格控制工程质量,是工程建设参建各方义不容辞的责任,也是政府维护国家和公众利益质量职能的主要体现。随着我国水利工程建设管理体制改革的不断深化,我们还要继续探索既符合新形势下国家对质量监督管理体制的新要求,同时也适应黄河水利工程建设实际的工作方式,不断提高质量与安全监督工作水平,切实发挥政府质量监督的效力。

参 考 文 献

[1]　孙继昌. 深化改革　强化监管　全面推进水利建设与管理工作[J]. 水利建设与管理，2007(3).

[2]　成平. 论水利工程质量监督工作[J]. 水利技术监督，2006(4).

[3]　曹正伟. 改进水利工程政府质量监督工作效能的构想[J]. 水利建设与管理，2005(1).

黄河泺口—利津河段河损
研究及对策探讨

周爱平   王广林   封 莉   牟月云

（滨州黄河河务局）

摘要：在实施黄河水量统一调度的过程中，特别是在非汛期水量调度紧张的时段，经常在上下游水文站之间的河段内出现大量非正常水量损耗，严重制约了水量调度的精细化、科学化，并造成了水资源的浪费。本文根据泺口至利津河段历年水文、引水资料，通过水量平衡法计算了河道水量损失情况，并探讨分析了影响河道径流损耗量的误差源及其对河道水量损耗的影响程度，提出了对各项误差源的控制措施。

关键词：河损　水量调度　措施

1　概况

进入 20 世纪 90 年代以来，随着黄河流域沿黄地区经济的不断发展，黄河水资源已经成为黄河流域，特别是黄河下游地区经济发展的主要制约因素。1999年为解决黄河水资源短缺的矛盾，黄河水利委员会对黄河下游实行水量统一调度，以最大限度地发挥黄河水资源的作用，确保黄河不断流。然而在实施黄河水量统一调度的过程中，特别是在非汛期水量调度紧张的时段，经常在上下游水文站之间出现水量消耗无法与统计计算值相一致的情况，即该河段内的水量消耗除去正常引水外，还存在大量的其他水量损耗，其损耗原因和数量无法估算。出现的这部分水量损耗我们称为非正常水量损耗，简称河损。

1.1　泺口—利津河段基本情况

黄河泺口至利津河段河道全长 175.8 km，属人工控制的弯曲性河段，两岸堤距一般在 2~3 km，主槽宽度 450~800 m，当前主槽平槽流量约为 3 500 m^3/s。两岸滩区面积约为 280.65 km^2，其中耕地面积 2.05 万 hm^2，沿黄两岸淤背区耕地面积约为 0.218 万 hm^2。两岸有引黄闸 27 座，设计引黄流量 881.3 m^3/s，滩区固定提水工程 65 处，设计引水流量 39.55 m^3/s。

该地区属暖温带亚湿润大陆性季风气候区，光照资源比较丰富，多年平均气温 12.1～13℃；历年平均降水量大部分地区在 575～600 mm 之间，其中春季降水占全年降水量的 11%～14%，属山东省少雨区；多年平均蒸发量一般在 2 000 mm 左右，3～5 月间因干热的西南风盛行，月蒸发量在 220～400 mm 之间，为全年蒸发量最大的时期；区域内种植作物主要为小麦、玉米、棉花，引黄灌溉用水一般均集中在农作物生长及种植需水关键时期，即上半年 3 月、4 月、5 月。

1.2 河损的现状及影响

根据黄河水沙整编资料统计，2005 年、2006 年 1～5 月份，黄河进入山东高村站的水量分别为 63.66 亿、81.04 亿 m³，其中高村—利津区间引水分别为 28.87 亿、32.49 亿 m³，水量损耗分别为 11.05 亿、13.96 亿 m³，分别约占总来水量的 17.36%、17.22%。其中泺口—利津河段，2005～2006 年 3～5 月泺口断面来水分别为 21.95 亿、42.95 亿 m³，河损分别为 1.96 亿、5.60 亿 m³，河损约占上游来水的 8.94%、13.03%。

河损使得高于来水总量 8.94% 以上的水量"消失"，造成了水文站之间水量消耗和实际用水不符，从而制约了水量调度的科学化、精细化，同时，由于管理原因造成的河损，也造成水资源的浪费及国家水费和水资源费的无法收取。据统计，2003～2006 年 3～5 月份，仅泺口—利津河道非正常损耗水量总量年平均值就高达 3.18 亿 m³，扣除河道蒸发、渗漏造成的水量损耗，实际非正常水量损耗 1.79 亿 m³，仅仅按照农业水价 0.012 元/m³ 计算，累计损失水费就达 214.8 万元。

2 河损形成原因分析

科学地分析河损，并提出解决问题的措施，对于科学进行水量调度，优化水资源配置，有效地利用黄河水资源，维持黄河健康生命具有重要意义。采用干流断面控制方法进行上下游断面水量平衡计算，其计算公式为：

$$Q_{下,i} = Q_{上,i} \times t + Q_{上,i-1} \times (T - t) + Q_{加,i} + Q_{回归,i} - Q_{引水,i} - Q_{损,i} - Q_{蓄,i} \quad (1)$$

式中：$Q_{下,i}$ 为下断面的过水量；$Q_{上,i}$ 为上断面的过水量；T 为当月天数；t 为上下游断面水流传播时间；$Q_{上,i-1}$ 为上断面上月末 t 天内的下泄水量；$Q_{加,i}$ 为上、下断面间河道区间加水；$Q_{回归,i}$ 为上、下断面间河道区间回归水；$Q_{引水,i}$ 为上、下断面间河道区间引水；$Q_{损,i}$ 为上、下断面间河道区间损耗水；$Q_{蓄,i}$ 为上、下断面间河道区间河道蓄水。

由于泺口—利津河段没有回归水和区间来水，分析期较长，水量平衡方程式调整为：

$$Q_{损,i} = Q_{上,i} - Q_{下,i} - Q_{引水,i} - Q_{蓄,i} \quad (2)$$

经计算:2003～2006 年 3～5 月,黄河泺口断面来水分别为 11.27 亿、33.08 亿、21.95 亿、42.95 亿 m³,其中引水分别为 6.14 亿、8.83 亿、9.53 亿、11.29 亿 m³,河损分别为 2.32 亿、2.82 亿、1.96 亿、5.60 亿 m³,河损分别约占上游来水的 20.60%、8.53%、8.94%、13.03%,平均损失率达到 11.63%,平均日损失达 39.96 m³/s,最大旬日损失达 102 m³/s 以上。

河损误差源主要有滩区引水、河道蒸发、河道渗漏、水文断面测流误差、涵闸引黄损失、河道蓄水等因素。

2.1 滩区和淤背区引水

根据 2006 年山东河务局组织的滩区调查资料统计,按保证率 50% 计算,主要农作物灌溉定额为:小麦 245 m³/亩、玉米 207 m³/亩、棉花 127 m³/亩。如滩区全部引黄灌溉,年用水量春季约为 6 500 万 m³,淤背区用水约为 690 万 m³,农业用水累计约为 7 190 万 m³,另外非农业用水 720 万 m³。

在正常年景下,根据下列公式推算非汛期滩区用水对本河段水量的影响:

日最大流量 =(滩区春季引水总量 × 当月占总水量的百分比

+淤背区春季引水总量 × 当月占总水量的百分比

+当月非农业用水)/灌溉(引水周期)/8.64   (3)

设定灌溉引水周期为 10 天,经计算,3 月份最大日损失流量为 35.04 m³/s,4 月份为 40.39 m³/s,5 月份为 11.95 m³/s,如果按月周期计算,则 3～5 月会分别形成 11.3 m³/s、13.46 m³/s、3.85 m³/s 的日损失流量,如果以 3～5 月份为单位计算,则会形成平均 9.49 m³/s 的日损失流量。

2.2 河道水面蒸发

泺口—利津河段所属各地 3～5 月间因干热的西南风盛行,风速大,气温高,空气湿度小,月蒸发量较大。滨州气象局多年统计数据表明,2003～2006 年滨州 3～6 月水面多年蒸发量分别为 225.6 mm、375.4 mm、396.8 mm、312.5 mm。河道水面宽度按 395 m 计算,河道长 175.8 km,泺口—利津河段 3～6 月份蒸发水面面积为 69.441 km²。

按中国科学院南京地理与湖泊研究所濮培民公式计算:

$$E = \Delta e \cdot F(\Delta T, \gamma, W)   (4)$$

式中:Δe 为饱和水汽压差;ΔT 为水气温差;γ 为相对湿度;W 为风速。

表 1 为蒸发量计算结果。

表1 蒸发量计算结果

月份	3月	4月	5月
水面面积(m^2)	69 441 000	69 441 000	69 441 000
气温(℃)	8.5	16.5	21.5
相对湿度(%)	36.1	39.1	58.7
表面相对风速(m/s)	3	4	4
水温(℃)	6	12.5	19.5
蒸发水量(m^3)	15 070 000	24 250 000	26 650 000
折算流量(m^3/s)	5.63	9.36	9.95
平均(m^3/s)	8.30		

从以上计算数据(表1)可以看出,正常年份3～5月份水面蒸发造成的日流量损失分别为5.63 m^3/s、9.36 m^3/s、9.95 m^3/s,如果按3～5月份为一个周期的话,则会形成平均8.30 m^3/s的日流量损耗。

2.3 河床渗漏

由于黄河河床均为沙土,而且大河水位高于大堤外地下水高程,根据滨州市地下水水位资料统计,大河水位高出堤外地下水水位2～5 m,造成了大量的水量渗漏损失,另外还有黄河滩区机井引水造成补源损失。

根据地基渗流公式:

$$Q = BKHq_r, q_r = H/\pi \times \mathrm{arcsh}[(s+b)/b] \tag{5}$$

式中:S取河道水面宽度(按395 m计)的一半;B为(堤间距 - 395)/2;$K = 1.59$ m/日(2005年山东黄河勘测设计研究院实测渗透系数)。

泺口至利津黄河滩区内共有机井2 632眼,合计设计流量为8.5 m^3/s,考虑到机井运行的时空不平衡性,分别于3月、4月浇灌一次,每次周期10天,按春灌高峰同时段60%考虑,即为5.1 m^3/s。

经计算:3～5月会分别形成6.60 m^3/s、7.22 m^3/s、6.11 m^3/s的日流量损失,如果按3～5月份为一个周期的话,则会形成平均6.64 m^3/s的日流量损失。

2.4 水文断面测流误差

目前黄河水文站测报流量的方法主要有两种,分别是流速仪法和曲线估算法。由于黄河是多沙河流,受泥沙冲淤影响,边界条件极不稳定,导致了曲线估算法的误差较大,而且由于测流密度不够,水文测报质量远不能适应需要。

图1是根据2006年5月份利津水文站的实测流量与估算流量绘制的曲线图,从图1中可以看出两者之间的误差是相当大的。其中5月12日利津水文站

在水位相同的情况下,曲线估算为 970 m³/s,而流速仪法实测流量为 912 m³/s,两者相差 58 m³/s。这种观测误差在大流量情况下影响不大,但在小流量期间对水量调度的影响是巨大的。

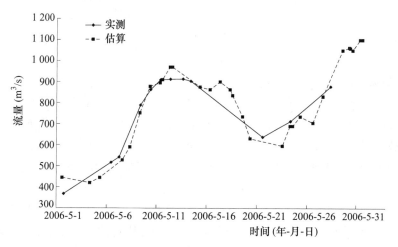

图 1　利津水文站 2006 年 5 月份流量曲线

根据 2003 ~ 2006 年 3 ~ 5 月份利津水文站和泺口水文站实测资料,采用流量相对误差的均值和标准偏差值来分析测流误差情况。

(1)流量相对误差可按下式计算:

$$\delta_{Qi} = \frac{Q_i - Q_{ci}}{Q_{ci}} \times 100\% \tag{6}$$

(2)相对误差的均值可按下式计算:

$$\bar{\delta}_Q = \frac{1}{N} \sum_{i=1}^{N} \delta_{Qi} \tag{7}$$

式中:δ_{Qi} 为测点对线或线对线的流量相对误差;Q_i 为第 i 次实测的或第 i 水位时某关系线上的流量;Q_{ci} 为与 Q_i 相应的关系线上的流量;$\bar{\delta}_Q$ 为相对误差的均值;N 为样本数。

在计算时,我们采用了 2003 ~ 2006 年 3 ~ 6 月利津站 92 天的实测与曲线估算样本 368 个,泺口 2006 年样本 9 个进行分析。

经计算,在泺口来水 300 ~ 500 m³/s 的情况下,如果以月为单位,则易形成 −2.85% ~ 1.89% 的误差,如果以 3 ~ 5 月作为周期的话,则可能形成 − 0.33% ~ 0.30% 的误差。但是由于测流数据离散度较大(6.12 ~ 9.83),在短期内,例如一个旬,则可能形成较大的误差,最大可能形成 12.75% 的误差。典型的就是 2006 年 3 月底至 4 月上旬期间,泺口站估算流量较大,相对误差平均值为

−4.21,而利津站估算流量较小,相对平均误差为 4.68,一正一负,一定程度上造成了泺口—利津河段不正常的"河损"。而 2006 年 5 月 11 日~20 日、5 月 21~31 日,泺口利津河段流量损失则出现了 −21 m^3/s、−13.7 m^3/s 的现象。

按 2003~2006 年水文资料计算,3~5 月利津站分别形成了 1.79 m^3/s、0.18 m^3/s、−2.04m^3/s 的误差,如果按 3~5 月为周期的话,则形成 −0.03 m^3/s 的误差。

2.5 引黄涵闸引水损失

目前沿黄各引黄涵闸的水量计量大都采用传统的测流设施,测流存在测次少、误差大、精确度不高的普遍现象。非汛期,受小浪底水库下泄流量变动和引水调整等因素影响,下游河道水位变动频繁,且有时幅度相当大,水位的上涨及涵闸的不能及时调整,造成了引水日流量与测流上报计算成果的较大误差。

2.5.1 引水流量测量误差

随机抽取 2006 年 4 月 6 日、4 月 23 日、5 月 30 日、8 月 21 日、9 月 27 日、12 月 5 日 6 次查水和测试结果 20 份样本进行分析,从测试结果来看,由于各种原因,引水测量都存在一定的误差,最大的误差可达 25.4%,最小的也有 2.55%,采用误差相对平均值为 9.25%。

2.5.2 大河水位变化致使引水的误差

由于小浪底水库的下泄及沿黄引黄闸引水的影响,黄河水流演进是呈波浪型的,如 2006 年 12 月 22 日张肖堂水位变化曲线(见图 2)。而我们的涵闸测流一般是一天一次(早上 8 时),如果大河水位上涨,就造成了人为的水量损失。经计算分析,2003~2006 年 3~5 月份大河水位多年平均日变幅值分别为 8.58 cm、6.87 cm、8.72 cm。

根据 2006 年 10 次在大河水位上涨时的测量数据。我们在进行处理后,对大河水位涨幅与引水流量变化的数据进行分析,利用 EXCEL 的数据变换图形工具,并根据各个涵闸在引水期间水位变化流量变化关系曲线,并求出各个涵闸引水的更正水位流量曲线。

将多年 3~5 月多年大河水位平均变幅值输入经验公式,并计算其算术平均值,得出流量变幅分别为 5.07%、3.82%、5.17%、7.92%。

2.5.3 测流误差分析

将 2003~2006 年 3~5 月引水量乘以测量误差和水位变化误差,则得出涵闸引水对大河造成的河损率为引水量的 11.79%、11.16%、11.84%,将 2003~2006 年 3~5 月份的引水量乘以损耗系数,则得出计算结果,见表 2。

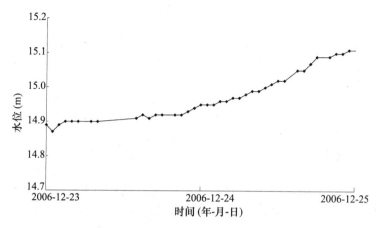

图 2　张肖堂水位变化曲线

表 2　引黄涵闸测流及水位变化误差计算分析结果　　（单位：m³/s）

年份	3 月	4 月	5 月
2003	8.91	11.00	6.95
2004	17.85	16.37	4.25
2005	8.84	20.49	12.16
2006	26.66	16.29	6.43
多年平均	15.57	16.04	7.45
平均	13.02		

2.6　河道蓄水

当河道内流量加大时,上游水文站与下一水文站之间河道水位必然上涨,与流量加大之前的水位形成水位差,造成一部分河槽蓄水。对于下游测站而言,就是形成了水量损失。泺口—利津段河道长 175.8 km,枯水时河槽平均宽约 395 m,一次涨水 0.1 m,那么这部分河槽蓄水(不考虑水位上涨造成的水面增大因素)就是 175 800 × 395 × 0.1 = 694.4(万 m³),形成 80.37 m³/s 的日流量"临时损失",增加了水量调度科学化的难度。这种河槽蓄水造成的河道水量变化在某一时段可能会产生影响,但在长时段内,由于河水涨落变化,这部分水量损失可能相互抵消而影响不大。但在水量调度的紧张时期,短时间内这种误差是不能忽视的。

2.7　综合分析

按照水量损失平衡方程式 $Q_{损,i} = Q_{蒸发} + Q_{引水,i} + Q_{蓄,i} + Q_{测流差,i} + Q_{渗漏,i} + Q_{滩区引水,i} + Q_{差,i}$

我们将前面分析的结果逐项列入表 3。

表3 河损水量平衡分析汇总 　　　　　　　　（单位:m³/s）

项目	3月	4月	5月	平均	最大
2003～2006年河损	44.72	50.47	25	39.96	88
滩区引水	11.3	13.46	3.85	9.49	40.39
水面蒸发	5.6	9.36	9.95	8.30	12
河床渗漏	6.6	7.22	6.11	6.64	7.58
断面测流误差	1.79	0.18	-2.04	-0.03	62
涵闸引水测流误差	15.57	16.04	7.45	12.98	
河道蓄水	0	0	0	0	
其他误差	3.86	4.21	-0.32	2.57	

从表3可以看出如果以3～5月为一个周期计算,则理论误差与实际误差相差2.57 m³/s,如果单独以月计算,则造成的河损误差较大,经分析是由于断面测流、引水、大河来水、河道冲淤变化四类原因造成。例如2006年4月上旬、中旬、下旬,泺口利津河段水量损失分别为102 m³/s、80.5 m³/s、122.6 m³/s,经分析就是滩区和引黄闸大量引水及断面测流误差造成的。

2003～2006年气温基本和多年平均值相似,即水面蒸发和河床渗漏两个误差源基本较为稳定。而水文断面测流和河槽蓄水量形成的误差在短期内是影响河损总量的一个重要因素,但在较长的时段内,影响较小。影响河损总量的主要误差源为滩区引水和涵闸引水误差,占到河损比例的56.23%。

以上分析的河损是在非人为有意识干预的情况下产生的正常河损,还有一部分河损是人为因素有意识造成的。如人为干预水文站、水位站测流,造成测流结果与实际不符,有意识地调度涵闸引水量,涵闸管理单位或个人有意多引少报或不报引水。由于此类河损难以进行准确计算和分析,在此无法进行定量说明,但由此原因造成的河损往往更甚于自然产生的河损。

3　减小河损的措施

河损的产生原因除自然蒸发、渗漏等非人力不可避免的自然因素外,主要是由人为因素造成的,虽然目前完全消除不可能,但可通过技术、管理和政策措施予以最大限度地减少。

3.1　技术措施

(1)引进先进的测流仪器设备,提高仪器的准确性和测流的自动化程度;按照规范定期进行仪器校验,及时消除仪器测量误差,尽量减小由于测量仪器原因造成的误差。

(2)根据水量调度形势和河道水位变化,适当增加水文站测流次数。建议在水量调度期间,水文站每天至少进行4次实测,从而为水量调度提供准确的参考依据。

（3）引黄涵闸严格按照测流规范要求,在水位发生较大变化时或渠道发生较大冲淤变化时,及时增加测流次数,从而提高引水量计量精度。

（4）通过技术改造,引进新的测流技术,提高测流的自动化程度,从而实现自动化测流。

（5）开展科学技术研究,提高调度水平。在调度手段上,要利用数字技术,建立完善自动调度和监测系统,实现水量调度要素的实时调度和监控,特别是继续完善已建成的远程监控系统功能,实现自动控流,充分发挥效益。开展黄河小流量状态下传递时间的研究,为科学调度提供依据。

3.2　管理措施

（1）加强滩区取用水管理,解决滩区的无序取水问题。建立滩区灌溉集中统一供水系统,由国家补偿为滩区修建统一的取水设施和灌溉配套体系,由水务或河务部门统一管理,解决由于群众自由取水造成的水量调度难度大的问题。

（2）进一步完善水量调度内部管理机制。牢固树立全河一盘棋思想,完善水调内部机制,继续推行行政首长负责制,建立完善联系人制度等,保障调度工作有序进行。完善各级水调部门的规章制度,特别是市、县局的《引黄用水申报制度》、《水量调度期间值班制度》、《水量调度交接班制度》、《水量调度督察制度》等。

（3）加强水量调度监督检查,确保水调指令落到实处,减少"人为河损"。省、市、县各级水调部门要加大督察力度,加强对供水单位的监督管理,实行"四不定"督察,即不打招呼、不定期、不定地点和不定时间。对不认真执行上级调水指令的单位或个人,坚决进行处理,减少"人情水"和小单位利益人为操作造成水量的损失。

（4）完善水文站和引黄闸的运行管理及监督机制,并严格执行。要明确监督机构,制定监督制度,实行定期和不定期的检查,从而减少河损。

3.3　政策措施

（1）制定合理的水价政策,加大宣传,提高人们对黄河水资源的关注和重视程度。目前黄河水价严重偏低,每 $100\ m^3$ 黄河水的价格不抵一瓶矿泉水的价格,人们对取水量的误差和损耗重视程度不够。只有制定合理的水价,加大宣传力度,使人们认识到黄河水是一种重要的、紧缺的商品和战略性资源,浪费每立方米水都是损失,提高对河道水量浪费的重视程度,从而最大程度地减少非正常水量损耗。

（2）建立规范的黄河流域水权、水市场。加快水权制度和水权转让对现有取水许可管理的影响以及水权转让规则、管理办法的研究工作。逐步建立以经济杠杆调节的黄河供水市场,建立适应市场经济体制的科学、合理且行之有效的用水补偿、转让、激励机制。

黄河下游游荡性河段河道整治工程环境影响评价

李永强[1,2] 刘 筠[2] 李 舒[3]

(1. 河海大学; 2. 河南黄河勘测设计研究院;

3. 华北水利水电学院水利系)

摘要:随着社会经济的发展,人们更多地开始关心自己生存的环境的质量。河道整治工程是黄河下游防洪工程的重要工程措施,多年来对黄河下游的防洪起了至关重要的作用。然而,河道整治工程的修建也不可避免地带来一些负面影响。本文在全面分析了黄河下游游荡性河段河道整治工程可能带来的环境影响的基础上,用 Battelle 法和矩阵法对河道整治工程建设带来的环境影响进行了评估,并提出了今后为减轻和补偿工程建设可能带来的负面影响的措施与建议。

关键词:环境影响评价 河道整治 游荡性河段 黄河下游

在过去 57 年里,黄河下游游荡性河段修建了大量的河道整治工程。这些整治工程的修建旨在防洪、控制主流、限制河势变化、提高引水条件和保村护滩。然而,随着经济和社会的发展,人们更多地开始关注自身生存的环境空间,并逐渐认识到已建工程和拟建的工程均会带来一些不可避免的负面环境影响。这些负面环境影响也直接抵消了工程的部分效益。

黄河下游游荡性河段河道整治工程是根据河段主流变化按实际需要分批修建的。根据规划安排,截至目前仍有许多工程需要修建。通常,如果不考虑河道整治工程系统的整体作用,而只考虑分批修建的一道坝或几道坝时,我们很难说这一个或几个坝垛会给工程周边环境带来严重的环境影响。而这些工程融入到整个整治工程系统中,会同已建工程一道对周边环境带来一定程度的影响。因此,我们需要将整个河道整治工程作为一个整体系统来考虑其产生的环境影响,并提出减少不利影响的措施,而不只是每次对具体修建的一道或几道坝来提出其施工期可能带来的环境影响。

1 环境影响评价的目的

通常,环境影响评价应该在工程规划阶段进行,旨在确定因工程修建而涉及的所有相关的环境变化。黄河下游河道游荡性河段河道整治工程是一项长期的、投资很大的工程措施,工程包含的具体坝垛的建设需要根据当时当地的河势情况而定,并且与国家投资紧密相关。尽管截至目前我们已经修建了大量的河道整治工程,然而就目前控制河势的实际情况看,仍有大批工程急待建设。

同时,考虑上游来水来沙条件的变化,部分河段河道整治工程的调整和改建也势在必行。为分析已建和未建的工程可能造成的环境影响,有必要对整个河道整治工程系统进行统一完整的环境影响评价,以达到以下目的:

(1)识别和预测工程建设可能带来的正面与负面影响。

(2)提出减轻或补偿工程带来负面影响,将环境影响控制在一个可接受的环境变化的措施和建议。

2 环境影响评价深度的识别

黄河下游以其河道的游荡和泥沙淤积而闻名于世。新中国成立前,下游人民一直深受洪水之害。为减轻洪水威胁,新中国成立后修建了三门峡、小浪底、陆浑、故县等干支流水库,并先后4次加高培厚了黄河下游1 400 km的临黄大堤,初步开展了放淤固堤,开展了大规模的河道整治,开辟了北金堤、东平湖等滞洪区,对河口进行了初步治理,初步形成了"上拦下排,两岸分滞"的下游防洪工程体系,提高了黄河下游抗御洪水灾害的能力,保障了黄淮海大平原的防洪安全和稳定发展。

然而,多数工程在修建之初主要是从防洪和兴利的目的出发,在基于当时的科学认识的基础上修建的,工程对环境产生的影响没有被深刻的理解和深入的研究,致使一些负面的影响至今仍未得以消除。河道整治工程也和其他措施一样,修建之处人们更多地是考虑工程的防洪效益,而并未对其对河流输沙能力、泥沙分配、湿地等周边环境产生的影响进行彻底细致的分析。

由于河道整治工程建设的连续性和长期性,虽然基本布点工作已经完成,然而,截至目前,仍有大量的坝垛正在建设和已在规划之中。河道整治工程仍会根据工程所在地的实际河势变化情况,根据防洪需要逐渐进行建设。一般来说,为避免对河势造成不可预测的影响,同时考虑经济原因,一处工程一次建设一般少于10道坝,实际每次建设一处工程多少于5道坝。很难说一处工程的续建一道或几道坝能对所处的河段以及工程区附近产生重大的环境影响。然而,这些工程的建设,与已建工程一道,确实对整个游荡性河段的生态、自然环境产生了较大的影响,改变了河流的自然状况和滩区的生产生存条件。因此,我们有必要对整个河道整治工程系统而不是仅对分批分地点修建的一道或几道坝作一个完整的环境影响评价。

3 环境影响评价

3.1 工程修建对环境引起的变化

随着河道整治工程的修建,河道的游荡性得以有效控制,主流摆动范围明显减小。表1显示了自1949年以来游荡性河段主河道变化的情况。各断面累计变化宽度由82.3 km(1949~1960年)递减至57.1 km(1964~1973年),然后递减至36.7 km(1989~1994年)。同时,由于水沙条件变化,河段游荡性特征逐步减弱。河道主流一般均被控制在河道整治工程之间,横河、斜河发生几率大大降低。河型由游荡性河道逐步向弯曲性河道转化。从理论上讲,河道输沙能力有所下降。

表1 京广桥至东坝头河段主溜平均摆动范围统计 （单位:km）

断面	游荡范围		
	1949~1960年	1964~1973年	1989~1994年
京广铁路桥	2.10	2.2	1.1
保合寨	7.2	5.5	3.2
马庄	7.0	2.7	1.5
花园口	3.5	4.6	1.8
八堡	5.5	3.8	1.2
来童寨	4.2	1.5	0.3
武庄	5.8	2.3	2.2
万滩	5.1	1.0	3.8
辛寨	4.0	4.0	1.4
黑石	5.5	3.0	5.2
韦城	6.0	4.2	2.2
黑岗口	2.5	1.5	1.6
柳园口	4.0	2.0	1.3
王庵	4.5	5.0	2.1
古城	6.5	4.9	4.0
曹岗	2.5	1.7	1.3
常堤	3.0	2.4	0.5
夹河滩	1.0	1.0	1.5
东坝头	2.4	3.7	0.5
总数	82.3	57.0	36.7
平均	4.33	3.00	1.93
最大	7.2	5.5	5.2

泥沙横向分配发生较大的变化。近年来由于上游来水减少,滩区受淹次数明显减少。同时,由于主流摆动范围的减少,更多的泥沙仅淤积在减小了的主流

变化范围之内,这进一步加剧了"二级悬河"的威胁。

黄河滩地不仅是大洪水时的排洪、滞洪、滞沙的区域,同时也是广大滩区群众赖以生产和生活的所必需的土地。河道整治以前,河势游荡多变,造成村庄和滩地大量坍塌。如原阳县1961年、1964年、1967年的三年中,塌失高滩18万亩,落河村庄7个。河道整治后,特别是近十几年来随着工程不断增加,河势得到改善,掉村现象已基本不存在,塌滩现象也大为减轻,为滩区人民正常生产、生活带来了保证。

滩区的发展要求进一步提高防洪的标准。目前游荡性河段滩区居住超过100万人的群众。随着灌区灌溉系统的发展,农业生产得以很大提高,同时手工业也得以同时发展,这使得滩区经济逐步得以改善;反过来,由于自身经济条件的提高,滩区群众又要求提高他们的防洪标准。近年来,滩区群众自发修建了许多生产堤用以保护自身的生产生活安全。即使采取了很多措施,目前也很难保证所有的生产堤在汛期来临之前得以破除。

洪水演进过程有所改变。虽然,为保证大洪水的安全泄放,必须考虑预留了一定的排洪河宽。然而,由于河道整治工程一般修建在主流边,当发生更高标准洪水时,工程的修建仍会导致洪水演进过程的改变,在同流量情况下,洪水水位往往有所增高。从这个角度上看,这又直接增加了两岸堤防的防洪压力。同时,由于洪水传播时间有所延长,滩区受洪水淹没的时间会相应地延长。

滩区植被情况的变化。随着河道整治过程的逐步开展,抗涝抗冲能力较强的野生杂草被玉米、花生、大豆之类等农作物取代。这些作物一般高而且种植密度大,结果导致一旦洪水通过,河床糙率加大,这也会相应导致同流量水位的升高,从而减小了河段的排洪能力。

湿地面积有所下降。随着主河道变化范围的减小以及分叉支流的湮灭,河流水面面积也随之减小。虽然目前并未深入开展这些变化对野生动物尤其是鸟类生存的影响,但湿地面积的减少,野生动物赖以生存的环境的改变确实是一个不可否认的事实。

河岸的稳固,给引水工程提供了良好的取水条件。这有效保证了直接从主河道取水的机会并大大降低引水的成本。

3.2 施工期环境影响

黄河下游河道整治工程多数采用土石结构,根据工程所处的河段位置和不同的水力条件部分工程采用钢筋混凝土桩坝。土石坝旱地施工主要包括清基、坝体填筑、土工布布设、散抛石护坡、护根等;水中进占施工主要包括抛石进占、坝体填筑、抛填护坡坦石、坝面整平等。钢筋混凝土桩坝施工主要包括钻孔、清孔、钢筋笼的制作安装、混凝土浇筑等。

土石坝施工时需要大量的土料,一般需要开挖大面积的取土场。取土时植被自然会遭到破坏,水土流失也不可避免。

由于取土场的开挖,一年或更长的时间内取土区很难用于生产。如果没有大洪水的淤积,自然条件下取土区很难自然恢复。

地表水、地下水的污染。通常情况下生产、生活用水在没有得以处理的情况下直接排放到附近渠道、渗入地下或直接入黄河。这自然会污染周边水源。

空气污染。首先,施工一般需要使用卡车、拖拉机和压路机等机械设备,以便进行土料的运输、坝体的填筑和碾压。这些设备所用的燃料均为柴油或汽油。其次,长距离运输土料时,途中很容易产生扬尘。此外,生活用的油料和木柴的燃烧也是一项重要的污染源。

公众健康。施工期公众健康也需引起足够的重视。大量的人群聚集在一起,同时缺少足够的卫生医疗条件,这使得很容易导致传染病的传播。

3.3 环境影响评估

目前国际上已经开发了许多方法用于环境影响评价。基于方法的易操作、系统性、相对精确、良好的预测能力,同时尽可能地包含更多的环境信息,在此我们选用两种方法对黄河下游河道整治工程建设可能产生的环境影响进行了评估。

3.3.1 Battelle 法

Battelle 法一直用于环境影响的预测和评估。这种方法由美国国家工程部Battelle 西北实验所开发的用于水资源开发项目的环境评估系统。该方法基于其他常用的列表法等基础方法之上的一个评估方法。该方法采取逐项评估的方法对涉及的每一个参数进行赋值。方法的缺点是不同的专家对同一参数会有不同的赋值而难以类比应用。在我们的评价中,对 10 个不同领域的专家进行了咨询并对参数进行了赋值。

环境评估系统主要是在有没有工程两种条件下评估区域未来的环境质量。两种条件下环境影响因子之差或者是负值,对应于环境质量的恶化;或者是正值,对应于环境质量的提高。这种方法可以表示如下:

$$E_I = \sum_{i=1}^{m} (V_i)_1 \times W_i - \sum_{i=1}^{m} (V_i)_2 \times W_i \tag{1}$$

式中:E_I 为环境影响的值;$(V_i)_1$ 为有工程条件下参数 i 的环境质量参数的值;$(V_i)_2$ 没有工程条件下参数 i 的环境质量参数的值;W_i 为参数 i 的权重;m 为参数的总数。

根据咨询专家的意见,采用 Battelle 法评价结果见表 2。

3.3.2 矩阵法

环境影响矩阵法是通过给环境质量变化的程度和重要性赋值来定量表示环

境质量变化的结果。通过识别产生环境影响的原因和环境质量变化的结果(最重要的影响结果)来计算工程产生的环境影响指数。环境影响指数表明有工程条件下预期环境质量的变化(0表示环境质量未发生变化,1表示最大的环境质量变化)。

环境影响矩阵法中矩阵单元中的 I/A,I 表示影响的强度(0表示没影响,5表示影响巨大),A 表示影响面积(0表示评价区域面积的0%,5表示评价区域面积的100%)。

环境质量指数可以用下面公式计算:

$$E.I = \frac{1}{2 \times 5 \times n \times p} \times \sum (I_{ij} + A_{ij}) \tag{2}$$

式中:n 为环境影响原因的数目,即矩阵的列数目;p 为环境影响结果的数目,即矩阵的行数目。

环境影响矩阵法计算结果见表3。

表2 环境影响评估(Battelle法)

序号	环境影响的项目	权重 (W_i)	环境质量		影响值(EIU)		净差值
			有工程 (V_i,1)	无工程 (V_i,2)	有工程	无工程	
	物理环境						
1	淤积分布	90	0.4	0.6	36	54	−18
2	输送能力	80	0.5	0.6	40	48	−8
3	洪水传播	80	0.4	0.6	32	48	−16
4	空气污染	20	0.3	0.7	6	14	−8
5	地表水	20	0.1	0.7	2	14	−12
	生态环境						
6	滩区植被	30	0.3	0.8	9	24	−15
7	野生动物	20	0.4	0.7	8	14	−6
	社会经济						
8	防洪	300	0.8	0.3	240	90	150
9	土地变化(流失和产生)	30	0.4	0.6	12	18	−6
10	农业生产	60	0.7	0.3	42	18	24
11	湿地	40	0.4	0.7	16	28	−12
12	娱乐	30	0.6	0.4	18	12	6
13	移民安置	50	0.4	0.9	20	45	−25
14	引水条件	40	0.8	0.2	32	8	24
15	渔业	20	0.4	0.6	8	12	−4
16	当地交通	30	0.7	0.4	21	12	9
17	食物供给	40	0.8	0.5	32	20	12
18	公众健康	20	0.4	0.9	8	18	−10
	总　计	1 000			582	497	85

3.3.3 评价结果

表2和表3显示,黄河下游游荡性河段河道整治产生的环境影响是不十分

表 3　环境影响评估（矩阵法）

分值设定

	强度	面积	分值
0	无	0%	0
1	轻微	20%	1
2	中等	40%	2
	重大	60%	3
	强烈	80%	4
	极大	100%	5

（各矩阵单元内左值为强度 I_i，右值为面积 A_i；空白表示无影响）

分类		环境要素	河道整治	输沙	来水	河岸冲刷	农业发展	供水	建筑材料	污水处理	渔业	湿地	总计 I_i+A_i
物理环境	1	淤积分布	2　4	2　3	3　4	2　2							22
	2	输送能力	2　3	2　4	3　4	2　1	2　4	1　2					30
	3	洪水传播	2　5	1　4	3　3	2　3	2　4						29
	4	空气污染	1　1										2
	5	地表水	1　1		1　1	1　1			1　1	2　2	1　1		12
生态环境	6	滩区植被	1　1	1　1	2　5	1　1	1　1		2　2				19
	7	野生动物										2　2	4
	8	防洪	4　5	2　4	3　5		2　2						27
	9	土地变化（流失和产生）	2　2	3　3	1　2	2　2							17
	10	农业生产	2　3				2　3	2　2					14
	11	湿地	1　2		2　2							2　2	11
	12	娱乐	1　1										2
社会经济	13	移民安置	2　2	1　3									8
	14	引水条件	3　4		2　2			2　2	2　2				19
	15	渔业	1　1										2
	16	当地交通	3　2										5
	17	食物供给	2　4		1　1		2　2				1　1		14
	18	公众健康	2　2										4
		总计 I_i+A_i	32　43	12　22	21　29	9　9	11　16	5　6	5　5	2　2	2　2	4　4	241
		环境影响指数											0.13

明显和不严重的。

表 2 显示出环境质量变化的差值是正值,这意味着尽管工程带来了一定的负面影响,但总的说来工程影响范围区的环境质量是得到逐步提高。

从表 3 可以看出,工程影响区环境质量影响指数为 0.13,这表明整个工程影响区环境质量有轻微变化。根据矩阵法理论代表的物理含义,由于河道整治工程的实施,导致负面环境影响的可能为 13%,一般说来,这是可以接受的。

4 减轻不利影响的措施和建议

根据工程建设可能带来的负面影响,减轻不利影响的措施和建议如下:

(1)排洪河宽。必须预留足够的排洪河宽。目前一些河道整治工程控导主流的效果不好,主流仍经常在工程前游荡或绕工程而过,造成工程下首滩岸淘刷。为控制主流,在仍必须建工程进行控制而又不满足排洪河宽情况下,建议以更低坝顶高程标准的潜坝代替现有目前潜坝或丁坝的设计标准。

(2)输沙能力和泥沙淤积分布。河道整治工程设计的时候主要考虑工程防洪、控制河势的作用,并没有考虑输沙要求。因此,建议在河道整治的同时,结合今后进行的调水调沙,进行整治河宽和整治流量统一的调整,采取适当的工程措施来增加主河道的输沙能力,减缓主河槽的淤积速度。

(3)湿地。湿地是野生动物的重要栖息地。由于上游来水的减少和主流变化范围的减小,湿地面积也逐步减小。如何维持黄河下游湿地,尤其是重点保护铁谢、柳园口湿地对于保护黄河下游野生动物是一项非常重要的工作。维持黄河下游基流,适当的人造洪峰、对湿地进行人工保护都将应该是今后维持湿地存在的重要措施。

(4)移民安置。选取便于恢复的取土场,尽可能地减小取土场开挖深度,保留表层可耕作层,开挖后即时进行恢复,这都将是减小工程修建对周边群众生产产生负面影响的积极措施。同时,合理的资金赔偿有助于弥补群众因土地或土壤肥力降低直接和间接而带来的损失。

(5)施工期环境影响。在施工期,适当规模的污染处理设施能大大降低污水对周边水源的污染。及时地洒水、合理的施工时间有助于减少扬尘和噪声对周边群众生产与生活的影响。同时,建立适当的医疗系统,有助于施工人员的健康,并预防传染病的传播。

5 结语

随着游荡性河段的进一步治理,河段的防洪压力有所下降,这也为滩区以及黄淮海平原人们提供了良好的生存条件。然而,随着时间的推移,河道整治工程

352

带来的负面影响也逐渐表现出来,并且部分负面影响愈来愈突出。虽然防洪仍是最为重要的要求,但随着社会经济条件的提高,人们对自身生存的环境空间也更加重视起来。基于此,今后在河道整治的同时,尽可能地消除工程可能带来的负面影响,考虑河道的输沙要求应该成为河道整治必须考虑的重要因素。同时,非工程措施也应该成为今后河道整治的重要补充手段。

参 考 文 献

[1] Lee N,George C. Environmental Assessment in Developing andTransitional Countries[M]. John Wiley & Sons. , Chichester, UK. ,2000.

[2] Petts J. Handbook of Environmental Impact Assessment Volume 1:Environmental Impact Assessment:Process, Methods and Potential[M]. Blackwell ScienceLtd. Oxford, UK. 1999.

[3] Petts J. Handbook of Environmental Impact Assessment Volume 2:Environmental Impact Assessment in Practice:Impact and Limitations[M]. Blackwell ScienceLtd Oxford, UK. , 1999.

[4] World Bank. World Bank Participation Sourcebook. World Bank. Washington,USA. ,1999.

荷兰沿海及莱茵河三角洲区域洪水风险管理的近期发展

黄 波[1] 马广州[2]

（1. 山东黄河勘测设计研究院；2. 黄河水利出版社）

摘要：在 1953 年由海洋风暴引发的灾难性洪水和 1995 年发生的莱茵河洪水之后，荷兰在沿海及沿莱茵河区域均实施了大规模的堤防建设和堤防加固工程。洪水安全防御标准目前已经达到从东部的 1/1 250 到沿海的 1/4 000 和 1/10 000。然而随着将来天气变化的不确定性，着眼未来，荷兰对于洪水风险管理策略的争论变得更加广泛和激烈。近期对莱茵河未来洪水流量的估测显示，设计流量预计将从 20 世纪 90 年代的 15 000 m^3/s 增大到 2100 年的 16 800 m^3/s（最小）或 18 000 m^3/s（最大）。另外，在下游三角洲区域，海平面上升可能对洪水下泄产生阻碍，预计到 2100 年海平面将上升 0.2 ~ 1.1 m，而且在三角洲及冲积平原由于泥炭土层的压缩和氧化将最终导致大面积的地面沉降。

传统的大堤加高及加固措施在防洪方面是非常有效的，但是随着将来的社会发展，相对于洪水安全，人们对空间功能的需求可能越来越多，例如景观、环境、生态、居住、工业等。鉴于这些因素，传统的大堤加固方式将引起社会越来越多的反对，这就要求在洪水风险管理方面需要策略上的转变，即采取综合性的河流管理和海岸区域空间规划。

关键词：近期发展 洪水风险管理 莱茵河三角洲 荷兰沿海

1 背景介绍

1953 年的海暴潮是荷兰历史上最大的自然灾害之一，死亡人数 1 853 人，是荷兰历史上一个史无前例的数字，令人警醒、牢记。在此次海暴潮中发生在 Hoek van Holland 的洪水水位是目前三角洲北部的标准防洪水位，高于平均海平面 3.85 m 是曾经出现过的最高水位，比历史记载中 1894 年的最高水位 3.28 m 还高出 0.57 m。

灾难发生之后，荷兰开始了大规模的堤防建设，其中的三角洲工程将沿海所有的出海口进行封闭，而且沿着海岸及河流下游区域所有防洪工程均进行了史无前例的加固，使得该区域的防洪水平第一次达到了设计标准。在荷兰地中心区防洪工程达到了抵御 10 000 年一遇风暴的防御标准。

随后在 1993 年和 1995 年，莱茵河水位暴涨，荷兰经历了一段惊魂未定的时期,河水流量在 Lobith 达到了 12 000 m³/s,在记载中只有在 1926 年 (12 600 m³/s)莱茵河水超过了此流量。在洪水期间,由于大堤稳定无法得到保障,超过 240 000 人被迫从多个迂田进行撤离,幸运的是大堤没有决口。

此后,从 1995 年开始实施工程性措施,一项被称作"三角洲大河计划"的紧急法案获得议会通过,该法案要求所有沿河大堤的加固必须在 2000 年前完成。基于此,所有沿河大堤很快按照 1 250 年一遇的防洪标准进行了加固。目前,沿河地区可以在河水流量在 Lobith 达到 15 000 m³/s 时得到有效保护。

1995 年的莱茵河洪水之后,联系到将来天气变化的因素,在荷兰关于洪水控制策略的讨论愈加广泛和激烈。近期对莱茵河未来洪水流量的估测显示,设计流量预计将从 20 世纪 90 年代的 15 000 m³/s 增大到 2100 年的 16 800 m³/s (最小)到 18 000 m³/s(最大)。另外,在下游三角洲区域,海平面上升可能对洪水下泄产生阻碍,预计到 2100 年海平面将上升 0.2～1.1 m;另外,在三角洲及冲积平原由于泥炭土层的压缩和氧化将最终导致大面积的地面沉降,在荷兰过去 1 000 年的排水过程中地面沉降过程一直保持持续和加快。

总之,由于洪峰流量的增大和海平面的上升河流设计水位可能会升高,然而,在被保护区域由于人口增加和经济发展其脆弱性也在增大,而且土地下沉会使形势更加恶化。这就要求在洪水风险管理方面需要策略上的转变,即采取综合性河流管理和海岸区域空间规划。本文首先对当前莱茵河沿岸及海岸的情况进行简单介绍,然后对当前在洪水风险管理方面存在的问题进行分析,最后提出相应的解决措施。

2 洪水风险问题

2.1 莱茵河水流量增大

由于全球气候变暖,莱茵河流域的降水方式也将会发生改变。预计莱茵河将从目前的以雨水和冰雪融水为水源逐渐转变为以雨水为主的河流,冬季流量大而夏季流量小。由于冬季降雨量的增加将导致莱茵河冬季流量的增大,而夏季流量则由于冰雪融水量的减少和蒸发量的显著增加而减小,在夏季水蒸发量的增加会超过平均降雨量的微弱增长对河流流量的影响(图 1)。

图 2 显示在所有天气变化预测方案中(低、中、高降水、干旱),相对于目前的流量,预期冬季河水流量将增加,而夏季流量将减小。

在荷兰《防洪法》中设计流量被作为法定安全标准的基础,代表所能防御的最大流量。在莱茵河/马斯河地区,设计流量是基于一个流量值,其平均每 1 250 年出现一次。在法律条款中,它是在不发生洪水的情况下河流所必须能排泄的最大流量值,大堤、滩区、主河槽以及相关因素均由该流量确定。随着在 1993 年

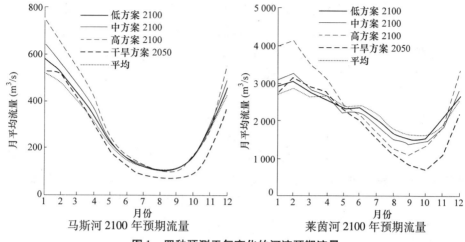

图1　四种预测天气变化的河流预期流量

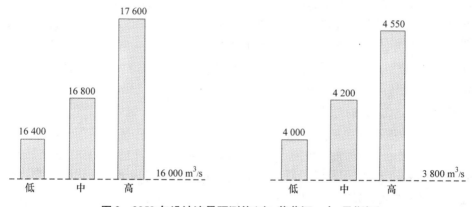

图2　2050年设计流量预测值(左:莱茵河　右:马斯河)

和1995年莱茵河/马斯河出现的高水位,莱茵河的设计流量从 15 000 m^3/s 调整到 16 000 m^3/s。这次调整的直接原因就是当前的形势无法满足法定的安全标准。

根据气候变化的预测方案,在2050年莱茵河和马斯河的设计流量都将增大:莱茵河增长 3% ~10%,马斯河增长 5% ~20%。这就意味着如果要确保达到法定的安全标准,采取一些其他辅助措施是很有必要的。

2.2　海平面上升

预期到2100年,在荷兰沿海因气候变化将导致海平面相对于目前地面高程上升 20 ~110 cm。该预测是基于地面沉降值为每百年 10 cm,并且同时考虑上个冰川纪对地面沉降的后续影响(NAP 荷兰标准海平面高程也受其影响)以及由于泥炭和黏土层沉积造成的地面下沉平均值。然而,在不同地区可能发生明显不同的地面沉降。要知道在海水温度变暖和气温升高之间有一个相当大的时间滞后期,这就意味着如果由于废气排放的减少导致大气平均温度的升高受到限制,则海平面的上升只能是几个世纪以后的结果。

预期海平面上升的后果之一就是需要向海岸滩地增加大量的沙以补充目前正在发生的沙的流失,以保持当前的安全标准。对海岸系统来说,沙的补充可以确保海岸、河口及 Wadden 海与海平面上升保持同步。在将来,需要更宽、更坚固的大堤来抵消因海平面上升造成的海水压力的增加。

在将来的 50 年,海岸管理的附加成本预计不超过 GDP 的 0.13%,但随着 2050 年之后海平面的进一步上升,海岸管理的成本可能会远远超过当前的费用水平。除了海平面上升的影响,洪水水位还很大程度上取决于发生于北海的风暴,然而,风暴的频率和强度在将来如何变化依然未知。

2.3 地面沉降加快

除了气候变化和地壳运动引起的地面沉降,荷兰还面临泥炭土层地区的沉降问题,从中世纪起在泥炭土层区域的沉降已达 2~3 m。该沉降与泥炭的随水外排密切相关,同时其自身萎缩以及氧化并以 CO_2 进入大气,沉降值最大可达每年 1 cm,这依赖于水位的变化。如果按照这样的速度,到 2050 年沉降值将达到 0.5 m。如果地面沉降持续下去,对于含有深厚泥炭土层的地区,尤其是荷兰西部含有厚达 12 m 的泥炭土层,从长期来看,洪水影响、地表水盐化问题会加剧,水管理的难度也会加大。在其他几个地区(如在荷兰东北部 Slochteren 附近)油气开采也会引起地面沉降,预计在此地区会产生额外 60 cm 的沉降。温度的上升、夏季变长、干湿状况的巨大差别很可能会导致泥炭土层氧化的加快,反过来会加速地面的沉降。

由于泥炭土层的变化和水管理的差异,地面沉降的速率在各地是一样的。例如,农业区需要相对深的排水水位,而在属于泥炭土层的市区则需要相对高的地下水位以防止木桩基础的腐化。因此,在属于泥炭土层的地区,水管里系统变得愈加难以统一,土壤盐分的渗出加剧(对农业有害),而且道路及建筑物的下沉也造成诸多破坏。因此,各个省份(尤其在荷兰西部)采取了一些相应的措施,然而,这些地区只占泥炭土总面积的 4%。

2.4 海暴潮危害

从 1962 年起海洋风暴的数量在逐渐减小,图 3 显示了荷兰在过去 41 年 700 次大型风暴的分布情况。这些风暴的风速取决于在荷兰所处的位置,一般超过 11~16 m/s,按蒲福氏风级这相当于 6~7 级的风力。另外,即使只考虑 300 次或 500 次巨型风暴,分布图也没有变化:风暴的数量依然在减少。至于数量的减少与温度上升之间在多大程度上存在关联依然无法确定。

在荷兰天气变化对风暴形式影响的不确定性意味着对风暴型洪水的可能性变化还没有足够的认识。当前,通过大型的模型研究显示"超级风暴"发生的概率依然存在,其可能的风速会远远超过荷兰在 20 世纪所经历的风暴。因此,为了认识其潜在的过程,有必要通过更精确的模型进行进一步研究。

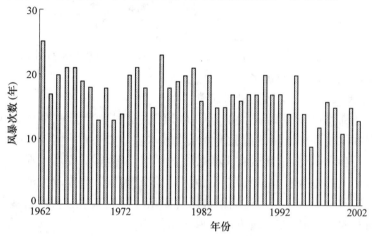

图 3　荷兰 700 次大型风暴分布图(1962～2002 年)

3　洪水风险管理措施

3.1　还河流更大空间

3.1.1　沿莱茵河分支河流采取滞洪措施

滞洪就是削减一段洪峰并将削减的水量暂时储存于一片被大堤围成的区域,一旦险情过去就将蓄存的水量再次排除,这样,滞洪区就限制了排向莱茵河下游分支(一个或多个)河流的洪峰流量。这也就意味着如果要充分发挥滞洪区的功能,滞洪区就应该尽可能位于上游区域,对荷兰来说就是应该尽可能在 Lobith(莱茵河流入荷兰的第一个小镇)附近。

滞洪区的概念也可以这样理解:目前的设计流量 15 000 m^3/s 与预期设计流量 16 000 m^3/s 之间的差值为 1 000 m^3/s,如果通过滞洪的方法来避免进一步加高大堤,那么这 1 000 m^3/s 的水量就必须引入滞洪区,所需的总蓄水量由洪峰水位与设计水位之间的差值来确定(特别是洪峰的持续时间)。通过这种方法就可以计算究竟有多少水量需要暂时蓄存于一个还是多个被大堤围成的区域(图4)。

对于上面所提及的 1 000 m^3/s 的流量,如果洪峰以均值持续几天,那么需要蓄存 1.7 亿～2 亿 m^3 的水量。如果以平均 5 m 的水深,则需要 3 500～4 000 hm^2 的土地面积,这样的水深在 Boven - Rijn 和 Waal 河段是可以达到的,但是沿

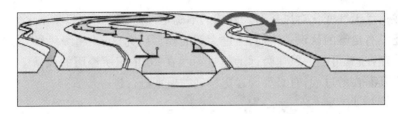

图4 滞洪措施示意图

着 Neder – Rijn 和 Ijseel 河段实际水深要相对更浅。滞洪区域所处位置愈高,则蓄水深度就愈浅,所需的蓄水面积也就愈大。

3.1.2 增大莱茵河分支河流泄洪流量

相比于滞洪措施,两者最大的不同在于滞洪是减少泄水量,而增大河流泄洪容量则是在保持同样流量的情况下降低洪水水位。如果蓄水能够保持尽可能长的时间,对滞洪区下游地区或在上游较短的区域是有益的,而增大泄洪容量则对实施河段的上游地区有益,原因就是由河道缩窄、河道障碍或较大河道糙率造成的壅水效应被大大减小或河道断面被增大。增大河流泄水容量的措施必须首先在下游进行实施,随后在上游方向采取相应的措施。

在增大泄水流量方面有很多措施,我们可以将它们主要分成三类:①针对主河槽(小流量河槽)采取的措施;②针对滩区采取的措施;③在大堤以外采取的措施(如大堤后移)。

在每类措施当中都有如下一些具体的方法和措施。

(1)降低主槽河床。通过计算显示采用疏浚降低河床可以在 50 km 范围内降低 20 ~ 30 cm 的水位(图5)。

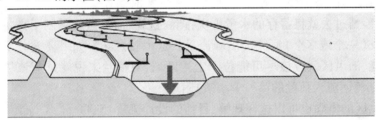

图5 降低主槽河床

(2)降低丁坝。通过降低丁坝高度可以使更大水流通过丁坝而使主槽流量减小,这样能减少或推迟水流对主槽的侵蚀。丁坝降低对减少一些对主槽不利的侵蚀是一项比较可取的措施(图6)。

(3)滩区开挖。滩区开挖可以应对因沉积而造成的滩区的逐年抬高,该措施可以与近年大堤加固中的黏土采挖相结合或者与自然环境的改善相结合(图7)。

(4)消除水力"瓶颈"。首先要基于三条莱茵河分支河流的水位坡度线来确

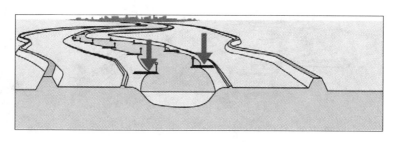

图6 降低丁坝

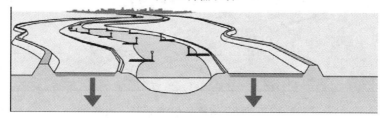

图7 滩区开挖

定何处为水力"瓶颈",通过这种方法共发现了254处(图8)。然后,借助地形图确定它们的具体地点和类型,如坝内禁淹区、桥墩、渡口坡道等。某些水力"瓶颈"包含大面积的地表区域,如禁淹区(工厂),而像桥墩、渡口坡道或夏季坝(主槽小坝)则要小得多。

不同的措施对降低水位的作用和效果差异明显,基于这点,确定了两项标准来选择60项具体措施(包括18个小规模的大堤移位),这些标准仍需进一步的研究,即:①水位降低效果至少1 cm(否则就不值得实施);②水位降低效率至少2 mm/百万欧元(否则过于昂贵)。

(5)大规模大堤后移。大堤后移措施相当昂贵,但是却非常有效。通常工程成本从400万到5 000万欧元不等,但是大堤后移的效果均超过每百万欧元降低2 mm水位的水平。单纯大堤后移所获得的降低水位效果可以达到几十厘米,而此类其他措施只能降低几厘米,同时该措施也满足消除水力"瓶颈"所确定的标准。

在滩区缩窄而引起上游长距离壅水的情况下,大堤后移的效果尤其明显。这就是为什么大堤后移会对上游长距离降低水位产生作用的原因。每项措施通常都能实现降低当地水位10~20 cm,在沿 Waal 河和 Neder – Rijn/Lek 河段,所有大堤后移措施可以最大降低水位60 cm(图9)。

(6)针对城区"瓶颈"的"绿色河流"措施。对上游窄河段的加宽或挖深并不能完全解决问题,因为这就像在"水库"内或沿着"水库"进行加宽或挖深而无法打开出水口排出"水库"内的水一样。在下游采取类似的措施对降低水位的效果非常小,这就好比用一个堵塞的阀门进行抽水。城区造成的"瓶颈"不但使

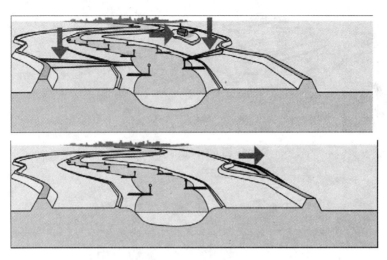

图 8   消除水力"瓶颈"

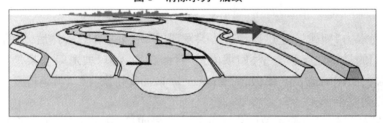

图 9   大规模大堤后移

此类措施毫无帮助,对其他措施也产生危害,而且根据综合措施成本还可能会产生更不利的作用。

显然,要消除由城区"瓶颈"带来的影响只有在坝外区域采取措施,毕竟在此区域几乎没有滩区。以上提到的一些措施在早期阶段并没有加以考虑,因为在建筑稠密的地区实施这些措施是不可行的。鉴于这个原因,在涉及城区"瓶颈"的区域实施了"绿色河流"的措施。

绿色河流实际上是在两个导流堤之间的滩区,当河流流量小时没有水流通过,只有在发生洪水时才发挥作用,它可以用作农业或者设计为自然、休闲娱乐区,总之为"绿色"(图 10)。

3.2   沿海区域综合性防洪策略——ComCoast

3.2.1   概念及目标

随着预期气候的变化,全球沿海地区的防洪设施将承受越来越大的压力。荷兰一直以来通过传统的加高大堤的方法来防御日益增长的洪水威胁。然而,随着海平面的持续上升,越来越多的证据表明,抵御洪水不能只简单依靠加高大堤,而应该寻找其他更具创造性的策略。ComCoast 就是这样一种创新性的洪水

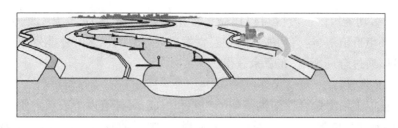

图10 针对城区"瓶颈"的绿色河流措施

风险管理策略,它通过在海、陆之间的逐渐过渡来建立一道综合的洪水防御区域,它同时具有广泛的环境功能,如休闲、渔业、旅游业和自然景观。

沿海区域综合性防洪策略的目标就是通过在海陆之间的逐渐过渡来创造多功能的洪水管理方法,在提供更多经济发展机会的同时,使广大的沿海社区及环境受益。ComCoast 的目标为:

(1)在沿北海区域,为沿岸防洪策略探索在目前或将来能发挥空间潜能的地点或区域。

(2)从经济和社会角度创造与实施新的方法对多功能防洪区域进行评价。

(3)结合环境、人口以及在确保所需安全水平的情况下创造和发展新的防洪技术措施。

(4)以公众参与为重点改善和实施利益共享者合作策略。

(5)在 ComCoast 试验区实施多功能防洪管理最佳方案。

(6)在环北海区域共享技术成果。

3.2.2 功能及组成

ComCoast 是通过利用多条防洪线来探索海岸防洪的解决方案。相比于单一的防洪线,海岸防洪区包含一系列拥有各自功能的防洪屏障,其功能和组成引用 ComCoast 的主要方案表述如下:

(1)挡水。主要临水大堤负责抵御高海水位、海浪爬坡直至设计水位。大堤外坡(背水坡)铺设防漫顶护坡以允许较大的漫顶流量。

(2)蓄水。在主坝背后的过渡区能储存一定量的漫溢海水,辅坝或高地环绕过渡区,利用沟渠或泵站进行排水。

(3)洪水控制。在遭遇风暴或在正常天气情况下海岸防洪区在需要的情况下应该能进行排水,必要的排水系统有利于过渡区的水量控制,对于较大的水量可以设置泵站通过排水系统排出。如果需要,可以增加一个涵洞来增强潮汐对过渡区的影响,而且它还可以在风暴后排除多余的海水。

(4)削减海浪。坝前的各种设施都可以起到削减海浪的作用。首先,浅滩可以在坝前产生较温和的海浪气候,另外早前建造的低坝、防波堤、夏季坝(辅坝)均可起到削减海浪的作用。

(5)多功能区。过渡区可以用做多种用途,如水上运动、休闲,改善水上区域提高环境价值等,这些功能只有在经常发生规律性的洪水时才能发挥作用,当然也可以通过合理规划、布置来获得。

3.2.3 具体措施

根据以上沿海综合性防洪策略的功能和组成,具体有以下五项主要措施:

(1)规律性的潮汐交换:通过结构工程,如闸门、潮汐口或管道等实现坝后区域规律性的海水交换,从而创造海水或淡盐水生物栖息地(图11(a));

(2)相对于现有堤防进行陆向的重新规划或布置,这包括部分或完全移除现有的堤防(图11(b));

(3)抗溢流坝:去除大堤顶部,允许海水漫顶,并在背水坡设置护坡以抵抗溢流海水的冲刷。漫溢的海水通过蓄或排进行有效处理(图11(c))。

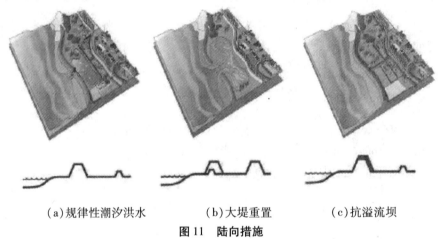

(a)规律性潮汐洪水　　　　(b)大堤重置　　　　(c)抗溢流坝

图11　陆向措施

(4)前滩防护:进行滩前开发,保留或增加滩前高地或在坝前某些区域增设小堤,在遭遇风暴时可以起到防波堤的作用(图12(a));

(5)前滩补给:在现有沿海堤防前补充材料,包括岸线恢复和向前推移(图12(b)、(c))。

其中(1)~(3)项属于陆向措施,(4)、(5)项属于海向措施。

3.3 人工土丘(或筑台)

居住在人工土丘上是中世纪荷兰人最传统的抵御洪水的方法,这些人工土丘的高度足以在遭遇洪水时保持干燥。鹿特丹就是这样一个很好的例子(图13),鹿特丹是世界上最大的港口,而荷兰及比利时沿 Westscheldt 海岸又被认为是世界第二大港口,所以此地区的投资非常大。但是,对于工业资产来说,他们根本不能接受任何一点的洪水风险。炼油厂、储油区、核电站、化工厂、集装箱码头必须确保绝对的安全。如果发生最黑暗的事情,或者巨大的风暴超过大堤的

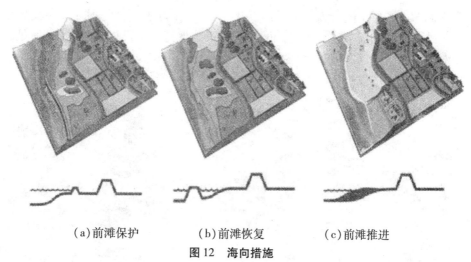

(a)前滩保护　　　　　　(b)前滩恢复　　　　　　(c)前滩推进

图 12　海向措施

安全标准(鹿特丹附近为 10 000 年一遇,其他地区为 4 000 年一遇),甚至大堤决口,那么坝后的地区将被几米深的洪水淹没。洪水造成的破坏将需要几个月的时间进行恢复而且损失将是惊人的巨大。然而,位于人工土丘(或筑台)上的工业设施在遭遇同样恶劣的情况下只是在几小时的高潮位时遭遇深度几厘米的洪水。

　　这些工业区的做法实际上部分返回了可能是最安全的防洪策略:大规模的人工土丘。为什么在城市防洪规划中不采用这样的措施呢?

图 13　鹿特丹位于人工筑台上的炼油厂

3.4　减少洪水损失

　　人们通常喜欢依水而居,但是这也牺牲了一些原本被用做洪水调蓄的一些区域。尽可能依水而居当然最好,但是前提是要考虑目前和将来洪水安全以及洪水调蓄的需要。随着人口的增加以及社会经济的发展,工业、住宅及休闲娱乐对土地及空间的需求越来越多。虽然堤防系统保持着很高的安全水平,但是在相对高洪水风险的区域仍然需要做好发生洪水的准备,居民也应采取一些特殊措施应对洪水的发生(图14)。

图14 减少洪水损失的措施

在高洪水风险区居住的居民应采取一些预防措施保护家园和财产,以避免造成巨大的损失。另外,除了各级政府的努力之外,居民自己在房屋设计时要考虑逐渐提高的洪水风险以保护自己的财产,例如以下一些具体措施:

(1)提高房屋底层地面标高。根据当地防洪管理部门的建议,将房屋建在桩上或抬高的地基上;

(2)尽可能将室内的加热、发电或通信系统安装得高一点;

(3)使用防水的建筑材料;

(4)采用防水地下室。

4 结语

以上介绍的关于荷兰洪水风险管理政策是经过长期的研究和争论的结果。本文所阐述的一些经验和观点正在影响着当前荷兰的水管理政策,一些措施已经在某些地区进行了实施。洪水弹性策略(如滞洪区措施)需要大面积的蓄水区域,这些区域当前被大堤保护,但是为了发挥重要的蓄洪功能,偶尔会把这些空间还给河流。然而,这些区域并不是永久性地失去土地的利用功能或者生态功能,而只是暂时性的或者偶尔需要进行蓄水或排水,有很多与此相适应的土地利用方式。因此,基于弹性洪水的洪水风险管理是可行的。绿色河流,虽然只是小规模的,但是在当前被认为是一种很有效的减小洪水流量的措施,这在很多年以前是不被认可的。同样,通过迁田的分割来控制洪水(即"应急迁田")进而提高下游迁田的洪水安全,这项措施也正在由政府部门进行研究。

荷兰只是一个拥有大量人口的三角洲地区的典型例子,气候的变化和社会的发展相互影响,有时又相互冲突。然而,荷兰以其丰富的水管理经验而闻名,当前正在争议的对于如何应对河流洪水的管理策略问题可能对于其他地区来说是正需要的,也许从中可以避免重犯一些错误。

参 考 文 献

[1] Machteld van Boetzelaer, Bart Schultz. Recent developments in flood management strategy and approaches in the Netherlands [R]. Utrecht, the Netherlands; Delft, the Netherlands,2006.

[2] Dick De Bruin, Bart Schultz. A simple start with far - reaching consequences[R]. The Hague, The Netherlands; Utrecht, The Netherlands,2006.

[3] Dick De Bruin. Irrigation and Drainage 55: S1 – S2 (2006), Similarities and differences in the historical development of flood management in the alluvial stretches of the lower Mississippi Basin and the Rhine Basin[EB/OL]. Published online in Wiley InterScience (www. interscienc. wiley. com),2006.

[4] Wilfried Ten Brinke. The Dutch Rhine, Veen Magazines B. V., Diemn [R]. The Netherlands,2005.

[5] Fundermentals on Water Defences. Technical Advisory Co mmittee on Water Defences[R]. The Netherlands,1998.

[6] Wim silva, Frans Klijn, Jos Dij kman. Room for the Rhine Branches in The Netherlands, IRMA – SPONGE, RIZA, WL/delft hydraulics[R]. The Netherlands,2001.

[7] Comcost – Innovative solution for flood protection and regional development. Rijkswaterstaat DWW, Delft[EB/OL]. The Netherlands. www. comcoast. org,2005.

[8] Frans Kijn, Michael van Buuren, and Sabine A. M. van Rooij. AMBIO: A Journal of the Human Environment [R]. Vol. 33, No. 3, pp. 141 – 147. Flood – risk management strategies for an uncertain future: living with Rhine River floods in The Netherlands,2002.

[9] A Different Approach to Water, Water Management Policy in the 21st Century. Ministry of Transport, Public Works and Water Management[R]. The Netherlands,2000.

水温对水流输沙能力影响研究现状综述

郑春梅　曹永涛　江恩惠　李　萍

（黄河水利科学研究院）

摘要：水温通过改变水体的黏滞性而影响水流输沙能力。这种影响又分为两个方面，一方面是黏滞性对泥沙沉速的影响，另一方面，黏滞性影响到水流的雷诺数，从而影响水流阻力，两方面的共同作用影响输沙能力。本文对这两种机理的研究现状以及有关学者关于水温对输沙能力影响的研究成果进行了整理分析。

关键词：水温　沉速　水流阻力　输沙能力

1　引言

全球大部分地区冬夏季气温差别都较大。在我国北方，河流的水温在冬季接近 0 ℃，而在夏季可超过 25 ℃，如此大的水温变幅，对水流输沙能力的影响究竟有多大，一直是专家和学者们关心的问题。

水温对水流挟沙能力的研究始于 20 世纪 30 年代。据 J. W. Johnson 在《The Importance of Considering Side – wall Friction in Bed – Load Investigations》一文中记载，当时，贺邦荣在水槽中研究了水温对于泥沙输移的影响，但由于在资料的处理中没有考虑边壁的作用，论文中的许多结论并不成立。1949 年，Lane 等就观察到，在相同流量下，科罗拉多河下游的输沙率在水温为 4 ℃ 的冬天是在水温为 27 ℃ 的夏天的 2.5 ~ 3.0 倍，钱宁根据爱因斯坦床沙质函数进行计算的结果也证实了这一点；1955 年 Straub 在密西西比河上观察到，对类似的流量冬天挟带的悬移质比夏天多；更有甚者，1985 年段学琪使用 1953 ~ 1958 年引黄渠系（人民胜利渠、打渔张灌区等）观测资料，建立了两个水温对输沙能力影响的经验关系式，认为水温 2 ℃ 时的输沙能力比 28 ℃ 时的输沙能力高 28 倍。

水温通过改变水体的黏滞性而影响水流输沙能力。这种影响又分为两个方面，一方面是黏滞性对泥沙沉速的影响，另一方面，黏滞性影响到水流的雷诺数，从而影响对水流的阻力变动，两方面的共同作用影响输沙能力。

本文对这两种机理的研究现状以及有关学者关于水温对输沙能力影响的研究成果进行了整理分析，并提出了作者对该问题的研究思路。

2 水温对泥沙沉速的影响

许多专家学者针对水温对沉速的影响开展了一些研究。

俞亚南、叶培伦认为，水温的变化影响沉速，主要是由于沉降粒径随着水温的增加而减小，进而引起沉速的变化。虽然沉降粒径随着水温而变化，但它的变化率不大，对于计算沉速而言，当水温在一个小范围变化时，可以看成常数，不至于引起太大的误差。

王谅、金鹰、李宇在分析影响黏性泥沙动沉降特性的主要因素时指出，低含沙浓度的浑水性质受水温影响较大，同样一种浑水水样，温度相差较大时，其泥沙沉降特性也相差很大，影响了重复试验的准确性。为保证试验的可靠性，在试验过程中，除尽量控制好室温外，还严格对所测浑水样品进行温度校正。

2.1 对单颗粒泥沙沉速的影响

对单颗粒泥沙的沉速，中外学者提出了不少计算公式，主要有张瑞谨公式、冈恰洛夫公式、窦国仁公式、规范推荐公式等。据上述公式计算 $\gamma_s = 2\,650$ kg/m³的泥沙沉速受温度的影响程度，其中滞流区选择的粒径为 $d = 0.1$ mm，过渡区选择的粒径为 $d = 0.2$ mm，用 $\omega_T/\omega_{T_0} = 2$ 表示任意温度的沉速与 2 ℃下沉速的比值。

由于在滞流区各家公式中沉速都是与水的运动黏滞系数 γ 成反比，各家公式随温度的变化是一致的，最终的计算结果为 $\omega_{T=28}/\omega_{T_0=2} = 1.982$。在过渡区，由于各家的处理方式不一致，温度对沉速的影响程度也不尽相同。在紊流区，几种公式均未考虑温度的影响。

从上述各家公式可以看出，虽然公式形式不一，但在滞流区，沉速都与水流黏滞性成反比，即与水温成正比；在紊流区，沉速与水温关系不大，各家公式均未考虑温度的影响；在过渡区，各家公式均显示沉速与水温成正比，但影响程度均比滞流区小。

2.2 对泥沙群体沉速的影响

温度对泥沙群体沉速的影响，目前存在截然相反的两种观点。

2.2.1 温度与泥沙群体沉速成正比

欧文研究了河口泥沙在沉降管中的沉降，并于 1972 年发表了一份关于温度对黏性泥沙沉速影响的报告。他认为温度仅仅通过改变水的黏滞性影响沉速，与斯托克斯定律相一致，沉速与水流黏滞性 γ 成反比，也即与温度成正比。迄今，大多数研究者仍习惯认为温度对黏性泥沙的影响表现在这一点。

2.2.2 温度与泥沙群体沉速成反比

当絮凝现象出现时，问题相对比较复杂。1994 年，加拿大的 Y. L. LAU 对泥沙在沉降管中的沉降进行了新的研究,他认为欧文的研究结果系在沉降管中得到,而管中的水是静止的,基本不存在紊动,因此欧文的结论应用到紊流中可能会有问题,因为黏性泥沙的沉速依赖于絮凝沉淀过程,其中水流紊动和剪应力起重要作用。在紊流中,泥沙颗粒可能聚集并形成絮凝物在水中沉降;但絮凝物并不紧密,易被接近河床的高剪应力打碎,泥沙颗粒重新混入水流。由于在沉降管中不能模拟这种条件,因此 Y. L. LAU 在室内温控环行水槽上重新进行了研究。通过使用蒸馏水、盐水以及河流泥沙的试验成果,证明温度对黏性泥沙的沉速有重要影响:当温度较低时,沉速较大。这个温度减少而沉速增加的结论与欧文的结论截然相反,虽然没有严密的理论解释这种差异,但 Y. L. LAU 从定性上对他的试验结果作了如下解释:

黏性泥沙的沉降取决于絮凝过程。在紊流中,絮凝物连续地形成,然后被紊流和流体剪力打破,尤其当它们达到靠近河床的高剪应力区时更是如此。黏性颗粒的絮凝能力随颗粒间引力和排斥力而变化。范地瓦尔斯吸力并不随温度而变,但排斥力随温度而变。

Rees 和 Rainville 在 1989 年观察了从密西西比河及其支流采集到的胶体的性质,其结果证明排斥力在低温下确实较低。

随着温度的增加,颗粒间的排斥力增加,同时吸引力保持不变。因此,絮凝物较软弱,更易被水流中紊流破碎,最终形成较少的絮凝物及尺寸变得更小,絮凝沉淀到达河床附近也更容易被击碎,重新混入水流中。这比黏性阻力减少对沉降的影响更大,最终导致沉速随温度的增加而减少。

虽然温度的变化改变了水流的雷诺数,但 Nezu 和 Rodi 在 1986 年以及 Blinco 和 Partheniades 在 1971 年的测量结果表明,河道水流的紊动强度对雷诺数的依赖性并不大。因此,试验结果与水流特性的变化没有关系。

应当指出,Y. L. LAU 指出的黏性泥沙的沉降取决于絮凝过程是有道理的。但正由此,温度变化对絮凝的影响将直接影响沉降的变化,Y. L. LAU 得出的沉速随温度的增加而减少也是值得商榷的。目前,温度对絮凝的影响在学术界也存在一定争论。蒋国俊等在研究长江口细颗粒泥沙絮凝沉降影响因素时,指出了水温对细颗粒泥沙絮凝作用的影响。水温对细颗粒泥沙絮凝作用的影响长期以来不为大多数学者所重视,但是实验室试验研究显示,细颗粒泥沙絮凝沉降受水温的控制。通常情况下水温较低时,细颗粒泥沙絮凝沉降强度较低,甚至不发生絮凝沉降,但一旦水温超过 25 ℃,细颗粒泥沙发生迅速的絮凝沉降,且具有随水温升高絮凝沉降强度增大的变化趋势。

3　水温对水流阻力的影响

温度也通过对水流阻力的作用来影响输沙率。水的黏滞度随温度上升而减小,因此温度较高时,沙粒的沉降速度及沉降粒径都较大。根据图1,当处于低速流区和过渡流区之间的临界状态附近时,沉降粒径随温度的变化将导致床面形态阻力的巨大改变。对天然河流而言,Colby 和 Scott(1965)发现水温对中罗泊河的影响十分可观:他们发现,夏天的床面形态比冬天更为显著,因而摩擦系数明显地受水温的影响。美国工程兵团(1969)报道了奥马哈附近密苏里河水温、水位—流量关系变化及床面糙率之间的明显相关。美国陆军工程兵团奥马哈分部进行的大量研究表明,秋季温度下降,在流量不变的情况下,沙垄被逐渐冲蚀,床面变得平坦,同时,由于摩阻减小,水位下降。如果床面形态处于从沙垄河床到平整河床的过渡区附近,摩阻系数将发生明显的变化,这种机理对输沙率有着重要影响。除上述机理外,水温还会通过改变泥沙的起动条件而影响输沙率。

4 水温对水流挟沙能力影响的研究现状

4.1 Hong 的研究成果

Hong 等 1984 年用 $d_{50} = 0.11$ mm 的细沙作试验,温度范围一般从 0 ~ 30 ℃,试验发现,在 Froude 数为 0.5 和 0.8 的较高流速时,温度降低导致底层泥沙浓度增加较大,悬移质沿垂线方向的分布较为均匀,阻力系数较小但仍明显的有所增加。对 Froude 数为 0.3、刚好在泥沙起动条件以上的水流,测量结果表明水温对水流挟沙力影响较小。虽然这些试验回答了温度对水流挟沙力影响的重要问题,但在低水深(0.24 ft)时,没有沙垄形成,无法测试温度的影响。由温度变化引起的沙垄河床到平整河床的过渡床面形态对输沙率存在一定影响,但未进行观测。

4.2 钱宁的研究成果

钱宁以爱因斯坦床沙质函数作为工具,分析了水温升降对水流条件及泥沙运动的影响。得出如下结论:水流的黏性是温度的一个函数。水温的升降一方面通过近壁层流层厚度的变化而改变了推移质运动,另一方面又通过泥沙沉降速度的加快或减缓影响到悬移质在垂线上的分布。近壁层流层厚度的改变在三个不同的方面具体表现其作用:①河床相对糙率的改变;②作用在泥沙颗粒上的外力的改变;③床面泥沙颗粒所受到的隐蔽作用的改变。由于这三方面的作用往往互为消长,水温的变化对推移质运动的影响是不确定的(见图1)。

垂线上各点的悬移质含沙浓度一方面受制于推移质运动的强弱,另一方面取决于泥沙沉速与水流向上紊速的比值。水温下降时,泥沙颗粒在黏性增加的水流中下沉较慢,在细沙河流上,这一个作用远远超过水温对推移质运动的影响。因此,在一般情况下,悬移质垂线含沙浓度会有所增加,且分布较均匀。

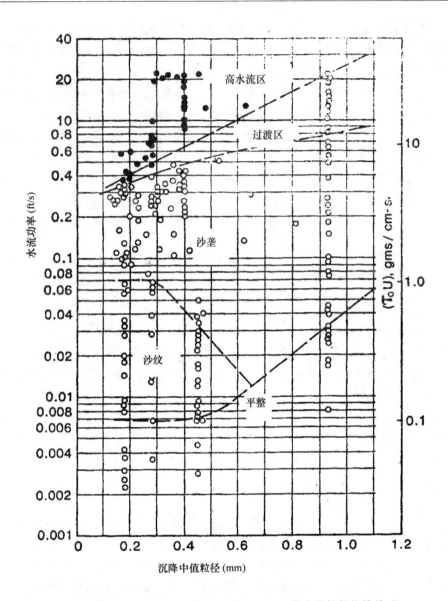

图 1　床面形态、单位床面面积的水流功率以及沉降中值粒径间的关系

　　考虑了水流黏性在多方面的作用以后,钱宁认为,在细沙河流上,在同样的流量下,冬天的输沙率比夏天超出两三倍是有可能的。科罗拉多河泰勒渡口的资料证明在水温下降 16.5 ℃时输沙率增加 2.5 倍,根据爱因斯坦床沙质函数进行计算的结果,也完全证实了这一点。

　　但同时应该指出,在钱宁用来分析的科罗拉多河泰勒渡口站 1943~1951 年间实测资料中,流量最大约为 708 m³/s,水面比降为 2.4‰,水流的含沙量很低,以重量计的含沙浓度最高的也不足 0.2% ,换算成含沙量大约仅有 2.03 kg/m³ ,是不饱和输沙状态。

4.3 段学琪的研究成果

1985 年段学琪在前人研究的基础上,使用 1953 ~ 1958 年黄河上的渠系观测资料,采用图解法探求影响挟沙能力的主要因素。研究发现,每种粒径单宽输沙率 q_s 与断面平均流速与断面平均沉速之比 $\frac{V}{\omega}$ 形成双值关系,说明还有一些因素影响水流的挟沙能力。

影响挟沙能力的因素,考虑了"含沙量与流量的比值可以用来代表流域相对于水量而言的产沙量的多寡"。对渠道而言,在边界条件一定的情况下,进入渠道内相对于水量而言的产沙量多少这一参数可能是影响挟沙能力的因素之一。其次是水温,水流的黏性是温度的一个函数直接影响流速和泥沙沉速,有时会引起床面形态的变化。总之,随着温度的变化,各种因素自动调整,只用沉速来反映水温对挟沙能力的影响是不够的。为此,段学琪把实测水温和 S_*/Q 值直接引入挟沙能力研究工作中,用 S_*/Q 和 T 作关系图。用 T 和 S_*/Q 将数据分为三种情况:$T < 13$ ℃ ,$S_*/Q > 0.2$,低温多沙;$T > 13$ ℃ ,$S_*/Q < 0.2$,常温少沙;$T < 13$ ℃ ,$S_*/Q > 0.2$,低温少沙。发现水温对挟沙能力有异乎寻常的影响,并建立了两个经验关系式:

当 $T > 13$ ℃ 且 $\dfrac{S_*}{Q} > 0.2$ 时:$S_* = k_1 \dfrac{V^{2.91}}{H \omega^{0.335}}$

$$当 T > 13 ℃ 且 \frac{S_*}{Q} > 0.2 时:S_* = k_1 \frac{V^{2.91}}{H \omega^{0.335}} \tag{1}$$

$$在其他情况下:S_* = k_2 = \frac{V^{3.9}}{H} \tag{2}$$

式中:T 为断面平均水温,℃;S_* 为断面平均挟沙能力,kg/m³;Q 为断面平均流量,m³/s;V 为断面平均流速,m/s;H 为断面平均水深,m;ω 为断面平均沉速,cm/s;k_1、k_2 为水温 T 的函数,其中

$$k_1 = 513.6 \frac{1}{(\gamma_s - \gamma)^{3.575}} \cdot \frac{1}{(1 + 0.033 \, 7T + 0.000 \, 221 \, T^2)^{3.575}}$$

$$k_2 = 1 \, 035.4 \frac{1}{(\gamma_s - \gamma)^{4.9}} \cdot \frac{1}{(1 + 0.033 \, 7T + 0.000 \, 221 \, T^2)^{4.9}}$$

式中:γ_s、γ 分别为泥沙和水的容重,g/cm³,并据此修正以往的公式。

经过数据分析,段学琪认为,低温比高温时的挟沙能力要大,根据公式(2),水温 2 ℃时的挟沙能力比 28 ℃时的挟沙能力高 28 倍,足见水温影响之大,不可

忽视。但段学琪同时承认,上述研究仅是一种尝试,还有许多问题有待解决,如在两个关系式中一个有泥沙沉速 ω,另一个却没有,这一现象如何解释?水温影响挟沙能力的程度及内在机理等,均需进一步研究。

4.4 杨国录的研究成果

在"制紊假说"思想指导下,以能量平衡原理为出发点,以非均匀沙中的第 k 粒径组沙作为研究对象,分别考虑在弱平衡和强平衡条件下水体和床沙的等量交换,建立非均匀沙分组水流挟沙力公式。在对水流挟沙力的影响因素的研究分析中发现,上游来沙和当地床沙对水流挟沙力的影响程度不尽相同,因此在建立公式时考虑在床沙级配 P_{bk} 前加一个系数 a 来修正,最后所得的水流挟沙力公式为:

$$S_{vk}^{vim} = k\mu_r^{\alpha} \left[\frac{\omega_k}{\omega}(P_k + aP_{bk}) \right]^{\beta} \left(\frac{U^3}{\frac{\gamma_s - \gamma}{\gamma}gR\omega_k} \right)^{\gamma} \tag{3}$$

式中:S_{vk}^{vim} 为第 k 组沙的挟沙力;μ_r 为水体的黏滞性系数;ω_k 为第 k 组的沉速;$\overline{\omega}$ 为平均沉速;P_k 为上游的来沙级配;P_{bk} 为当地床沙级配;a 为上游来沙和当地床沙对挟沙力影响的差异系数;U 为水流流速;γ_s、γ 分别为泥沙和水流的容重;R 为水力半径。

公式用水体的黏滞性系数 μ_r 反映温度对水流挟沙能力的影响。由于温度升高时黏滞性系数 μ_r 是下降的,根据杨国录公式计算的结果,随着温度的升高,水流的挟沙能力是下降的。

4.5 Suleyman Akalin 的研究成果

Suleyman Akalin 通过分析密西西比河下游的实测资料,得出如下结论:水温每增加 1 ℃,河道中全部的泥沙输移量减少 3.09%。而且,对每段泥沙颗粒都进行了单独的研究,水温每增加 1 ℃,悬移质泥沙中的特细沙、细沙、中沙和粗沙的输移量分别减少 2.79%、3.4%、1.42% 和 1.49%,影响最大的就是细沙。

5 结语

水流挟沙力不仅受到水流泥沙因素的影响,而且还受到上游来沙条件、床沙组成及细颗粒泥沙黏结力、细颗粒泥沙絮凝及水温的影响。水温对水流挟沙力的影响可以反映在泥沙沉速上及河床阻力上。Hong 等学者认为水温对水流挟沙能力影响较小。钱宁认为水温下降将引起输沙率的增加,对于细沙河流,冬季的输沙率有可能是夏季输沙率的两三倍。段学琪的计算结果是水温 2 ℃ 时的挟沙能力比 28 ℃ 时的挟沙能力可能高 28 倍。杨国录公式计算的结果表明,随着温度的升高,水流的挟沙能力是下降的。Suleyman Akalin 通过分析密西西比河

下游的实测资料,得出水温每增加 1 ℃,河道中全部的泥沙输移量减少 3.09%
的结论。众多学者都从不同的角度分析了水温对泥沙运动及挟沙能力的影响,
但均不十分全面,还有待于深入研究。

参 考 文 献

[1] 钱宁. 水温对于泥沙运动的影响[J]. 泥沙研究,1958,3(1).

[2] 张海燕. 河流演变工程学[M]. 北京:科学出版社,1990.

[3] 段学琪. 水温对挟沙能力影响的探讨[J]. 泥沙研究,1985(9).

[4] 俞亚南,叶培伦. 蓄泥库泥沙群体静水沉降速度研究[J]. 水利学报,2001(10).

[5] 范诺尼 V A. 泥沙工程[M]. 北京:水利出版社,1981.

[6] 王谅,金鹰,李宇. 黏性泥沙动水沉降特性研究[J]. 水道港口,1994(4).

[7] 张瑞瑾. 河流泥沙动力学[M]. 北京:中国水利水电出版社,2005.

[8] Y. L. LAU. 温度对黏性泥沙的沉速及淤积的影响[J]. 水利水电快报,1994(13).

[9] 蒋国俊,姚炎明,唐子文. 长江口细颗粒泥沙絮凝沉降影响因素分析[J]. 海洋学报,
    2002(4).

[10] 潘庆燊,杨国录,府仁寿. 三峡工程泥沙问题研究[M]. 北京:中国水利电力出版
    社,1999.

[11] Suleyman Akalin, Water temperature effect on sand transport by size fraction in the lower
    Mississippi River, In partial fulfillment of the requirements for the Degree of Doctor of
    Philosophy Colorado State University Fort Collins. Colorado. 2002.

中小流量下河道整治工程迎送流关系与工程平面布局研究

李军华[1]   江恩惠[1]   安书全[2]

（1.黄河水利科学研究院；2.河海大学）

摘要：小浪底水库建成运用后，改变了进入黄河下游河道的水沙条件及洪水过程，中小流量出现的几率大大提高，在长期中小流量过程的作用下，游荡性河段河道整治工程送流能力减弱。为此，我们开展了大量的实体模型单元素试验研究，初步建立了工程送流距离与流量、工程弯曲半径、靠溜长度及入流角度等整治参数的指标体系，继而又通过不同比尺的模型试验和大量的原型实测资料对送流距离公式进行了检验，相关性极好。利用该公式对黄河下游游荡性河道整治目前还未完善、工程布局调整难度大的老田庵—保合寨河段、曹岗—欧坦河段进行了工程平面布局研究，成果已被黄河下游河道整治方案研究采用。

关键词：河道整治   模型试验   工程布局   送流距离   迎送流关系

1 概述

黄河流域是中华文明的发祥地，黄河的安危与中华民族的兴衰休戚相关。几千年来黄河治理一直是历代政府和两岸民众社会生活中的一件大事。历史上黄河是一条害河，在新中国成立前的 2 500 多年中，两岸堤防决口达 1 590 多次，每次决口都给两岸人民带来深重的灾难。

新中国成立以来，党和国家对黄河治理与开发高度重视，进行了大规模的治理，通过整治，河势游荡范围得到有效控制，减小了防洪的被动性，取得了 60 年伏秋大汛不决口的伟大胜利；有效地防止了塌滩、塌村，滩区群众的生产安全得到提高；提高了引黄取水保证率，创造了巨大的经济效益和社会效益。

但是分析黄河下游河道演变的历史过程，可能得出这样的结论："善淤、善决、善徙"是黄河下游河道长期以来所反映的基本规律，这也决定了其治理的特殊性、复杂性和艰巨性，尤其是经济社会的快速发展，给黄河治理又带来了许多新情况和新问题。

20 世纪 90 年代后，由于黄河年径流量减小和工农业用水的增加，黄河下游进入了枯水期。在长期中小流量过程的作用下，游荡性河段部分河道整治工程送流能力减弱,控导河势作用降低,送流不到位,工程之间发生畸湾。究其原因,我们认为主要是由于河道整治工程布局采用的设计参数对近期的水沙条件适应性减弱。目前黄河下游河道整治工程采用的参数是根据20世纪90年代以前的水沙资料分析确定的,在90年代后期对个别参数作了一些调整,但并没有明显的变化,而且这些参数之间的相互关系并没引起人们的高度重视。小浪底水库运用后,中小流量出现的几率大大提高,河道整治工程能否适应变化了的水沙条件,已经成为黄河下游游荡性河道进一步整治进程中亟待解决的一个重大问题。因此,开展长期中小流量下河道整治工程迎送流关系研究,对于推进河床演变基本理论的发展和小浪底水库控制运用后黄河下游游荡性河段河道整治工作具有重要的现实意义。

2 河道整治工程迎送流距离影响因素分析

根据黄河下游游荡性河道整治"微弯型"整治方案工程布局型式,将河道整治工程迎送流关系中各相关参数示于图1。其中,工程送流距离指水流离开控导工程后,不改变运行方向所能达到的理论距离,我们将其用 X 表示;河道整治工程末道坝的坝头切线至下一处工程的距离用 e 表示;入流角度指来流直线入流河道工程与坝头连线交点之切线间的夹角,用 β 表示;靠溜长度指着溜点以下工程着溜的长度,用 L 表示。若 X 与 e 值接近,说明工程配套较好,能有效地控制两河湾工程之间的河势;若 X 小于 e 过多,说明工程送流能力弱,难以送流下一工程,导致下一工程不靠流或靠流几率大大减弱,不能按规划流路控制河势。

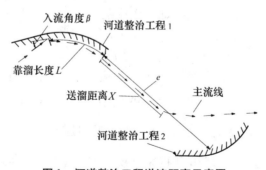

图1 河道整治工程送流距离示意图

对于河湾导流工程的导流作用,一些学者已经从不同侧面入手,研究了有关问题。例如,屈孟浩早在1980年代初曾给出如下送溜长度计算公式。

$$X = 2\,110 \times \left[\frac{1}{\sin\left(\dfrac{5.73L}{R}\right)} - \cos\left(\dfrac{57.3L}{R}\right) \right] \tag{1}$$

式中:X 为送溜长度,m;L 为工程靠溜长度,m;R 为工程弯曲半径,m。

黄河下游游荡性河段河道整治采用微弯型整治方案,其工程参数主要参照下游弯曲性、过渡性河段的经验,公式(1)对于河道整治工程布置具有十分重要的价值。但由于问题的复杂性,特别是长期中小流量下河道整治工程的控导作用减弱,工程的送溜距离与流量等参数之间的关系如何,需要在前人的基础上进一步研究。我们认为,控导工程的送溜距离与水流强度、河湾参数、河床的土质组成、水流的含沙量、泥沙级配、河道比降等因素有着密切的关系。一般来说水流强度大、变幅小,出溜方向稳定,河床可动性小,送流距离长;反之送流距离短。水流强度本文用平滩流量表示,出溜方向的稳定程度可用弯道半径和靠溜长度综合系数表示,河床可动性用局部河道比降和床沙粒径表示,则送流距离可用下列函数形式表达:

$$X = f(Q, J, D_{50}, S, R, L, \beta) \tag{2}$$

式中:X 为送溜距离,m;Q 为平滩流量,m^3/s;J 为局部河道比降,(‰);D_{50} 为床沙中值粒径,mm;R 为工程弯曲半径,m;L 为靠溜长度,m;S 为含沙量,kg/m^3;β 为水流入流角度,(°)。

目前,黄河下游伊洛河口以上河段及东坝头以下河段,河道整治工程配套程度相对较高,河势比较稳定,近期治理的重点主要在伊洛河口至夹河滩河段。该河段河道比降 J 在 2‰ 左右变化,床沙中值粒径 D_{50} 变化也不大,一般为 0.1 mm;含沙量 S 虽然是河床演变的主要因素之一,但对工程的送溜能力影响相对较弱。针对黄河下游影响工程送流能力的主要因素有流量 Q、工程弯曲半径 R、水流的入流角度 β 和靠溜长度 L,即将送流距离 X 表示为上述四个单元素的函数关系:

$$X = f(Q, R, \beta, L) \tag{3}$$

由于河床演变的复杂性,很难从理论上推导送流距离与其影响因素之间的量化关系,本次研究主要采用实体模型试验和统计分析方法。

3 实体模型单元素试验及送溜距离公式的建立

张红武、江恩惠等自 1988 年以来系统开展了动床河工模型相似条件的研究,提出了一套完整的模型相似律。按照该模型相似律建立的"花园口至东坝头动床河道模型"、"小浪底至苏泗庄动床河道模型",已经过了各种水沙条件的验证。验证结果表明,该模型相似律除充分考虑了水流重力相似、输沙相似、泥沙起动相似及河床冲淤变形相似等条件外,在含沙量分布、流速分布、泥沙级配、河型及河势等方面与原型也能达到基本相似。因此,利用该模型相似律开展实体模型试验研究黄河下游游荡性河段河道整治工程的迎送流关系是可行的。

3.1 模型简介

依据黄河水利科学研究院多年动床模型试验经验,遵循黄河泥沙模型相似律,选取郑州热电厂粉煤灰作为模型沙,新建局部模型(一)。为了提高试验精度,模型尽量采用大比尺模型,根据场地条件、试验河段长度的要求以及试验材料模型沙的特性,最终确定模型的水平比尺 $\lambda_L = 400$,垂直比尺 $\lambda_h = 80$,模型几何变率 $D_t = 5$,其他模型比尺详见表1。

表1　局部模型(一)、(二)主要比尺

比尺	水平比尺 λ_L	垂直比尺 λ_h	流速比尺 λ_v	流量比尺 λ_Q	糙率比尺 λ_n	水流运动时间比尺 λ_{t1}
模型(一)	400	80	8.94	286 217	0.928	44.72
模型(二)	800	60	7.75	371 806	0.542	103

模型试验中河道整治工程采用圆弧型平面形式,考虑在靠河情况稳定的情况下河道整治工程的送溜能力,靠溜长度确定为工程靠大溜的长度。初始地形用柳园口断面1999年实测值概化,统一试验河段过水面积。初始水位率定,按2‰比降控制。

3.2 试验参数的选取

小浪底水库2000年投入运用,就小浪底水库初期运用方式,黄委曾提出两种水沙条件,即小浪底水库调控流量分别采用3 700 m³/s 和2 600 m³/s。这两个流量级在相应的水沙系列中持续时间也最长,又接近现阶段黄河下游河床萎缩情况下的造床流量,对河床演变影响较大,因此本次试验选定3 700 m³/s 和2 600 m³/s 这两个流量级作为典型流量来进行河道整治工程导流效果试验。目前黄河下游不同河段河道整治工程的弯曲半径,各河段的河道整治工程平均弯曲半径在2 700~3 700 m 之间,本次试验河道整治工程的半径分别选定为2 000 m、3 000 m 和4 000 m,入流角度选定为30°、45°、60°和85°。根据对白鹤至神堤、马庄至武庄、禅房至高村三个模范河段和神堤至保合寨、九堡至黑岗口、黑岗口至贯台三个非模范河段整治效果的统计分析,模范河段整治工程的靠溜长度在2 100~2 700 m 之间,其导流效果较好,非模范河段的靠溜长度在1 300~1 900 m 之间,其导流效果相对较差。为详细研究靠溜长度的影响,本次试验选择的靠溜长度分别为500 m、1 000 m、1 500 m、2 000 m 和2 500 m。

3.3 试验过程

按照上述试验控制条件和参数选取原则,组合了不同的流量、弯曲半径、入流角度、靠溜长度,在局部概化模型(一)上进行了25组试验。试验中布置了两组控导工程,通过调整控导工程1实现控制进入控导工程2的水流的入流角度及入流部位(即靠溜长度)等,调整控导工程2的弯曲程度来改变工程弯曲半径。由此研究水流由控导工程2出流后自由河弯的发展。其中流量为2 600 m³/s、入流角度为60°时流路相对稳定时的河势情况见图2;图3是流量为3 700 m³/s、入流角度为45°时流路相对稳定时河势情况。

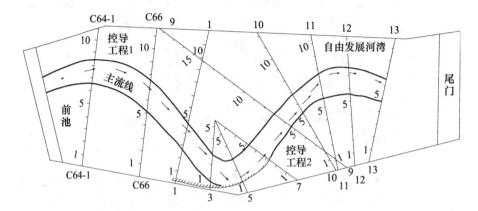

图2 流量 $Q = 2\ 600\ \text{m}^3/\text{s}$、入流角 $\beta = 60°$ 时流路稳定后的河势情况

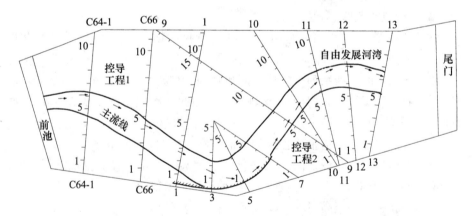

图3 流量 $Q = 3\ 700\ \text{m}^3/\text{s}$、入流角 $\beta = 45°$ 时流路稳定后的河势情况

3.4 送流距离公式的建立

在局部模型(一)上开展的25组试验,试验控制参数及实测送流距离值见表2。

采用最小二乘法对表2试验数据进行回归分析,建立了送流距离与流量、入流角度、工程弯曲半径及靠溜长度的经验关系式如下:

$$X = 280.339 Q^{0.123} R^{0.134} L^{0.066} (1 + \cos\beta)^{0.127} \qquad (4)$$

式中:X 为送溜距离,m;Q 为流量,m³/s;R 为工程弯曲半径,m;L 为靠溜长度,m;β 为水流入流角度(°)。

表2 模型试验参数及实测送流距离

组次	入流角度 β(°)	流量 Q(m³/s)	弯曲半径 R(m)	靠溜长度 L(m)	送溜距离 X(m)
1	45	2 600	2 000	1 300	3 440
2	60	2 600	2 000	1 500	3 520
3	85	2 600	2 000	1 500	3 400
4	45	3 700	2 000	1 300	3 640
5	60	3 700	2 000	1 600	3 560
6	85	3 700	2 000	1 600	3 520
7	30	2 600	3 000	1 200	3 824
8	45	2 600	3 000	1 400	3 600
9	60	2 600	3 000	1 300	3 604
10	85	2 600	3 000	1 500	3 560
11	30	3 700	3 000	1 100	4 000
12	45	3 700	3 000	1 300	4 000
13	60	3 700	3 000	1 300	3 800
14	85	3 700	3 000	1 500	3 600
15	30	2 600	4 000	1 600	3 900
16	45	2 600	4 000	1 600	3 800
17	60	2 600	4 000	1 000	3 752
18	85	2 600	4 000	1 500	3 700
19	60	3 700	3 000	1 000	3 700
20	60	3 700	3 000	500	3 500
21	45	2 600	3 000	2 000	3 660
22	45	3 700	3 000	2 000	3 960
23	30	2 600	3 000	2 500	3 892
24	30	3 700	3 000	2 500	3 940
25	30	5 000	3 000	2 500	4 048

值得说明的是,式(4)是对25组模型试验数据回归分析的结果,其相关系数 $r=0.9$。分析式(4)可知,对送流距离影响最大的是流量 Q 及工程的弯曲半径 R,两个因素的影响大概各占35%左右;其次的影响因素为靠溜长度 L,其值占20%左右,入流角度 β 在四个因素中影响最小,占10%左右。四个因素中入流角度虽然对送流距离值的影响最小,但是入流角度决定着河道工程迎流段的布设,是上下两控导工程对应关系的具体体现。

4 送流距离经验公式的验证

4.1 实体模型验证

为了研究建立的送流距离经验公式(4)的适用性,我们又另外制作了概化模型(二),模型水平比尺 $\lambda_L = 800$,垂直比尺 $\lambda_h = 60$,其他模型比尺见表1。该模型与"花园口至东坝头河道模型"比尺相同,该模型先后通过了大水少沙、中水丰沙及高含沙洪水的验证,验证结果表明模型在水沙运动、河床演变等与原型都是相似的,可以利用该模型来研究河道整治工程布设问题。共进行了8组模型试验,试验条件参见表3。

表3 局部概化模型(二)试验条件

组次	流量(m³/s)	工程长度(m)	圆心角(°)	入流角度(°)	工程半径(m)	试验天数(d)
1	2 600	1 885	54	0	2 000	80
2	3 700	1 885	54	0	2 000	60
3	3 700	3 142	90	0	2 000	55
4	2 600	3 142	90	0	2 000	150
5	2 600	3 142	90	30	2 000	130
6	3 700	3 142	90	30	2 000	150
7	3 700	1 885	54	36	2 000	120
8	2 600	1 885	54	36	2 000	100

验证结果如图4所示。

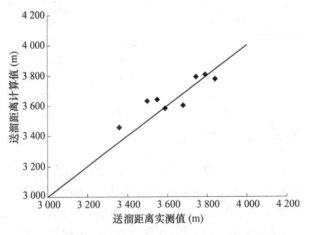

图4 送溜距离经验公式在局部模型(二)的验证结果

4.2 原型实测资料检验

为了进一步检验公式的适应性,我们还统计了2001～2005年汛后黄河下游三个模范河段几组河势相对稳定的河道整治工程的迎送流相关参数进行了验证计算,其送溜距离实际值与计算值吻合的相当好,见图5。

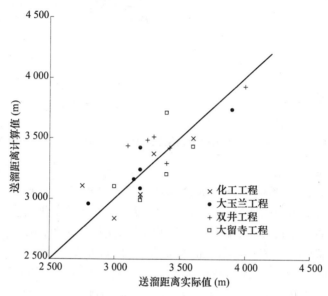

图5　送溜距离经验公式在黄河原型上的验证结果

5　工程平面布局研究

黄河下游目前还未完善、工程布局或调整难度较大是老田庵—保和寨河段、曹岗—欧坦河段,我们搜集了在小浪底至苏泗庄河段河工模型上进行的"黄河下游河道整治规划治导线检验与修订试验"和"黄河下游游荡性河道整治方案节点工程关联性模型检验"河势资料,结合送流距离公式,对上述典型河段的工程布局,为黄河下游游荡性河道进一步整治提供一定的参考。

5.1　老田庵—保和寨河段

老田庵—保和寨—马庄工程的河势稳定与否对花园口至双井之间的河势稳定起着关键的作用,然而老田庵—保和寨河段河势从20世纪90年代至今工程着流情况很不理想,"治导线检验与修订试验"结果表明,老田庵工程河势控导能力不强,使保和寨工程河势下挫较严重(图6)。公式计算表明,中水流量下老田庵工程的送溜距离 X 值为3 600 m,与 e 值4 600 m相差较大。

结合送流距离公式计算分析,若将老田庵工程下延800~1 000 m,其送流能力能够满足两工程的布局。在"节点工程关联性模型检验"试验中对老田庵工程下延了1 000 m,试验中保和寨—老田庵工程靠河情况较好,河势稳定。

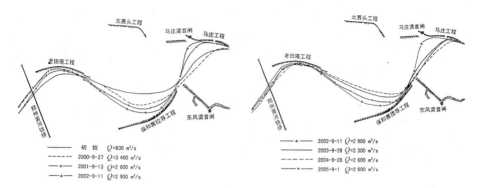

图6 治导线检验与验证模型试验老田庵至马庄河段 2000～2005 年主流线套汇图

5.2 曹岗—欧坦河段

在进行"治导线检验与修订试验"时,对曹岗工程进行了下延,曹岗下延工程弯道半径为 4 000 m,弯道长 1 300 m,直线段长 600 m。到试验结束时,欧坦工程仍然大部分不靠河。根据此时的工程情况,用计算表明,中水流量下曹岗下延工程的送溜距离 X 值为 4 000 m,与 e 值 5 100 m 相差较大。

在"黄河下游游荡性河道整治方案节点工程关联性模型检验"中将曹岗下延工程弧线段调整为 1 700 m,工程半径调整为 3 900 m,下延直线段为 800 m。通过计算,送溜距离与 e 值相吻合。通过长时间试验,曹岗下延工程靠流较为稳定,欧坦工程逐渐靠流并发挥作用,下游贯台工程也逐步靠流,河势由上至下逐步向规划流路调整。

6 结语

小浪底水库建成初期及控制运用以后,将改变进入下游河道的水沙条件及洪水过程,中小流量出现的几率将大大提高。分析认为,工程送流距离与水流强度、河弯参数、河床的土质组成、水流的含沙量、泥沙级配、河道比降等有着密切的关系。通过大量的模型试验,初步建立了工程送流距离与流量、工程弯曲半径、靠溜长度及入流角度等整治参数的指标体系,继而又通过不同比尺的模型试验和原型观测资料对送流距离公式进行了检验,相关性极好。我们利用该公式对黄河下游游荡性河道整治目前还未完善、工程布局调整难度大的老田庵—保合寨河段、曹岗—欧坦河段进行了工程平面布局研究,结合模型试验为原来配套较差的工程提出了建议,为河道整治工程的平面布置及设计提供了科学的参考。

参 考 文 献

[1] 胡一三,张红武,刘贵芝,等.黄河下游游荡性河段河道整治[M].郑州:黄河水利出版

社,1998.

[2] 江恩惠,曹永涛,李军华,等.中小流量下不同河湾半径控导作用分析[R].郑州:黄河水利科学研究院,2006.

[3] 李国英.维持黄河健康生命[M].郑州:黄河水利出版社,2005.

[4] 江恩惠,曹永涛,张林忠,等.黄河下游游荡性河段河势演变规律及机理研究[M].北京:中国水利水电出版社,2005.

[5] 李保如,屈孟浩.黄河动床模型试验[M]//李保如河流研究文选.北京:水利电力出版社,1987.

[6] 张红武,江恩惠,白永梅,等.黄河高含沙洪水模型的相似律[M].郑州:河南科学技术出版社,1994.

[7] 江恩惠,张红武.黄河花园口至东坝头河道整治模型验证试验报告[R].郑州:黄河水利科学研究院,1991.

深圳湾河床演变及对湿地生态
系统影响的研究

王富永[1]　吴良冰[1]　何　勇[2]

（1. 深圳市治理深圳河办公室；2. 武汉勘测规划设计研究院）

摘要：位于深圳和香港交界处的深圳湾具有重要的生态价值。在收集历史海图资料、近期实测地形和卫星遥感影像的基础上，文章对深圳湾的河床演变特征和岸线变化进行了详细的分析。分析结果表明，深圳湾近百年间河床不断淤浅、纳潮量逐步减小；20世纪80年代以来，随着深圳侧大量围海造地，深圳湾岸线向湾内大幅度推进；现状边界条件下，深圳湾持续淤积的趋势不会改变。根据上述结论，文章研究了深圳湾河床演变对香港米埔国际重要湿地和深圳福田红树林保护区生态系统的影响，包括滩涂面积变化、沿岸滩涂淤高对红树林的种群、分布变化以及底栖动物、水生生物、鸟类的栖息繁衍等造成的影响，并就保护湿地生态系统提出了建议。

关键词：深圳湾　河床演变　红树林　湿地生态系统

深圳湾是一个半封闭的且与外海直接相连的沿岸水体，兼具河口和海湾的性质，其两侧有较宽广淤泥滩，从而为红树林发育提供了良好的地貌条件和物质环境。深圳湾沿岸的红树林是深圳河口滩涂湿地的重要组成部分，与生活在湿地上的大量底栖无脊椎动物、各种海鸟、候鸟构成了较为完整的生态系统，其核心部分是深圳一侧的国家级福田红树林鸟类自然保护区和香港一侧的米埔国际重要湿地。深圳湾示意图见图1。

深圳湾的动力条件与水沙特性决定了深圳湾属于缓慢淤积的浅水海湾，20世纪80年代以来，人为因素特别是大规模的填海工程，加重了深圳湾的淤积进程。深圳湾的河床演变和岸线变化直接导致泥滩和红树林的变化，从而对整个湿地生态系统造成影响。因此，有必要对深圳湾的河床演变特征及其对湿地生态系统的影响进行研究，为深圳湾的生态建设提供参考。

1　深圳湾基本情况

深圳湾地处深圳经济特区的西南面，位于东经113°53′06″～114°02′30″、北纬22°24′18″～22°32′12″之间，为珠江口伶仃洋东侧中部的一个外窄内宽的半封

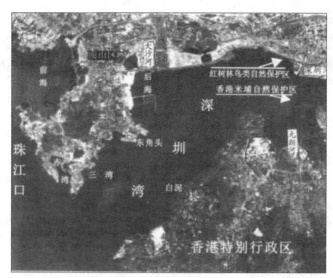

图1　深圳湾示意图

闭海湾。深圳湾全长 17.5 km,湾宽各处不等,自北岸深圳大学至南岸坑口村,水面宽达 10 km;东角头至白泥断面最窄,水面宽为 4.2 km。从湾顶到湾口,一般把深圳湾分为三个部分,即河口段、内湾段和外湾段。河口段自深圳河口至尖鼻嘴断面,长约 3.7 km;内湾段自尖鼻嘴断面至东角头断面,长约 6.3 km;外湾段自东角头以下至赤湾断面,长约 7.5 km。

珠江口伶仃洋海湾的潮汐属不正规半日潮,其特点是在伶仃洋海湾水域潮汐每日出现两次高潮和两次低潮,其潮高和潮时存在日内不等现象。根据赤湾站 1964 年至 1984 年潮位资料统计(黄海高程基面),历史最高潮位为 2.386 m,平均高潮位为 0.886 m,最低潮位 -1.664 m,平均低潮位为 -0.474 m;年最大涨潮潮差 2.47 m,最大落潮潮差 3.44 m,平均潮差 1.36 m;多年平均涨潮历时为 6 时 24 分,落潮历时为 6 时 14 分。

深圳湾潮流动力是维持深圳湾的主要动力,而维持这种动力的主要因素是深圳湾的纳潮量。观测表明,近 20 年来,深圳湾淤积迅速,水域面积逐年减少,纳潮量也相应减小,从 1977 年到 1999 年,纳潮量减小约 15.6%。深圳湾内泥沙的来源除了汇入湾内诸河所挟带的泥沙外,大多数的泥沙来自湾外,按深圳湾的平均纳潮量为 1.24 亿 m³ 计算,从深圳湾湾口外进入深圳湾内的悬移质输沙量约为 917.6 万 t/a。

2　深圳湾河床演变特征

2.1　1907 ~ 1949 年深圳湾河床演变

比较 1907 年和 1949 年深圳湾海图(图 2),可以看出整个深圳湾淤积明显,河口段出现沙洲成型体,南北槽分流格局形成;内湾段白石洲—后海一带淤积强度大,淤积范围广,地形变化较为显著;外湾淤积以深槽淤积为主,深槽宽度缩窄,但平面形态没有明显变化。

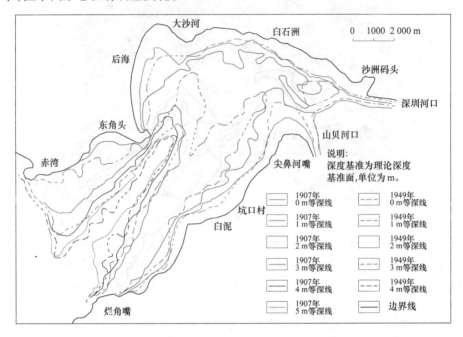

图2　1907～1949年深圳湾水下地形变化图

从1907年到1949年,42年间湾口南侧深槽沿东北向伸入约8 km,0m等深线以下河道的淤积量约为6 580万 m³,年平均淤积量为156.7万 m³/a,深圳湾整体淤积幅度小于1.5 m,平均约为0.8 m,年淤积强度为1.9 cm/a;近岸浅滩普遍淤浅0.5～1.0 m,淤积强度为1.2～2.4 cm/a,中间深槽的淤积厚度普遍较大,最厚达2.7 m,平均约为1.3 m,年淤浅强度3.1 cm/a。

2.2　1970～1999年深圳湾河床演变

比较1970年～1999年的海图(图3)可见,河口沙洲合并淤长,双槽分流格局得到强化;由于后海附近圈围等原因,内湾北岸沿线出现严重淤积,0m等深线以下河道面积缩小近1/3,其纳潮能力大幅度下降;外湾地形变化较小,淤积速率明显减小,地形趋向稳定。

统计表明,1985～1996年是深圳湾内湾淤积较快的时期,11年间深圳湾内湾0m等深线以下河床淤高0.46 m,年淤积强度4.2 cm/a,河道容积减小2 035.09万 m³,淤积速率为185.01万 m³/a;2 m等深线以下河床淤高0.06 m,年淤积强度为0.5 cm/a,河道容积减小797.90 m³,淤积速率为72.54万 m³/a。

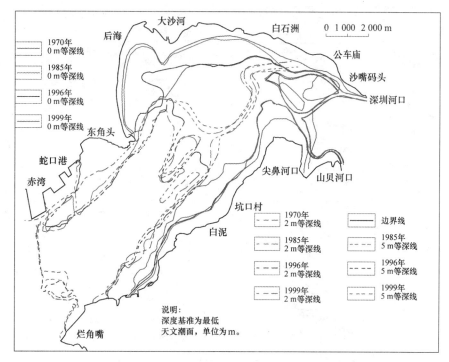

图3 1970～1999年深圳湾水下地形变化图

2.3 深圳湾内湾近年变化

图4～图7为2002～2005年深圳湾内湾等高线变化图,可以看出,2002～2005年河口北槽河段 -1 m 等高线淤积消失,北槽成为只有在高水位时才过流的间歇性支槽,主槽逐步形成"之"字形的弯曲形态。这期间南槽 -2 m、-3 m 等高线主槽位置没有明显变化,但宽度变窄,面积减小。

由河道冲淤分布图(图8)分析,2002年到2005年内湾有冲有淤,但淤大于冲刷,平均淤积速率约为 1.5 cm/a,3 年累计淤积214.82 万 m³;从冲淤部位来看,河口南槽、-3 m 深槽及白泥附近较深水域流速较大,多发生冲刷,河口沙洲、白石洲边滩、后海边滩流速较小,易于发生淤积,滩淤槽冲的现象十分明显。

综上所述,2000～2005年深圳湾水下地形的特征是有冲有淤,但淤积大于冲刷,总体上深圳湾仍呈不断淤积之势,从深圳湾各段来看,河口段北槽逐渐萎缩,其河道容积占南槽的 8%～10%,南槽作为主槽十分稳定;内湾段先冲后淤,随着水流的集中,边滩淤高,深槽刷深,逐步形成"之"字形 -3 m 细长主槽。

3 深圳湾岸线变化

自然情况下,深圳湾岸线变化较小,对河湾冲淤变化影响较小,但近年来深

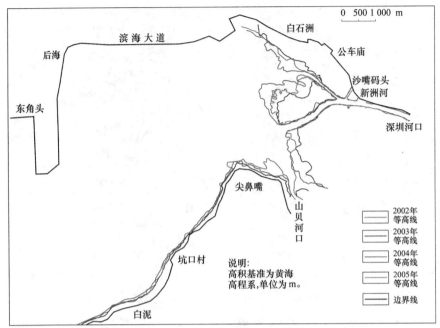

图4　2002～2005 年深圳湾内湾 0 m 等高线变化图

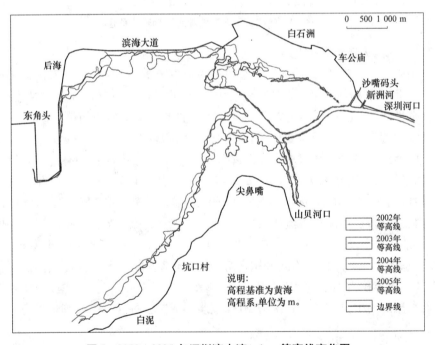

图5　2002～2005 年深圳湾内湾 -1 m 等高线变化图

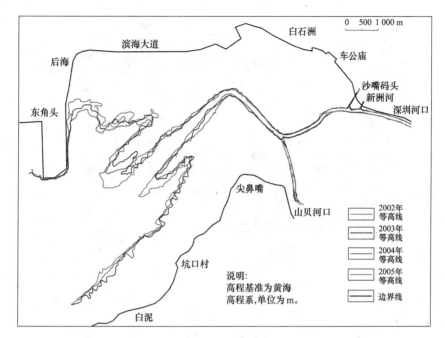

图6　2002～2005 年深圳湾内湾 – 2 m 等高线变化图

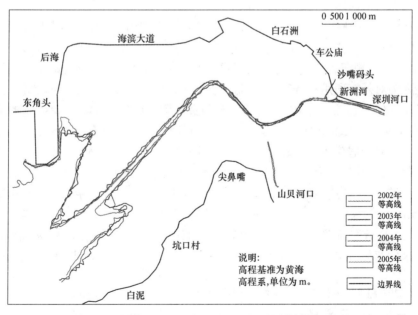

图7　2002～2005 年深圳湾内湾 – 3 m 等高线变化图

圳一侧人为因素特别是大规模的填海工程,使得岸线前移形成新的岸边淤积,成

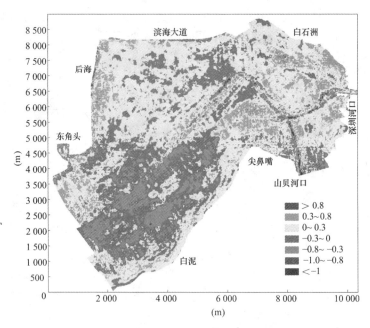

图8 2002~2005年深圳湾河口及内湾地形冲淤分布图

为影响深圳湾河床变化的重要原因。

从1977~2000年的卫星遥感影像和深圳湾填海造地形势图来看(图9、图10),特区设立初期到1988年,深圳湾岸线几乎没有明显变化;1988~1994年,沿深圳一侧东北到西南方向的沿海处开始填海造陆,填海陆地的土地利用类型主要为对外交通用地、商业用地等,如南部赤湾外侧、蛇口东角头南部沿海处,友联船厂(蛇口)有限公司、蛇口集装箱码头等均是修建在这期间填出来的陆地上;自1995年到2000年,填海陆地的土地利用类型出现多样化,主要有工业用地、商业用地、居住用地、道路用地等,如后海北部的高新技术产业园区、南山商业文化中心区、滨海大道等均全部或部分依托于这期间填海形成的土地。其中滨海大道、广深高速公路、凤塘河排洪工程等城市建设工程占用深圳湾北岸滩地约15.4 km²,东角头到白石洲的广大区域成为城市街道的一部分,岸线急剧前移2 km,从后海西岸起,先自南向北,然后自西向东一直沿伸至红树林鸟类自然保护区的西部,填海区在深圳湾上写了一个醒目的横躺着的大写"L"。

4 深圳湾河床演变对湿地生态系统的影响

4.1 深圳湾河床演变对红树林的种群、分布变化的影响

红树植物具有"胎生"、"泌盐"及"特殊根系"等奇特的生态特征,深圳湾红树林内有红树植物13科18种,主要是秋茄、木榄、桐花树、白骨壤、海桑、海榄

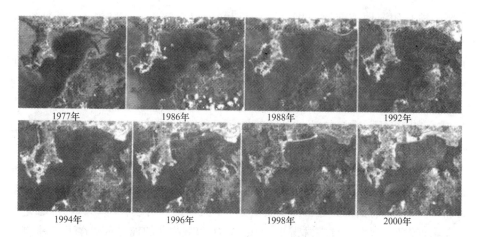

图9　1977～2000年深圳湾卫星遥感影像图

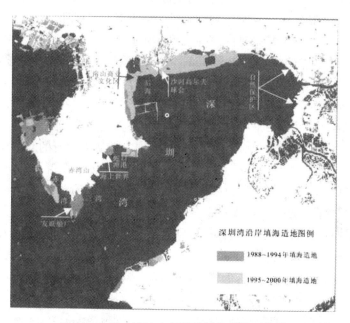

图10　1988～2000年深圳湾填海造地形势图

雌、海刀豆、渔藤、海漆、老鼠簕等。根据张乔明等的研究成果,红树林是陆生有花植物进入海洋边缘演化而形成的木本植物群落,潮间带海水周期性的浸淹是它生长的必要条件。红树林既不能长期暴露在干地上,也不能长期在海水中浸淹,只有当潮滩发生淤积并达到平均海平面以上的高程,红树林才能显著的生长。滩涂上潮汐和浸淹形成的环境梯度是控制红树林总体分布和群落结构的关键性因素。

由前文的深圳湾河演分析可见,深圳湾近百年间河床不断淤浅,20世纪80年代以来,随着深圳侧大量围海造地,深圳湾岸线向湾内大幅度推进,现状边界条件下,深圳湾持续淤积的趋势不会改变。深圳湾两侧广阔的淤泥滩涂,既是湿地的重要组成部分,又是红树林赖以生存的物质环境。因此,深圳湾河床演变对红树林的种群、分布变化将产生以下两个方面的影响:一是随着深圳湾不断淤浅,内湾的尖鼻嘴、后海,特别是深圳河口附近,新的滩涂逐渐生成,当其高程达到平均海平面以上时,将在上面形成新的红树林种群,如深圳河口南北槽之间的沙洲,本来没有红树林,但随着沙洲面积增大,高程增加,目前红树林已经在沙洲上落地生根,0.5 m高程以上的红树林已是郁郁葱葱;二是深圳侧大量围海造地,沿海滩涂成为城市建设的一部分,毁掉了大片的原有红树林。深圳市绿化委员会调查发现,深圳湾红树林湿地面积,20年间减少了50%,而现在人工种植的红树林,不仅成活率低(40%以下),而且需要50、60年才能成林,且由于种群较为单一,人工种植红树林的生态效应要远远小于天然红树林。

总体来看,深圳湾特别是内湾的淤积有利于沿岸滩涂的形成,从而为红树林的生长创造了有利的物质条件,而同时,沿岸滩涂又被大面积圈围形成干地,许多红树林失去了生长的物质基础。在较长的一段时间里,圈围要远大于淤积,造成红树林面积逐步减小,种群趋向单一,影响到红树林生态效应的发挥。

4.2 深圳湾河床演变对底栖动物、水生生物、鸟类栖息繁衍的影响

深圳湾河床演变所形成的泥沙沉积可能对一些底表爬行的底栖动物产生影响,如对斜肋齿蜷、德氏狭口螺、牡蛎等软体动物产生泥沙覆盖,导致它们爬行困难,甚至窒息死亡,对牡蛎还可能导致它摄食困难,因为有许多悬浮细泥颗粒与食物颗粒混合在一起。同时泥沙沉积可能有利于小头虫、沼蚓等种类的生长繁殖,因为它们生命周期短,容易在短时间内占领新沉积的表层,先入为主。对羽须鳃沙蚕、腺带刺沙蚕、寡鳃齿吻沙蚕、小健足虫、莫顿长尾虾等底栖动物来说,因为它们是穴居或潜居种类,细颗粒(黏土)沉积对它们不会产生影响。但如果改变沉积环境,如由黏土为主改变为以细沙为主,则底栖动物群落将由泥栖性底栖动物群落改变为沙栖性底栖动物群落。另外,泥滩淤高后,受海水浸淹时间减少,对寡鳃齿吻沙蚕、小健足虫、莫顿长尾虾等需要较高盐度的种类,盐度降低至15‰以下时可能影响它们的数量和分布,而对羽须鳃沙蚕、尖刺缨虫、腺带刺沙蚕、小头虫、沼蚓等底栖动物不会产生明显的影响,因为它们均是广盐种,在盐度为6‰~28‰的环境中仍能正常栖息。

温度、盐度和潮汐是影响水生生物群落结构变化的主要因子。红树林淤泥区提供了适合水生生物栖息繁衍的温度、盐度和潮汐环境,因而成为水生生物成长的"乐土"。但随着深圳湾河床的淤高和岸线逐步向湾内推移,失去了红树林

庇护的水生生物,种群和数量都急剧减少。深圳湾淤积的增加和岸线推移还直接减少了深圳湾的纳潮量,延缓了深圳湾水体的交换,不利于湾内污染物的扩散,使赤潮发生的可能性大大增加,一旦赤潮发生,对湾内的水生生物将是毁灭性的打击。因此,深圳湾河床演变对水生生物来说,影响更为直接和敏感。

深圳湾良好的自然环境和较为丰富的饵料资源使之成为"鸟的天堂",从深圳湾有记录的194种鸟类来看,其主要生态类群为红树林沿海水域鸟类群和红树林沿海滩涂鸟类群,如针尾鸭、红嘴鸥、白鹭、红脚鹬等。由于这两种生态类群的鸟类都是以红树林带、沿海滩涂为栖息繁殖区和食物来源区,因此深圳湾河床演变对这两种鸟类的影响更为明显,这表现在以下几个方面:①鸟类在繁殖期对环境变化的反映十分敏感,红树林的减少直接破坏了鸟类的栖息繁殖场地,不利于鸟类的繁衍和生存。调查发现,1992～1997年,红树林中鹭鸟的窝巢呈逐年减小的趋势,同期,鹭鸟高峰期的总数也减小了69.45%。②滩涂和红树林湿地的减少,切断了鸟类的食物来源,同时,由于纳潮量减小,水体污染加重,各种疾病对鸟类的生存也构成了重大威胁。③岸线的逐步推进,使城市逐渐靠近红树林的边缘,高楼大厦、工业噪音、人类活动干扰了鸟类的生态环境,迫使鸟类逐渐离开了自己的家园。

5 结语

综合深圳湾河床演变特征和深圳湾河床演变对湿地生态系统的影响,可以得出如下结论:

(1)深圳湾近百年间河床不断淤浅、纳潮量逐步减小,现状地形条件下,深圳湾持续淤积的趋势不会改变。

(2)20世纪80年代以来,随着深圳侧大量围海造地,深圳湾岸线向湾内大幅度推进,成为影响深圳湾河床变化的重要原因。

(3)深圳湾河床的变化既有新淤滩涂的生成,也有部分滩涂被圈围形成干地。在较长的一段时间里,圈围要远大于淤积,造成红树林面积逐步减小,种群趋向单一,影响到红树林生态效应的发挥。

(4)深圳湾床演变对一些底表爬行的底栖动物不利,而对生命周期短、生长繁殖强的底栖动物较为有利,同时,泥滩淤高后可能会影响需盐度较高的底栖动物的数量和分布。

(5)深圳湾河床演变对水生生物来说,影响更为直接和敏感。失去了红树林庇护的水生生物,种群和数量都急剧减少。

(6)红树林沿海水域鸟类群、红树林沿海滩涂鸟类群以红树林带和沿海滩涂为栖息繁殖区与食物来源区,因此深圳湾河床演变主要对这两种生态类群的鸟类影响更为明显。

6 建议

(1)沿岸滩涂是红树林和其他生物生存的物质基础,因此要对深圳湾的河床地形建立动态监测网络,对深圳湾的围海造地采取更为严格的总量控制措施,保证滩涂的自然淤涨。

(2)研究红树林的生态习性,努力提高人工种植红树林的成活率,在有条件的滩涂恢复红树林植被。

(3)深圳湾湾内河海相互作用,咸淡水混合,生态因子复杂。应在不同的红树林区设立专门的观测点,随时掌握红树林湿地生态系统的变化。

参 考 文 献

[1] 王琳,陈上群.深圳湾自然特性及治理应注意的问题[J].人民珠江,2001(6).

[2] 宋红,陈晓玲.基于遥感影像的深圳湾填海造地的初步研究[J].湖北大学学报(自然科学版),2004,26(3).

[3] 张乔民,于红兵,等.红树林生长带与潮汐水位关系的研究[J].生态学报,1997,17(3).

[4] 吴振斌,贺锋,等.深圳湾浮游生物和底栖动物现状调查研究[J].海洋科学,2002,26(8).

[5] 历红梅,李适宇.深圳湾潮间带底栖动物群落与环境因子的关系[J].中山大学学报(自然科学版),2005(5).

帘布土工管袋在黄河串沟截堵中的应用研究

邓　宇[1]　谢志刚[1]　岳瑜素[1]　司保江[2]

（1. 黄河水利科学研究院；2. 华北水利水电学院）

摘要：根据目前黄河下游串沟的情况，提出了采用帘布土工管袋结构治理串沟的新方法。通过对帘布土工管袋设计方案的介绍和模型分析，论证了其治理串沟的优势和可靠性。并通过现场试验表明，帘布土工管袋施工工艺简便、方便快捷、结构稳定、造价低廉，能够满足机械化治理串沟的需要。

关键词：帘布　土工管袋　串沟　黄河　截堵

1　概述

串沟，是指水流在滩面上冲蚀形成且与正河并行的泄水沟道，有时也称支河。有的顺堤成沟，有的成为汊河；有的只在汛期涨漫滩时走水，有的平时也走水。黄河下游滩区串沟分布较普遍，问题也尤为突出。一方面，宽、浅、散、乱的河槽，因主流摆动频繁和汊河的共同作用，极易形成"横河"、"斜河"；另一方面，滩区大量串沟的存在，大水期间又有"滚河"的可能。如不及时堵塞，串沟一旦掣溜，则大段平工变为险工。历史上因串沟夺流造成滩区大面积受灾和堤防决口的例子很多。串沟截堵是指汛期大河水位在平滩水位左右时，由于种种原因，造成串沟过水，滩区大面积受淹，甚至威胁黄河堤防的安全，因而采取的堵复串沟的抢险措施。这种抢险的影响因素复杂、决策难度大，抢险时机难以掌握，作业条件困难，抢险技术要求高。在以往出现这类情况时初始常得不到足够重视，到险情发展到比较严重时，才决定进行抢险，往往错过了最佳抢险时机，造成后来的抢险困难。目前，传统的埽工堵串技术已经不能满足现代化防汛抢险的需要，大土工包、大网笼方法则需要投入大量的人力、物力，而土工管袋作为一种新材料、新技术，越来越广泛地应用到河道治理之中。帘布土工管袋是在一般土工管袋的基础上改进的一种管袋形式，它充分考虑了黄河水沙的特点，能够减缓水流对管袋的淘刷，保持土工管袋的稳定性，为串沟截堵创造有利的条件，达到汛期快速堵复串沟,减少水灾损失的目的。

2 帘布土工管袋的设计方案

没有锚固的可膨涨管袋通常被称为土工膜或土工合成管袋,这些管袋中许多都是水充的,也可用泥浆来填充。这些管袋可用来控制漫溢、水流分流或堵口,也可当做围堰作为临时的输水结构。但由于管袋的滑动和滚动,在很多情况下不能满足实际的需要。帘布土工管袋是用一片连接材料作帘布或侧板,把它放在临水面的地面上,地面和帘布之间的摩擦阻力阻止了管袋的过大变形,保护并阻止了它的破坏,如图 1 所示。这种结构主要适用于黄河下游串沟的截堵中,串沟的水深应不大于 2 m,流速应不大于 2 m/s。其中管袋和帘布是由 0.51 mm 厚的聚氯乙烯做成,管袋周长 9.42 m,帘布长 3 m,帘布被胶结在管袋顶部。一个由编织纤维过滤器封闭的土工网组成的反滤系统被放在了河道底层表面,其迎水面边缘比管袋宽 1~2 m,背水面边缘与管袋大致对齐即可。这个反滤系统减少了帘布和管袋下面的孔隙水压力以便控制冲蚀,并且通过增加帘布下面的有效应力来增加帘布的稳定效果。在管袋充填之后,采用一层沙袋护肩放在上流帘布边缘处。它的目的就是制造一个不大的有效压力在帘布边缘以确保帘布和浅层砂子接触,这个护肩是很小的。帘布与土层之间的抗剪强度并没有被增加,防止了帘布和砂子之间的接触面积处发生接触冲蚀现象。

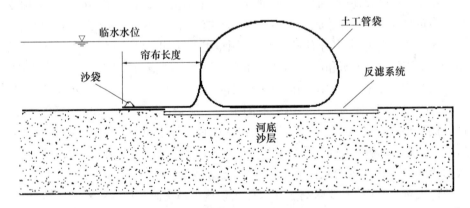

图 1 帘布土工管袋横截面结构示意图

3 模型分析

为了对帘布土工管袋结构进行有效的分析,管袋和帘布被假定为土工膜材料(没有弯曲刚度),它是不可伸展的,地基假定也是刚性的,管袋的重量忽略不计,摩擦力作用在管袋上,并且在地面上的帘布是足够长的以至能抵挡后来的外部水压力。下面对管袋的一个横断面进行了二维平衡分析,图2中,管袋的周长是 L,管袋和地基接触长度是 B,水的容重是 γ,内外水压力分别是 H_{int} 和 H_{ext},管袋截面 AE、CE、EG 的恒定张力分别为 T、T_a、$T + T_a$。

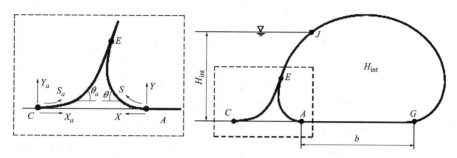

图2 管袋的模型计算分析

采用无量纲化处理:

$$x = \frac{X}{L}, y = \frac{Y}{L}, s = \frac{S}{L}, x_a = \frac{X_a}{L}, y_a = \frac{Y_a}{L}, s_a = \frac{S_a}{L}, h_{int} = \frac{H_{int}}{L}, h_{ext} = \frac{H_{ext}}{L}$$

$$b = \frac{B}{L}, t = \frac{T}{\gamma L^2} \tag{1}$$

在管袋 AE 界面,几何平衡方程为:

$$\frac{\mathrm{d}x}{\mathrm{d}x} = \cos\theta, \frac{\mathrm{d}y}{\mathrm{d}s} = \sin\theta, \frac{\mathrm{d}\theta}{\mathrm{d}s} = \frac{h_{int} - y}{t} \tag{2}$$

因为曲率 $\mathrm{d}\theta/\mathrm{d}s$ 是确定的,解为:

$$y = h_{int} - u, x = t\int_0^\theta \frac{\cos\theta}{u}\mathrm{d}\theta, s = t\int_0^\theta \frac{1}{u}\mathrm{d}\theta \tag{3}$$

式中

$$u = \sqrt{h_{int}^2 - 2t(1 - \cos\theta)} \tag{4}$$

在截面 CE,如果脚标 a 是变化的,并且 h_{int} 被 h_{ext} 代替,方程(2)~方程(4)成立。

在截面 EJ,管袋的曲率是恒定的

$$\frac{\mathrm{d}\theta}{\mathrm{d}s} = Q, \text{其中} Q = \frac{h_{int} - h_{ext}}{t + t_a} \tag{5}$$

用开始的两个平衡方程得出解为:

$$\theta = \theta_E + Q(s - s_E), x = x_E + \int_{s_E}^s \cos\theta\mathrm{d}s, y = y_E + \int_{s_E}^s \sin\theta\mathrm{d}s \tag{6}$$

在点 J 和点 G 之间,t 被 $t + t_a$ 替代,求解为

$$y = h_{int} - v, x = x_J + (t + t_a)\int_{\theta_J}^\theta \frac{\cos\theta}{v}\mathrm{d}\theta, s = s_J + (t + t_a)\int_{\theta_J}^\theta \frac{1}{v}\mathrm{d}\theta \tag{7}$$

其中

$$v = \sqrt{(h_{int} - h_{ext})^2 - 2(t + t_a)(\cos\theta_J - \cos\theta)} \qquad (8)$$

通过得到 θ_E、θ_J 和 θ_G，公式中就能求出在点 E、J、G 的 x、y、s 及点 E 的 x_a、y_a 和 s_a。下面的条件存在：

$$y_E = y_{aE}, \theta_E + \theta_{aE} = \pi, y_J = h_{ext}$$
$$x_G = -b, y_G = 0, s_G = 1 - b, \theta_G = 2\pi \qquad (9)$$

另外一个条件可通过管袋的横截面随着管袋变形保持常数这个要求得到。因为内部的水是不可压缩的，这个面积可以通过 y 的大致高度和关系式计算得到。对于初始面积，因为没有外部水压力，$h_{ext} = t_a = 0$，形状是对称的。再则，从与地面相接的管袋截面得出，在一边的张力为 t，另一边为 $t + t_a$，如此可知，作用在截面上的不同是 t_a，从图 2 中可以看出，在帘布 C 点，无量纲的水平力为 t_a，管袋的摩擦力为 t_a，外部水压力为 $h_{ext}^2/2$。因此，得到平衡方程：

$$t_a = \frac{h_{ext}^2}{4} \qquad (10)$$

从这个分析模式可知，管袋和地基之间的抵抗力以及帘布和地基的摩擦力是相等，H_{ext} 和 H_{int} 的数值是一定的，利用方程（9）和方程（10）及面积定值，能得到 t、t_a、b、x_{aE}、y_{aE}、θ_{aE} 的值。在点 E、J、和 G 的未知解 x、y、s 也能得到。

在量纲方面，让 L_d 和 L_s 分别为帘布和排水管道及帘布和沙土的接触长度，ϕ_d、ϕ_s 为它们之间的摩擦角，对于在排水管道上那部分帘布，作用在排水管道底处的应力假定等效为 γh_{ext}；对于在沙土上的那部分帘布，假定从排水管道末端到帘布末端应力成线形变化，从 γh_{ext} 到 0，则整个摩擦力为

$$T_a = \gamma H_{ext}(L_d \tan\phi_d + 0.5 L_s \tan\phi_s) \text{ 且 } T_a = \gamma H_{ext}^2/4 \qquad (11)$$

所以

$$H_{ext} = 4L_d \tan\phi_d + 2L_d \tan\phi_s \qquad (12)$$

这个公式可被用做计算要求的最小帘布长度来阻止滑动。代入本次试验的相关数据可知，最小的帘布长度为 2.05 m，由此可知设计的管袋还是比较稳定的。

4 试验概况

根据相关的试验考证及模型计算可知，帘布土工管袋设计方案能够满足黄河下游串沟截堵的基本要求。为了进一步验证管袋的稳定性与可靠性，在黄河下游一泄洪闸下游进行了简单的试验研究。管袋设计长度约 30 m，管袋周长 9.42 m，帘布长 3 m，反滤系统长约 6 m，安放在管袋的底部，整个结构距离泄洪

闸闸门约 150 m。当帘布土工管袋的整个施工工艺完毕后,泄洪闸开始放水,随着水位的不断抬升,管袋开始变形,向下游倾斜,帘布被拉紧,但管袋仍保持整体的稳定性。最终,水流漫溢过管袋,管袋仍未破坏。整个试验过程简单明了,但试验结果已初步验证了帘布土工管袋在堵截串沟或作为临时装置延缓串沟的发展以便迅速堵截串沟的显著效果。

5 结语

通过对黄河下游串沟情况的介绍,提出了采用帘布土工管袋治理串沟的新方法。这种水充土工管袋可以用来代替沙袋抵抗支流或串沟的洪水,它安装方便,拆卸容易,并且可以重复利用。为了避免管袋在水流的作用下滚动和滑动,设计时在管袋上面连接一足够长的帘布,以此来抵御外部的水流,防止管袋过度变形。并在河底部放置一排水系统,减少了帘布和管袋下面的孔隙水压力以便控制冲蚀。现场试验表明,帘布土工管袋能较好的发挥其截堵及作为临时堵水围堰的作用。

参 考 文 献

[1] 胡一三.黄河河势演变[J].水利学报,2003(4):50-56.
[2] 张宝森,汪自力.大网笼机械化抢险技术现场试验[J].水利水电科技进展,2006(1):57-59
[3] Meek Kim, Marcos Freeman. Use of an apron to stabilize geomembrane tubes for fighting floods[J]. Geotextiles and Geomembranes ,22(2004): 239 - 254.

河流生态需水的研究现状及趋势

李强坤[1]　孙　娟[1]　丁宪宝[2]　胡亚伟[1]

(1. 黄河水利科学研究院；2. 黄委会三门峡库区水文水资源局)

摘要：基于当前河流生态需水的研究现状，从生态系统需水的内在机理出发，探讨了河流生态需水的内涵；针对当前常用河流生态需水的估算方法，从物理意义、适用条件、适用范围等不同的角度进行了评述分析；结合当前生态水文学的发展需求，展望了今后河流生态需水研究的发展趋势。

关键词：河流　生态需水　生态水文学

自 20 世纪 80 年代可持续发展思想形成以来，可持续发展的评价理论和方法不断发展、完善。20 世纪 90 年代，全球性的水资源短缺和水环境危机促使人们更加关注水的可持续利用问题，尤其是水资源短缺和水环境危机造成的生物多样性的减少，甚至物种的灭绝举世瞩目。因此，水资源和生态环境的相关性研究，特别是关于河流生态用水的研究已成为当前的热点之一。结合当前研究现状，本文就此作以下探讨。

1　河流生态用水的内涵

生态系统是生态学中的一个概念，是生物群落与其生境相互联系、相互作用、彼此间不断地进行着物质循环、能量流动和信息联系的统一体。它是由生物群落及其生存环境共同组成的一个动态平衡系统，包括 4 大组分：生产者(主要是绿色植物)、消费者(包括食草动物、食肉动物、杂食动物、寄生动物、腐食动物等)、分解者(主要是细菌和真菌)、非生物环境(是生物赖以生存的物质和能量的源泉及活动的场所，即生存环境，包括生物的栖息地、繁殖地和迁徙地)。生态系统的核心组分是包括生产者、消费者和分解者在内的生物群落。

河流生态系统属淡水生态系统的一种，是一个包括陆地河岸生态系统、水生生态系统、相关湿地及沼泽生态系统等在内的一个复合生态系统。河流生态系统主要具有以下特点：

（1）具有纵向成带现象，但物种的纵向替换并不是均匀的连续变化，特殊种群可以在整个河流中再现。

（2）生物大多具有适应急流生境的特殊形态结构。

（3）与其他生态系统相互制约关系复杂。一方面表现为气候、植被以及人为干扰强度等对河流生态系统都有较大影响；另一方面表现为河流生态系统明显影响沿海（尤其河口、海湾）生态系统的形成和演化，例如为了阻止海水进入河段，有些沿岸河段设置障碍，阻断海水与河水的交换，河口附近生态条件可能发生不同程度的变化，河流与海洋之间生物的回流受到限制，而由于河流中营养物质无法输出，河口区生态环境发生变化，可能导致沿海鱼、虾、贝类的减少。

（4）自净能力强，受干扰后恢复速度较快。

河流生态用水是指为维护河流生态系统具有一定的生态功能而必需的水量，也就是为维持河流中生物群落及其生存环境所组成生态系统的平衡而需要的那一部分水量。河流生态用水包括两层涵义：一是维持河流生态系统中核心组成部分生产者、消费者和分解者的生命，属于生命用水；二是保护生物群落所处的生存环境不被破坏，属于环境用水（区别于一般的环境用水）。在河流生态系统中这两部分用水不是孤立的，河流生态用水也不是二者的简单相加，相反，大多数情况下，这两部分用水是叠合的，或者说有相当一部分是叠合的。

2 河流生态用水的计算方法

综合国内外对河流生态用水的计算方法可归为如下几类：

（1）标准流量法：一是 7Q10 法。该法采用 90% 保证率、连续 7 天最枯的平均水量作为河流的最小流量设计值；二是 Tennant 法。以预先确定的年平均流量的百分数为基础，通常作为在优先度不高的河段研究时使用，或作为其他方法的一种检验。

（2）水力学法：一是 R2CROSS 法。以曼宁公式为基础，在计算河道流量值时，对河流几何形态决定的水深、河宽、流速等因素加以考虑。二是湿周法。利用湿周作为生物群落栖息地的质量指标来估算河道内的流量值，通过在临界的栖息地区域（通常大部分是浅滩）现场搜集河道的几何尺寸和流量数据，并以临界的栖息地类型作为河流其余部分的栖息地指标。

（3）栖息地法：一是河道内流量增加法（IFIM）。根据现场数据，如水深、河流基质类型、流速等，采用 PHABSIM 模型模拟流速变化和栖息地类型的关系，通过水力学数据和生物学信息的结合，决定适合于一定流量的主要的水生生物及栖息地。该方法更多地用于评价水资源开发建设项目对下游水生栖息地的影响等。二是 CASIMIR 法。基于流量在空间和时间上的变化，采用 FST 建立水力学模型、流量变化、被选定的生物类型之间的关系,估算主要水生生物的数量、规模。

(4)国内一般采用的方法有:10年最枯月平均流量法,即采用近10年最枯月平均流量或90%保证率河流最枯月平均流量作为河流生态用水,用于水利工程建设的环境影响评价。另外,还有以水质目标为约束的生态环境需水量计算方法,主要计算污染水质得以稀释自净的需水量,将其作为满足环境质量目标约束的城市河段最小流量。

上述计算方法为人们在特定条件下初步估计河流生态系统用水提供了一定的方便,目前有些方法仍在广泛使用。但上述方法多是从河道流量、流速、水深等水力条件以及河流的几何形态等方面对生态用水进行探讨,应用资料也多是反映河道水量状况的水位、流量水文资料。因此认为,其计算成果也在很大程度上具有水文学上的意义,同时,如果选择资料系列的不同,计算结果也有一定的差异。由于不能建立生物群落或者是"关键种"(所谓"关键种",是指生态系统或生物群落中那些相对其多度而言对其他物种具有非常不成比例影响,并在维护生态系统的生物多样性及其结构、功能及稳定性方面起关键性作用,一旦消失或削弱,整个生态系统或生物群落就可能发生根本性变化的物种)的生境条件与河流水流条件(流量、流速、水深等)之间的响应机制,不能说明生境条件与水流条件之间的对应关系,体现不了生境条件变化时水流条件在其中影响程度的量化指标。因此,这样的计算成果还不具有生态学上的意义,不能科学地反映河流生态用水指标。

另外,根据生态学的研究成果,影响生态系统健康的因素主要包括:

(1)水流条件,包括河流的水循环状态或降水、流速和流态、水体质量等,它是生态系统中生命的基础元素。

(2)碳、氮、磷等重要营养物质条件,它们分别是生态系统的骨架元素、代谢元素和信息元素。

(3)土地利用方式。特别是湿地附近的土地利用方式直接影响湿地的规模和结构。

(4)空气质量,它对生物的生存环境具有重要影响。

(5)气候变化。

(6)外来生物物种入侵等。

由此可见,没有水,生态系统中的生物群落没法生存和演替;但仅仅有水,远远还不能满足生态系统健康的要求。因此,水流条件并不是决定河流生态系统健康的唯一因素。

3 生态系统的健康标准和指标

生态系统健康是 20 世纪 80 年代国际学术界出现的新兴研究领域,生态系统健康的定义目前在学术界尚未取得共识。一般认为它是研究人类活动、社会组织、自然系统及人类健康之间相互关系的领域。所谓"健康"即指系统在各种不良环境影响下,结构和功能保持相对稳定状态,并可持续发展不断完善的特性。健康的生态系统具有以下特征:不存在失调症状、具有很好的恢复能力和自我维持能力、对邻近的其他生态系统没有危害、对社会经济的发展和人类的健康有支持推动作用。

生态系统健康的标准主要包括活力、恢复力、组织、生态系统服务功能的维持、管理选择、外部输入减少、对邻近系统的影响以及人类健康影响等 8 个方面。它们分属于生物物理范畴、社会经济范畴、人类健康范畴以及一定的时间、空间范畴。这 8 个标准中最重要的是前 3 个方面。活力是指生态系统的能量输入和营养循环容量,具体指标为生态系统的初级生产力和物质循环。在一定范围内生态系统的能量输入越多,物质循环越快,活力就越高,但这并不意味着能量输入高和物质循环快生态系统就更健康,尤其是对于水生生态系统来说,高输入可导致富养化效应;恢复力是指胁迫消失时,系统克服压力及反弹回复的容量。具体指标为自然干扰的恢复速率和生态系统对自然干扰的抵抗力。一般认为受胁迫生态系统比不受胁迫生态系统的恢复力更小;组织是指系统的复杂性,这一特征会随生态系统的次生演替而发生变化和作用。具体指标为生态系统中短命种与长命种的比率,外来种与乡土种的比率、共生程度、乡土种的消亡程度等。

抗干扰性和稳定性是生态系统健康的两个重要指标。干扰是指导致一个群落或生态系统特征,诸如种类多样性、营养输出、生物量、垂直与水平结构等超出其波动的正常范围的因子,干扰体系包括干扰的类型、频率、强度及时间等。生态系统稳定性是指生态系统保持正常动态的能力,主要包括恢复力和抵抗力。目前,关于生态系统稳定性与复杂性是否有关系及其关系如何尚有争论。一般地讲,稳定的生态系统是健康的,但健康的生态系统不一定是稳定的;干扰作用于稳定的生态系统或健康的生态系统,会导致生态系统不稳定或不健康,在一定强度范围下,干扰可能导致生态系统不健康,但仍是稳定的;健康的生态系统是未受到干扰的生态系统,但稳定的生态系统可能受到干扰。

鉴于生态系统健康研究的复杂性,兼之要评价的生态系统类型各异,因此也产生了多种评价方法和指标体系,主要分 3 类:①生态指标,在生态系统水平和群落层次上设计指标;②人类健康和社会经济指标,主要应用在一些与人类有密切关系的生态系统中,如流域内的生态系统;③物化指标,探究影响生态系统变化的非生物原因。

4 河流生态的恢复

生态系统恢复到一个什么水平,这对于生态系统的评价和生态用水的估算非常重要。因此,在对河流生态用水水平评价之前,首先应当确定河流生态系统恢复的目标,也就是确定目前河流生态系统恢复后要达到的标准。

当前学术界对河流生态恢复定义存在着不同的表述,可概括为:"完全复原"——使生态系统的结构和功能完全恢复到干扰前的状态;"修复"——部分地返回到生态系统受到干扰前的结构和功能;"增强"——环境质量有一定程度的改善;"创造"——开发一个原来不存在的新的河流生态系统,形成新的河流地貌和河流生物群落";"自然化"——由于人类对于水资源的长期开发利用,已经形成了一个新的河流生态系统,而这个系统与原始的自然动态生态系统是不一致的。在承认人类对于水资源利用的必要性的同时,强调要保护自然环境质量。综上可以看出,人们对河流生态的恢复有着不同的理解。确定河流生态恢复的目标不仅仅是一个科学技术问题,也是一个社会问题,它在很大程度上取决于当时人们的价值取向。

20世纪90年代,由于水资源过度开发利用及持续干旱等一系列人为自然因素,黄河流域生态环境一度出现许多问题:水质污染严重,多数河段水资源失去利用价值;主槽萎缩,行洪能力降低,"二级悬河"的形成与发展;下游河道频繁断流,入海径流严重不足;河口湿地消退,生物多样性减少;河口海岸蚀退严重,海水入侵加剧,土壤次生盐碱化面积膨胀,等等。针对这些问题,世纪之初,黄河人适时提出了"维持黄河健康生命"新的治河理念,并初步形成了"1493"这一"维持黄河健康生命"的理论框架。一个终极目标:"维持黄河健康生命"。四项主要标志:堤防不决口,河道不断流,污染不超标,河床不抬高。九条治理途径:减少入黄泥沙的措施建设;流域及相关地区水资源利用的有效管理;增加黄河水资源量的外流域调水方案研究;黄河水沙调控体系建设;制定黄河下游河道科学合理的治理方略;使下游河道主槽不萎缩的水量及其过程塑造;满足降低污径比使水质不超标的水量补充要求;治理黄河河口,以尽量减少其对下游河道的反馈影响;黄河三角洲生态系统的良性维持;九条途径的核心在于解决黄河"水少"、"沙多"和"水沙不平衡",以及如何保持以黄河为中心的河流生态系统的良性发展问题。三种基本手段:原型黄河、模型黄河、数字黄河"三条黄河"建设是确保各条治理途径科学有效的基本手段。

5 结语

综合上述认识,笔者认为:在对河流生态用水水平评估之前,首先应当了解河流生态要恢复的目标及其一些主要量化指标;其次,考虑到生物群落的多样性及具体河流状况、不同河段的变化,根据生态用水评价的宗旨,分析河流生态用水的组成;第三,计算过程中,尽量选择一些具有生态学意义上的指标,建立生态系统与水流条件间的对应关系;最后,鉴于当前的研究状况,建议加强该领域的基础研究工作。

参 考 文 献

[1]　丁圣彦. 生态学[M].北京:科学出版社,2004.
[2]　刘昌明,等. 西北地区水资源配置生态环境建设和可持续发展战略研究(生态环境卷)[M].北京:科学出版社,2004.
[3]　任海,等. 恢复生态学导论[M].北京:科学出版社,2001.
[4]　董哲仁. 河流生态恢复的目标[J]. 中国水利,2004(10).

管养分离后黄河工程管理
运行机制分析

岳瑜素[1,2] 范俊昌[3] 崔炎锋[4]

(1.中国科学院研究生院;2.黄河水利科学研究院;
3.阳谷黄河河务局;4.河南黄河工程局)

摘要:在水管体制改革试点阶段,黄委已着手研究建立与新体制配套的新的运行机制,并出台了相关办法。目前,黄河水管体制改革已经完成,在工程管理机构设置方面已实现管理层与维修养护作业层的分离(简称"管养分离"),与之相适应的运行机制体系框架已经初步建立,但还存在一些问题,主要表现在:工程管理与防汛抢险、水政水资源管理的协调问题;管理经费标准偏低、离退休人员经费未落实导致管理单位难以独立运作问题;维修养护的专业化水平很低影响维修养护的市场化步伐。

关键词:管养分离 工程管理 运行机制

黄河水利委员会(以下简称"黄委")开展以"管养分离"为核心的水管体制改革,关系着黄委所辖76个水管单位的长远发展,具有十分重要的意义。2005年,黄委完成了25个试点水管单位的改革工作,2006年全面完成委属水管单位的改革任务。这次改革打破了黄河基层水管单位长期形成的集"修、防、管、营"四位一体的管理体制,水管单位、维修养护单位、施工企业、供水局初步实现了人、财、物的分离,做到了事企分开,新的管理体制初步建立。面对全新的体制,如何建立与之相适应的"管理科学、运作规范"的运行机制,从改革开始就备受各方关注。黄委还进行了专题研究,并出台了相关办法,开展了大规模的培训。目前,新的运行机制体系框架已经初步建立,工程管理水平明显提高,但还存在一些问题,主要表现在:工程管理与防汛抢险、水政水资源管理的协调问题;管理经费标准偏低、离退休人员经费未落实导致管理单位难以独立运作问题;维修养护的专业化水平很低影响维修养护的市场化步伐。

1 黄河工程管理运行机制研究的总体思路

黄河水利工程管理运行机制的研究,要以国务院《水利工程管理体制改革实施意见》精神为指导,以"管养分离"后确保工程完整和安全运用为前提,逐步形成"管理科学、运作规范"的统一的科学规范的标准体系,建立包括行业约束(有关法律法规、行业标准等)、单位间约束(责任、权力、义务划分等)、单位内约束(内部的规章制度等)在内的约束机制;建立上级主管部门、水管单位、监理单位等按照有关规定对工程管理工作和维修养护作业进行质量安全、资金使用、进度等监管的监督机制;建立以竞争为核心,以工程检查、招标投标、综合考评、奖惩严明、鼓励创新为手段的激励机制;建立包括组织保障、经费保障、制度保障、人力资源保障、利益维护等的保障机制。

2 具体做法

黄委借鉴黄河基建工程建设管理和公路养护等其他行业的经验,针对维修养护作业的特点和现阶段治黄工作要求,建立了黄河水利工程管理运行机制研究的总体框架,并制定了配套的管理规章制度和办法,有效规范了黄河水利工程管理和维修养护的工作流程及各关键环节,促进了水管体制改革工作的深入进行,为黄河工程管理和维修养护工作顺利步入新机制运行打下了基础。具体包括:

(1)明确界定了"管养分离"后工程管理管养双方的业务职责范围,制定了维修养护合同示范文本,使双方职责清晰、权责明确。

(2)系统规范了维修工作中涉及的合同签订、计划编报、维护标准、工程监理、质量监督、项目验收等关键环节。

(3)建立了系统的工程维修养护质量管理体系,并将监理、质量监督机制引入到维修养护工作中。

(4)先后举办11期运行机制培训班,大规模培训了水管单位和维修养护企业人员。

3 实施效果

3.1 标准体系初步建成并发挥作用

管理规范化办法的印发,有效规范了黄河工程管理和维修养护的工作流程及各主要环节。委属单位根据本单位实际,配套制定了实施细则,进一步规范了运行管理工作的开展,实现了工程管理的规范操作和维修养护市场的良性运行。

3.2 水管单位作为公益性事业单位的地位得到了确定,经费渠道畅通

水管单位明确为纯公益性事业单位,工程维修养护经费纳入了国家财政预算,管理与养护经费有了保障,对于保持工程完整、提高抗洪能力提供了经费保障。

3.3 专业队伍上岗到位,合同管理得到加强

黄河水利工程维修养护良性管理模式已经建立,专业队伍上岗到位,改变了雇工分段包干的做法,专业队伍建设与规范化管理进程加快,有效促进了工程管

理的深入开展。同时,水管单位与养护公司实行了合同管理,从维护合同签订、监督管理、合同验收都得到加强,工程强度与质量得到保证。

3.4 职工工作积极性提高,工程面貌明显改观

通过深入广泛的宣传,职工认识到了改革的深远意义,意识到了国家对黄河事业的关心也是对他们工作的关心;改革方案中增加了各种经费,在很大程度上将会改变过去入不敷出的状况,增强了职工的工作信心;改革坚持"公开、公平、公正"的原则,实行"阳光作业",退休养老制度的建立解除了企业职工的后顾之忧,职工凝聚力增强;管理单位与养护企业分别建立健全了各项管理制度和奖惩措施,提高了职工做好本职工作的积极性。

养护企业和养护职工的积极性的提高,加之各项检查、评比、奖惩制度的细化,形成了变"被动"为"主动"、变"让我行动"为"我要行动"的良好工作局面,工程日常管理得到了进一步加强,工程面貌有了较大改观。

4 存在问题

4.1 工程维修养护和防汛抢险责任落实问题

《水利工程维修养护定额标准》(以下简称《定额标准》)明确规定,其适用于水管单位实行"管养分离"后年度日常水利工程维修养护经费预算的编制和核定。超常洪水和重大险情造成的工程修复及工程抢险费用、水利工程更新改造费用及其他专项费用另行申报和核定。同时,《定额标准》将水利工程维修养护任务界定为:对已竣工验收交付使用的工程进行养护和岁修,维持、恢复或局部改善原有工程面貌,保持工程的设计功能,保证工程的完整、安全与正常运用。

在没有发生超常洪水和重大险情的情况下,汛期工程的维修养护与防汛抢险的任务和目标完全一致,而且工程的维修养护和防汛抢险从根本上来说都是为了工程的完整、安全与效益的发挥。因此,在新的体制下,一般的抢险和工程维修实际上难以分开,尤其对黄河来说,即使小水也可能会出大险,防汛部门和工程管理部门的协调及抢险所需经费的解决等问题都需要进一步研究。

4.2 水管单位经费问题

水管单位在职人员基本支出标准偏低。财政部核定水管单位在职人员的基本支出定额标准为 2.56 万元/年,而按照实际开支需要人均支出为 3.02 万元/年,人均经费缺口为 0.46 万元/年。

水管单位离退休人员经费缺口大。在水管体制改革中没有单独核定离退休人员经费,仍保持原来的拨款水平,加上改革后离退休人数有所增加,大大增加了水管单位的负担。

黄委所属水管单位多为纯公益性单位,创收能力弱,经费弥补困难,在很大

程度上直接影响到水管单位的正常运转和"管养分离"的彻底实现。

4.3 维修养护企业竞争力不强

水管单位实施"管养分离"后,维修养护企业从事业单位中分离出去。新成立的维修养护企业,人员大部分是从水管单位分离出来的,人员素质整体偏低。分离时所划拨的资产和注册资本金大部分是一些房屋等不动产,缺乏流动资金和施工机械设备。由于维修养护单位底子薄,企业规模小、冗员多,没有能力购置维修养护设备,难以真正与原单位脱离并进入市场进行竞争,影响到改革的深入。

5 建议

5.1 明确水管单位职责,实现协调、统一管理

"管养分离"改革后,针对黄河工程管理的实际情况,应实行将工程管理、水政监察、防汛抗旱职能合为一体的"大水管"管理模式。水管单位作为水利工程维修养护项目法人,全面负责水利工程的维修养护管理、水政监察、防汛抗旱职能。水管单位内部应合理划分工作任务,明确职责,分工协作,实现各项工作的协调、统一管理。

5.2 补充、修订有关标准、办法,完善黄河工程管理运行机制

针对改革后水管单位和维修养护单位的实际运行情况,对现有的标准、规范进行修订,包括:补充《定额标准》中一些维修养护项目,增加"维修养护资质管理办法"和"维修养护招投标管理办法"等,提高在职人员基本支出标准,落实离退休人员经费,加大监督检查力度,不断完善适应市场经济要求的黄河水利工程管理运行机制。

5.3 增强市场观念,强化合同管理

水管体制改革是市场经济发展的必然要求,市场经济离不开合同管理,合同管理是贯穿于项目始终的动态管理,直接影响到项目管理的实效。要做好这项工作,首先,要不断丰富和完善《黄河水利工程维修养护合同示范文本》,确保范本内容合法有效、客观公正、内容全面,并具有较强的可操作性;其次,要按照公平、公正的原则签订维修养护合同及与之相关的监理、设计等合同,合理界定管、养双方职责,明确维修养护的工作内容、质量要求、资金支付、违约责任等各项权利和义务;第三,合同签订后,双方要自觉依法严格按照合同约定开展工作,强化履行合同的自觉性。同时,上级主管部门要加大对合同签订和执行情况的监督检查力度,认真研究合同执行中出现的新情况、新问题,建立必要的争端调解机制。

5.4 加强队伍培训,提高管理现代化水平

为适应新体制与新机制运行需要,有计划地招聘大中专学生,充实水管单位与维修养护企业;加强专业养护队伍技术培训,学习工程管理标准、合同管理、维修养护规程等专业知识,提高工作技能;从管理实用技术出发,注重新技术、新机具、新工艺的研究、引进与成果转化,提高维修养护的机械化水平;积极开展工程管理信息化建设,不断增加管理科技含量,促进综合管理技术水平的提高。

黄河下游水闸工程安全评估系统初探

于国卿　　谢志刚　　张晓华

（黄河水利科学研究院）

摘要：介绍了黄河下游水闸工程概况和面临的问题，以及水闸安全监测、安全评估的研究现状和发展趋势。结合黄河下游的实际情况，提出了构建黄河下游水闸工程安全评估系统的思路，并对系统需求做出初步分析，明确了系统的开发方向和目标。根据当前水闸安全评估研究现状，对基于监测资料的黄河下游水闸的评估方法进行了初步探讨。

关键词：黄河　水闸　监测　安全评估　Web

1　引言

黄河水利工程包括堤防、险工及控导工程、水利枢纽和水闸等。目前，黄河下游临黄大堤已建成运用的引黄水闸共96座（河南33座、山东63座），分泄洪闸12座；沁河堤防上建有穿堤涵闸31座；大清河、东平湖堤共有17座水闸；齐河北展及垦利南展共有排灌闸17座；以及睦里、垦东排水闸。

上述水闸大部分建于20世纪70～80年代，经过多年的运行，很多已出现老化和病害现象，且自建成以来大都未经过洪水和特大洪水的考验；土石接合部由于不均匀沉降易发生裂缝，闸身两侧可能会有隐患存在，在洪水到来之际，临背悬差大，在洪水长时间浸泡和压强作用下，可能发生裂缝、渗水、管涌等险情。

作为试点工程，杨桥、李家岸等5座水闸工程已建成远程监控或安全监测系统，对工程运行状况进行实时监控。"数字黄河"工程不仅要求建设水闸工程安全监测系统，更重要的是在监测系统的基础上，对监测数据充分加以利用，建立安全评估模型，实时、在线评估水闸的安全状况，为防洪抢险和工程管理提供决策支持。

"工程安全监测系统"、"工程安全评估系统"作为"数字建管"应用系统建设的重要组成部分，也是"数字黄河"的基础。同时，"工程安全评估模型研究"被列为"数字建管"的关键技术，成为黄河水利工程管理今后工作的重点。

2 研究现状及发展趋势

2.1 安全监测

我国水利工程安全监测始于大坝原型观测(吴中如,2003)。20世纪70年代后,大坝原型观测逐渐发展成为大坝安全监测。目前,水利工程安全监测已不再仅局限于大坝,水闸、堤防、隧洞和河道险工等工程也逐渐开展了安全监测和安全评估工作。

在大坝安全监测方面,利用"3S"技术、计算机网络、现代通信技术和数学模型等手段,采集和处理监测数据,实时掌握和了解工程运行状态,评估大坝安全状况,预测工程的运行承载能力和使用寿命,正在成为大坝监测的发展趋势。

随着安全监测技术的发展和安全管理的需要,水闸工程逐步引入了远程监控和安全监测系统。水闸工程安全监测主要借鉴大坝安全监测已有的技术和经验,结合水闸的特点加以改造(储海宁、李旦江,1994)。

目前,黄河下游河南段杨桥、柳园口、黑岗口三座水闸及山东段大王庙、李家岸两座水闸作为试点工程,已建成水闸安全监测系统。水闸远程安全监控系统和安全监测系统一起,为防洪调度和保障工程安全起到了重要的作用。

2.2 安全评估

围绕"八五"期间国家自然科学基金项目"水工混凝土建筑物老化病害的防治与评估的研究",我国已开展对中小型水利水电工程中的水闸老化病害的防治和评估研究。乔润德、吴成清(1995)应用可靠度理论提出了水闸耐久性失效的可靠质模糊分析方法。崔德密(1996)以江苏石梁河水库泄洪闸为例,进行水闸老化病害检测和可靠性评估。张志俊(1998)提出了一种简便易行又具有一定准确性的水闸老化评估方法。牛其光等(1998)从时间因素、自然因素、设计施工及管理四个方面分析了水闸工程老化的影响因素。金初阳、柯敏勇等(2000)以评价建筑物及结构的可靠性为基本内容,将水闸的病害检测划分为现场安全检测、复核计算与室内补充分析等项目,并采用可操作性强的评估方法。朱琳、王仁超等(2005)提出了一种基于群决策和变权赋权法的水闸老化模糊综合评判方法。

上述研究中,侧重以水闸的可靠性为主要目标,对水闸病害老化和安全状况做出评估,其主要依据为实际检测资料,参考部分监测数据,评估模型要求基础(检测)资料繁多,测试手段、费用和时间上要求较高,技术难度相对较大。评估模型考虑安全性、适用性和耐久性三方面,安全性作为评估模型中的一个因素;同时,较多地依赖安全检测数据,已有安全监测系统所采集的数据难以或没有充分加以利用,造成资源的闲置和工程投资的浪费。随着安全监测技术的发展和水闸工程安全管理的需要,有必要研究如何逐步增加、完善监测项目,并充分利用已采集的数据,建立基于监测资料的安全评估模型。

3 黄河下游水闸工程安全评估系统需求分析

根据工程监测数据,实时、正确、有效评估工程内在、外在质量和安全状况,关键在于工程安全评估模型的建立,安全评估模型是否正确关系到"数字工程建设与管理"的成败。因此,按照"数字建管"的建设需求,本文提出了以水闸安全监测数据为依据建立黄河下游水闸工程安全评估模型,以及构建黄河下游水闸工程安全评估系统的设想。

构建黄河下游水闸工程安全评估系统,应以监测资料为主要依据,集成水文自动测报、水量调度等其他已建系统,监测、评估水闸的运行状况,保障水闸的安全,以确保黄河堤防安全和为防汛、水量调度提供科学、实时、直观的决策依据为最终目的。

3.1 水闸工程安全监测研究

分析研究黄河下游水闸工程安全监测应设置的项目、监测硬件的选型及配置、监测系统的总体框架等,提出适合工程需要的监测项目及相应的硬件设备配置,推荐能够满足运行管理需要和安全评估要求的水闸工程安全监测系统框架。

收集并系统整理、分析典型水闸工程资料,研究各项目监测数据的变化规律,建立监测资料分析、预测预报和监控模型,对监测资料的可靠性及异常情况进行判别。

3.2 安全评估模型研究

构建基于安全监测资料的水闸工程安全评估指标体系,确定各层指标的评语集,最终建立水闸工程安全评估模型,对水闸工程安全进行综合评估。

3.3 软件开发

充分利用先进的计算机软硬件技术、国内外先进的水闸工程监测的成果和经验,开发一套基于 Web 的,具有先进性、可靠性、通用性和可扩展性的水闸工程安全监测分析评估系统。实现对黄河下游水闸的自动监测,对监测到的实时数据和人工观测数据进行自动分析与人工干预反馈,准确地描述水闸的整体性状,对水闸工程安全监测采集数据的保存、检验、整编、分析和辅助决策,实时监测水闸运行性态,做出准确高效的评判和决策,确保水闸自身和黄河大堤的安全,提高水闸工程运行效益。

系统开发拟实现"3A"目标(Anybody/Anytime/Anywhere,即在允许的权限内任何人、在任何时间、任何地点都可访问或控制),采用 Visual Studio 2005 为开发工具,SQL Server 2005 为后台数据库,应用先进的 .NET 技术,努力使黄河下游水闸工程安全评估系统成为"数字黄河"工程中高效、易用、先进的典范。

4 评估方法初探

4.1 指标体系

水闸的安全评估是对复杂系统的评估,其指标体系是一个复杂的多因素(包括定量与非定量)、多层次、多目标的模糊评价指标体系。在选取评估指标时应使其能以水闸表面现象、采集数据反映内部安全状况,使不同类型的水闸具有可比性和通用性(牛其光等,1998),具体遵循以下原则:

(1)评估指标应能反映水闸整体或各部位的安全程度、发展趋势;

(2)最底层指标数据可直接从安全监测系统或已建其他系统中获取;

(3)评估指标数目不宜太多,应能够量化,且便于综合成复合指标;

(4)便于操作,技术上可行,经济上合理。

初步拟定水闸安全评价指标体系分为以下4个层次:第一层为总目标,是对水闸安全性的总要求;第二层是对水闸安全的单项指标(如稳定性、过水能力、消能防冲、混凝土结构和闸门及启闭机等)的具体要求;第三层为各单项评估指标的细化(如稳定性包括渗透稳定性和整体稳定性,等等);第四层为基础评估指标,是便于量化和描述的直接评价指标。基础评估指标不可再分,所采用的数据、资料主要源于水闸安全监测系统,必要时参考水调系统、水文测报系统提供的数据和安全检测资料。

4.2 评估标准

依据已有水闸的实测资料,结合黄河下游水闸的具体情况,参考现行水闸设计、施工、验收规范和已有研究成果,在咨询专家意见后,制定各指标等级评估标准,并确定相应的权重。

上述四层指标中,各层指标拟按照好坏及严重程度分为 A、B、C、D 四个等级,A 级最好,D 级最差,各等级指标用定量的数值范围或定性的描述说明。其中,位于顶层的总目标的四个等级拟分别对应《水闸安全鉴定规定》中确定的一类闸、二类闸、三类闸、四类闸,项目实施过程中,将根据黄河下游水闸的实际情况,确定相应的定量数值范围和评语集。

4.3 评估模型

确定各层指标的权重、评语集之后,可根据水闸安全影响的主要因素,建立多层次模糊综合评估模型,进行各单项指标及总目标的安全评估。

4.3.1 单项指标评估

对位于指标体系第二层的单项指标,在根据实测资料对照相应层次的评语集确定基础指标、细化指标的级别后,可依据式(1)对第 i 个单项指标进行评估

（崔德密、乔润德,2001）。

$$V_i = \sum_{j=1}^{m} Q_{ij} W_{ij} Y_a(x)/A + \sum_{j=1}^{m} Q_{ij} W_{ij} Y_b(x)/B +$$

$$\sum_{j=1}^{m} Q_{ij} W_{ij} Y_c(x)/C + \sum_{j=1}^{m} Q_{ij} W_{ij} Y_d(x)/D \qquad (1)$$

式中：m 为单项指标的数量；$Y(x)$ 为特征函数；Q 为细化指标对单项指标影响的权重；W 为基础指标对细化指标影响的权重；$\sum_{j=1}^{m} Q_{ij} W_{ij} Y_z(x)(z=a、b、c、d)$ 分别表示对于第 i 个单项指标属于安全等级 $A、B、C、D$ 的隶属度,隶属度的代数值最大者对应的等级即为水闸根据各单项指标所评判的安全程度。

4.3.2　综合性评估

已知各单项指标的评价标准和权重条件下,可按式(2)确定水闸的综合安全程度（崔德密、乔润德,2001）。

$$E = \sum_{i=1}^{n} P_i V_i = \sum_{i=1}^{n} P_i \sum_{j=1}^{m} Q_{ij} W_{ij} Y_a(x)/A + \sum_{i=1}^{n} P_i \sum_{j=1}^{m} Q_{ij} W_{ij} Y_b(x)/B +$$

$$\sum_{i=1}^{n} P_i \sum_{j=1}^{m} Q_{ij} W_{ij} Y_c(x)/C + \sum_{i=1}^{n} P_i \sum_{j=1}^{m} Q_{ij} W_{ij} Y_d(x)/D \qquad (2)$$

式中：n 为评价指标体系中单项指标的数量；P 为第 i 个单项指标对总目标影响的权重；$\sum_{i=1}^{n} P_i \sum_{j=1}^{m} Q_{ij} W_{ij} Y_z(x)(z=a、b、c、d)$ 分别表示总目标属于安全程度 $A、B、$ $C、D$ 的隶属度。综合评估结果 E 代数值最大者对应的等级即为该水闸综合的安全程度。

5　结语

依据监测资料构建黄河下游水闸工程安全评估系统,以充分利用已有监测系统与监测数据为原则和基础,以"3A"应用为开发方向,以实现对水闸工程安全监测、安全评估的网络化、自动化和确保黄河堤防安全为最终目标。水闸工程安全评估模型的建立,以及基于监测资料的黄河下游水闸工程安全评估系统软件的研发和运行,可节省每座水闸都重复开发监测、评估软件的费用,更重要的是,可实现黄河下游水闸工程安全监测分析、预报和评估的自动化、网络化,使水闸工程运行管理提高到一个新的水平。

参 考 文 献

[1]　黄委会建设与管理局.黄河工程管理基本资料手册[G].2005.

[2] 水利部黄河水利委员会．"数字工程建设与管理"专题规划报告("数字黄河"工程规划报告附件四)[R]．2002．

[3] 吴中如．水工建筑物安全监控理论及其应用[M]．北京：高等教育出版社,2003．

[4] 储海宁,李旦江．分布式变形、应力、温度自动化监测系统的研制——葛洲坝二江泄水闸小型监测系统简介[J]．人民长江,1994(4)．

[5] 乔润德,吴成清．水闸钢筋混凝土老化病害分析及耐久性评估研究[J]．合肥工业大学学报(自然科学版),1995(2)．

[6] 崔德密．水闸老化病害检测、评估及应用[J]．合肥工业大学学报(自然科学版),1996(3)．

[7] 张志俊．水闸老化状态实用评估方法[J]．治淮,1998(4)．

[8] 牛其光,孙桂枝,李朝阳,等．河南省大型水闸老化病害评估与分析[J]．水运水科学研究,1998(3)．

[9] 金初阳,柯敏勇,洪晓林,等．水闸病害检测与评估分析[J]．水利水运科学研究,2000(1)．

[10] 朱琳,王仁超,孙颖环,等．水闸老化评判中的群决策和变权赋权法[J]．水利水电技术,2005(4)．

[11] 崔德密,乔润德．水闸老化病害指标分级综合评估法及应用[J]．人民长江,2001(5)．

浅议黄河防洪工程施工的全过程质量控制

刘树利[1]　王卫军[2]

（1. 焦作黄河河务局;2. 黄河水利委员会建管局）

摘要:黄河防洪工程受自然和社会条件制约,质量控制难度大,因此对其施工的全过程质量控制显得尤为重要。业主通常委托监理工程师对工程施工进行全过程的质量监督、控制与检查。施工全过程质量控制包括作业技术准备状态的控制、作业技术活动运行过程的控制、作业技术活动结果的控制及施工过程质量控制手段。

关键词:黄河防洪工程　施工　全过程　质量控制

黄河防洪工程一般具有投资规模大、质量要求高等特点。受自然和社会条件制约,在工程施工过程中,影响质量的主要因素有材料、机械、方法、管理等,质量控制难度大。因此,对施工的全过程质量控制显得尤为重要。为确保施工质量,业主通常委托监理工程师对工程施工进行全过程的质量监督、控制与检查。施工全过程质量控制包括作业技术准备状态的控制、作业技术活动运行过程的控制、作业技术活动结果的控制及施工过程的质量控制手段。

1　作业技术准备状态的控制

作业技术准备状态,是指各项施工准备工作在正式开展作业技术活动前,是否按预先计划的安排落实到位的状况。作业技术准备状态的控制,应着重抓好以下环节的工作。

1.1　质量控制点的设置

1.1.1　质量控制点的概念

质量控制点是指为了保证作业过程质量而确定的重点控制对象、关键部位或薄弱环节。

承包单位在工程施工前应根据施工过程质量控制的要求,列出质量控制点明细表,提交监理工程师审查批准后,在此基础上实施质量预控。

1.1.2　选择质量控制点的一般原则

应当选择那些保证质量难度大的、对质量影响大的或者是发生质量问题时危害大的对象作为质量控制点。

(1)关键的分项工程。如堤防工程的土方填筑、水闸工程的钢筋混凝土浇筑等。

(2)关键的工程部位。如堤防加固工程的新老堤接合部、水闸地基基础等。

(3)施工中的薄弱环节,或质量不稳定的工序、部位或对象,或采用新技术、新工艺、新材料的部位或环节。

(4)关键工序。如堤防工程的土方碾压、钢筋混凝土工程的混凝土振捣、灌注桩的钻孔等。

(5)关键工序的关键质量特性。如堤防工程土方填筑的压实度、混凝土的强度指标与防渗指标等。

(6)关键质量特性的关键因素。如堤防工程填筑土方的含水量、冬期混凝土的养护温度等。

1.1.3 作为质量控制点重点控制的对象

(1)人的行为。对某些技术难度大或精度要求高的作业或操作,对作业人员的技术水平要有较高要求。

(2)物的质量与性能。施工设备和材料是直接影响工程质量与安全的主要因素,对某些水利工程尤为重要,如基础工程的防渗灌浆、灌浆材料的细度、关键作业设备的性能、计量仪器的质量都是影响灌浆质量和效果的主要因素。

(3)施工技术参数。例如:对于堤防加固工程土方填筑施工时,对土料颗分、压实度、含水量等参数的控制是保证土方填筑质量的关键。

(4)关键工序。特别是对后续工程施工或对后续工序质量或安全有重大影响的工序、部位或对象。

1.1.4 制定质量预控对策

工程质量预控,就是针对所设置的质量控制点或分部、分项工程,事先分析施工中可能发生的质量问题和隐患,分析可能产生的原因,并提出相应的对策,采取有效的措施进行预先控制,以防在施工中发生质量问题。质量预控及对策的表达方式主要有文字表达、表格形式表达和解析图形式表达等形式。

1.2 作业技术交底的控制

承包单位做好技术交底,是取得好的施工质量的条件之一。为做好技术交底,项目经理部必须由主管技术人员编制技术交底书,并经项目总工程师批准。技术交底的内容包括施工方法、质量要求和验收标准、施工过程中需注意的问题、可能出现意外的措施及应急方案。

技术交底要紧紧围绕和具体施工有关的操作者、机械设备、使用的材料、工艺、工法、施工环境、具体管理措施等方面进行,交底中要明确做什么、谁来做、如何做、作业标准和要求、什么时间完成等。

关键部位或技术难度大、施工复杂的单元、分项工程施工前,承包单位的技术交底书(作业指导书)要报监理工程师。经监理工程师审查后,如技术交底书不能保证作业活动的质量要求,承包单位要进行修改补充。没有做好技术交底的工序或分项工程,不得进入正式实施。

1.3 进场材料的质量控制

(1)凡运到施工现场的原材料,进场前应向项目监理机构提交"建筑材料报验单",同时附有产品出厂合格证及技术说明书,由施工承包单位按规定要求进行检验的检验报告或试验报告,经监理工程师审查并确认其质量合格后,方准进场。

(2)原材料存放条件的控制。尤其是受自然环境和气候影响比较大的比如水泥、外加剂、防水材料、土工织物材料等,更应严格控制。

(3)对于某些当地材料及现场配制的制品,要求承包单位事先进行试验,达到要求的标准方准施工。

1.4 环境状态的控制

1.4.1 施工作业环境的控制

所谓作业环境条件主要是指诸如水、电或动力供应,施工照明、安全防护设备,施工场地空间条件和通道,以及交通运输和道路条件等。监理工程师应事先检查承包单位对施工作业环境条件方面的有关准备工作是否已做好安排和准备妥当;当确认其准备可靠、有效后,方准许其进行施工。

1.4.2 施工质量管理环境的控制

施工质量管理环境主要是指:施工承包单位的质量管理体系和质量控制自检系统是否处于良好的状态;系统的组织结构、管理制度、检测制度、检测标准、人员配备等方面是否完善和明确;质量责任制是否落实;监理工程师做好承包单位施工质量管理环境的检查,并督促其落实,是保证作业效果的重要前提。

1.4.3 现场自然环境条件的控制

监理工程师应检查施工承包单位,对于未来的施工期间,自然环境条件可能出现对施工作业质量的不利影响时,是否事先已有充分的认识并已做好充足的准备和采取了有效措施与对策以保证工程质量。例如,施工场地的防洪与排水、风浪对打桩工程质量影响的防范等。

1.5 进场施工机械设备性能及工作状态的控制

保证施工现场作业机械设备的技术性能及工作状态,对施工质量有重要的影响。因此,监理工程师要做好现场控制工作。包括施工机械设备的进场检查、机械设备工作状态的检查、特殊设备安全运行的审核及大型临时设备的检查等。

1.6 施工现场劳动组织及作业人员上岗资格的控制

1.6.1 现场劳动组织的控制

劳动组织涉及从事作业活动的操作者和管理者,以及相应的各种管理制度。

(1)操作人员数量满足要求。直接从事作业活动的操作者数量必须满足作业活动的需要,相应工种配置应能保证作业有序进行。

(2)管理人员到位。作业活动的直接负责人(包括技术负责人),专职质检人员、安全员,与作业活动有关的测量人员、材料员、试验员必须在岗。

(3)相关制度要健全。如管理层及作业层各类人员的岗位职责,作业活动现场的安全、消防与环保规定,实验室及现场试验检验的有关规定,紧急情况的应急处理规定等。

1.6.2 作业人员上岗资格

从事特殊作业的人员(如电焊工、电工、起重工、架子工、爆破工),必须持证上岗。

1.7 施工测量及计量器具性能、精度的控制

1.7.1 工地实验室的建立

工程开工前,承包单位应建立工地实验室,并应经计量主管部门认证取得相应资质;如果属于施工单位中心实验室的派出机构,应出具正式委托书。

1.7.2 对工地实验室的检查

工程开工前,监理工程师应检查工地实验室的资质证明文件、试验设备与检测仪器的数量和精度能否满足施工要求,有无计量部门的标定资料;实验室管理制度是否齐全、符合实际;试验、检测人员的岗位资质证书等。

1.7.3 对工地测量仪器的检查

施工测量前,应检查施工单位测量仪器的规格型号、技术指标、精度等级等。

2 作业技术活动运行过程的控制

工程施工质量是在施工过程中形成的,而不是最后检验出来的;施工过程是由一系列相互联系与制约的作业活动所构成。因此,保证作业活动的效果与质量是施工过程质量控制的基础。

2.1 承包单位自检与专检工作的监控

2.1.1 承包单位的自检系统

承包单位是施工质量的直接实施者和责任者,监理工程师的质量监督与控制就是使承包单位建立起完善的质量自检体系并有效运转。

承包单位的自检体系表现在以下几点:

(1)作业活动的作业者在作业结束后必须自检;

(2)不同工序交接、转换必须由相关人员交接检查;

（3）承包单位专职质检员的专检。

2.1.2　监理工程师的检查

监理工程师的质量检查与验收，是对承包单位作业活动质量的复核与确认；监理工程师的检查决不能代替承包单位的自检，而且，监理工程师的检查必须是在承包单位自检并确认合格的基础上进行的。

2.2　技术复核工作监控

技术复核是承包单位应履行的技术工作责任，其复核结果应报送监理工程师复验确认后，才能进行后续相关的施工。监理工程师应把技术复验工作列入监理规划及质量控制计划中，并看做是一项经常性的工作任务，贯穿于整个施工过程中。

常见的施工测量复核有水工建筑物定位测量、基础施工测量、建筑场地控制测量、基础以上的平面与高程控制、建筑物施工过程中沉降变形观测等。

2.3　见证点的实施控制

2.3.1　见证点的概念

见证点监督，也称为 W 点监督。凡是列为见证点的质量控制对象，在规定的关键工序施工前，承包单位应提前通知监理人员在约定的时间内到现场进行见证和对其施工实施监督。如果监理人员未能在约定的时间内到现场见证和监督，则承包单位有权进行该 W 点相应工序的操作和施工。

2.3.2　见证点的监理实施程序

（1）承包单位应在某见证点施工之前一定时间，书面通知监理工程师，说明该见证点准备施工的日期与时间，请监理人员届时到达现场进行见证和监督。

（2）监理工程师收到通知后，应注明收到该通知的日期并签字。

（3）监理工程师应按规定的时间到现场见证。

（4）如果监理人员在规定的时间不能到场见证，承包单位可以认为已获监理工程师默认，可有权进行该项施工。

（5）如果在此之前监理人员已到过现场检查，并将有关意见写在"施工记录"上，则承包单位应在该意见旁写明他根据该意见已采取的改进措施，或者写明他的某些具体意见。

3　作业技术活动结果的控制

3.1　作业技术活动结果的控制内容

作业技术活动结果的控制是施工过程中间产品及最终产品质量控制的方式，只有作业活动的中间产品质量都符合要求，才能保证最终单位工程产品的质量,主要内容如下。

3.1.1　基槽(基坑)验收

基槽开挖质量验收主要涉及地基承载力的检查确认、地质条件的检查确认、开挖边坡的稳定及支护状况的检查确认。由于部位的重要,基槽开挖验收均要有勘察设计单位的有关人员参加,并请质量监督机构参加,经现场检查、测试(或平行检测)确认其地基承载力是否达到设计要求,地质条件是否与设计相符。

3.1.2　隐蔽工程验收

隐蔽工程验收是指将被其后工程施工所隐蔽的分项、分部工程,在隐蔽前所进行的检查验收。它是对一些已完分项、分部工程质量的最后一道检查,由于检查对象就要被其他工程覆盖,给以后的检查整改造成障碍,故显得尤为重要,它是质量控制的一个关键过程。

3.1.3　单元(分项、分部)工程的验收

单元工程应按保证项目、基本项目和允许偏差项目检查验收。单元(分项、分部)工程完成后,承包单位应首先自行检查验收,确认符合设计文件、相关验收规范的规定,然后向监理工程师提交申请,由监理工程师予以检查、确认。如确认其质量符合要求,则予以确认验收。如有质量问题则指令承包单位进行处理,待质量合乎要求后在再予以检查验收。对涉及结构安全和使用功能的重要分部工程应进行抽样检测。

3.1.4　单位工程的竣工验收

单位工程完工后,施工承包单位应先进行竣工自检,自检合格后,向项目监理机构提交验收申请报告,总监理工程师组织专业监理工程师进行竣工初验,其主要工作包括以下几个方面。

(1)审查施工承包单位提交的竣工验收所需的文件资料,包括各种质量控制资料、试验报告及各种有关的技术性文件等。

(2)审核施工承包单位提交竣工图,并与已完工程、有关的技术文件对照进行核查。

(3)总监理工程师组织专业监理工程师对拟验收工程项目的现场进行检查,如发现质量问题应指令承包单位进行处理。

(4)对拟验收项目初验合格后,总监理工程师对承包单位的验收申请报告予以签认,并上报建设单位。

(5)参加由建设单位组织的正式竣工验收。

3.2　作业技术活动结果检验程序与方法

3.2.1　检验程序

作业活动结束,应先由承包单位的作业人员按照规定进行自检、复检、终检,

均符合要求后,再由监理工程师进行检查。

3.2.2 质量检验的主要方法

对于现场所用原材料、半成品、工序过程或工程产品质量进行检验的方法,一般可分为三类,即目测法、量测法及试验法。

(1)目测法。即凭借感官进行检查,也可以叫做观感检验。

(2)量测法。就是利用量测工具或计量仪表,通过实际量测结果与规定的质量标准或规范的要求相对照,从而判断质量是否符合要求。

(3)试验法。指通过进行现场试验或实验室试验等理化试验手段,取得数据,分析判断质量情况。包括理化试验和无损检测。

3.2.3 质量检验程度的种类

(1)全数检验。主要用于关键工序部位或隐蔽工程,以及技术规程、质量检验验收标准或设计文件中明确要求应进行全数检验的对象。

(2)抽样检验。主要用于检验数量大的建筑材料、半成品或工程成品。

4 施工过程的质量控制手段

4.1 审核技术文件、报告和报表

这是对工程质量进行全面监督、检查与控制的重要手段。审核的具体内容包括以下几方面。

(1)审批施工承包单位的开工申请书,检查、核实与控制其施工准备工作质量。

(2)审批承包单位提交的施工方案、质量计划、施工组织设计或施工计划,控制工程施工质量有可靠的技术措施保障。

(3)审批施工承包单位提交的有关材料、半成品和构配件质量证明文件(出厂合格证、质量检验或试验报告等),确保工程质量有可靠的物质基础。

(4)审查进入施工现场的分包单位的资质证明文件,控制分包单位的质量。

(5)审核承包单位提交的反映工序施工质量的动态统计资料或管理图表。

(6)审核承包单位提交的有关工序产品质量的证明文件(检验记录及试验报告)、工序交接检查(自检)、隐蔽工程检查、分部分项工程质量检查报告等文件和资料,以确保和控制施工过程的质量。

(7)审核与签署现场有关质量技术签证、文件等。

4.2 现场监督和检查

4.2.1 现场监督检查的内容

(1)开工前的检查。主要是检查开工前准备工作的质量,能否保证正常施工及工程施工质量。

（2）工序施工中的跟踪监督、检查与控制。主要是监督、检查在工序施工过程中，人员、施工机械设备、材料、施工方法及工艺或操作和施工环境条件等是否均处于良好的状态，是否符合保证工程质量的要求，若发现有问题及时纠偏和加以控制。

（3）对于重要的和对工程质量有重大影响的工序与工程部位，还应在现场进行施工过程的旁站监督与控制，确保使用材料及工艺过程质量。

4.2.2　现场监督检查的方式

（1）旁站与巡视。旁站是指在关键部位或关键工序施工过程中由监理人员在现场进行的监督活动。旁站的部位或工序要根据工程特点，也应根据承包单位内部质量管理水平及技术操作水平决定。通常，混凝土灌注、预应力张拉过程及压浆、基础工程中的软基处理、复合地基施工（如搅拌桩、悬喷桩、粉喷桩）、路面工程的沥青拌和料摊铺、沉井过程、桩基的打桩过程、防水施工、隧道衬砌施工中超挖部分的回填、边坡喷锚打锚杆等要实施旁站。巡视是指监理人员对正在施工的部位或工序现场进行的定期或不定期的监督活动。巡视是一种"面"上的活动，它不限于某一部位或过程，而旁站则是"点"的活动，它是针对某一部位或工序。

（2）跟踪检测与平行检测。跟踪检测是监理工程师在承包单位对试样进行检测时，实施全过程的监督，确认其程序、方法的有效性及检验结果的可信性，并对该结果确认。

平行检测是监理工程师利用一定的检查或检测手段，在承包单位自检的基础上，按照一定的比例独立进行检查或检测的活动。通过平行检测，以对承包单位的检测结果进行核验。

4.3　指令文件

指令文件是监理工程师运用指令控制权的具体形式。所谓指令文件是表达监理工程师对施工承包单位提出指示或命令的书面文件，属要求强制执行的文件。监理工程师的各项指令都应是书面的或有文件记载方为有效，并作为技术文件资料存档。

参 考 文 献

［1］　中国建设监理协会.建设工程质量控制［M］.北京:中国建筑工业出版社,2003.

［2］　丰景春,王卓甫.建设项目质量控制［M］.北京:中国水利水电出版社,1998.

［3］　中华人民共和国行业标准.水利工程建设项目施工监理规范(SL288—2003)［S］.北京:中国水利水电出版社,2003.

水利工程实施代建制模式的探讨

崔庆瑞　赵　敏　翟来顺

（聊城黄河河务局）

摘要：公益性水利工程由政府投资，项目法人的职责、组建形式与非公益性项目有所不同。现阶段，项目法人的组建性质分为行政性质、事业性质和企业性质三种类型，组建形式多种多样，事业型的建设管理机构是水利工程项目法人组建的主流，专业项目法人是水利工程项目法人的补充，项目管理公司和咨询公司等代建企业是公益性、准公益性水利工程项目法人组建的方向。

关键词：水利工程　公益性项目　代建制　模式

1　项目法人的职责

水利工程大部分属于政府投资的公益性项目，与非公益性项目法人的职责"由项目法人对项目的策划、资金筹措、建设实施、生产经营、债务偿还和资产的保值增值实行全过程负责"有所不同。对于公益性、准公益性项目来说，在投资期、建设期和运营期，由不同的责任主体来完成，项目法人不需要对生产经营、债务偿还和资产的保值增值负责。公益性、准公益性项目本身是社会效益，债务偿还只能通过工程发挥社会效益的过程中间接产生的经济效益来偿还。因此，公益性、准公益性水利工程项目法人的职责是对项目的策划、建设实施和投资的部分风险负责。

2　现阶段项目法人的形式及存在的问题

2.1　项目法人的形式

水利工程项目严格按照国家有关规定组建项目法人，目前，政府投资项目法人的组建性质分为行政性质、事业性质和企业性质三种类型，组建形式多种多样，主要有临时指挥部、工程指挥部、工程管理局、建设单位自建自用等。项目法人的主管单位，对项目法人的组建、项目实施的全过程进行监督检查。

2.2　存在的问题

现阶段项目法人责任制的实施虽取得了巨大成就，但也存在一些不可避免的问题，使得水利建设与管理工作面临一系列困难。主要表现在：项目法人组建不规范,与《公司法》存在冲突,责、权、利不统一,责任主体不明确;政企、政事不分,存在行政干预;项目法人不具备民事法律关系主体资格;尚未建立有效的约束机制和激励机制;项目法人的合法利益无明确来源;对项目法人监督不力,缺乏有效手段调动项目法人的积极性,部分项目法人的主动性和自觉性不高。为此,在投资体制改革的新形势下,各地已积极探索落实项目法人责任制的有效途径,代建制作为项目法人的一种组建形式正在逐步被认可。

3 实施代建制的探讨

3.1 代建制的概念

国务院《关于投资体制改革的决定》中要求,对非经营性政府投资项目加快推行代建制,即通过招标、直接委托等方式,选择专业化的项目管理单位负责建设实施,严格控制项目投资、质量和工期,竣工验收后移交给使用单位。增强投资风险意识,建立和完善政府投资项目的风险管理机制,对公益性、准公益性水利工程项目实行代建制及其操作模式提出了明确要求。北京市制定的《北京市政府投资建设项目代建制管理办法(试行)》,要求政府投资占项目总投资60%以上的公益性、准公益性水利建设项目,必须采用代建制模式。水利工程建设项目具有投资大、公益性强、工程复杂、周期长的特点,代建制的实施是公益性、准公益性水利工程项目发展的必然趋势。

3.2 实施代建制的优越性

对政府投资的非经营性水利工程项目实行代建制,将项目建设管理任务交由专业化、常设性的代建单位,而非项目使用单位来承担,将政府投资的水利工程项目进行适当集中、统一管理,有利于提高政府投资项目管理的专业化水平,对控制工程进度、质量和投资,提高投资效益具有积极的作用。代建制是控制建设规模、建设工期和建设投资行之有效的管理方法,由专业部门承接项目法人难以履行的职责,实现配置合理化、管理专业化、责权明确化、运作透明化,保证工程质量,提高投资效益,从源头上遏制腐败,减少行政成本,提高运转效率。能有效地解决政企不分、责任不明、监管不力、效益不高等问题,使政府部门专门负责投资审批、监管建筑市场,项目法人负责组织工程项目的建设实施;明确所有者(政府)和使用者的责任,使其利益相分离,避免超规模、超标准建设等现象的产生,政府通过有效的监督,及时纠正建设过程中的违法违规问题;代建制以专业的项目管理公司代替政府庞大的临时管理组织,它们拥有大批专业人员,具有丰富的项目建设管理知识和经验,熟悉整个建设流程,通过制定全程项目实施计划,设计风险预案,协调参建单位之间的关系,合理安排工作,可大大提升项目管理水平和工作效率,对质量、资金、进度的控制更加有效;依托代建制,通过与项目管理公司的合同关系实施对政府投资项目全方位的建设和管理,承担工程建设的经济责任和质量责任,提高工程建设管理效率和投资效益,增加工程建设管理的约束力与政府监管、规则制定的公正性和执行的透明性;刺激了建筑市场的发展,一大批具有较高工程管理水平的代建制企业和项目应运而生,有的企业甚至已经在行业内崭露头角。

3.3 代建制的运作模式

代建制是在项目有一定意向的情况下,由政府主管部门通过选择代建单位进行项目的组织实施。代建制项目法人的组建明显早于项目出现,由代建制企业对项目进行组织、管理和实施。因此,代建制项目法人实质上就是事业性质、企业性质的项目法人。代建制的运作模式大致有三种。

3.3.1 政府专业代建公司

《公司法》规定,国家授权的投资机构或部门可成为国家投资主体。投资主体可代行企业中国有资产出资者的职权,依法对企业中的国有资产实行股权管理,不行使政府的经济管理职能。可见,国有资产投资主体实质上就是国有资产的产权运营机构,经营政府授权范围内的国有资产产权并具有较强经济实力的企业法人。国家建立现代企业制度试点文件也指出,产权运营机构包括国家投资公司、国家控股公司、国有资产经营公司和企业集团公司。根据水利行业的实际情况,为有利于政企分开,用好国家投入水利基础设施的基金,应尽快成立各级水利国有资产产权运营机构,作为独立的经济实体,代表政府负责国有资产的保值、增值,通过参股、控股与地方政府或其他企业按《公司法》组建项目法人,负责水利工程的筹资建设和经营。在对国有资产企业化管理的基础上,实现水利国有资产运行的市场化,实现国有资产所有者职能和社会经济管理职能分开,国有资产行政管理职能与运营职能分开,国有资产的所有权和法人财产权分开。由政府指定的项目管理公司,对指定项目实行代理建设,按企业经营管理。其优点是政府意愿可以较好地实现;缺点是代建单位容易与使用单位串通,造成概算不科学,在目前市场发育不健全、缺乏竞争的条件下,管理力度和水平不能得到有效的提高。

3.3.2 政府专业管理机构

由政府成立代建管理机构,按事业单位管理,对所有政府投资实行代理建设。其优点是方便协调建设中的各种问题,政府易于管理;缺点在于要新设机构,政府管理机构无法承担超概算责任。

3.3.3 项目管理公司竞争代建

由政府设立准入条件,符合条件的企业参与项目代建竞争,由政府通过招标的方式择优选择。其优点是引入竞争,避免指定做法的不科学、发生权力寻租,可降低投资;缺点是政府主管部门必须具有较强的经济、法律、技术能力,方可与专业公司进行代建谈判事宜,避免代建公司的索赔和追加资金。

3.4 代建制存在的问题

推行代建制,关键在于选择项目管理公司,对有资质、有代建能力的项目管理公司的培育是推行代建制的关键,而相关法律法规的制定是代建制实施的基础,代理合同的完善是代建制管理的保障。代建制由于建管分离,无法充分考虑工程建成后的管理需求,不具备环境协调职能,无法完成筹措资金、协调解决征地拆迁、移民安置和社会治安等。代建公司的建设管理能力不适应工程建设的需要,相关政策和规章制度还不健全,代建制的推行仍需根据各试点单位的情况,逐步总结经验,制定相关的配套政策,加以推广。根据近年各行业代建制的实施情况来看,还存在一些问题。

3.4.1 代建企业的利益与建设质量的矛盾

大多数代建企业属于营利性公司。在有些地方,代建制企业除收取代建管理费外,还收取不同比例的提成。代建公司为赚取"提成"或追求利润最大化,很可能出现片面压低投资、降低施工标准等现象,影响了政府投资质量和效益。

3.4.2 代建企业的生存能力与质量终身制的矛盾

由于代建公司属于企业性机构,天然具有某种不稳定性,特别是在相关法律、法规尚不完善的情况下,一旦撤销或改行,将无法落实"质量责任终身制"。

3.4.3 代建企业实力差

目前,多数地方的代建公司数量少,且发展很不平衡,总体素质和水平不高。绝大多数企业力量薄弱、局限性强,不具备真正从事工程项目管理的实力。同时,在市场经济条件下,代建公司之间从自身利益出发必定出现盲目"抢饭吃"的现象,导致不规范竞争行为愈演愈烈,给招标投标和日常工程管理造成被动影响。

3.4.4 代建企业人员少

从国内情况看,目前实行政府投资项目集中管理的地区,代建机构的规模普遍太小。大多数地方的编制人员均严重不足,过小的规模对这些机构的有效或高效履行建管职责形成了巨大的挑战。

3.4.5 实施代建不规范

代建公司承接政府投资项目,透明度不高,难以避免"暗箱操作"等人为因素,极易产生腐败问题,不利于反腐倡廉。在个别实施政府项目统一管理的地区,一个机构统管了所有的代建项目,权力过分集中,形成了一定程度的垄断。专家认为,这种模式实际是一种"交钥匙"总承包形式,既没有被代理单位,又没有代建单位。

3.4.6 责、权、利不明晰

项目管理单位和代理机构的责、权、利不够明确,导致运作过程出现不同程度的混乱。

4 建议

4.1 积极推行代建制

水利工程代建制的形式分为事业型的建设管理机构、专业项目法人、项目管理公司和咨询公司。目前,事业型的建设管理机构是水利工程项目法人组建的主流,专业项目法人是水利工程项目法人的补充,项目管理公司和咨询公司等代建企业是公益性、准公益性水利工程项目法人组建的方向。在公益性、准公益性水利工程项目法人组建方面,应积极创造条件,制定相应的规范,促进代建制企业的不断壮大,为逐步推行代建制奠定基础。

4.2 规范代建制企业的行为

根据公益性、准公益性水利工程项目的情况,制定一系列措施,规范代建制企业的行为,使代建制企业的生存和发展不会以牺牲工程质量为代价,实行质量责任终身制。鼓励部分优秀企业优先发展,壮大代建制企业的实力,促进代建制企业的总体素质和水平的不断提高,成为实施代建制的排头兵,在市场条件允许的情况下,逐步发展更多具有实力的企业成为代建制企业。增加透明度,用规范约束代建制企业的行为,明确代建制企业的责、权、利,避免形成垄断。

黄河防洪工程竣工资料审查
工作实践与探讨

刘树利[1]　　王卫军[2]

（1. 焦作市黄河河务局, 2. 黄河水利委员会建管局）

摘要：笔者根据建设管理实践, 针对在黄河防洪工程竣工资料历次审查中发现的问题, 提出了一套行之有效的审查办法, 即首先要明确审查目的、内容与要求, 做好审前准备工作, 然后分层次、按步骤有序进行。审查分为一般性审查、重点审查和专业性审查。内容主要包括资料的项目齐全性、内容完整性、格式规范性、客观真实性、系统一致性和手续完备性的审查。

关键词：防洪工程　竣工资料　审查　实践

防洪工程竣工资料是指在防洪工程建设项目从酝酿、决策到建成运用的全过程中形成的、应当归档保存的文件, 包括项目的立项、可研、勘测设计、计划、招标投标、建设实施、竣工验收、运行管理准备等工作活动中形成的文字材料、图纸、图表、计算材料、声像材料等形式与载体的文件材料。

多年来, 由于防洪工程参建各方竣工资料的整编水平不一, 导致竣工资料质量参差不齐。有的资料项目不够齐全完整, 内容不够规范, 甚至还有个别造假现象。由于没有一个明确的审查办法, 即使邀请有关专家对竣工资料进行了专门的审查, 仍不能确保竣工资料中没有问题。因此, 对防洪工程竣工资料的审查一直是建设管理人员头疼的事情。笔者根据多年来防洪工程建设管理实践, 针对在竣工资料历次审查中发现的问题, 谈几点体会。

1 明确审查目的、内容与要求

竣工资料审查是竣工验收的一项很重要的内容, 是技术性验收的最重要工作, 是一种有效的事后监督。

1.1 明确审查目的

通过对防洪工程竣工资料的审查, 可以发现问题, 揭露问题, 关键还是可以帮助参建单位解决问题, 确保竣工资料质量, 确保防洪工程质量。

1.2　明确审查内容

竹工资料审查包括对竣工资料的齐全完整性、内容规范性、客观真实性、系统一致性和手续完备性的审查,对竣工资料中的重点内容是否符合规程、规范及技术标准的原则性要求的审查,对施工单位执行规程、规范及技术标准过程中采用的技术指标合理性的审查。

1.3　审查人员资格要求

竣工资料审查是一项专业技术性强,涉及多学科、多专业的综合性工作,要求审查人员必须十分熟悉国家有关建设管理方面的政策,掌握规划与设计、招标投标与合同管理、建设监理、质量检测与工程验收等专业知识,具备相应的专业技术能力。审查人员一般应为具有高级职称或具有一定专长的中级职称的专业技术人员。

2　充分做好审前准备工作

2.1　审前学习

项目审查前,收集有关法律法规、规程规范和技术标准等政策性与标准性文件,并对审查项目涉及内容进行一次重点学习。主要包括以下方面:

(1)法律法规:《建筑法》、《招标投标法》、《合同法》、《建设工程质量管理条例》、《建设工程强制性条文(水利工程部分)》;

(2)水利部部颁规程、规范和技术标准:《堤防工程设计规范》、《堤防工程施工规范》、《水利水电建设工程验收规程》、《堤防工程施工质量评定与验收规程(试行)》、《水利工程建设项目施工监理规范》、《水利基本建设项目(工程)档案资料管理规定》;

(3)上级有关规定:《黄河防洪工程验收规程》、《河南黄河防洪工程竣工验收实施办法(试行)》、《河南黄河防洪基本建设工程档案资料管理和归档工作规定(试行)》。

2.2　审前浏览

(1)重点阅读施工图(或技施)设计报告,把握设计意图,了解项目的建设标准与规模。

(2)浏览建设、监理、施工等工作报告,对建设全过程有总体把握。

3　分层次、按步骤进行审查

对防洪工程竣工资料审查分为一般性审查、重点审查和专业性审查等三个层次与步骤。一般性审查为程序性审查,重点审查和专业性审查为技术性审查。

3.1 一般性审查

对防洪工程竣工资料进行的一般性审查,是对防洪工程竣工资料质量的最基本要求。即通过一般性审查,要求参建各方竣工资料必须做到项目齐全、内容完整、格式规范、客观真实、系统一致、手续完备。

竣工资料的齐全完整性、内容规范性、系统一致性等审查均采用标准表格格式,按照规定的表格必要内容逐项对照,填写表格,进行审查与核对。

3.1.1 项目齐全性

竣工资料的项目齐全性审查,是指按照有关防洪基本建设工程档案资料管理规定,审查应归档资料项目是否齐全、完整。

审查时首先列出应归档资料项目清单,并制成标准表格,将现有竣工资料与应归档资料项目进行逐项核对,填写审查表格。

3.1.2 内容完整性

包括对下列9类报告的内容审查:建设管理工作报告(包括建设大事记)、设计工作报告、施工管理工作报告、建设监理工作报告、质量评定报告、运行管理工作报告、初步验收工作报告、财务决算报告、审计报告。

竣工资料的内容规范性审查采用标准表格格式,审查时按照表格内规定的项目及必要内容逐项对照,填写审查表格。

3.1.3 格式规范性

主要包括:

(1)施工单位与监理单位的往来文件格式是否符合《水利工程建设项目施工监理规范》所列施工监理工作常用表格格式要求。

(2)各类工作报告、验收签证及质量评定表格的格式是否符合《堤防工程施工质量评定与验收规程》与《黄河防洪工程验收规程》的格式要求。

3.1.4 客观真实性

竣工资料的客观真实性审查主要包括:

(1)土方工程干密度自检记录的真实性审查;

(2)土方工程干密度监理抽检记录的真实性审查;

(3)石方、混凝土等施工原始记录真实性审查;

(4)参建各方主要人员签字的真实性审查。

3.1.5 系统一致性

竣工资料的系统一致性审查主要包括:开工竣工日期一致性审查,工程量的一致性审查,设计概(预)算、批复概(预)算、合同价款及完成投资的一致性审查。

(1)开竣工日期一致性审查。包括工程项目的开工、竣工日期核对。重点检查实际工期在各类报告、记录中是否一致,是否符合逻辑。合同工期与实际工期不一致的原因阐述是否公正客观、合情合理、符合逻辑。核对各类报告、记录的开竣工日期,填写审查表格。

(2)工程量的一致性审查。包括审查人员根据设计图纸与竣工图纸分别计算出主体工程的两列主要工程量的核查,项目前述9类报告所载明的工程量的核对。

工程量核查按以下程序:审查设计工程量,要求设计单位提供工程量计算书,根据设计图纸复核主体工程量;审查施工单位完成工程量,要求施工单位提供工程量计算书,根据竣工图纸复核主体工程量;审查施工单位自检记录的完成工程量是否与竣工图纸工程量一致;审查监理单位认定的完成工程量是否合理;核对前述9类报告所载明的工程量和招标投标文件工程量清单,填写审查表格并进行核对与分析。

(3)合同价款及投资的一致性审查。包括审查项目前述9类报告所载明的各阶段投资数目的核对。审查时核对前述9类报告所载明的设计概(预)算、批复概(预)算、合同价款及完成投资,填写审查表格并进行核对与分析。

3.1.6　手续完备性

竣工资料的手续完备性审查主要包括参建各方及其有关人员签字盖章是否齐全完备,是否合规。

另外,还要审查参建单位实际派驻工地的主要人员与投标文件及合同文件拟定的人员是否一致,如有变更,变更手续是否完善,其资格是否满足要求。施工单位派驻工地的主要人员包括项目经理、项目总工(技术负责人)、质检负责人;监理单位主要人员包括总监理工程师、驻地监理工程师。

3.2　重点审查

对竣工资料进行的重点审查,是对竣工资料中的重点内容是否符合规程、规范及技术标准的原则性要求。包括以下几个方面。

3.2.1　审查施工单位质量保证体系的合理性和可操作性

包括:是否设立专门的质量管理机构和专职质量检测人员;是否编制质量保证体系文件;是否制定质量管理规章制度;是否明确质量检查标准;检查"三检"体系运行是否规范。

3.2.2　审查施工单位试验室条件是否符合有关规定

包括:实验室的资质等级和试验范围的证明文件;法定计量部门对实验室检测仪器和设备的计量鉴定证书或设备率定证明文件;试验人员的资格证明;试验仪器的数量及种类。

3.2.3　审查项目划分的合理性

审查项目划分是否符合下列原则:单位工程根据设计及施工部署和便于质

量控制等原则划分;分部工程应按功能进行划分;单元工程按照施工方法、部署,以及便于质量控制和考核的原则划分;土方填筑按填筑层、段划分,每个单元工程量以 1 000 ~ 2 000 m³ 为宜;同类型的各个分部工程的工程量相差不宜大于50%,不同类型的各个分部工程的投资相差不大于50%;石方工程、混凝土工程按部位、施工方法划分。

3.2.4 审查质量评定的规范性。

对于施工单位的质量自评资料,主要审查是否严格按照质量评定标准,正确填写单元工程和分部工程质量自评意见。

监理单位对施工单位填写的单元工程质量自评意见进行核定时,是否严格按照质量评定标准,填写单元工程和分部工程质量复核意见;对施工单位填写的单元工程质量自评意见有异议时,是否在单元工程质量评定表上载明。

3.2.5 审查竣工图纸绘制的规范性

包括:竣工图所载数据是否正确;说明内容是否全面、翔实;竣工图线条、符号是否规范;新绘制的竣工图图标框中的项目是否填写完整;利用原设计图加盖的竣工图章内的项目是否填写完整,工程名称与施工单位名称是否填写全称。

3.2.6 审查追加项目发生缘由的合理性

对于施工单位申请的追加项目,是否符合施工合同约定条款,发生缘由是否客观、真实、合理。

3.3 专业性审查

对竣工资料进行的专业性审查,主要是对施工单位执行规程、规范及技术标准过程中采用的技术指标合理性的审查。由于施工单位技术力量与管理水平有差异,针对不同的施工项目,选用的技术指标不尽相同。通过审查,可以反映出施工单位的技术力量状况与管理水平,可以对施工单位及参建各方提出建设性意见和建议。包括以下几个方面:

(1)土方工程的土方质量控制指标的合理性审查。

(2)土方工程质量检测配备检测人员数量、检测设备数量、检测部位与检测频率的合理性审查。

(3)土方工程施工组织设计中计划安排施工机械数量与土方填筑工期的合理性审查。

(4)石方工程施工组织设计中计划安排施工机械数量与石方工程工期的合理性审查。

(5)普通混凝土工程、钢筋混凝土工程、沥青混凝土工程施工组织设计中计划安排施工机械数量与工期的合理性审查。

(6)审查钢筋、水泥、砂石料、土工合成材料等原材料质量检验记录及试验结果的合理性,审查混凝土拌和料、砂浆拌和料等中间产品的质量检验记录及试验结果的合理性。

4　及时整改与归档

对审查后的竣工资料,参建各方要根据审查人员填写的各种审查表格、记录和整改要求,及时进行认真整改,并写出整改报告,由审查人员进行最终复核性检查。

经审查、整改后的竣工资料,参建各方应按照有关防洪基本建设工程档案资料管理和归档规定,准确划分保管期限,正确组卷,然后由档案管理人员负责,对归档资料进行检查、验收与移交。

多风道堤顶清洁机的研制与应用

宋艳萍　　任晓慧　　王　磊　　行红磊

（孟州黄河河务局）

摘要：为解决堤防与控导工程连坝顶上树叶杂物多、影响工程整体美观等问题，经反复对单风道吹风机试验，并在其出风量、风口设置、位置、高度等方面进行改进，成功研制生产了一种新型"多风道堤顶清洁机"。该机具的研制保持了防洪工程整齐美观，提高了工效，显著降低了职工劳动强度，并在社会上得到推广应用，取得良好效果。

关键词：多风道清洁机　研制应用　吹风机　道路　清扫

随着治黄科技含量的提高，黄河水利工程维修养护也逐步向着机械化、专业化的方向迈进，工程维修养护水平将明显提高，工程管理将实现跨越式发展，这就要靠加大科技投入来解决。"科学技术是第一生产力"，结合工作实际需要，经过多次试验计算，研制出了解决黄河堤顶坝顶落叶清扫的问题，多风道堤顶清洁机的研制成功，大幅度降低了一线治黄职工的劳动强度。

1　研制的过程、方法及内容

1.1　问题的提出

黄河大堤、险工及控导工程连坝都栽植了行道林，工程连坝和部分堤顶为砾化堤（坝）顶（泥结石路面），落叶伴随着其他杂物遗落在工程堤（坝）顶，影响工程美观。为解决堤防与控导工程连坝顶上树叶杂物多、影响工程整体美观等问题，每年都要多次组织职工清扫堤坝顶，由于人工工效低、劳动强度大，加之天气炎热而使职工晕倒的现象时有发生。针对这一问题，我局用单风道吹风机在防护堤顶（泥结石路面）上做了试验。结果是：15 马力（1 马力 = 735.499 W）的小四轮拉着吹风机转动时机器排气筒狼烟滚滚，路面周围飞沙走石，树叶吹至路沿石后有 20% 又返回路面，不仅树叶吹不净，还把路面上的磨耗层（小石子）都吹跑了。试验证明，该设备不能用于有路沿石的砂砾石路面，主要原因在于出风量、风口设置、位置、高度不适合。

1.2 研制的过程

从单风道吹风机我们得到了很大启发。第一,吹泥结石和砾化路面上的树叶,风量要大,风压不能大;第二,风机出口不能集中,风口大小、风道长短、高低应有区别;第三,应把贴在路面上的树叶划活。基于这些新的想法和构思,我们经反复试验、改进,成功研制生产了一种新型"多风道堤顶清洁机"。

多风道堤顶清洁机主要从风机排风量设计、出风口数量、位置设计方面重点进行了研究,以达到排风量能吹起树叶杂物,并将树叶杂物等吹送至路沿石外而不带起砂砾石,从而达到清洁堤防道路(泥结石路面),保持防洪工程整齐美观,提高工效,显著降低了职工劳动强度的目的。

1.2.1 风机的选择

风机的作用是风源的缔造物,风源通过通风道达到吹走堤顶杂物的目的。风机一般分为离心式、细流式、混流式三种,离心式风机具有效率高、输出量均匀、结构简单和制造容易等优点,故选用离心式风机作为制造风源的设备,选用风机的最小风量为 1 688 m^3/h。

1.2.2 送风管道的设计

1.2.2.1 送风管道长度设计

送风管道由铁皮焊接制成,根据工作需要设计成长度不同的 3 个送风管:送风管 1 长 30 cm,送风管 2 长 100 cm,送风管 3 长 130 cm。由于风管长度短,风管内风量损失可忽略不计。

1.2.2.2 送风管道出风口断面面积设计

根据多次用风速测量仪测得如若要把堤顶杂物用送风管 1 吹起,再用送风管 2、3 接力吹远,其中送风管 1 的最优风速应为 12.2 m/s,送风管 2、3 的最优风速应为 20 m/s。另根据多次试验值如上述选用风机风量 $L_{总}$ = 1 688 m^3/h,根据多次单风管试验值 L_1 应占 $L_{总}$ 的 20% 为 337.6 m^3/h,$L_{2,3}$ 应占 $L_{总}$ 的 40% 为 675.2 m^3/h。

(1)送风管 1 的断面计算:

$$L_1 = 337.6 \ m^3/h$$
$$V_{秒1} = L_1 \div 60(min) \div 60(s)$$
$$= 0.094 \ (m^3/s)$$
$$S_{1出口} = V_{秒1} \div V_{出风1}$$
$$= 0.094 \div 12.2$$
$$= 0.007 \ 7 \ (m^2)$$

(2)送风管 2、3 的断面计算

$$L_{2,3} = 675.2 \ m^3/h$$

$$V_{秒2,3} = L_{2,3} \div 60(\min) \div 60(s)$$
$$= 0.188 \ m^3/s$$
$$S_{2,3出口} = V_{秒2,3} \div V_{出风2,3}$$
$$= 0.188 \div 20$$
$$= 0.009 \ (m^2)$$

式中：L_1、$L_{2,3}$分别为送风管1和送风管2、3的风量，m^3/h；$V_{秒1}$、$V_{秒2,3}$分别为送风管1和送风管2、3的风速，m^3/s；$V_{出风1}$、$V_{出风2,3}$分别为送风管1和送风管2、3的出风口风速，m/s；$S_{1出口}$、$S_{2,3出口}$分别为送风管1和送风管2、3出风口的断面面积，m^2。

1.2.3　送风管道断面尺寸设计

由以上断面面积计算$S_{1出口} = 0.0077 \ m^2$、$S_{2,3出口} = 0.009 \ m^2$，根据面积计算及实际安装情况送风管1截面尺寸选择宽$a = 0.11 \ m$，则高$b = S_{1出口} \div a = 0.0077 \div 0.11 = 0.07 \ (m)$。送风管2、3截面尺寸选择宽$a = 0.15 \ m$，则高$b = S_{2,3出口} \div a = 0.009 \div 0.15 = 0.06 \ (m)$（见图1）。

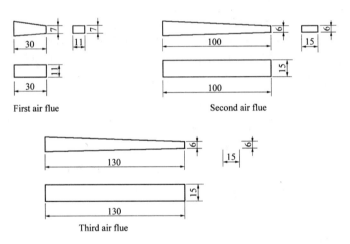

图1　送风管道示意图　（单位：mm）

1.3　结构及组成

多风道堤顶清洁机是将自制的多风口吹风机固定在小型工程车后保险杠槽型钢上，利用小型工程车作为发电动力源和行走装置，用三相闸刀控制风机旋转，用固定在车身旁的长钢丝刷划动粘在地面上的树叶和杂物，使多风口吹风机更容易将树叶和杂物吹离地面。

多风口吹风机主要由叶轮、机壳、进风口、传动部分等组成（见图2）。叶轮由10个后倾的机翼型叶片、曲线型前盘和平板后盘组成，用钢板制造，并经动、静平衡校正,空气性能良好,效率高、运转平稳。机壳为三开式,沿中分水平面分为两半,上半部再沿中心线垂直分为两半,用螺栓连接。进风口为一整体,装于风机的侧面,与轴向平行的截面为曲线形状,能使气体顺利进入叶轮,且损失较小。传动部分由主轴、轴承箱、滚动轴承、皮带轮组成。

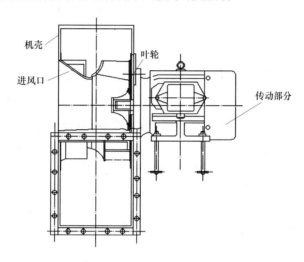

图2　多风道堤顶清洁机结构示意图

1.4　工作原理

风机利用电压 380 V、功率 2.2 kW、2 800 r/min 的电动机直接带动风叶旋转,风量为 1 688 ~ 3 520 m³/h,风压为 792 ~ 1 300 Pa。出风口有 3 个风道输出,根据道路路面介质及路面宽度、清扫物种类、路沿石高度,合理配制不同长度、不同高低、不同口径的风道(见图3),并在车身旁设置了划拨装置,有利于多风道堤顶清洁机将树叶等杂物吹离路面。

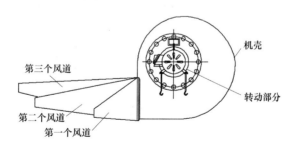

图3　多风道顶清洁机示意图

其中第一个风道长 30 cm,出风口较低、偏前,出风量占 20% ,用于将路中间的树叶等轻质杂物吹往路边。

第二个风道长 100 cm,出风口扁平,在两个风道中间可调节,出风量占 40%,用于接力第一个风道吹来的杂物及路沿石内的杂物。

第三个风道长 130 cm,出风口扁平、偏后、较高,出风量占 40%,用于将第二个风道吹起的杂物吹离堤面,送出路沿石,解决了单风道吹风机吹堤顶树叶返回堤顶的现象(见图4)。

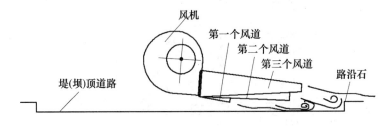

图 4   多风道堤顶清洁机工作示意图

2   装配顺序

多风道堤顶清洁机装配顺序示意图见图5。

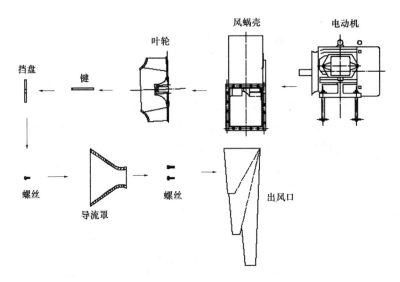

图 5   装配顺序示意图

3   操作步骤与维护

3.1   操作步骤

(1)进入工作位置后安放调整好钢丝刷;

(2)根据路面宽度、路沿石高度合理地调整好各输风管道;

（3）检查各部件及螺丝无松动的情况下,启动机车,加大油门,合上闸刀,开始正常工作;

（4）根据树叶、杂物多少合理掌握行走速度。

3.2 风机的维护

（1）只有在风机设备完全正常的情况下方可运转;

（2）如风机设备在检修后开动,则需注意风机各部位是否正常;

（3）定期清除风机及气体通风管内部的灰尘、污垢及水等杂质,并防止锈蚀;

（4）对风机设备的修理,不许在运转中进行。

4　效益分析

2003 年 8 月研制成功后,应用于黄河防洪工程道路树叶的清扫工作,树叶吹净率达 95%（路面较干燥的情况下）;每小时耗油 1.5 kg;每小时吹净路面 5 万 m² 左右。我们对人工清扫和机械清扫路面进行了对比分析。

人工清扫按中级工清扫每个工日可清扫 0.66 km;机械清扫是以小型工程车作为发电动力源和行走装置带动清洁机工作,每个台班可清扫 66 km,是人工清扫效率的 100 倍。

人工清扫单价为 30.96 元/工日,即人工每清扫 1 km 为 46.91 元;机械清扫单价为 101.28 元/台班,即机械每清扫 1 km 为 1.53 元。比人工清扫可节约投资 96.7%。

孟州局工程总长为 51 km,1 个月需清扫 2 遍,一年按清扫 7 个月计算,共需清扫 14 遍,共计长度 714 km。人工清扫需投资 3.35 万元,机械清扫需投资 0.11 万元,一年可为孟州局节约资金 3.24 万元。

人工与机械工效及效益对比见表 1。

表 1　人工与机械工效及效益对比

方式	单价	工效对比	工程总长	效益对比		
				清扫 1 km	清扫一遍	全年清扫
人工清扫	30.96 元/工日	1.66 km/工日	51 km	46.91 元	2 392.41 元	33 493.74 元
机械清扫	101.28 元/台班	66 km/台班	51 km	1.53 元	78.03 元	1 092.42 元

5　应用情况

该清洁机具有低能耗、低成本、吹净率高、操作简便、适应性强等特点,大大提高了工作效率,并在水利、公路行业得到推广应用,节约了资金,取得良好效果,具有明显的经济效益和良好的推广价值。